JN424413

IPTV 구성 및 응용

남상엽 · 강민구 · 정태경 · 구제길 · 이강현 공저

도서출판 상 학 당

머리말

IPTV(Internet Protocol Television)란 인터넷 프로토콜 텔레비전의 약자로 초고속 인터넷을 이용하여 접속자에게 다양한 디지털 영상 서비스, 개인 맞춤형 서비스, 양방향 데이터 서비스 등을 제공하는 전용 수상기나 셋톱박스가 연결된 TV 수상기로 전송하는 서비스를 리모컨으로 쉽게 조작할 수 있는 것으로 정의된다. 즉 IP 기반으로 쌍방향 데이터 서비스가 가능하고, Point-to-Point 전달방식으로 개인화된 채널을 볼 수 있으며 기타 SMS, 메신저, VoIP를 이용한 양방향 통신 서비스를 제공하는 것이다.

통신망이 광대역이 되고 방송 콘텐츠가 디지털화됨에 따라 디지털 방송을 기본 서비스로 하여 고품격 차별화된 데이터 방송 및 다양한 양방향 TV 서비스를 제공하는 방송 · 통신융합의 새로운 서비스인 IPTV 서비스가 등장하게 되었다. 최근 디지털 컨버전스에 따른 DMB 서비스 및 Wibro 서비스와 함께 IPTV는 '방송과 통신의 융합 서비스'로 분류되고 있으며 고객의 요구에 따른 다양한 서비스들이 선보이고 있다.

기존의 TV와 비교했을 때 IPTV가 갖는 큰 변화는 단방향성 서비스만을 제공해오던 기존의 방송과는 다르게 대화형 서비스 기능을 구현할 수 있는 '대화형 양방향(Interactive) 서비스'를 이용할 수 있다는 점이다. IPTV를 이용하면 사용자는 자신이 원하는 시간에, 원하는 프로그램을 볼 수 있으며, IP망의 다양성으로 말미암아 사용자는 멀티미디어 데이터 외에도 영상전화, 메신저, TV 포털, T-Commerce, T-Banking, 게임, 노래방 등의 다양한 서비스를 제공받을 수 있다.

이러한 IPTV 시대에 맞추어 적용될 요소의 기초 IPTV 기술이 필요해짐에 따라 《IPTV 구성 및 응용》을 발간하게 되었다.

이 교재의 IPTV는 'Internet Protocol TV', 'Interactive Personal TV', 'Intelligent Program Television TV'라는 세 가지 특징을 살펴볼 수 있다. IP를 기반으로 양방향 서비스가 가능하고, 개인화된 채널을 볼 수 있으며 초고속인터넷, VoIP와의 결합을 통해 TPS 번들 서비스 제공이 가능하다. IPTV는 현실적으로는 인터넷을 기반으로 하는 TV 서비스라는 기본 개념을 공통으로 수용하고 있으며 대부분 국가별, 사업자별로 VoD, 인터넷 TV, IPTV 등과 같은 개념이 혼용되어 쓰이고 있다. IPTV의 가장 큰 특징은 방송용 전파가 아닌 인터넷 프로토콜을 이용한 패킷 방식으로 멀티미디어 콘텐츠를 제공하고 PC가 아닌 TV 단말기를 통해 다양한 서비스를 제공한다는 점이다. 이와 같은 특징 때문에 미국에서는 IPTV, 유럽에서는 ADSL TV, 일본에서는 브로드밴드 방송이라고 정의한다.

최근 웹 기술의 발전과 함께 웹 2.0 개념 등이 등장하면서 웹은 미래의 다양한 IT 서비스에 대한 패러다임 변화를 주도하고 있으며, 이러한 변화는 IPTV 서비스와도 연계됨으로써 기존의 디지털 TV 기반의 서비스 개념에서 발전하여 사용자, 서비스 제공자, 그리고 콘텐츠 제공자 모두에게 큰 영향을 끼칠 것으로 예상한다. 현재 국내에서 IPTV 서비스는 기존 방송 서비스와의 접목을 시도하면서 관련되는 법, 제도적 이슈 등 아직 해결해야 하는 현안들을 남겨놓고 있기도 하다. 그리고 이동통신 기술과 단말기 기술의 발전으로 말미암아 이동통신 사업자나 모바일 단말제조사들 역시 DMB 방식 외에 와이브로, HSDPA 등의 이동통신망 기반의 모바일 TV 서비스를 추진하는 것도 주목할 만한 내용이다. IPTV는 결국 TV, PC, 휴대전화와 게임기 등의 역할이 중첩된 방송·통신융합 시대의 종합 포지셔닝될 것으로 예측된다.

이 교재는 IPTV 시스템과 서비스를 병행하여 전기, 컴퓨터, 전자, 제어, 통신분야의 관련 학생과 초보 개발자, IPTV 관련자를 대상으로 한 기초 IPTV 서비스에 대한 기본 학습 및 응용을 위한 교재로, 처음 기초 IPTV 구조의 응용을 접하는 학생과 관련자에게 쉽고 빠르게 접근할 수 있도록 초점을 맞추었으므로 기초 IPTV 시스템의 서비스 원리에 대해 이해하는 데 부족함이 없을 것으로 생각한다.

이 교재의 주요 구성은 다음과 같다.

제1장 IPTV 시스템 개론, 제2장 IPTV 시스템 기술과 요소, 제3장 IPTV 홈네트워크 인증 및 접근제어 기술, 제4장 IPTV의 표준화, 제5장 모바일 IPTV의 구성, 제6장 차세대 IPTV의 구성, 제7장 IPTV의 정책과 규제, 제8장 IPTV 시스템/셋톱박스 구성 및 개발환경으로 구성되어 있다.

끝으로 이 책을 집필하는 데 많은 도움을 주신 IPTV 관계자, ETRI 등 여러분과 도서출판 상학당의 관계자 여러분에게 감사의 마음을 전한다.

어떤 일이든 첫발을 내딛고 개척하는 것이 가장 힘든 일일 것이나 그 어려움을 극복하고 얻는 것이 무엇보다 값진 결실이 될 것이다. 아직은 열악하고 힘든 개발환경이지만 이 책이 더욱 많은 IPTV 관련 인력양성에 힘이 되어주길 바란다.

저 자 씀

차 례

제 1 장 IPTV 시스템 개론

제2장 IPTV 시스템 기술과 요소

제 3 장 IPTV 홈네트워크 인증 및 접근제어 기술

제 4 장 IPTV의 표준화

제 5 장 모바일 IPTV의 구성

제 6 장 차세대 IPTV의 구성 · 265

제 7 장 IPTV의 정책과 규제

제 8 장 IPTV 시스템/셋톱박스 구성 및 개발환경

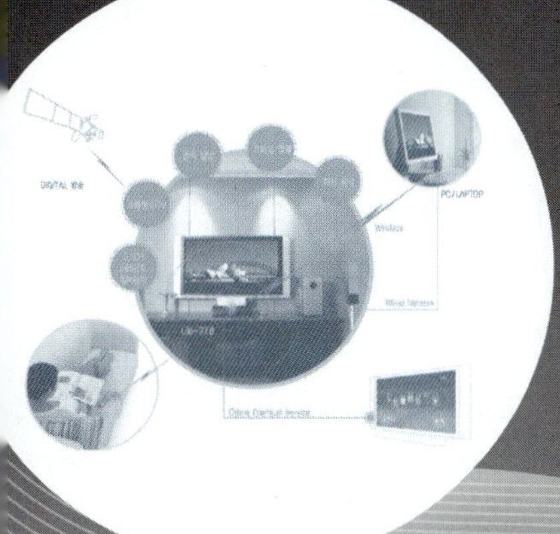

제 1 장
IPTV 시스템 개론

1-1 IPTV 개념 및 서비스

1. IPTV 개념

1) IPTV의 정의

IPTV(Internet Protocol Television)란 인터넷 프로토콜 텔레비전의 약자로 초고속 인터넷을 이용하여 접속자에게 다양한 디지털 영상 서비스, 개인맞춤형 서비스, 양방향 데이터 서비스 등을 제공하는 전용 수상기나 셋톱박스가 연결된 TV 수상기로 전송하는 서비스를 리모컨으로 쉽게 조작이 가능한 것으로 정의된다. 즉 IP 기반으로 쌍방향 데이터 서비스가 가능하고, Point-to-Point 전달방식으로 개인화된 채널을 볼 수 있으며 기타 SMS, 메신저, VoIP를 이용한 양방향 통신 서비스를 제공하는 것이다.

- 좁은 의미는 초고속 인터넷의 부가서비스에서 VoD 등 서비스 제공영역을 PC에서 TV로 확장해주는 서비스이다.
- 넓은 의미로 초고속 인터넷 가입자 네트워크를 방송매체로 활용하여 AV(Audio/Video) 형태의 방송채널을 적극적으로 수용하는 것을 포함한다.

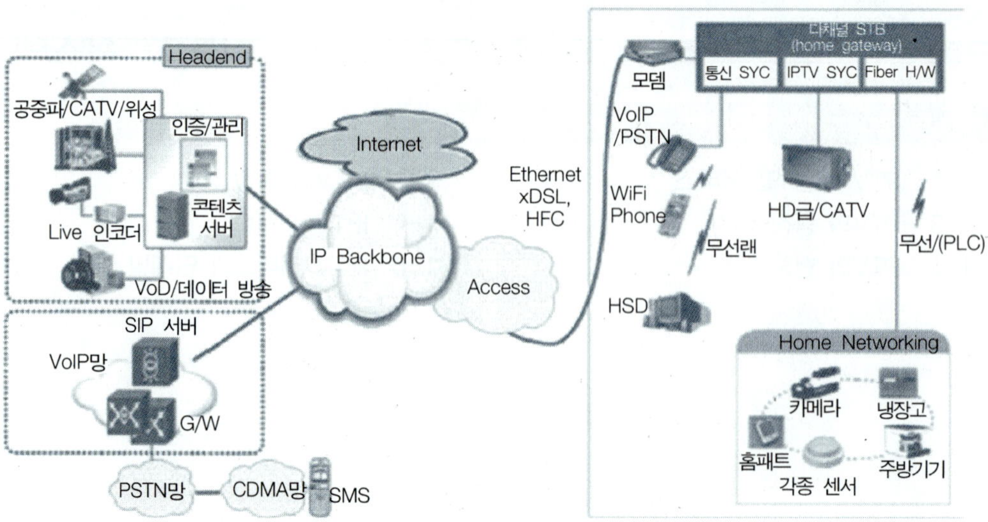

[그림 1-1] IPTV 개념도

통신망이 광대역이 되고 방송 콘텐츠가 디지털화됨에 따라 디지털 방송을 기본 서비스로 하여 고품격 차별화된 데이터 방송 및 다양한 양방향 TV 서비스를 제공하는 통방융합의 새로운 서비스인 IPTV 서비스가 등장하게 되었다.

최근 디지털 컨버전스에 따른 DMB 서비스 및 Wibro 서비스와 함께 IPTV는 [그림 1-2]처럼 "방송과 통신의 융합 서비스"로 분류되고 있으며 고객의 요구에 따른 다양한 서비스들이 선보이고 있다. 기존의 TV와 비교했을 때 IPTV가 갖는 큰 변화는 단방향성 서비스만을 제공해오던 기존의 방송과는 달리 대화형 서비스 기능을 구현할 수 있는 "대화형 양방향(Interactive) 서비스"를 이용할 수 있다는 점이다.

IPTV를 이용하면 사용자는 자신이 원하는 시간에 원하는 프로그램을 볼 수 있으며, IP망의 다양성으로 인하여 사용자는 멀티미디어 데이터 외에도 영상전화, 메신저, TV 포털, T-Commerce, T-Banking, 게임, 노래방 등의 다양한 서비스를 제공받을 수 있다.

IPTV에 대하여 ITU-T에서는 "QoS/QoE, 보안 및 신뢰성이 보장된 IP망을 통하여 제공되는 텔레비전, 비디오, 오디오, 문서, 그래픽 및 데이터 서비스 등과 같은 멀티미디어 서비스"라고 정의하고 있으며, ATIS IPTV Exploratory Group(IEG)에서는 "엔터테인먼트 비디오 및 관련 서비스(Live TV, VoD, interactive TV 등)를 IP망을 통하여 가입자에게 안전하게 제공하는 것"이라고 정의하고 있다.

현재 명확하게 표준화된 것은 없지만 인터넷을 기반으로 하는 TV 서비스라는 기본 개념을 공통적으로 수용하고 있으며, 대부분 국가별, 사업자별로 VoD, 인터넷 TV, IPTV 등과 같은 개념이 혼용되어 사용되고 있다.

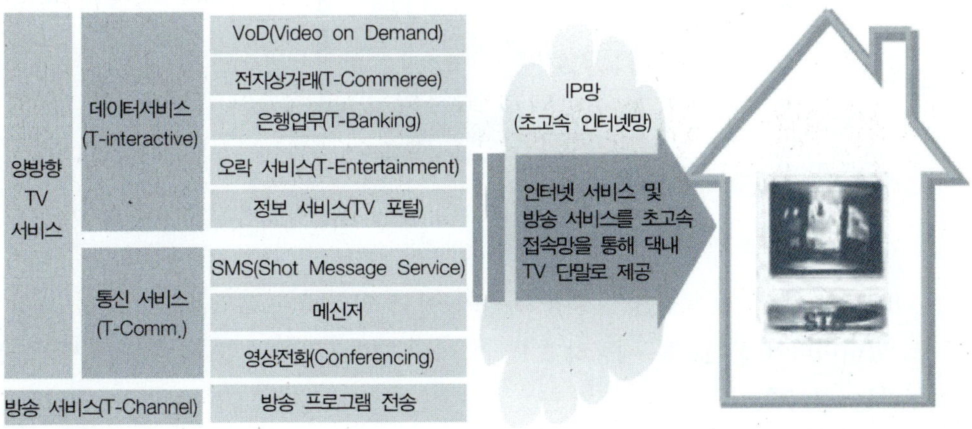

[그림 1-2] IPTV 서비스 개념도

2) IPTV의 특징

IPTV는 'Internet Protocol TV', 'Interactive Personal TV', 'Intelligent Program Television TV'라는 세 가지 특징을 갖는다. IP를 기반으로 양방향 서비스가 가능하고, 개인화된 채널을 볼 수 있으며 초고속 인터넷, VoIP와의 결합을 통해 TPS 번들 서비스 제공이 가능하다.

IPTV는 현실적으로는 인터넷을 기반으로 하는 TV 서비스라는 기본 개념을 공통적으로 수용하고 있으며 대부분 국가별, 사업자별로 VoD, 인터넷 TV, IPTV 등과 같은 개념이 혼용되어 쓰이고 있다.

- 액세스망 : VDSL, FTTH, 초고속 인터넷망
- 비디오 압축기술 : MPEG, H.264
- IP 셋톱박스 : 가입자들이 채널을 선택하고, 쌍방향 대화형 서비스에 접근하고 게임 수행 및 인터넷에 액세스할 수 있는 사용자 그래픽 인터페이스를 지원하는 단말장치

[그림 1-3] IPTV 특징

IPTV의 가장 큰 특징은 방송용 전파가 아닌 인터넷 프로토콜을 이용한 패킷 방식으로 멀티미디어 콘텐츠를 제공하고 PC가 아닌 TV 단말기를 통해 다양한 서비스를 제공한다는 점이다.

이 같은 특징 때문에 미국에서는 IPTV, 유럽에서는 ADSL TV, 일본에서는 브로드밴드 방송이라고 정의한다.

3) IPTV 서비스의 모형

최근 웹 기술의 발전과 함께 웹 2.0 개념 등이 등장하면서 웹은 미래의 다양한 IT 서비스에 대한 패러다임 변화를 주도하고 있으며, 이러한 변화는 IPTV 서비스와도 연계됨으로써 기존의 디지털 TV 기반의 서비스 개념에서 발전되어 사용자, 서비스 제공자 그리고 콘텐츠 제공자 모두에게 큰 영향을 끼칠 것으로 예상된다.

[그림 1-4] 국내 주요 IPTV 서비스

[그림 1-4]에서처럼 인터넷을 통한 TV(또는 동영상) 서비스는 크게 두 가지로 나눌 수 있다.

① 과거 Web TV, Internet TV, Webcast 등과 같은 인터넷 사업자(콘텐츠 및 서비스) 중심의 서비스
② 최근에 거론되고 있는 소위 IPTV라고 하는 통신사업자(Telco) 중심의 서비스

통신사업자의 경우 자신의 망을 가지고 가입자 기반의 폐쇄형 서비스를 제공하는 반면, 망이 없는 중소 벤처나 포털 사업자의 경우 웹 포털 형태의 개방형 서비스를 제공하고 있다. 하지만 이러한 분류는 웹 2.0 개념의 등장과 함께 기존 서비스 구조의 변화 그리고 비즈니스 모델의 다양성을 인정하면서 기존의 경계가 허물어지며 새로운 IPTV 서비스 모델로 진화할 것으로 보인다.

반면, ITU-T에서의 IPTV는 기존의 Best effort 인터넷이 아닌 NGN과 같이 서비스 품질이 보장되는 네트워크 환경을 전제로 하고 있으며 통신사업자 주도로 표준화가 진행 중에 있다.

〈표 1-1〉 IPTV의 정의

	IPTV의 정의
ITU-T Focus Group	품질보장, 보안 및 신뢰성이 보장된 IP망을 통하여 제공되는 텔레비전, 비디오, 오디오, 문서, 그래픽 및 데이터 서비스 등과 같은 멀티미디어 서비스

현재 국내에서 IPTV 서비스는 기존 방송 서비스와의 접목을 시도하면서 관련되는 법, 제도적 이슈 등 아직 해결해야 하는 현안들을 남겨놓고 있기도 하다. 그리고 이동통신 기술과 단말기 기술의 발전으로 인해 이동통신 사업자나 모바일 단말제조사들 역시 DMB 방식 외에 와이브로, HSDPA 등의 이동통신망 기반의 모바일 TV 서비스를 추진하고 있는 것도 주목할 만한 내용이다.

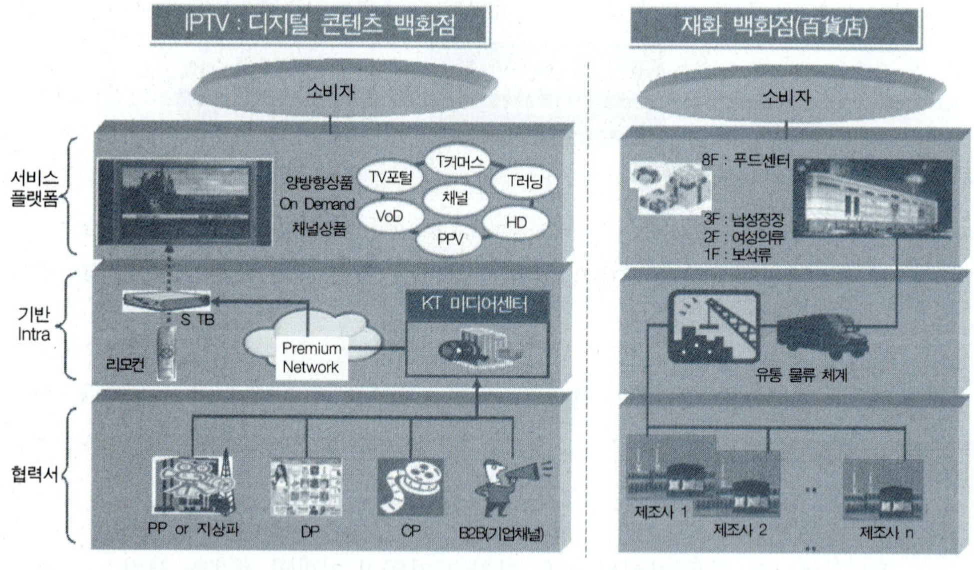

[그림 1-5] IPTV 서비스 비즈니스 모델

[그림 1-5]처럼 IPTV 서비스 비즈니스 기본 모델이다. 이는 채널, On Demand, 양방향 등 다양한 형태의 디지털 콘텐츠를 판매하는 서비스와 콘텐츠 및 서비스 제공사업자와 소비자를 연결해 주는 연계사업에 해당된다. 기존 백화점 사업 모델과 유사하다.

한편, 기존의 인터넷 진영에서는 최근 웹 기술의 발전과 함께 포털 등 인터넷 콘텐츠 사업자 중심의 UGC 서비스 등이 등장하면서 인터넷 기반 동영상 서비스가 급격히 활성화되고 있고, 다양한 서비스의 발전에 따라 향후 통신사업자 중심의 IPTV 서비스와 그

경계를 모호하게 만들 것이며, 기존 인터넷 콘텐츠 사업자의 서비스는 새로운 경쟁 파트너로 부각될 것이다. [그림 1-6]은 IPTV 서비스와 사업자 간의 관계를 보이고 있다.

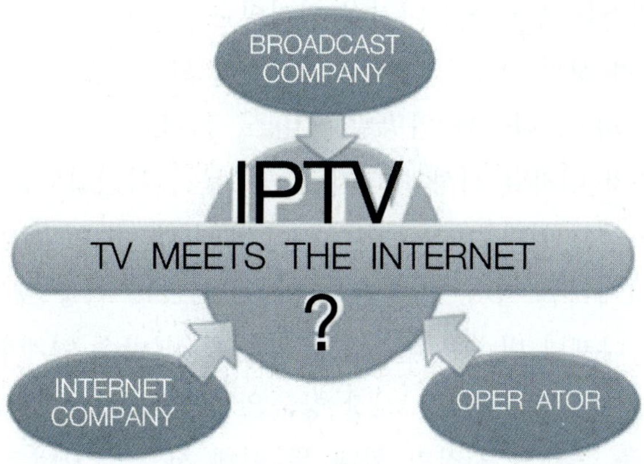

[그림 1-6] 인터넷 기반 TV 서비스의 다양한 사업 참여자

IPTV는 결국 TV, PC, 휴대전화와 게임기 등의 역할이 중첩된 통방융합의 시대의 종합 포지셔닝될 것으로 예측된다.

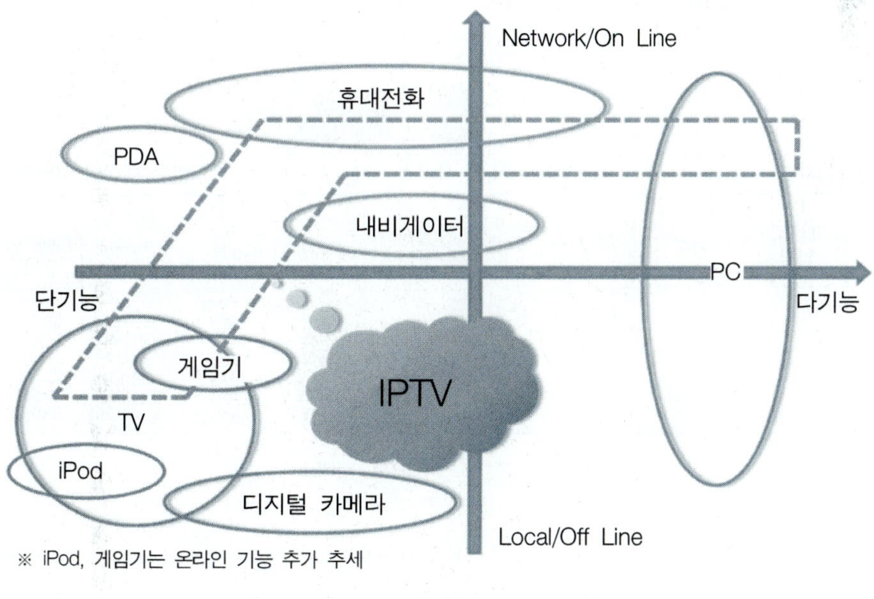

2. IPTV 서비스

IPTV 서비스는 고화질 SD 및 HD급의 다채널 방송 서비스를 제공하며, TV 기반 완전한 양방향 서비스를 제공하고 디지털 위성방송이나 디지털 케이블에 비해 기존의 초고속망을 사용하여 보다 저렴한 요금으로 서비스할 수 있다. 다시 말해 IPTV의 서비스 특징은 선명한 화질, 다양한 양방향 서비스, 저렴한 요금으로 설명할 수 있다.

IPTV는 기존의 디지털 위성과 디지털 케이블과 차별화되는 서비스 영역을 제공하여 고객의 호응을 얻고 있다. IPTV 제공 서비스 영역은 기존의 인터넷을 통한 채팅 및 메일 등의 커뮤니케이션 서비스, 게임, 오락 서비스 및 각종 포털 서비스 등의 전통적인 통신 서비스와 다채널 방송 서비스를 융합한 통신/방송 연계형 서비스 등 신규 영역으로 확대되고 있다. 이런 새로운 시장 창출은 초고속 인터넷망의 확충, IPTV 단말기 기술의 발전, 각종 콘텐츠 시장의 확대 등 연계 사업의 확대로 이어지는 효과가 있다.

IPTV 서비스는 [그림 1-7]과 같이 TV 기반의 SD/HD의 디지털 영상 서비스는 물론 T-인포메이션(뉴스, 날씨, 교통 등), T-엔터테인먼트(게임, 노래방, T-모바일 등), T-커머스(증권, 뱅킹, 쇼핑, 주문배달 등), T-커뮤니케이션(SMS, 메일, 메신저, 영상전화 등), T-러닝(영유아, 초등, 중고등, 어학 등) 등의 양방향 데이터 서비스와 EPG, VoD, PPV, PVR 등의 다양한 개인맞춤형 서비스로 구성되어 있다.

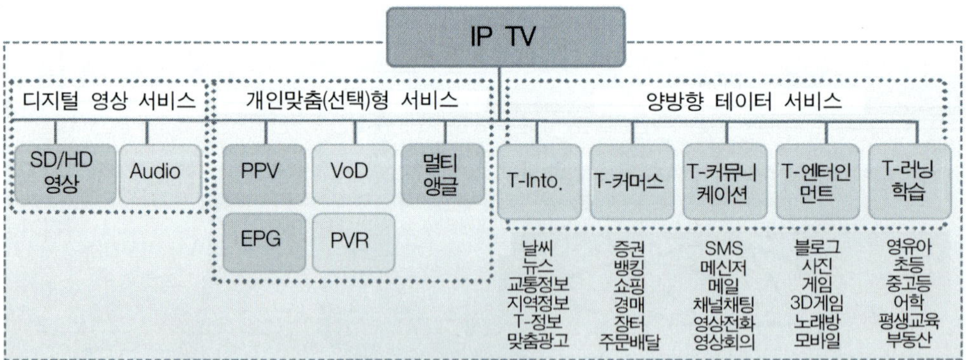

[그림 1-7] IPTV 서비스

[그림 1-7]의 각각의 서비스의 구체적인 내용은 〈표 1-2〉에서 볼 수 있다.

〈표 1-2〉 IPTV 서비스 구성 내용

서비스	콘텐츠 구성 내용
T-인터넷	• SMS(단문 메시지) : TV 및 핸드폰으로의 문자전송, 확인 등 • TV 메신저 : TV, PC, 모바일을 연계한 메시징 서비스 • T-Mail : TV를 통한 이메일 확인 및 발송 서비스
양방향 부가 서비스	• 생활정보 : 날씨, 교통, 뉴스, 영화/연극, 요리정보 • GAME : TV를 통한 다양한 보드게임 및 Network 게임 제공 • 참여형 : TV 설문, TV 퀴즈, 노래방, 예약예매, 대정부 /국민 서비스 • e-러닝 : TV 양방향 원격교육으로 수능 및 자격증 교육
T-커머스	• 양방향 광고(i-AD) : TV 배너, DAL, PHP 광고 등 • 쇼핑 : TV 메일, 공동구매, 경매, 벼룩시장 및 채널 연계 쇼핑 • T-뱅킹 : 계좌조회/확인, 계좌이체 등 거래/결제 서비스
TV-VoD	• Video On Demand : 다양한 장르 동영상을 VCR처럼 제공 • SVoD : 영화, 교육 등 동영상의 패키지 형태 제공
T-채널	• 디지털 영상 채널 : SD, HD급의 다양한 디지털 채널의 실시간 제공 • 디지털 오디오 채널 : 5.1 채널품질의 다양한 오디오 채널서비스

IPTV 서비스의 주요 특징은 기존 TV의 일방적이고 수동적인 서비스에서 발전하여 이용자가 실제 TV를 보면서 행동을 취하는 능동 서비스로서 고객참여형이며, PC기반이었던 특정 대상의 즐거움에 대한 체험을 TV와 접목하여 전 연령층의 국민 대상으로 넓힌 체험확장형이라는 것이다. 또한, 스포츠 경주의 여러 카메라 취재장면을 동시에 다채널로 모두 제공할 수 있는 멀티앵글과 같은 신규 응용서비스 제공이 가능하다. 그 밖에도 IPTV는 All IP인 장점을 토대로 상호 운용이 가능하기 때문에 기존 플랫폼의 확장이 수월하고 이종 플랫폼과의 통합이 용이하다.

IPTV 서비스는 [그림 1-8]에 제시된 바와 같이 크게 콘텐츠, 플랫폼, 네트워크, 단말기의 순차적 흐름을 통해 제공된다. 콘텐츠 부분에서는 기존 방송 콘텐츠와 인터넷상의 풍부한 콘텐츠가 융합되어 존재하고, 플랫폼 부분에서는 융합 콘텐츠가 TV에 맞게 재구성되며, QoS가 보장되는 네트워크 부분에서는 TV에 맞는 융합 콘텐츠가 초고속 인터넷망으로 전송되어 단말부분인 STB 기반의 TV로 사용자에게 전달된다.

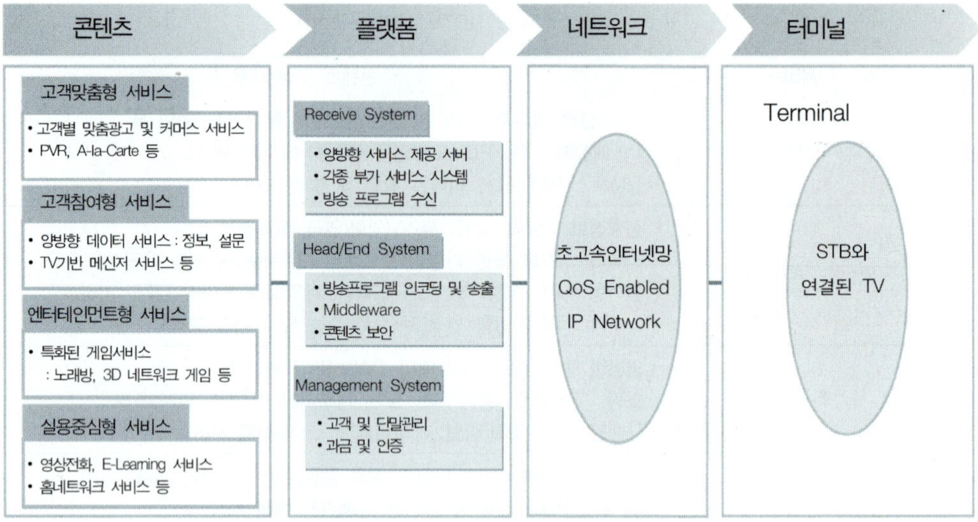

[그림 1-8] IPTV 서비스 제공 모델

IPTV의 IP STB는 다음의 4개 계층으로 구성된다. 응용계층의 다양한 서비스 구현을 통해 디지털 컨버전스를 완성된다.

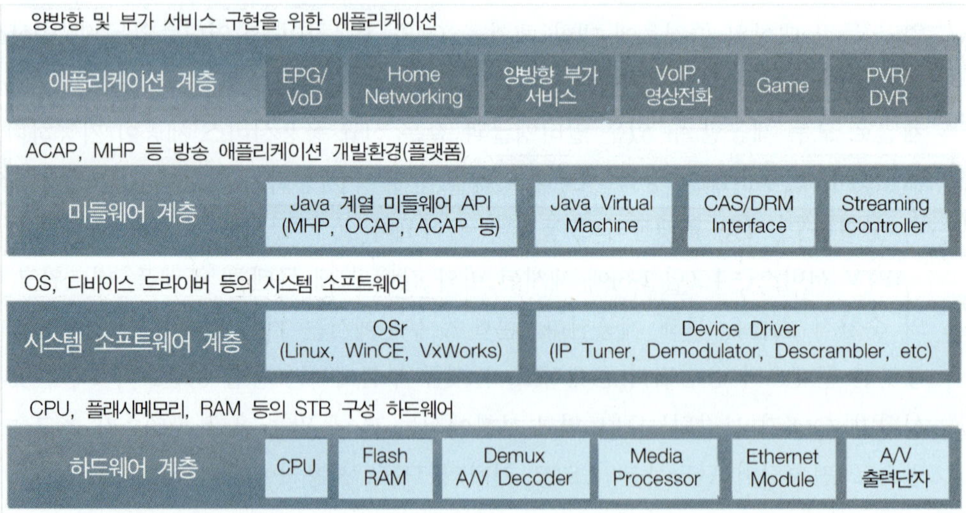

3. IPTV 서비스 구조

IPTV 서비스 플랫폼은 크게 IPTV 헤드엔더와 가입자장치, 백본 네트워크, 액세스 네트워크의 네 가지 요소로 구성되는 [그림 1-9]와 같은 구조이다. 이 구조에서 IPTV 서비스를 위한 모든 기능은 가입자 단말과 헤더엔더 간에 이루어지는 일종의 클라이언트-서버 모델로 동작한다.

즉, 콘텐츠의 발견, 사용자 및 콘텐츠 접속권한 인증, 콘텐츠 보호(CAS/DRM), CODEC(Compression-Decompression), 양방향 서비스 제어를 위한 인터페이스, 가입자 관리 및 과금 등의 서비스에 대한 모든 기능은 헤더엔더와 단말 간에 이루어진다. 망은 단순히 멀티캐스트 스트리밍의 품질을 보장하여 전달하고, 필요에 따라 사용자가 원하는 채널을 액세스망에서 브렌칭하는 기능만을 담당하게 된다.

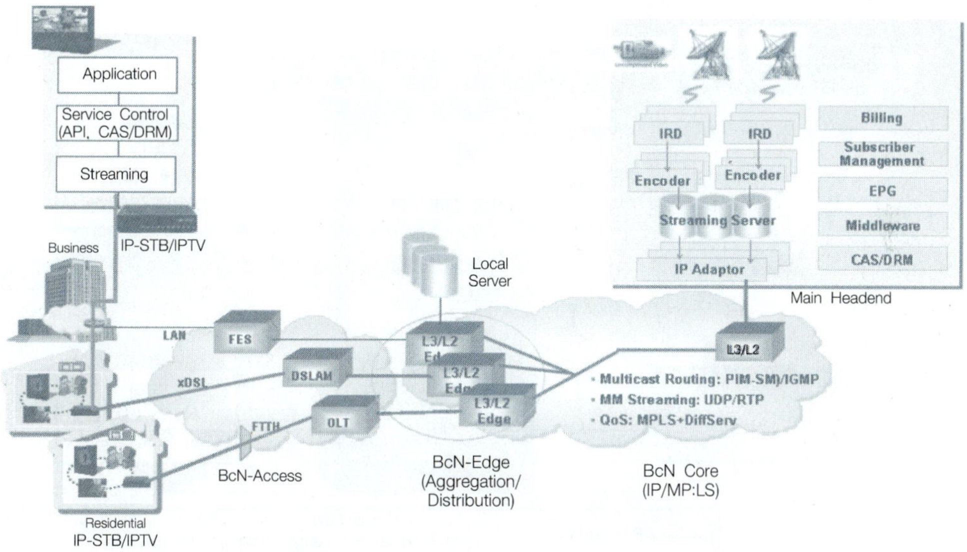

[그림 1-9] IPTV 서비스 구조

이러한 클라이언트-서버 구조는 단순하고, 망 기능이 제한되어 있으므로 서비스 도입이 신속하고 용이한 장점을 갖는다. 그러나 이처럼 응용에 따라 제어 구조가 오버레이 되는 경우 서비스가 늘어남에 따라 망 전체 관점에서는 구성이 복잡해지고, 융합형 서비스를 비롯한 다양한 부가 서비스 제공의 한계에 따른 수익성 제한, 서비스별로 통합되지 않은 구조로 인한 CapEx/OpEx 증가, 통합 자원관리 기능 부재로 인한 품질제어 한계, 확장성 제한 등의 문제를 안고 있다.

따라서 이러한 한계를 극복할 수 있는 새로운 통합된 서비스 제어 구조가 요구된다. 장기적인 관점에서 봤을 때 단말이 통합되고 모바일 TV와 같은 이동성을 지원해야 하며, 통신과 방송 간의 융합형 서비스를 제공할 수 있도록 단말이나 가입자, 서비스 세션에 대한 상태 정보를 공유할 수 있도록 IMS 기반으로의 통합을 고려할 수 있다.

1) IPTV 서비스 수익 구조

기본 서비스 이용료(월정액) 및 유료 서비스 이용료(건별, 종량 등) 부과하여 수익이 발생한다. 발생하는 수익의 일정부분을 협력사(콘텐츠/서비스 제공사업자)에게 배분하여 기존 방송 및 콘텐츠 시장을 확대하여 신규 윈도우 창출, 차별화된 콘텐츠 수요가 급증한다.

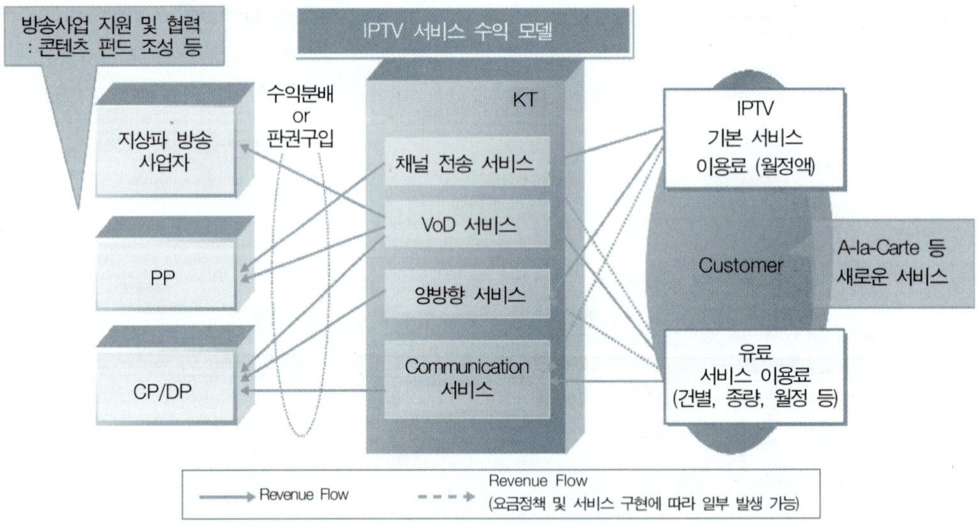

[그림 1-10] IPTV 서비스 수익 구조

4. IPTV와 디지털 방송

1) IPTV와 디지털 방송의 차이점

〈표 1-3〉 IPTV와 디지털 방송의 차이점

구 분	IPTV	방송 서비스
주목적	• 콘텐츠 검색/판매/저자/가공 • 콘텐츠 기반 통신 • 콘텐츠 생성형 통신(원격강의)	• 콘텐츠 소비
전달 대상 및 방식	• 소수를 위한 방송 • 인터넷 방송 채널 • 지역 방송 • 위치 기반 서비스	• 한정된 수의 채널 • 불특정 다수 • 1 : N • 지역적 제한
정보의 특성	• 개인화 방송 • 실시간 • 양방향 TV • 개인 방송국	• 일반적 • 비실시간 • 단방향 • 사용자와 생산자 불일치
정보의 구성	• 개인별 채널/프로그램 구성 • 실시간 사용자 참여	• 사업자의 편성/사전 계획

2) 디지털 방송의 장·단점

(1) 장 점

- 선명하고 실감나는 화질(아날로그 방송보다 SD급 2배, HD급 5배 화질)
- 쌍방향 커뮤니케이션(시청자가 원하는 정보의 검색 가능)
- 5.1채널 돌비디지털 사운드(5.1채널 사운드 지원)

(2) 단 점

- EPG(Electronic Program Guide)[1] 사용 어렵다.
- 아날로그 방송에 비해 채널 전환속도가 다소 느리다는 점이다.
- 초기 부담금이 크다.

---

1) EPG(Electronic Program Guide) : DTV는 채널이 너무 많아서 일반 리모컨으로는 채널을 선택하기가 매우 힘들다. 그러므로 DTV 전용 리모컨인 EPG(Electronic Program Guide)을 이용하여 일일이 채널을 거치지 않고 한 번에 원하는 채널을 선택할 수 있다.

1-2. IPTV의 특징

IPTV 서비스는 IP망을 기반으로 하고 있어 양방향 서비스, 개인화, 번들 서비스가 가능하다는 장점을 지니고 있다. 기존에 PC 기반으로 인터넷 서비스를 제공하는 방송기능이 통합된 서비스 개념을 포괄할 뿐만 아니라 동시에 VoD, EOG, T-커머스, 방송 프로그램 연동형 데이터서비스를 제공하는 통신과 방송기능이 모두 녹아 있는 융합 서비스이다. 초기에 제공되는 IPTV 서비스는 기존 방송의 실시간 전송 서비스보다는 VoD 형태의 주문형 서비스로 출발하고 있으며, 여기에 인터넷과 TV가 결합된 T-커머스, T-정부, T-러닝 등의 추가 기능이 제공되어 모든 TV 방송의 주도권이 방송사나 중계업자가 아닌 시청자 중심으로 전환되는 현상을 보이고 있다.

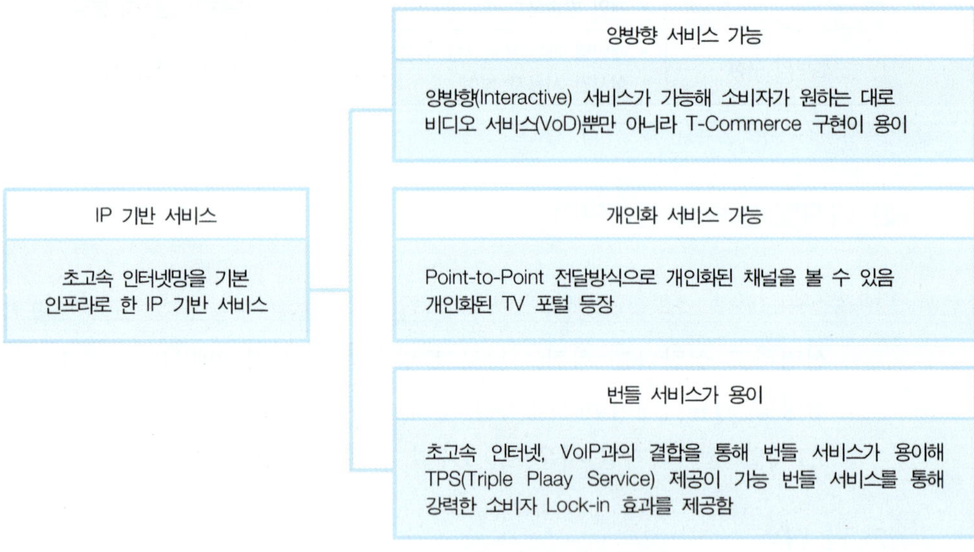

[그림 1-11] IPTV 서비스의 특성

IPTV는 초고속 인터넷 네트워크를 기반으로 이루어진 서비스이기 때문에 성공적인 서비스를 위해서는 콘텐츠 제공자(Content Provider), 콘텐츠 집합체(Content Aggregator) 그리고 네트워크 운영자 간의 긴밀한 관계유지가 필수적이다. 따라서 IPTV도 콘텐츠를 제공하는 다른 유사 비즈니스와 마찬가지로 콘텐츠를 제공하는 사업자들에 의해 만들어진 콘텐츠를 콘텐츠 집합체(Contents Aggregator)가 특정 고객을 위해 특화된 서비스 형태로 가공하여 네트워크를 보유한 서비스 제공자나 네트워크 운영자를 통해 제공하게 된다. 각 단계별로 사업적인 면에서 추구하는 바가 다르지만 최종 서비스를 전달하는 네트워크 운영자 측면에서는 서비스의 질, 네트워크 트래픽 관리 및 ARPU의 증대 등에 집중하는 전략이 요구된다. 이를 위해선 타 플레이어들에 비해 협상력이 상대적으로 우수한 네트워크 운영자가 적절한 CA(Contents Aggregator) 관리를 할 필요가 있다.

기존의 통신 서비스 기반 위에서 비디오 서비스를 제공함으로써 트리플 플레이 서비스(TPS)를 완결하기 위한 현실적인 대안으로 IPTV를 IP 네트워크(예 xDSL, FTTH)상에서 방송과 VoD 형태의 TV 및 비디오를 전달하는 서비스로 정의하고 있어 이는 케이블 TV망 대신에 초고속 인터넷망을 TV에 직접 연결하여 영화, 드라마, 스포츠 등을 즐기는 멀티미디어 서비스라 할 수 있다.

IPTV는 초고속 인터넷과 같은 통신 서비스를 통해 인터넷에 접속하여 디지털 형식의 정보 특히 디지털 방송과 호환될 수 있는 텔레비전이기 때문에 T-커머스 등을 효율적으로 활용할 수 있다. 따라서 IPTV 사업 기회로는 주문형 비디오 혹은 TV 채널 방송을 통한 직접적인 수익뿐만 아니라 VoIP 전화, 초고속 인터넷, 방송 등을 묶어 통합 서비스를 제공함으로써 방송사업 진출을 위한 진입장 벽을 낮춰주거나 T-커머스 등과 같은 전자상거래 시장에 효율적으로 진입하도록 도와주는 등 간접적 수익을 기대할 수 있다.

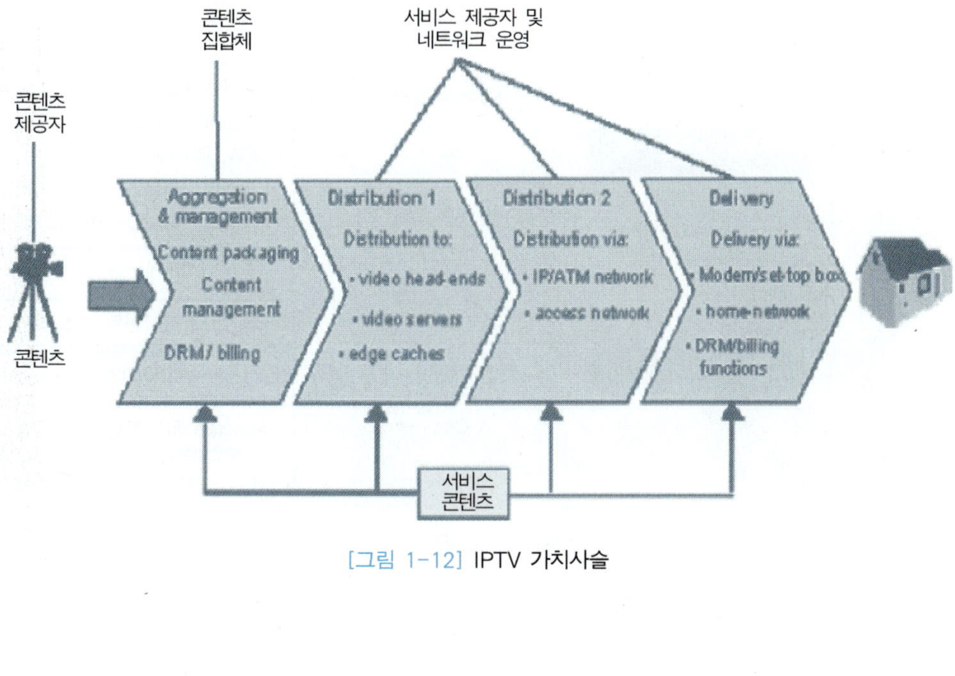

[그림 1-12] IPTV 가치사슬

IPTV란 명칭은 최초 미국에서 유래됐다. 유럽은 ADSL TV, 일본은 Broadband 방송으로 사용된다. 우리는 방송시장 진입이라는 민감한 이슈인 점을 고려해 KT를 중심으로 IP 미디어란 호칭이 사용되고 있으며, 정부 등 일각에선 인터넷 주문형 콘텐츠라는 의미의 'iCOD'라는 이름도 사용한다.

IPTV는 유럽을 중심으로 2002년 시범 서비스에 이어 2003년 상용 서비스가 시작됐으며, 이미 사업 모델을 검증받은 통방융합의 대표적인 서비스로 꼽힌다.

IPTV는 국가마다 다른 용어를 사용하고 있다. 미국은 IPTV, 유럽은 ADSL TV, 일본은 브로드밴드 방송으로 지칭하며, 한국에서는 IPTV를 비롯해 최근 인터넷 주문형 컨텐트(iCOD)라는 용어도 함께 사용하고 있다.

① PC 기반의 기존 인터넷 서비스를 TV 기반으로 전환하여 제공(T-Interactive)
② TV 단말에 적합한 양방향 통신 서비스 제공(T-Communication)
③ 고객이 선호하는 방송 프로그램 전송 서비스 제공(T-Channel)

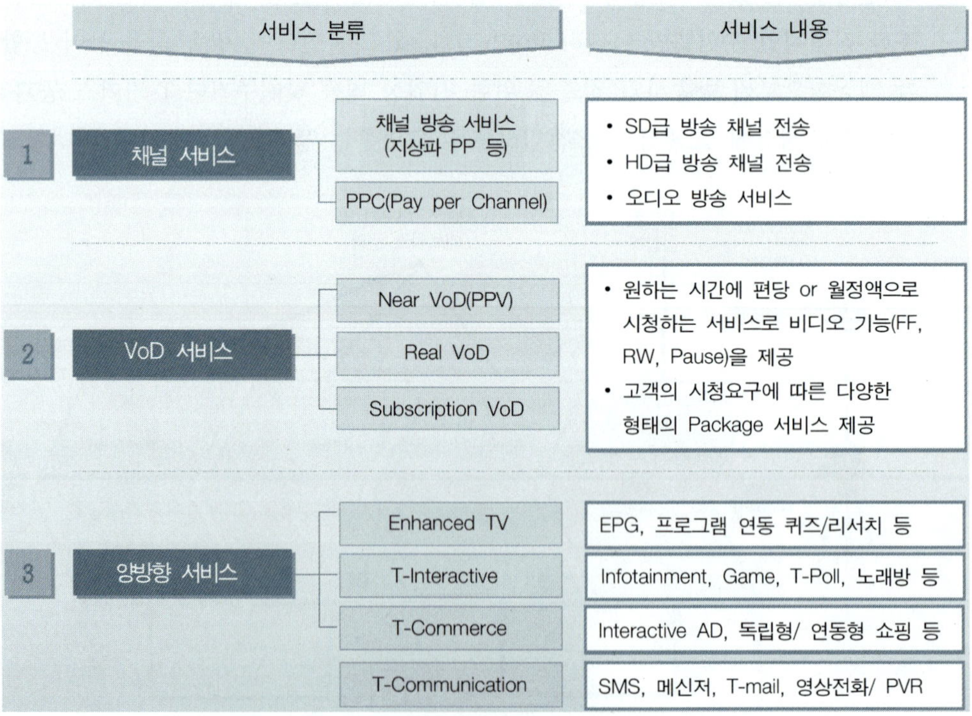

[그림 1-13] IPTV 서비스 분류

IPTV 서비스는 고객이 선호하는 방송 프로그램 서비스인 '채널 서비스', 데이터 방송을 IP 기반으로 전환하여 제공하는 'VoD 서비스', PC 기반의 기존 인터넷 서비스를 TV 단말에 적합하게 변화한 '양방향 서비스'로 범위를 나타낼 수 있다.

〈표 1-4〉 IPTV 서비스 범위와 내용

IPTV의 범위	서비스 내용
채널 서비스	일반 유료 TV 서비스와 유사한 형태의 다채널 방송 서비스
VoD 서비스	VoD(Video on Demand), T-Commerce, 그리고 Walled Garden 서비스로 인터넷의 다양한 정보를 TV에 적합하게 재가공하여 On-Demand 및 방송방식으로 제공하는 서비스
양방향 서비스	인터넷 서비스와 T-Communication 서비스, 양방향 특성을 활용한 SMS(Short Message Service), TV 화상회의 등의 응용 서비스

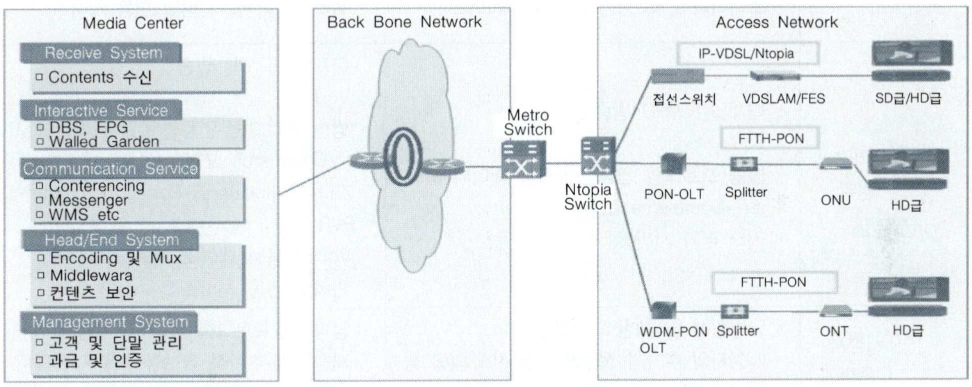

[그림 1-14] IPTV 서비스 구성도

〈표 1-5〉 IPTV 기술의 주요 요소와 장비

층(Layer)	주요 요소(Component)	관련 장비
콘텐츠	동영상, 음성, 데이터	TV 또는 PC
응용	소프트웨어, 미들웨어	STB
프로토콜	IP-멀티케스트, 유니케스트	Headend(Encoder, CAS/DRM, Multicast server, VoD 및 Portal Server, Content Server, Management(Billing/Accounting) Server)
설비 혹은 네트워크	IP-멀티케스트, MRP(Multicast Routing Protocol), MMP(Multicast Membership Protocol)	VDSL, FTTH, Router, DSLAM, IP-QoS

1. DMC와 IPTV의 비교

디지털 케이블 방송을 가능케 하는 DMC(Digital Media Center)는 디지털 유선방송 송출사업으로 "종합유선방송사업자(SO)와의 계약에 의하여 자체적으로 또는 방송채널 사업자(PP, CP, DP 등) 등이 제공하는 콘텐츠를 디지털화하여 SO에게 공급하는 사업"으로 정의한다.

〈표 1-6〉 디지털 케이블 방송과 IPTV 서비스와의 비교

	디지털 케이블 방송	IPTV
네트워크	• HFC 기반으로 방송주파수 사용 • 공유(shared)망 구조로 하향 위주(Star 망 구조) • 리턴패스는 통신망 이용	• IP(xDSL, FTTx, Cable망) 기기반으로 패킷 전송 • 전용(dedicated)망 구조로 상, 하향 동등 (Point-to-Point 망구조) • 상향, 하향 동일한 망 이용
서비스 내용	• 멀티미디어 및 동영상 위주의 서비스	• 멀티미디어 및 인터넷 연동 서비스
서비스 범위	• 다채널 SD/HD 방송 • VoD • 방송 프로그램 연동형/독립형 데이터 서비스(T-Commerce 포함) • 기타 부가 서비스(EPG, PVR 등)	• 다채널 SD/HD 방송 • VoD • 방송 프로그램 연동형/독립형 데이터 서비스 (T-Commerce 포함) • 기타 부가 서비스(T-Portal, T-Communication, PVR 등) • VoD 연동형 데이터 서비스 • 인터넷 연동 서비스
시청자 이용형태	• 단방향성 및 제한적 양방향성 • 시청자의 추가적 정보탐색 욕구에 의해 능동적(선택적)으로 반영	• 양방향성(프로그램 참여 및 사용의 개념) • 시청자의 추가적 정보탐색 욕구에 의해 능동적(선택적)으로 반영
헨드엔드	• 전송방식 : 브로드캐스트 • 압축방식 : MPEG2	• 전송방식 : 멀티캐스트 • 압축방식 : MPEG4, H.264
STB	• STB + TV • STB built-in TV • STB(STB+Cable modem) + TV	• IPTV STB + TV
장점	• 방송관련 서비스 강점	• 통신관련 서비스 강점
단점	• QoS 보장형	• Best-effort로 QoS를 위한 보장장치 필요

2. 데이터 방송과 IPTV

데이터 방송은 "방송사업자의 채널을 이용하여 데이터(문자, 숫자, 도형, 도표, 이미지 그 밖의 정보체계를 말한다)를 위주로 하여 이에 따르는 영상, 음성, 음향과 이들의

조합으로 이루어진 방송 프로그램을 송신하는 방송(인터넷 등 통신망을 통하여 제공하거나 매개하는 경우를 제외한다)(방송법 제2조 다항)"으로 그리고 "데이터와 이에 따르는 영상, 음성, 음향 등을 보내는 방송으로서 중/단파방송(제8호) 내지 텔레비전 방송(제10호)에 해당하지 아니하는 방송(전파법 시행령 제2조 1항)"으로 정의한다.

기술적 특성으로 데이터 방송은 방송주파수를 이용하나, 서비스 범위와 시청자의 이용형태는 통신서비스와 유사한 특징을 보인다. 데이터 방송은 매체이기보다는 어느 매체에나 담길 수 있는 서비스로 지상파 또는 케이블, 위성 등에서 제공한다. 데이터 방송은 방송망을 기반으로 여러 가지 부가 정보를 대화형으로 제공하는 서비스 유형인데 반해, IPTV의 데이터 방송은 IP망 기반으로 디스플레이로 TV를 활용하여 멀티미디어 및 인터넷 연동 서비스를 제공하는 서비스이다.

〈표 1-7〉 데이터 방송과 IPTV 데이터 방송과의 비교

	데이터 방송	IPTV의 데이터 방송
네트워크	· 방송망(지상파, 케이블, 위성) 기반으로 방송주파수 사용 · 리턴패스는 통신망 이용	· IP(xDSL, FTTx, cable망) 기반으로 패킷 전송 · 상향, 하향 동일한 망 이용
서비스 내용	· 그래픽, 문자 위주의 서비스	· 멀티미디어 및 인터넷 연동 서비스
서비스 범위	· 방송 프로그램 연동형/독립형 데이터 서비스 · 전용 데이터 방송 서비스	· VoD · 방송 프로그램 연동형/독립형 데이터 서비스 (T-Commerce 포함) · VoD 연동형 데이터 서비스 · 인터넷 연동 서비스
시청자 이용 형태	· 양방향성(프로그램 참여 및 사용의 개념) · 시청자의 추가적 정보탐색 욕구에 의해 능동적(선택적)으로 반영	· 양방향성(프로그램 참여 및 사용의 개념) · 시청자의 추가적 정보탐색 욕구에 의해 능동적(선택적)으로 반영
헤드앤드	· 전송방식 : Unicast · 압축방식 : MPEG2	· 전송방식 : Multicast · 압축방식 : MPEG4, H.264
STB	· STB + TV · STB built-in TV	· IPTV STB + TV
장점	· 방송 프로그램 연동 서비스 강점	· 초고속망을 이용, 동영상 및 데이터 서비스 제공 · IP 멀티캐스팅으로 직접 방송 서비스 제공 가능
단점	· IP 기반의 데이터 서비스 대비 규제 심함 · IP 기반의 데이터 서비스와의 접속 금지로 인해 확장성 제한 · 위성의 PSTN 모뎀 내장 STB의 경우에는 리턴패스 처리속도가 늦어 서비스 이용률 저하 초래	· 방송 프로그램 연동형 데이터 서비스 경쟁력 취약 · STB 가격이 아직 데이터 방송 대비 고가(약 1.5배)

3. 인터넷 방송과 IPTV

인터넷 방송(Webcasting)은 통신망을 통하여 비디오, 방송 프로그램, 실시간 중계 등 멀티미디어 콘텐츠를 제공하는 서비스이나 IPTV는 기존 TV에 셋톱박스를 설치하고 무선 리모컨을 이용하여 간단한 버튼 조작만으로 별도의 유저 인터페이스를 통하여 인터넷상의 콘텐츠 접속이 가능한 서비스로 인터넷 방송과의 차이가 있다. 제공 가능한 서비스 측면에서는 거의 차이가 없다.

〈표 1-8〉 인터넷 방송과 IPTV의 데이터 방송/쌍방향 서비스와의 비교

	인터넷 방송	IPTV의 데이터 방송/쌍방향 서비스
STB 및 단말	• PC, PDA, 휴대폰 등(TV-OUT 옵션으로 TV 화면 이용 가능)	• VoD 전용 셋톱박스 + TV
입력장치	• 키보드(옵션 : 리모컨)	• 리모컨(옵션 : 무선 키보드)
제공 가능 서비스	• VoD, 드라마, 네트워크 게임, 뉴스, 증권 • 뮤직비디오, 인터넷 라디오, 음반 다운로드 PPV, 동화상 광고, 양방향 쇼핑몰, 지역 네트워크 • 화상회의/채팅, 원격교육, 사내방송	• VoD, 드라마, 네트워크, 게임, 뉴스, 증권, 음악 • PPV, 동화상 광고, 양방향 쇼핑몰 • 화상회의/채팅, 온라인 교육, 지역 네트워크 • 홈시큐리티, VoIP, 가전제어, 무선랜
네트워크	• 인터넷망	• VPN과 인터넷망
전송 방식	• Unicast	• 다채널 방송 : multicast • VoD : unicasting
압축 방식	• MPEG4, Divx,WM 9 등(300k~1Mbps 내외)	• MPEG2, MPEC4, WM9, H.264 등 (800k~4Mbps)
사용자	• 전세계 인터넷 사용자	• 해당 사업자를 통한 가입자
서비스 메뉴	• 웹브라우저	• TV 전용 User Interface
장점	• 구축비용이 적게 듬	• SVHS 수준 영상, 5.1채널 음질 지원 가능, buffering이 없어서 FF/REW가 자유로움
단점	• VHS 수준 영상, 일부 5.1채널 음질 지원, buffering이 있음	• 구축비용이 많이 듬

4. IPTV와 기존 매체/서비스와의 비교

IPTV는 디지털 케이블/데이터과 비교해서 서비스의 유사함은 보이지만, 기술적 대체성과 개방성 그리고 계층의 일치성에서 서로 다른 점들을 가진다.

〈표 1-9〉 IPTV와 기존 서비스 또는 매체들 간의 비교

	IPTV			
	기능적(서비스) 유사성(Functional Similarity)	기술적 대체성 (Technical Substituability)	개방성 (VPN 또는 P2P)	층의 일치성 (Layer Equivalence)
디지털 케이블	상	하	높음	응용 : 다름 프로토콜 : 다름 장비 : 다름
데이터 방송	상	하	높음	응용 : 다름 프로토콜 : 다름 장비 : 다름
인터넷 방송	상	중	같거나 낮음	응용 : 다름 프로토 : 같음 장비 : 같음

인터넷 방송의 경우 IPTV는 서비스의 유사성뿐만 아니라 기술적 대체성, 개방성 정도, 그리고 네트워크와 프로토콜에 이르기까지 매우 유사한 점들을 가진다.

IPTV와 인터넷 방송은 애플리케이션(Applications), 즉 유저 인터페이스 측면에서는 서로 다르다.

5. 웹 2.0 기반 IPTV 서비스

인터넷을 기반으로 하는 TV 서비스는 기본적으로 기존의 지상파 방송이나 CATV 방송과 차별화되는 양방향 서비스의 특징을 제공할 수 있었고, 디지털 미디어 처리 기술과 네트워크 기술의 발전으로 인해서 HD급의 고품질 영상 서비스를 IP망에서 제공할 수 있는 환경으로 발전이 되고 있다. 하지만 현재까지의 IPTV 서비스는 인터넷과 웹이 갖는 근본적인 특성들을 완전하게 반영한 서비스라고 하기에는 아직 부족한 부분이 많다고 할 수 있는데, 기존의 CATV나 DTV 서비스 방식을 IP망에서 그대로 답습하고 있는 수준이다. 물론 이것은 기술적 이유라기보다는 기존의 방송 서비스의 생태계 특성과 태생적인 한계로 인하여 인터넷이나 웹의 관점에서 보았을 때 서비스 제공의 유연성이 부족한 것처럼 보이는 점도 있을 것이다. 하지만 최근 들어 웹 2.0이라는 새로운 트렌드와 함께 IPTV 서비스의 새로운 확장 가능성이 거론되면서 기존의 IPTV 서비스에 대한 발전 방향으로 웹 2.0과 결합된 TV 서비스가 이슈로 등장하고 있다.

〈표 1-10〉 웹 2.0 기반의 IPTV 서비스 특징

웹 2.0의 특징	웹 2.0 기반 IPTV 서비스
플랫폼으로서의 웹(환경)	• 인터넷(웹) 자체가 자생적인 TV 플랫폼이 됨(UCC 포함)
집단 지성의 활용(방법론)	• 무한 채널 서비스를 통하여 잊혀진 콘텐츠의 가치를 부활 –1인 미디어, 마이크로 미디어(롱테일 비즈니스)
데이터는 차세대 "Intel Inside"(방법론)	• 기술이 아닌 콘텐츠가 승부의 관건임(TV를 넘어선) • 누구나 TV 콘텐츠를 만들 수 있음(UCC 등)
소프트웨어 배포 주기의 종말(환경)	• 항상 실시간 업데이트(Browser/Middleware)
가벼운 프로그래밍 모델(방법론)	• Open API 기반 매시업 서비스를 통한 손쉬운 서비스 개발
단일 디바이스를 넘어선 소프트웨어(환경)	• 기존의 셋톱박스 방식을 넘어선 다양한 단말 지원 • 모바일 IPTV 서비스 등을 위한 모바일 디바이스 지원 등
풍부한 사용자 인터페이스(인터페이스)	• 패키지소프트웨어 이상의 웹 기반 UI 제공(AJAX 등)

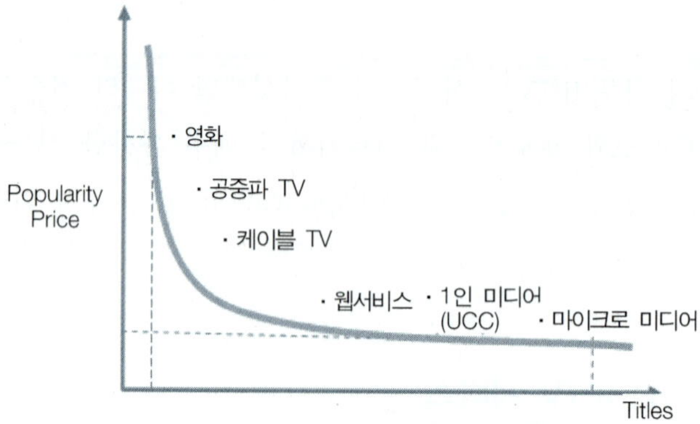

[그림 1-15] 마이크로 미디어와 롱테일

〈표 1-10〉는 IPTV가 웹 2.0 개념을 수용하면서 보여줄 수 있는 서비스의 특징들을 정리한 것으로 앞으로 웹 환경 자체가 TV 플랫폼이 될 것이며, [그림 1-15]처럼 개방화된 IPTV 플랫폼을 통해 방대한 영상 콘텐츠 제공이 가능해지며 이를 통해 소위 롱테일 효과라고 일컫는 잊혀진 과거의 콘텐츠가 새로운 가치를 갖게 될 것이다. 또한, 콘텐츠 제공은 더 이상 제공자의 전유물이 아닌 사용자 참여 중심의 콘텐츠 제공방식이 보편화될 것이고, 과거 셋톱박스 미들웨어 방식을 넘어선 웹 기반 브라우징 방식을 통한 유연한 사용자 인터페이스 제공이 가능해질 뿐만 아니라, 서비스 제공방식에 있어서도 Open API 기반의 매시업 서비스를 통해 손쉽게 IPTV 서비스를 제공할 수 있으며, 다른 서비스와의 연동을 통한 융합 서비스 제공도 매우 용이해질 것이다. 이처럼 웹 2.0 기반

의 IPTV 서비스는 기존의 방송형 서비스 구조를 탈피하여 인터넷과 웹이 지향하는 특성을 반영하는 새로운 부가가치를 갖는 차세대 IPTV 서비스로서의 발전 가능성을 제시한다고 할 수 있다.

따라서 이와 같은 웹 2.0 기반의 IPTV 서비스 방식은 〈표 1-11〉과 같은 특징들로 정리될 수 있다.

〈표 1-11〉 웹 2.0 기반의 차세대 IPTV 서비스 특징

개방형 IPTV 서비스	개방형 IPTV 서비스 구조
분산형 IPTV 서비스	멀티플 서비스 제공자를 위한 분산형 IPTV 서비스
대화형 IPTV 서비스	풀 PVR 운영을 갖는 대화형 IPTV 서비스
개인형 IPTV 서비스	고객에게 서비스할 수 있는 개인형 IPTV 서비스
융합형 IPTV 서비스	인터넷 운영을 갖는 융합형 IPTV 서비스
유비쿼터스 IPTV 서비스	여러 가지 장치를 위한 유비쿼터스, IPTV 서비스

현재의 IPTV의 경쟁자는 앞으로 나올 고품질의 프리미엄급 IPTV 서비스가 아니라 현재 인터넷 진영에서 발전되고 있는 웹 기반 TV 서비스라는 견해도 최근 들어 많아지고 있다. 실제로 미국의 유튜브(YouTube)나 우리나라의 판도라 TV(PandoraTV)와 같은 UCC 포털 서비스가 급격히 활성화되고 있는 상황에서 최근 베니스 프로젝트로 이름을 알리고 베타서비스를 시작한 Zoost 서비스나 Rimo 서비스 등은 앞으로 인터넷을 기반으로 하는 TV 서비스의 발전 가능성을 보여주고 있다.

6. 디지털 방송 기반 기술

1) MPEG-2 시스템과 다중화 기술

1990년 초 세계 표준 제정 기관인 IEC와 ISO는 디지털 영상 압축방식을 개발하기 위한 프로그램을 설립하였고, 이것이 바로 MPEG(Moving Picture Experts Group)의 시작이 되었다. 초기 기술인 MPEG-1을 거쳐 발전된 MPEG-2는 동작 보상 DCT 압축 기술을 그 축으로 하고 있으며 DVB는 MPEG-2 방식을 디지털 방송에서의 큰 축이 될 수 있도록 세계 수준의 방식으로 이끌어 냈다.

MPEG-2는 기존의 MPEG보다 압축 효율과 이용 범위가 향상되었고, 고화질, 고음질의 서비스 제공이 가능하며 미래의 고속 정보망에도 적합하다. 영상 코딩 방식은 정보

스트림 형태의 'syntax'를 갖는 MPEG-2 비디오 표준이고 음성 코딩의 경우는 MPEG II 층 오디오 계층(MUSICAM)를 채택했다.

(1) 압축 원리

모든 프레임을 개별적으로 압축하지 않고 인접 프레임 간의 신호의 정보가 크게 차이 나지 않는다는 점을 착안, 동작보상 방식을 이용하여 프레임 간의 차이점만으로 압축하는 방식이다.

① 압축 프레임의 종류

a. I 프레임

정지화상으로 압축된 프레임으로서 임의의 정보에 대한 접근을 위해 사용되며 이후 프레임의 압축에 대한 기본값의 역할을 한다. 다른 프레임과의 비교없이 자신의 이미지에 대하여 정지화상으로 압축된다.

b. P 프레임

연속하는 이미지들이 유사하다는 점을 이용하여 이전의 I프레임과 P프레임의 정보를 이용하여 압축되는 프레임이다. 이전의 화면에 대하여 정보의 차이값만 부호화하여 압축한다.

c. B 프레임

이전 이후의 I프레임과 P프레임의 정보를 모두 사용하여 압축을 하는 프레임이다. MPEG 압축 방식에서 가장 높은 압축률을 가진다.

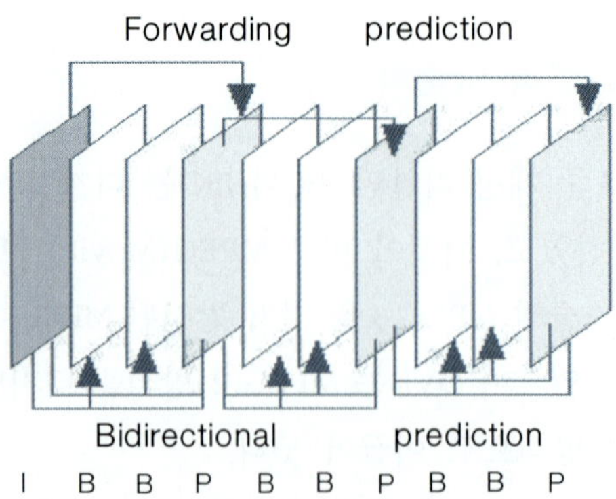

[그림 1-16] B프레임 구조

② 프로파일(Profiles) & 레벨(Level)

MPEG-2 영상의 경우 일련의 압축 프로파일과 압축 레벨로 정의되며 이 조합에 의해 4가지의 포맷이 존재한다. Main 프로파일이 Main level와의 조합일 경우에는 라인당 720pixel의 비트스트림을 가지지만 High level일 경우는 라인당 1920 pixel을 가지게 된다.

a. 프로파일(Profile)

MPEG-2 시스템에는 5가지의 프로파일이 존재한다. 각 프로파일은 서로 다른 압축도구들을 제공하며 상위의 프로파일은 보다 개선된 특성을 가진다.

- Simple 프로파일
- Main 프로파일
  - Bi-directional tool이 추가되어 동일한 비트율에서 개선된 품질을 제공
  - Simple 프로파일에 대해서도 디코딩이 가능
- Scaleable 프로파일
  - 코딩된 화상 정보가 Base layer와 Top-up 신호로 분리될 수 있게 하는 tool이 추가되어지고 이때 top-up 신호는 SNR이나 Resolution을 개선시키는 기능을 가진다.
  - Scaleable 시스템에서는 최하위 Layer가 보다 안정적으로 코딩이 되기 때문에 광역으로의 방송 서비스와 수신 환경이 불량한 지역에서의 서비스를 가능하게 한다.
  - 위의 장점에도 불구하고 현실적으로는 수신기가 너무 복잡해지기 때문에 DVB에서는 채택되어지지 않는다.
    - ▸ SNR Scaleable 프로파일 : SNR 개선을 통한 방식
    - ▸ Spatially Scaleable Profile : Resolution의 개선을 통한 방식
- High 프로파일
  - 모든 툴에 Line-simultaneous color-difference signal을 코딩할 수 있는 툴이 추가
  - 비트율에 대하여 제한이 거의 없는 가장 발전된 형태의 super 시스템

〈표 1-12〉 MPEG-2 시스템의 5가지 프로파일

프로파일 레벨	Simple(SP)	Main(MP)	SNR(SNRP)	Spatial(SSP)	High(HP)
High(HL)	–	1920*1152 60프레임	–	–	1920*1152 60프레임
High1440 (H1440)	–	1440*1152 60프레임	–	1440*1152 60프레임	1440*1152 60프레임
Main(ML)	720*576 30프레임	720*576 30프레임	720*576 30프레임	–	720*576 30프레임
Low(LL)	–	352*288 30프레임	352*288 30프레임	–	–

b. 레벨(Level)

Level은 영상신호의 원 포맷과 관련되어 있으며 이에 따라 다른 품질의 서비스가 제공된다.

- Low 레벨 : 영상의 1/4 형태의 입력 포맵
- Main 레벨 : 완전한 입력 프레임을 갖는 포맵
- High 레벨 : 1920 sample/line의 high definition 포맵

c. 멀티플렉스(Multiplex)

- DVB 시스템을 이루는 기본 빌딩 블록은 MPEG-2 데이터 패킷이며 이들의 전송경로가 되는 것이 바로 멀티 플렉스이다.
- 멀티 플렉스는 데이터 패킷을 DVB container의 형태로 전송을 하며 각 Container의 정보는 DVB-SI에 의해 구체적으로 제공된다.
- MPEG 패킷 : 188byte의 데이터를 포함하는 고정된 길이의 Container
- MPEG은 디코더가 패킷 구조를 검색 해독할 수 있도록 하기 위한 Program Specific 정보를 포함한다.

(2) 다중화(Multiplexing) 기술

몇 개의 저속 터미널들이 하나의 통신회선을 통하여 저속 채널의 결합된 형태의 신호를 전송하고, 이를 수신 측에서 다시 몇 개의 터미널의 신호로 분리하여 컴퓨터에 입출력할 수 있도록 하는 것이다. 즉 여러 스테이션에서 전송되어지는 복수개의 데이터를 하나의 전송로를 공유 전송하는 것을 의미한다.

다중 데이터 터미널 장치(DET)가 하나의 통신회선을 통하여 결합된 형태로 데이터 신호를 전송한 후 수신 측에서 전송된 원래 형태의 데이터 신호를 분리하여 주는 통신 방식으로 다중화기의 기본 특징은 음성과 데이터, 그리고 영상 데이터를 동시에 안전하고 신속하게 서비스해주는 역할을 수행한다.

다중화 기술은 크게 넓은 대역폭을 몇 개의 좁은 대역폭으로 나누어 사용하는 주파수 분할 다중화와 시간을 조각내어 이 조각낸 시간 단위를 여러 이용자에게 할당하여 사용하는 시분할 다중화로 구분된다.

가입자 측에서 다양한 속도로 접속되는 인터페이스 기능을 하며, 음성, 데이터, 영상 서비스, 시스템 사이의 전송선로 자동 우회 기능, 데이터의 Multi-drop 기능, T1/E1 대용량 고속전송 기능 등이 있다.

다중화 기술은 우리 생활 곳곳에서 다중화를 볼 수 있는데, 한 예로 전화망에서 전화 교환국과 교환국간의 전송의 경우에 많은 가입자들의 데이터 또는 신호의 전송을 위해서는 많은 통신회선이 필요로 하게 되는데, 이와 같은 방법을 사용하면 선로비용과 유지보수 등으로 인해 비경제적일 뿐만 아니라 비효율적이므로 이를 개선하기 위하여 고속의 통신회선을 설치를 한 후 다중화 기술을 도입하면 많은 가입자들의 신호를 동시에 전송할 수가 있다.

[그림 1-17]은 다중화의 개념과 다중화기(MUX : Multiplexer)에 대해서 나타내었다. 다수의 데이터 스트림을 하나의 고속 데이터 스트림으로 집중하는 것을 다중화라고 하고, 그 반대를 역다중화라고 한다. 즉 다중화 기술은 자원(전송 채널)의 사용효율을 높이기 위해 통신 링크를 공유하자는 것이 멀티플렉싱(Multiplexing), 즉 다중화 기술이다.

[그림 1-17] 다중화 개념

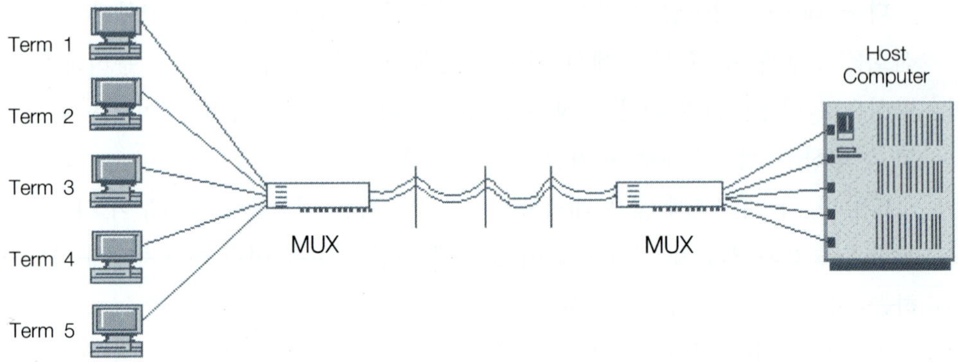

[그림 1-18] 다중화기

2) MPEG, H.264 영상압축 기술과 적용 이슈

(1) MPEG(Moving Picture Experts Group)

MPEG은 국제표준화기관인 ISO/IEC 산하의 멀티미디어 부호화 표준을 다루는 JTC1/SC29/WG11 위원회의 별칭으로서, 1988년 구성된 후 1992년 CD-ROM에 자연음 및 동영상을 효율적으로 압축하고 저장하기 위한 부호화 표준인 MPEG-1을 제정하였으며, 1994년에는 디지털 TV 채널에 자연음 및 동영상을 효율적으로 압축하고 전송하기 위한 MPEG-2의 표준을 완성하였다. MPEG-1은 대부분의 기술들이 현재 사용되지 않고 있고, 오디오 압축 표준인 DAB와 MP3 플레이어로서 디지털 오디오 방송 및 인터넷 휴대용 음악 플레이어 제품시장의 표준으로 널리 보급되고 있다. MPEG-2는 DTV 및 DVD의 부호화 표준으로서 매우 커다란 시장을 형성하고 있다.

MPEG-4는 MPEG-1 및 MPEG-2에서 다루어졌던 자연음 및 영상신호의 압축 기술을 더욱 발전시키고, 컴퓨터가 생성하는 합성음 및 영상의 부호 표준(TTS : Text-To-Speech, SAOL : Structured Audio Orchestra Language)을 비롯하여, 멀티미디어 객체를 4차원 가상현실에 배치하고 사용자가 상호 작용할 수 있도록 하는 부호 표준(BIFS, MPEG-J), 전송매체방식에 의존하지 않는 멀티미디어 전송규약 표준(DMIF), 저작권관리 및 보호 부호 표준(IPMP)을 다루고 있다. MPEG-4는 IMT-2000 영상 서비스 및 모바일 이동통신 서비스의 선택표준으로 채택되어 사용되고 있으며, 현재 휴대용 및 인터넷 영상전화, 영상회의, 인터액티브 TV, 인터넷 방송, 가상현실 멀티미디어 플레이어 등에서 널리 사용되고 있다. 최근 핫이슈로 부각되었던 지상파 DMB의 기술표준으로도 채택된 바 있다.

MPEG-7은 영화, 케이블 TV, 홈비디오 및 음반산업의 발전에 따른 멀티미디어 콘텐츠 제작의 급증과 함께 컴퓨터의 활용을 한 단계 높여 사용자가 멀티미디어 정보를 효율적으로 제작, 편집, 검색 등의 처리를 효율적으로 도와주는 도구를 제공하는 데 목적을 두고 있다. 이러한 도구에 있어 핵심이 되는 기술은 멀티미디어 정보를 효과적으로 기술하는 메타데이터 기술로서, MPEG-7은 정지영상, 동영상, 음악 등 멀티미디어 정보에 대한 메타데이터의 표준을 다루고 있다. 향후 전자도서관, VoD, 멀티미디어 검색 소프트웨어 등의 시장을 창출할 것으로 예상된다.

MPEG-21은 MPEG 표준화위원회가 2000년 5월 표준화 작업을 시작하였으며, 영화, 음악, 소프트웨어, 전자서적 등의 멀티미디어 콘텐츠가 제작되면서부터 최종 소비자에게 이르기까지의 과정을 콘텐츠 제작자, 배급업자, 최종 사용자가 쉽게 접근할 수 있는 틀을 제공하는 표준으로서 멀티미디어 콘텐츠의 전자상거래가 대표적인 응용이다. MPEG-21은 이러한 멀티미디어 틀에 대한 각 사용자들의 요구사항을 분석하고, 기존의 다양한 네트워크, 단말기, 전송규약, 디지털 저작권 보호 등의 표준과 기술을 검토하여 이를 보완하여 통합하는 표준을 제정하는 것을 목적으로 하고 있다.

〈표 1-13〉 MPEG의 표준

MPEG-1	VCD, MP3 표준
MPEG-2	Digital TV, DVD 표준
MPEG-4	유무선 멀티미디어 표준
MPEG-7	설명, 오디오, 비디오 콘텐츠의 검색 표준
MPEG-21	Multimedia Framework의 표준 또는 유비쿼터스 멀티미디어 표준

MPEG-2까지는 우리의 일상생활에 벌써 활용이 되고 있는 것이고, 현재 이슈가 되고 있는 것은 휴대폰 동영상 솔루션으로 MPEG-2를 활용한다는 것이다. 아직 콘텐츠가 부족해 바로 MPEG-4의 확산이 되지는 않겠지만, DMB 표준이 정해지면서 SKT와 KT의 대대적인 투자가 예상되므로 MPEG-4 확산은 시간문제라고 할 수 있다.

MPEG-4가 장기적인 관점에서는 휴대폰 및 각종 모바일 디바이스에 많이 활용될 것이라고 확신을 할 수 있지만 단기적으로는 약간의 문제점이 있다. 휴대폰에 MPEG-4가 활용될 경우, 기존의 퀄컴 칩 외에 다른 하드웨어가 필요하기 때문에 휴대폰의 가격이 상승하게 되고, 배터리의 용량이 화질이 뛰어난 동영상을 감상하기엔 아직 부족하다는 게 업계 분석이다. 또한, MPEG-4를 활용하는 동영상들의 용량이 커서 망부하가 걸릴 수도 있다.

이러한 문제점들은 기술인 발전을 통해서 분명히 해결되겠지만, MPEG-4 동영상 솔루션이 아닌 다른 종류의 동영상 솔루션 기술을 가진 업체들에서는 중요한 마케팅 포인트가 될 것이다.

① MPEG-1, 2 핵심기술

사용자가 시청하는 음질과 화질을 최대한 유지하면서 전송 및 저장에 필요한 데이터의 양을 줄이는 데이터 압축기술과 압축 부호화된 영상과 음성 그리고 부가정보를 혼합하여 CD-ROM 등의 저장매체에 기록, 재생하거나 공중파를 통해 실시간 전송하는 기술이다.

② MPEG-4 핵심기술

a. 자연 영상 압축, 부호화 기술

MPEG-4에서는 기존의 MPEG-1과 MPEG-2에서 영상정보의 부호화를 카메라에서 입력되는 전체 프레임을 기반으로 하는데 비해서 프레임 내의 일부 객체(예 뉴스 장면에서의 앵커부분)만을 독립적으로 압축하여 부호화하는 기술을 제공한다. 이러한 객체기반의 영상신호 압축, 부호화는 다양한 영상편집을 가능하게 하고, 데이터의 압축효율을 높이는 기능을 지원한다. 데이터의 압축효율을 고도로 높이는 기술로서는 1/4 움직임보상, SPRITE, GME 등의 기술이 채택되었다. MPEG-4의 영상부호기술에서는 이동통신 등 전송과정에서 소음의 영향이 매우 큰 환경에서 안정된 정보를 전송할 수 있는 기술을 제공한다. 또한, 인터넷과 같은 가변적인 통신환경에 적응하여 혹은 다양한 단말의 성능에 따라서 영상신호를 효과적으로 전송/수신할 수 있도록 하는 신축성 부호화 기술 및 Wavelet 기술을 이용한 객체기반 정지영상 부호화 기술을 제공한다.

b. 합성영상 부호화 기술

MPEG-4에서는 컴퓨터 그래픽스에 의해 만들 수 있는 가상 얼굴, 가상 몸 등의 가상 객체(Avatar)의 부호화 기술을 제공한다. 가상 얼굴의 부호화는 얼굴의 특징을 나타내는 점들을 매개변수로 하여 가상 얼굴을 정의하고, 가상 얼굴을 움직이게 하며, 가상 몸의 부호화는 몸의 특징을 나타내는 관절점들을 매개변수로 하여 가상 몸을 정의하고, 가상 몸을 움직이게 한다. 또한, 일반적 가상 물체를 표현하는 데 사용하는 3차원 메시(Mesh)를 효율적으로 정의하고 움직이는 기술을 제공한다.

c. 자연음 부호화 기술

MPEG-4 오디오 부호 표준에서는 오디오에 관련하여 낮은 음질에서 높은 음질의 음을 부호화하기 위한 다양한 도구를 제공한다. 먼저 사람의 소리를 부호화하는 기술로서, 사람의 발성기관을 모델로 하는 선형예측 매개변수를 사용한 음성 압축 부호화 기술을 제공하며, 음악 등 일반적인 소리를 주파수 마스킹 효과 등 사람의 청각 현상을 모델로 한 고압축 부호화 기술을 제공한다. 또한, 인터넷과 같은 가변적인 통신환경에 적응하여 오디오를 효과적으로 전송하는 신축성 데이터 부호화 기술을 제공한다.

d. 합성음 부호화 기술

MPEG-4는 컴퓨터가 소리를 만들어 낼 수 있는 크게 2 종류의 합성음 부호화 기술을 제공한다. 첫 번째는 사람 소리의 기본 구성단위인 음소를 이용하여 문자로부터 소리를 발생시키는 기술인 TTS의 표준을 제공하며, SAOL이라고 하는 표준 컴퓨터 언어를 사용하여 신호처리과정을 기술하여 합성음을 정의하고, 이러한 합성음을 발생 시간과 음높이 등을 제어하여 MIDI 보다 더욱 자유롭게 다양한 합성음을 만들 수 있는 기술을 제공한다.

e. 시스템 기술

MPEG-4에서는 가상 4차원 공간에 멀티미디어 객체를 배치하고 사용자 인터페이스에 의해 이를 조작할 수 있는 가상현실 기술로서, VRML에 기반한 BIFS 기술과 Java 언어에 기반한 MPEG-J 기술을 제공한다. 또한, 멀티미디어 객체에 대한 불법사용, 복제 등을 방지할 수 있는 지적소유권에 대한 관리 및 보호에 대한 도구로서 IPMP 기술을 제공한다. 파일 포맷으로서는 MP4라고 하는 Hytime에 기반한 기술을 표준화하여, 멀티미디어 콘텐츠를 효과적으로 접근하고 조작할 수 있도록 파일에 저장할 수 있는 기술을 제공한다. 또한, 여러 명의 사용자가 콘텐츠를 다룰 수 있는 기술의 표준화를 진행중이다.

f. 멀티미디어 전송기술

MPEG-4에서는 멀티미디어 전송기술로서 DMIF를 제공한다. DMIF는 멀티미디어 콘텐츠를 다양한 저장 및 전송매체에 적응하여 응용프로그램에서 저장 및 전송매체를 의식하지 않고, 전송, 저장할 수 있도록 인터페이스와 전송 프로토콜을 제공한다.

③ MPEG-7 핵심기술

MPEG-7에서는 먼저 멀티미디어 콘텐츠에 있어서 고유한 시청각 특성을 표현하는 메타데이터를 표준화하고 있다. 정지영상에 대해서는 모양, 색, 텍스처 등의 특징을 효과적으로 표현하는 기술을 다루며, 동영상에 대해서는 Zoom, Panning, Tracking과 같은 카메라 움직임, 객체가 어떤 경로로 움직이었나를 나타내는 움직임 궤적(Motion Trajectory), 그리고 동영상 내에서 얼마나 활발한 움직임이 있는가를 나타내는 움직임 활동(Motion Activity) 등의 특징을 표현한다. 소리에 대해서는 멜로디, 박자, 음색 등의 사람의 청각인식에 관련된 메타데이터와 더불어 신호의 세기, 주파수, 피치 등 신호수준에서의 메타데이터 기술을 다룬다. 또한, MPEG-7에서는 멀티미디어 콘텐츠에 일반적으로 적용되는 데이터 모델을 MDS라는 이름으로 표준화하고 있다. MDS는 멀티미디어 콘텐츠의 계층적 구조체계, 개념적 구조체계 및 이들의 관계체계, 멀티미디어 콘텐츠의 요약기술, 사용자 선호도 기술, 전송/저장 매체 및 매개변수 메타데이터 기술 등이 표준화된다.

④ MPEG-21 기술

MPEG-21은 멀티미디어에 관련된 모든 사용자(콘텐츠 제작자, 편집자, 중간상인, 최종사용자)가 멀티미디어를 제작, 편집, 판매, 전송, 사용 등을 통합적으로 할 수 있는 틀의 표준화를 목적으로 하며, 네트워크, 단말기, 디지털 저작권관리, 전자 지불, 데이터 부호화 기술, 메타데이터 기술, 전송기술 등이 요소 기술이며, 이를 사용자에게 통합적으로 제공하는 틀을 표준화한다. 즉 MPEG-21의 비전은 여러 단체에서 사용되는 광범위한 네트워크와 장비에서 멀티미디어 자원을 투명하게 그리고 다양하게 사용할 수 있는 멀티미디어 프레임워크(Multimedia Framework)를 정의하는 것이다.

멀티미디어 콘텐츠 생성, 제작, 전달과 소비를 지원할 수 있는 하부구조를 구축하기 위해서는 우선 콘텐츠를 개별적으로 식별(Identify)할 수 있어야 하고, 기술(Describe), 관리(Manage) 그리고 보호(Protect)할 수 있어야 한다. 콘텐츠의 전송과 전달은 서로 다른 종류의 터미널과 네트워크를 통해 이루어지며, 여기서 발생하는 행위(Event)에 대한 추적 및 보고 기능도 필요하다. 이러한 보고 기능에는 신뢰성 있는 전달, 사용자의 프라이버시를 담고 있는 개인 데이터와 기호(Preference)의 관리 그리고 금융체결 관리 등이 포함된다.

(2) H.264

H.264는 이전 방식에 비해 현저히 큰 압축률을 제공하는 새로운 비디오 압축 표준으로서 MPEG-4 AVC라고 불린다. H.264 표준은 기존의 MPEG-4 ASP보다 두 배 정도 더 많은 압축률과 보다 개선된 인식 품질을 제공할 것으로 기대된다. H.264 표준은 1Mbps 이하의 속도에서 DVD 수준의 고품질 비디오를 제공할 수 있으며, 무선이나 위성 및 ADSL 인터넷 접속을 통해 동작을 완벽하게 재생하는 비디오를 제공할 수 있을 것으로 여겨지고 있다.

■ H.264의 강화된 압축과 인식 품질

- 시간적 중첩성을 최소화해주는 동작 추정
- 공간적 중첩성을 최소화해주는 내부 추정
- 동작 추정 및 내부 추정을 주파수 영역으로 변환하는 기술
- 압축 구조의 단순화
- 자주 출현하는 부호에 적은 수의 비트를 할당하고 가끔 출현하는 부호에는 더 많은 수의 비트를 할당하는 엔트로피 부호화 기술

2003년 7월 완료된 1차 표준화 작업 이전의 H.264 기술은 우리나라에서 학계나 기업, 연구소 그리고 비디오 전문가들에게 알려진 바와 같이 여러 개의 블록 코딩 모드와 다중 참조 픽처 등의 특징을 사용하여 MPEG-2보다 두 배의 압축률, MPEG-4 ASP 보다 40%의 압축률로 동일한 화질을 구현하는 비디오 압축 기술이다. H.264/AVC의 부호화기 구조는 [그림 1-19]와 같으며 각 모듈의 세부적인 알고리즘을 제외하면 기존 비디오 코덱의 구조와 크게 다를 바 없어 보인다. 그러나 H.264/AVC는 기존 비디오 코덱들에

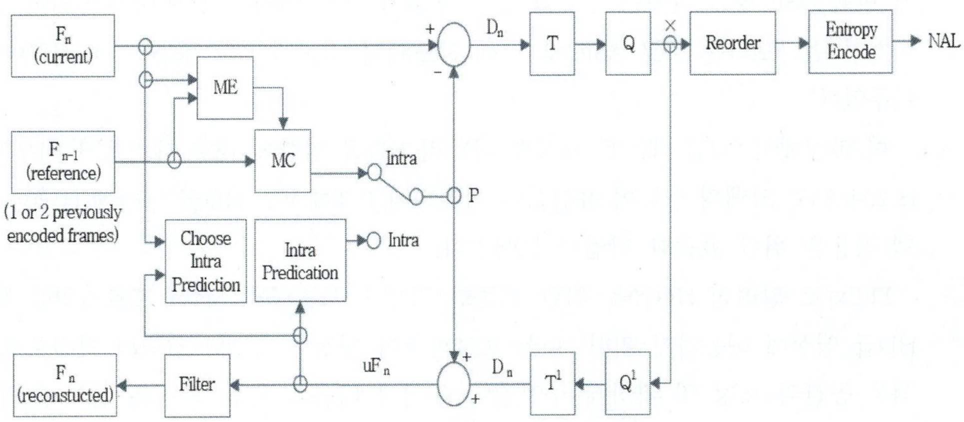

[그림 1-19] H.264 부호화기 블록도

서 채택되지 않은 많은 신기술들과 많은 참조 픽처 혹은 블록들의 사용으로 압축 효율을 극적으로 높였는데, 특히 하인리히 헤르쯔 연구소(HHI)의 토마스 위간드(Thomas Wiegand)에 의해 제안된 Rate-Distortion Optimization 방식은 H.264의 성능을 크게 향상시켜 MPEG-2를 대체하는 새로운 기술로 H.264를 대중화시키는 데 기여하게 된다.

H.264 코덱의 기본 개발원칙은 다음과 같다.

① 비디오 코덱의 기본으로 돌아간 기술개발로서 객체 부호화나 스케일러 빌러티 등은 도입하지 않는다.
② 높은 압축률을 표준화의 최대 목표로 한다.
③ 시간지연의 자유도를 높여 여러 서비스에 적용 가능하도록 한다.
④ 네트워크 친화성이 높아야 한다.
⑤ 에러 내성에 강해야 한다.
⑥ 부호화기와 복호화기의 규격을 스케일러블하게 변경할 수 있어야 한다.
⑦ 복호기 간에 복호값이 같아야 한다.
⑧ 고화질 응용 시스템도 고려한다.
⑨ 저장 매체용 파일 기록 포맷을 정의한다.

이러한 원칙하에 이루어진 표준화 작업 결과 현재 일반적으로 알려져 있는 H.264/AVC의 특징들로 구현되었으며, 가능한 한 고압축률과 고화질을 위해 많은 기술들을 표준으로 채택하여 부호화 및 복호화에 있어 높은 복잡도를 지니게 되어 "매머드 코덱"이라는 별칭을 가지게 되었다. 이 때문에 H.264/AVC 코덱의 성능이 널리 알려져 H.264/AVC 코덱의 실제 구현이 광범위하게 시도되었음에도 ASIC 하드웨어 혹은 대규모 병렬 DSP 방식 외에는 부호화 및 복호화가 모두 어려울 것으로 예상되어 소프트웨어적인 접근보다는 주로 ASIC에 의한 하드웨어 접근과 DSP를 사용한 접근이 주류를 이루었다.

이 과정에서 SD급 테스트 영상뿐 아니라 HD급 영상에 대한 테스트가 이루어지면서 H.264/AVC 코덱의 성능이 유감없이 발휘되자 JVT에서는 HD급 영상에 H.264/AVC 코덱 적용을 위한 표준화 작업에 들어간다.

FRExt로 알려진 HD급을 위한 표준화 작업에서는 주로 Main 프로파일을 확장하여 HD급 영상에 대응하기 위한 High 프로파일의 제정과 H.264 코덱의 약점으로 알려진 색상 공간의 보정 및 확장에 주안점이 주어져 다음과 같은 특징을 가지게 되었다.

① YUV 4 : 2 : 0을 기본으로 하되 4 : 2 : 2 및 4 : 4 : 4 포맷을 지원하며 보다 선명한 색상 복원을 위해 Alpha blending을 지원할 수 있다.
② 1pixel의 기본단위는 8bit이나 10, 12bit를 지원한다.
③ Loseless 코딩 및 Stereo 코딩을 지원한다.
④ 기존 4×4 정수 DCT 연산에 부가하여 정수 8×8 DCT 연산을 추가한다.
⑤ Loseless 코딩을 위해 새로운 Intra prediction 모드를 추가한다(I_PCM).
⑥ 새로운 정수 색상공간을 지원한다.(Y, Cg, Co)
⑦ 보다 고품질의 영상복원을 위한 양자화 매트릭스를 선택적으로 입력할 수 있다.

이러한 H.264 FRExt의 특징들은 기존 HD급 영상 장비와의 호환성을 염두에 둔 것으로서 많은 HD급 영상 장비들이 주로 10bit 데이터 처리를 하며 Alpha blending을 수행하는 것에 대응하기 위해서이다.

또한, 무손실 부호화를 위한 I-PCM 방식이 FRExt의 주요 특징으로 채택되어 부호화기는 어떤 기준에 부합하다고 판단될 경우 참조 픽처의 대블록을 그대로 복사하여 복원할 수 있는 모드가 추가되어 극단적인 고화질 영상, 예를 들어 디지털 시네마와 같은 매우 높은 비트 레이트를 필요로 하는 멀티미디어 서비스에 응용될 수 있게 되었다.

한편 H.264 코덱의 약점으로 알려져 있던 색상 부호화 부분에 있어 새로운 색상 공간을 도입하고 4 : 2 : 2, 4 : 4 : 4 부호화 및 복호화가 가능하도록 하여 색상 부호화의 효율을 높이는 동시에 HD급 영상 장비와의 호환성을 높이도록 하였다.

마지막으로 새로운 정수 8 × 8 DCT 연산이 도입되었는데, 이는 기존의 4×4 DCT 연산이 개발자들의 생각 이상으로 많은 연산 부하를 필요로 하고 하드웨어의 발전에 따라 정수 연산을 도입하였다고 해서 특별히 연산속도가 빨라지지 않으며 기존 부동소수점 8×8 DCT에 익숙한 코덱 개발자들에게 보다 친숙한 DCT 연산을 도입한다는 취지에서 정수형 8×8 DCT가 도입되었다.

1-3 IPTV의 등장 배경

IPTV의 등장 배경은 기술적, 경제적 측면의 공급측 요인과 쌍방향성, 편리성의 소비자측 요인으로 나눌 수 있다.

1. 공급 측 요인

첫째는 [그림 1-20]에서와 같이 네트워크 발전에 따라 서비스의 질적 향상이 이루어지고 있으며, 초고속 인터넷 기술의 발전으로 인한 데이터 전송속도 증가가 IPTV의 가장 큰 성장 동력이 되고 있다. 최근 초고속 인터넷의 발전과 함께 동영상 콘텐츠를 스트리밍 형태로 제공하는 것이 점차 일반화되고 있다. HD급이나 VoD(Video on Demand)를 재생하기 위해서 약 20Mbps의 대역폭이 필요한 것을 감안하면 현재의 VDLS급의 초고속 인터넷은 이를 충분히 제공할 수 있을 정도이다. 향후 100Mbps 이상의 FTTH(Fiber To The Home)가 보편화되면 초고속 인터넷을 통한 동영상 서비스는 더욱 활성화될 것으로 전망된다.

둘째는 산업 전반에 걸친 컨버전스 지향에 있다. 기존의 잘 갖춰진 통신 인프라의 활용을 높이고 범위의 경제 효과를 높이기 위해 통신사업자는 방송과 통신의 융합화를 시도하였고 새로운 신규시장을 창출하여 동영상, 방송 등의 부가 서비스를 제공함으로써 매출을 확대하는 동시에 설비 활용도를 높이는 등 일석이조의 효과를 노리고 있다.

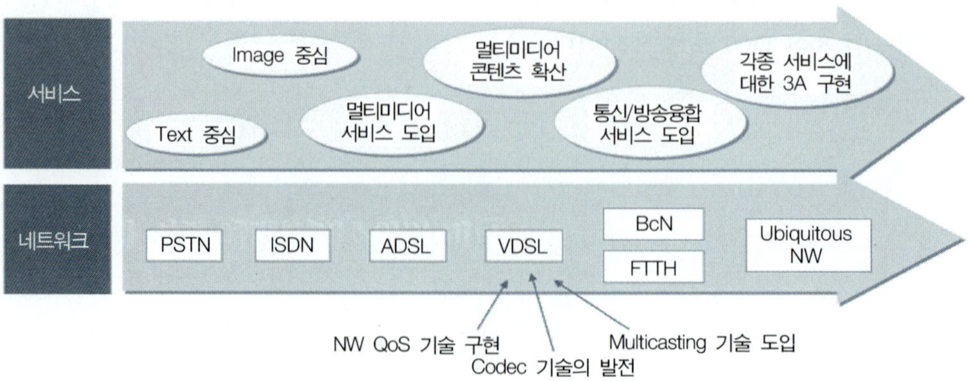

[그림 1-20] 통신망 발전에 따른 서비스 제공 추세

2. 소비자 측 요인

첫째, 소비자는 기존 PC 사용을 통해 원하는 콘텐츠만 선택해서 보는 쌍방향 서비스에 익숙하다는 점이 IPTV의 출현을 앞당기고 있다. 인터넷의 등장과 함께 소비자들은 원하는 정보와 콘텐츠를 적극적으로 찾아보고 있으며 게임과 같은 쌍방향 서비스에 몰입하고 있다. 방송의 경우에도 소비자는 모든 사람에게 동일하게 제공되는 콘텐츠에 만족하지 않고, 원하는 방송을 원하는 시간에 골라서 보는 것을 원한다.

둘째, 소비자가 융합형 서비스의 편리성을 요구하고 있다는 점이다. 지금까지 소비자는 전화, 초고속 인터넷, 방송 서비스를 개별적으로 이용하여야 했지만, PC라는 단말기 사용의 어려움과 사용연령층의 한계를 극복하고 한층 더 편리한 서비스에 대한 요구가 증가하였다. 이에 IPTV는 방송과 양방향 서비스를 동시에 제공하고 홈네트워크 서비스 및 VoIP 서비스 등을 부가적으로 서비스할 수 있는 체제를 갖추었다.

이처럼 공급자 측과 소비자 측의 요구가 맞물려 IPTV는 등장하게 되었고, 현재 방송과 통신 산업 전반에 걸쳐 가져올 파급효과는 매우 크다.

[그림 1-21] 통신과 방송의 융합 서비스 출현

① 인터넷을 이용하여 대용량 서비스가 가능해진 인터넷 전송망의 고도화 통신망 발달과 함께 디지털 비디오 압축 기술의 개발로 고화질의 비디오 전송의 가능하다.

② IPTV는 IP 멀티캐스팅이라는 새로운 전송 기술의 발달과 TV 단말기에서 서비스가 구현되도록 해주는 네트워크 인터페이스 역할을 담당하는 셋톱박스 기능의 발달하였다.

③ 광대역통합망(BcN)과 관련되어 있다.

- IPTV는 "광대역융합 서비스"라는 이름으로 새롭게 추가되었다.
- BcN의 거대한 인프라 위에 IPTV를 통하여 통신, 방송, 인터넷 서비스를 자유자재로 제공할 수 있게 된다.

〈표 1-14〉 케이블 TV와 IPTV 비교

구 분	케이블 TV	IPTV
사업주체	종합 유선방송 사업자(119개)	기간통신 사업자(KT, 하나로텔레콤 등)
서비스 지역	지역 단위(77개 방송권역)	전국 단위(VSDL 이상 가능 지역)
채널 수	TV 채널 50개, 라디오 채널 20개, 데이터 채널 15개	TV 60~100개 채널
서비스 형태	디지털 양방향 서비스 가능	디지털 양방향 서비스 가능
서비스 부가	• VoD 서비스 • EPG 서비스 • 예약 및 SMS 서비스 • TV 쇼핑 • 홈뱅킹 서비스	• VoD 서비스 • EPG 서비스 • 메시징 서비스, VoIP, SMS • TV 쇼핑 • 홈뱅킹 서비스 • 게임 • 웹 검색 서비스

④ 초고속 인터넷 시장이 포화되어 속도별 ARPU(Average Revenue Per User : 가입자당 평균수입)가 지속적으로 감소되어 부가가치 서비스의 필요성을 제기된다.

⑤ 무선전화 가입자가 증가하는데 따라 유선전화의 기존 서비스에 VoIP(Voice over Internet Protocol : 인터넷 전화)와 같은 부가 서비스를 추가하여 통신 산업의 경쟁력 강화목적을 띤다.

⑥ 광대역망 기반으로 영상 콘텐츠, T-커머스 등 다양한 서비스를 음성 및 접속 서비스와 동시에 제공하여 신규수익 창출한다.

- FTTH : Fiber-To-The-Home로서, 가입자망(서비스 제공국~가정)을 광섬유로 구성한 네트워크를 의미하며 네트워크 구조에 따라 PON과 AON으로, 프로토콜에 따라 WDM-PON, GE-PON, G-PON 등으로 구분된다.
- EPG : Electronic Program Guide(전자 프로그램 가이드)로서 인터넷을 이용한 실시간 방송 프로그램 조회, 예약 녹화를 할 수 있는 기능을 의미한다.

1-4 IPTV의 서비스

1. 디지털 TV 서비스

위성방송은 사업초기부터 디지털 방송을 제공했고, 케이블 사업자도 HD급 방송을 개시했으나, TV 수상기 보급률 저조와 시청자의 인식부족 등으로 아직 디지털 TV에 대한 인지도는 낮은 편이다.

IPTV의 안정적인 네트워크에서 HD급의 TV 서비스가 제공됨에 따라 시청자는 큰화면, 고화질, 입체음향의 디지털 TV 방송을 본격적으로 제공받게 된다. IPTV는 양방향화, 개인화된 TV 서비스의 새로운 지평을 열 수 있다.

블로그나 브로드캐스팅, 인터넷 방송 등이 현재의 TV 방송 서비스와 결합되어 PC에서 개인용 비디오를 다운받아 TV 채널을 보는 등 기존 아날로그 TV 방송 서비스에서 구현될 수 없었던 방송 서비스 기술이 실현된다.

2. TPS

① TPS(Triple Play Service : 인터넷, 전화, TV 서비스)

② 하나의 셋톱박스를 통하여 인터넷과 전화, TV를 모두 이용할 수 있는 서비스

- 인터넷, 전화, TV의 기능을 모두 갖춘 셋톱박스의 통합으로 인해 사업자는 비용 절감의 효과, 가입자당 평균수입 증가, 고객 충성도 제고라는 효과를 갖고, 고객 역시 단말가격을 절약하고, 이용도보다 저렴하게 받을 수 있는 서비스적 특성을 지닌다.

③ 다양한 연계 서비스 구현

- 막강한 네트워크를 기반으로 하여 하나의 셋톱박스에서 하나의 서비스가 가능하였던 기존의 서비스 개념에서 탈피한다.
- 댁내의 다중접속(Multiple Stream)을 보장하고, Networked PVR 제공 등이 실현되어 차별적 서비스를 제공하게 된다.
- 통신기술(WLAN, WiBro, HSDPA 등)과 호환되어 이동중에도 IPTV 서비스가 가능해질 것이다.

3. VoD

고객이 원하는 시간에 원하는 콘텐츠를 골라볼 수 있는 서비스로써 IPTV 서비스의 개인화, 양방향성적 특성을 가장 잘 보여준다. 20~80Gb의 하드 기능이 가능한 PVR은 여러 가지 서비스 기능을 탑재하게 된다.

① 실시간 디지털 채널을 녹화하여 재생가능하거나, 특정프로그램을 다운로드받아 시청 가능하다.
② EPG(Electronic Program Guide)를 통해 선호 프로그램을 먼저 녹화하거나 시간을 연기하여 시청할 수 있다.

1-5 IPTV의 현황

IT 기술의 발달로 정보통신산업에서 방송의 디지털화, 통신의 브로드밴드화, 방송과 통신의 융합이라는 3가지 키 트렌드가 일어나고 있다. 방송의 디지털화는 지상파, 위성, 케이블 TV 등 모든 부문에서 진행되고 있다. 방송의 디지털화는 하이비전 방송이나 데이터 방송, 그리고 쌍방향형 TV 방송뿐만 아니라 TV에 하드디스크를 탑재하는 것을 전제로 한 축적형 방송 서비스도 가능하다. 즉 TV의 컴퓨터화이다.

통신의 브로드밴드화는 멀티미디어를 통한 다양한 장르의 정보제공이 가능하다.

인터넷은 텍스트 정보제공뿐만 아니라 최근에는 ADSL이나 케이블 TV 회선, FTTH 등을 이용하여 영상이나 음악 등의 서비스 제공도 가능하다. 광대역 통신망을 이용하여 IPTV, 인터넷 방송, VoD, 음성정보 서비스, 데이터베이스 검색 서비스, 홈쇼핑, 홈뱅킹, 홈트레이딩, 원격진료, 원격교육, 재택행정 서비스 등을 제공받을 수 있다.

1. 국 내

1) 법제도현황

IPTV 서비스 정의규정에 관한 혼란양상은 다음과 같다.

〈표 1-15〉 현 법령상의 전기통신, 정보통신, 방송의 정의

법 률	정 의
전기통신 기본법	"전기통신"이라 함은 유선·무선·광선 및 기타의 전자적 방식에 의하여 부호·문언·음향 또는 영상을 송신하거나 수신하는 것이다.
정보화 촉진 기본법	"정보통신"이라 함은 정보의 수집·가공·저장·검색·송신·수신 및 그 활용과 이에 관련되는 기기·기술·역무 기타 정보화를 촉진하기 위한 일련의 활동과 수단이다.
방송법	"방송"이라 함은 방송프로그램을 기획·편성 또는 제작하여 이를 공중(개별계약에 의한 수신자를 포함하며, 이하 "시청자"라 한다)에게 전기통신설비에 의하여 송신하는 것이다.

① 방송위원회는 IPTV를 '기획, 제작, 편성된 방송 콘텐츠가 실시간으로 공중에게 전달되는 방송 서비스'로 간주하고, 케이블 TV 사업 범주에 넣어서 규제가 가능하다는 입장이다.

② 정부는 '초고속 인터넷망을 통하여 이용자의 요청에 따라 양방향으로 다양한 멀티미디어 콘텐츠를 제공하는 통신과 방송의 융합 서비스'로써 IPTV를 간주하고 있다.

③ 양 규제기관 간의 입장 차이로 IPTV 서비스 정의 및 분류체계가 혼란을 겪고 있으며, 관련 법 조항이 없는 상황이다.

④ IPTV는 경계영역 서비스이므로 '통신'과 '방송'의 어느 것으로 볼 것인가에 대한 결정이 쉽지 않고, 해당 법령도 빠르게 변화하는 기술 및 서비스를 수용할 준비가 되어 있지 않다.

2) 산업현황

① IPTV와 유사한 융합 서비스로 KT의 초고속 통신망을 활용한 '홈엔'이라는 VoD가 2005년 출시됐고, 하나로텔레콤도 2006년 7월초에 TV 포털인 '하나 TV'를 출시하였다.

② KT는 스트리밍 방식, 하나로텔레콤은 다운로드 앤 플레이 방식으로 서비스하고 있는 이는 단순한 VoD 서비스이고, 실시간 채널은 규제공백으로 상용화되지 못하고 있는 실정이다.

[그림 1-22] 하나로텔레콤의 IPTV 서비스 채널 화면

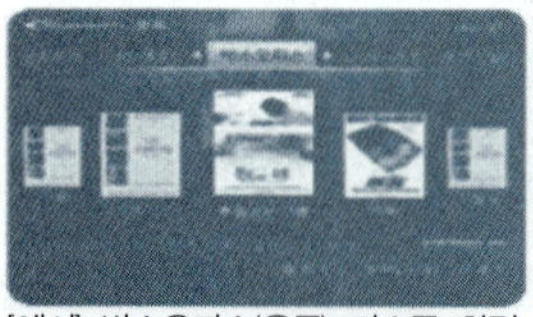

[예시] 박스오피스(유료) 리스트 화면

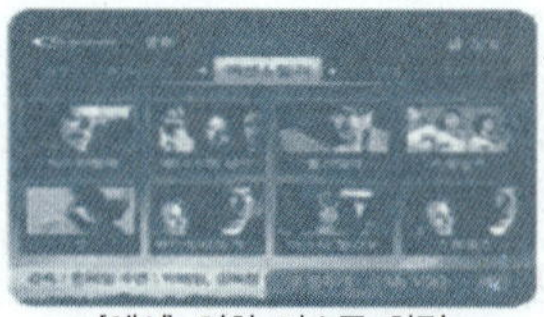

[예시] 영화 리스트 화면

[예시] 영화 상세 화면

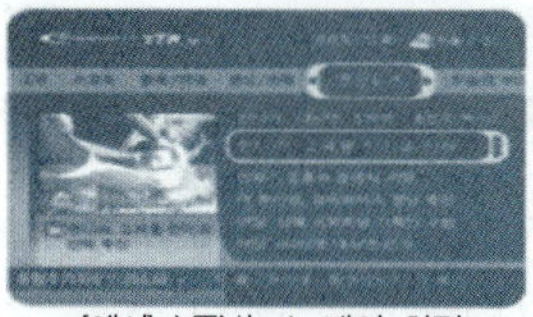

[예시] YTN뉴스 메인 화면

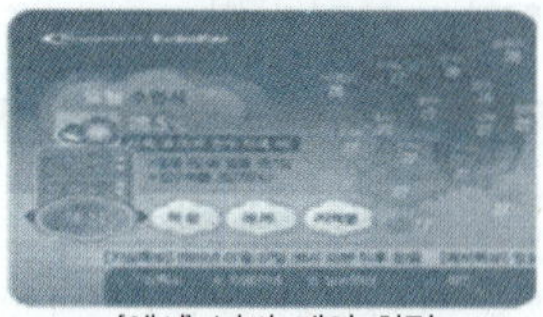

[예시] 날씨 메인 화면

[예시] 운세 메인 화면

[예시] TV 다시보기 리스트 화면

[예시] TV 다시보기 시리즈 화면

[예시] 스포츠웰빙 리스트 화면

[예시] 교육 리스트 화면

[예시] 애니메이션 리스트 화면

[예시] 키즈 리스트 화면

[그림 1-23] KT의 IPTV EPG 서비스

3) IPTV 시범사업

① 주관 : IPTV 시범사업 공동추진협의회

② 목적

- 통신과 방송기술의 상호 호환성, 양방향성, 콘텐츠 보안, 개인정보보호 등 기술적 가능성 및 비즈니스 모델 검증한다.
- 다양한 멀티미디어 콘텐츠 활용의 유용성 검증한다.
- 이용행태, 개선요구사항 등 이용자 반응 검증한다.

③ 서비스 내용 : 실시간 방송 프로그램, 양방향 통신 서비스(VoD, T-커머스, 게임, SMS 등)

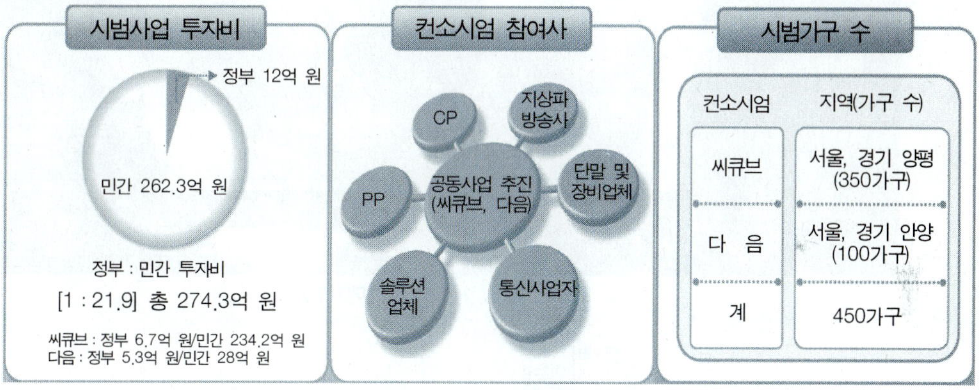

[그림 1-24] IPTV 시범사업 개요

4) IPTV 시범 서비스 내용

(1) KT

① 유/무료 VoD, 양방향 서비스 제공, 스트리밍 방식

[그림 1-25] KT 메가TV

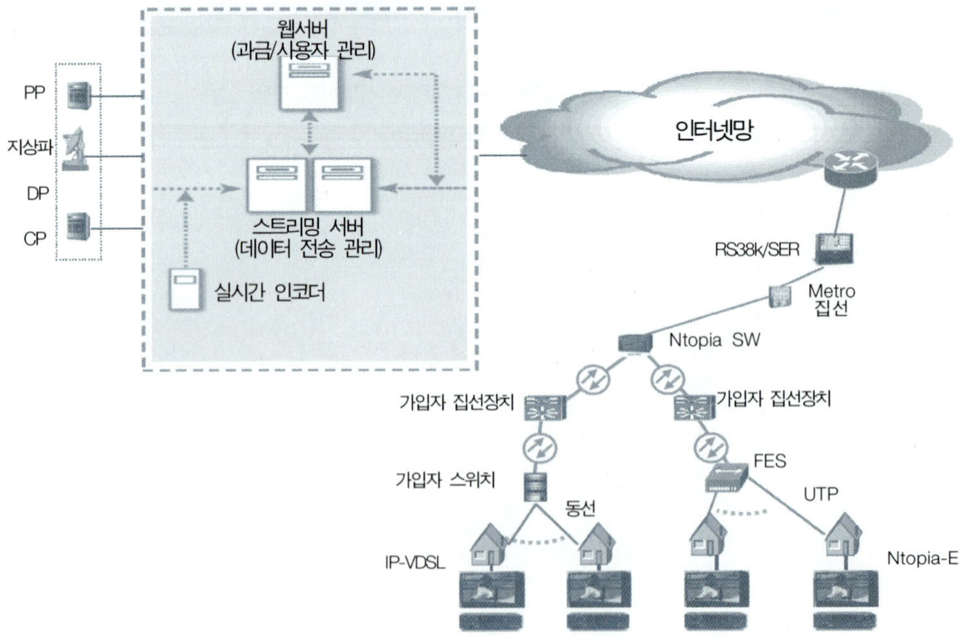

[그림 1-26] KT IPTV 네트워크

(2) Daum

① IPTV 네트워크

- 전용회선을 임차하여 방송 콘텐츠 등 시범 서비스 제공한다.
- IDC 센터에서 VoD, 포털 서비스 등을 제공한다.

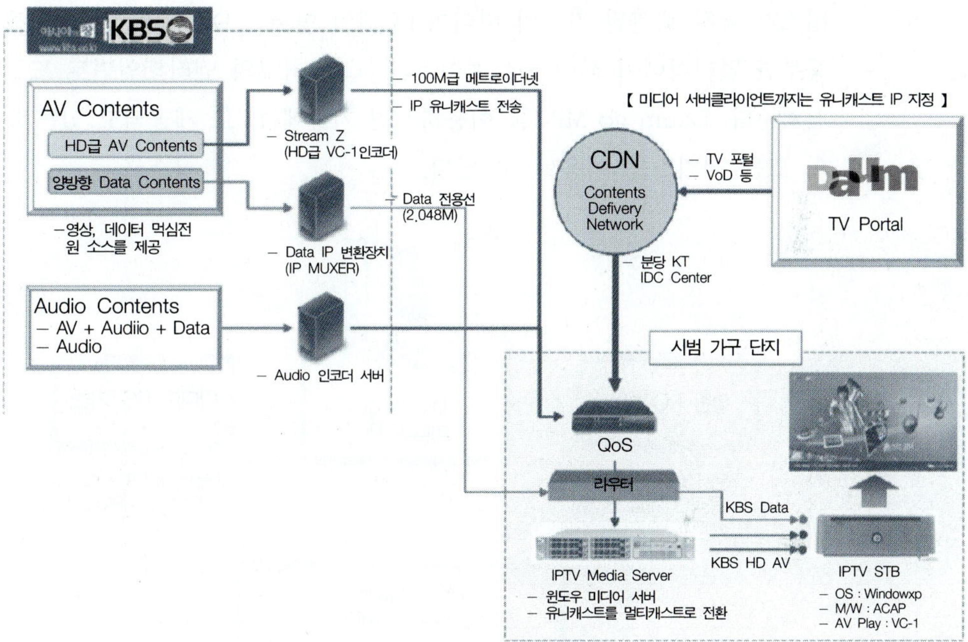

[그림 1-27] Daum IPTV 네트워크

② Daum go

사용자가 원하는 시간에 Digital Tv, 거실형 PC, 다음 go 전용 Device, PMP, DivX Player 등을 이용하여 영화, 드라마, 애니, 게임, 뉴스, 음악, 키즈 등 포털 사이트 Daum의 모든 콘텐츠를 이용할 수 있는 종합 엔터테인먼트 콘텐츠 서비스이다.

Daum go 서비스를 지원하는 모든 기기와 광대역 네트워크, Wibro 등 인터넷 서비스만 있으면 언제, 어디서라도 Daum go에서 제공하는 콘텐츠 서비스를 이용하실 수 있으며 사진, 음악, 동영상 파일을 보관 및 자유로이 이용할 수 있고, 가족과 함께 극장개봉영화를 감상하는 등 지금까지 만나볼 수 없었던 새로운 즐거움을 제공한다.

- Daum go TV : 거실에서 만나는 또 하나의 Daum go TV는 DTV 생활을 더 풍

요롭게 한다. Daum go 전용 Famlily PC가 내장된 TV 혹은 전용 셋톱박스를 통하여 Daum go TV의 DVD급 VoD를 즐길수 있으며, 디지털 카메라로 찍은 사진을 TV로 볼 수 있고, 노래방, 온라인 게임 등 풍부한 콘텐츠를 제공한다.

- Daum go MPC : Daum go MPC는 여러분이 사용하고 계신 PC를 통해 Daum go의 모든 서비스를 이용하실 수 있다. 비싼 가격에 비하여 사용할 수 있는 서비스가 극히 제한된 기존의 미디어 PC에서 벗어나 Daum go가 제공해 드리는 풍부한 멀티미디어 서비스로 여러분의 PC를 최고의 엔터테인먼트 도구로 변화시켜준다. Daum go MPC를 이용하시면 기존에 TV로 제공되고 있는 Daum go의 모든 서비스를 이용할 수 있다.

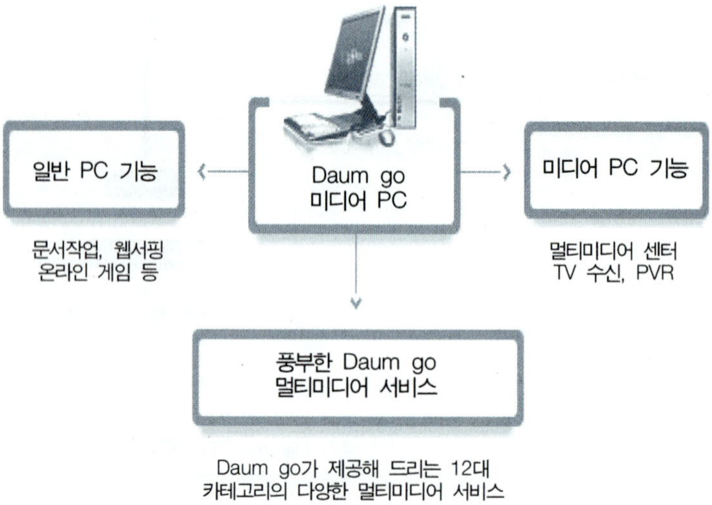

- Daum go PSP : 무선 네트워크가 연결된 PSP를 통하여 언제 어디서나 한메일, 다음카페, VoD 등 Daum go의 다양한 서비스를 즐기실 수 있다.
- Daum go 전용 리모컨 : 가장 저렴하게 Daum go 서비스를 이용할 수 있는 방법 바로 Daum go 전용 리모컨만 있으면 모두 가능하다.
- Daum go Sky : Daum go Sky는 Daum go의 풍부한 양방향 서비스와 디지털 위성방송 Skylife를 같이 이용할 수 있는 세계 최초의 통신, 방송 융합 서비스이다. Daum go Sky 서비스를 이용하면 기존 100여개 채널의 디지털 위성방송뿐만 아니라 Daum go만의 VoD, 게임, 노래방 등 양방향 멀티미디어 서비스와 더불어 시간의 제약 없이 보고 싶은 방송을 녹화하여 볼 수 있는 PVR(Personal Video Recoder) 서비스까지 사용할 수 있다.

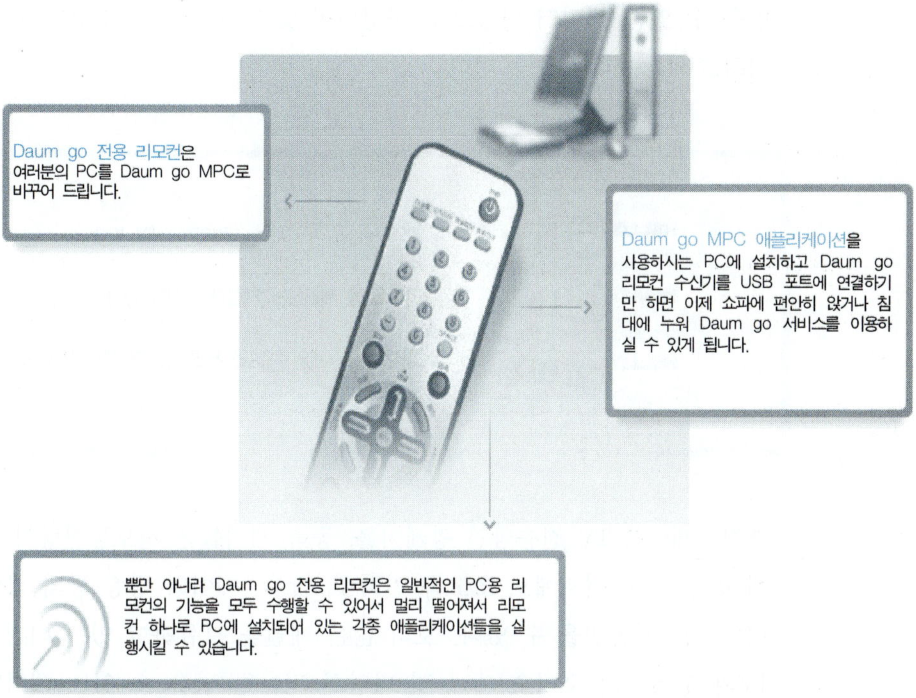

- 뉴스 : 연합 뉴스의 최신 뉴스, 연예/스포츠 뉴스, 포토 뉴스 등을 제공하며 원하는 뉴스만 선택해서 시청하실 수 있다.
- Daum UCC : 최고 UCC를 자랑하는 Daum만의 UCC를 TV로 즐길 수 있다.
- 게임 : 맞고, 바둑, 스도쿠, 동물사냥과 인기 게임을 TV로 더욱 실감나게 즐길 수 있다.
- 지역정보 : 지도와 상점 등을 찾아보고, 길안내도 받으실 수 있다. 지하철, 버스 노선안내부터 고속버스, 기차, 항공정보까지 검색할 수 있다.
- 어린이 : 아이와 함께 집에서 TV로 즐기며, 공부하는 유아전문 교육 서비스로, 율동동요, 학습, 동화의 영상을 제공한다.
- 문단열의 영어과외방 : TV로 새로운 개념의 영어과외를 받으실 수 있다. 기초부터 생활 회화까지 마스터해보세요.
- 인기 검색어 : 현재 인기 검색어 중 관심 검색어를 선택하시면 뉴스, UCC 등 관련 콘텐츠를 한 번에 찾아보실 수 있다.

• Daum go CJ 케이블넷

- 구성 : HELLO D는 다양한 채널 및 고화질/고음질로 구성된 디지털 케이블 TV와 다양한 음악을 청취할 수 있는 오디오채널, 그리고 다양한 정보를 제공

받을 수 있는 데이터 방송으로 구성되어 있다. 바로 이 데이터 방송 안에 인기최고! Daum UCC가 있다.

HELLO D Light	70여 개의 채널을 제공하는 저렴한 디지털 방송
HELLO D Lux	117개의 채널을 제공하는 저렴한 디지털 방송
HELLO D HD	HD급 화질로 117개의 채널을 제공하는 저렴한 디지털 방송

– 특징 : 케이블 TV 전송망인 광케이블, 동축 케이블은 정보통신량이 크기 때문에 방송 시청 이외에도 초고속 인터넷, VoD, 데이터 방송 등의 다양한 부가 서비스를 제공받을 수 있다. 보다 많은 채널을 보유하고 있는 디지털 케이블 TV와 고음질의 오디오 채널 및 다양한 정보를 받을 수 있는 데이터 방송을 하나의 패키지에서 즐기실 수 있다.

– ViiV Zone : ViiV Zone은 고성능 인텔ⓡ 바이브 기술이 적용된 PC를 통해 기존 PC보다 더 강력한 성능, Daum go만의 풍부한 콘텐츠로 PC의 기준을 한 단계 업그레이드 시켜준다.

뿐만 아니라 방에 놓여진 ViiV PC를 전용 DMA(Digital Multimedia Adapter) 장비를 이용해 거실의 TV와 연결하여 PC의 기능과 거실 엔터테인먼트 시스템 두 가지를 모두 이용할 수 있다.

- Daum go Device

Daum go Device는 Daum go 서비스를 사용하실 수 있는 DivX Player, Wibro 단말, 휴대용 게임기, TV 수신 카드 등을 의미한다.

- Daum go Contents

– 영화 : 개봉 영화를 실시간으로 집에서 보고 가족이 함께 TV로 즐기는 채널이며, 공포, 액션, 스릴러, SF 등 다양한 장르의 영화를 제공한다.

– 방송 : 국내외 인기 드라마, 화제의 드라마 시리즈 등을 고화질로 제공한다.

– 게임 : 오락실 게임, 보드 게임, 레이싱 게임 등 인기 게임을 TV로 더욱 실감나게 즐기는 게임 서비스이다.

– 음악 : 최신 음악부터 노래방, 뮤직 비디오가 있는 음악 서비스를 TV로 즐기는 음악 채널이다.

– 키즈 : 아이와 함께 집에서 즐기는 TV 놀이 박스!
공부를 책임지는 TV 학습 서비스로 가족이 함께 TV로 즐기는 채널이다.

– 뉴스 : 최신 뉴스, 리얼타임 뉴스 속보, 스포츠 뉴스 등을 제공하며 가족이 함께 TV로 즐기는 채널이다.

- 다음 캐스트 : 다음카페, 검색, 미디어 등 Daum에서 제공하는 서비스를 즐길 수 있으며 가족과 함께 TV로 즐기는 채널이다.

③ go Tavi

- Daum의 동영상, 이메일 등 다양한 콘텐츠를 무선 인터넷 단말기를 통해 제공한다.

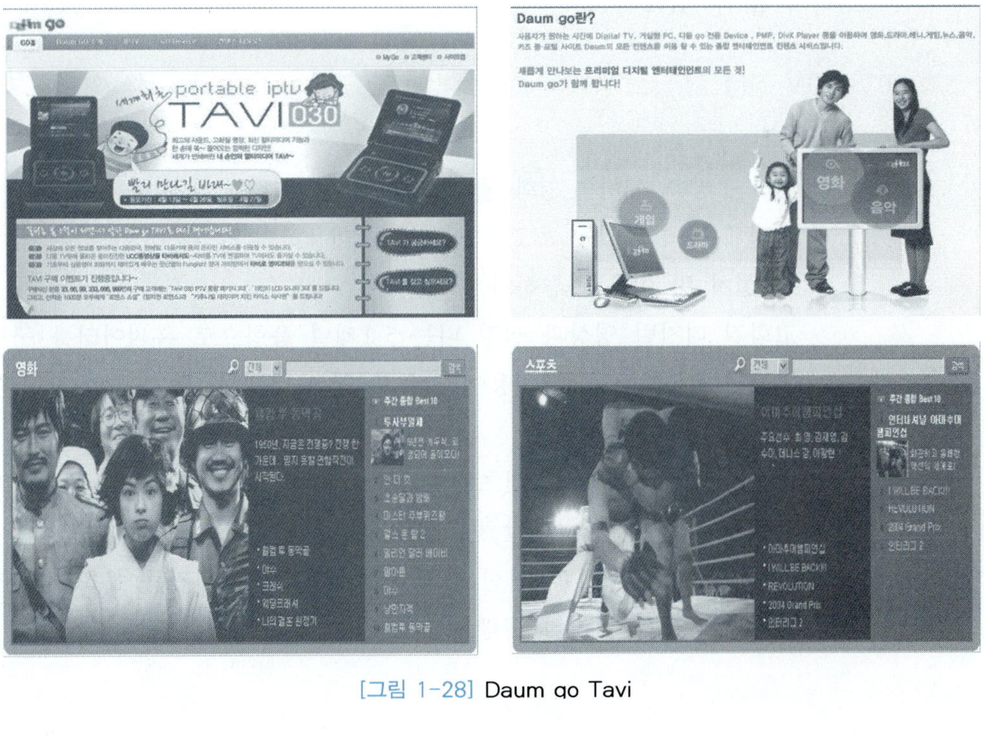

[그림 1-28] Daum go Tavi

(3) 하나TV

① 특 징

- 편의성 : 방송편성표에 따라 시청해야 하는 지상파 채널이나 케이블 TV와 달리 내가 원하는 프로그램을 내가 원하는 시간에 언제든지 볼 수 있다. 이제 프로그램 시작 시간은 내가 결정한다.
- 훌륭한 콘텐츠 : 최신 드라마, 영화는 물론 지상파 주요 프로그램과 인기 케이블 TV 채널, 성인물, 스포츠 그리고 각종 교육/생활정보 등 다양하고 훌륭한 콘텐츠를 이제 한 곳에서 모두 볼 수 있다.
- 고화질 /고음질 : 고화질 디지털 영상과 실감 나는 5.1채널 사운드를 제공함으로써 아날로그 TV를 포함한 어떤 종류의 TV에서도 홈씨어터의 감동을 느낄 수 있다.
- 저렴한 비용 : 영화 티켓 한 장 정도의 가격으로 보고 싶은 영화를 몇 번이고 다시 볼 수 있다.

② 하나TV 장점

- 서비스
  - 원하는 방송, 원하는 영화 등을 내가 원하는 시간에 내 마음대로 즐길 수 있음
  - 가정에 들어와 있는 초고속 인터넷을 이용하여 PC와 TV가 다른 방에 있어도 설치 및 이용 가능하다.
  - 고화질 디지털 영상과 실감 나는 5.1채널 음향으로 홈씨어터를 구현한다.
  - 별도의 셋톱박스 구매 비용이 없으며, 영화 티켓 한 장 수준의 저렴한 월 이용료
  - 리모컨 하나로 모든 콘텐츠를 이용할 수 있으므로, DVD 플레이어가 필요 없고 비디오 대여점에 갈 필요도 없다.
  - 지상파 주요 프로그램, 최신 영화, 인기 CATV 채널, 각종 교육, 생활정보 등 총 7만여 편의 다양한 콘텐츠 시청 가능하다.

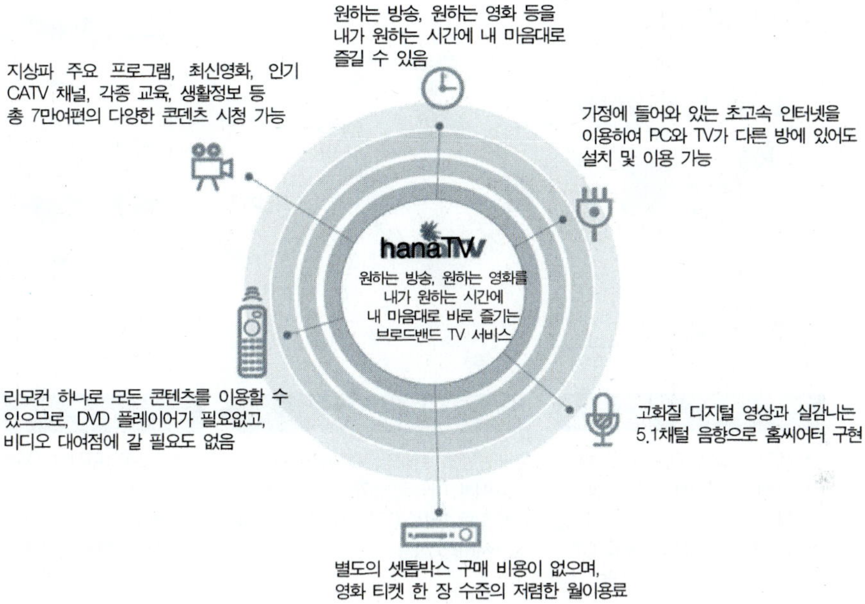

[그림 1-29] 하나TV 서비스 장점

- 기술
  - 최신 H.264 코덱
  - 80G 하드디스크 내장
  - 다양한 영상 단자/오디오 출력단자 지원
  - 만능 리모컨
  - 트래픽 분산으로 안정적인 품질보장
  - 특허를 출원한 Download & play 기술 도입

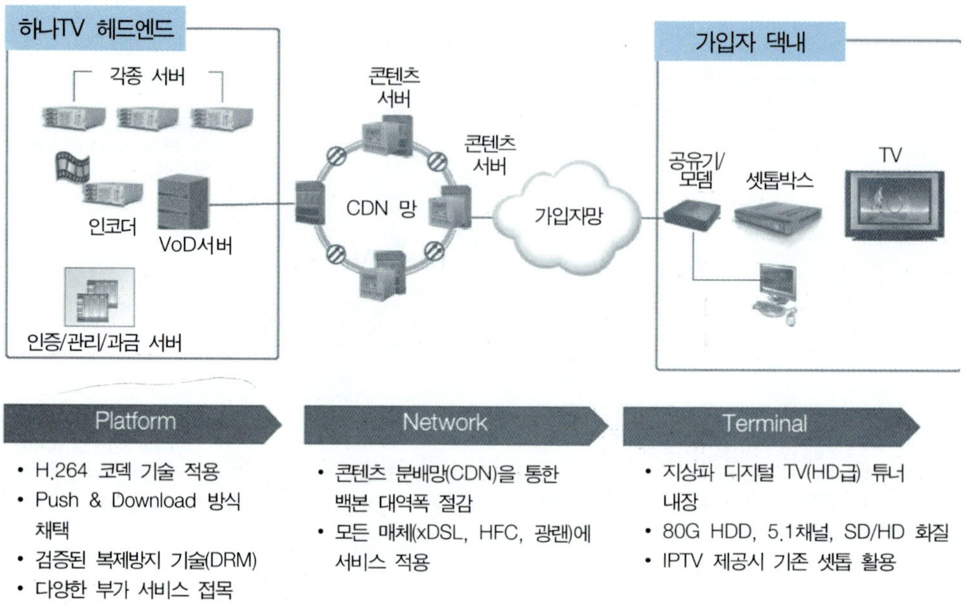

[그림 1-30] 하나TV 네트워크

(4) Good TV

- ADSL(평균 300Kbps)의 인터넷 환경에서 고화질의 콘텐츠(1Mbps)를 전송한다.
- 국내뿐만 아니라 외국에까지 서비스을 제공한다.

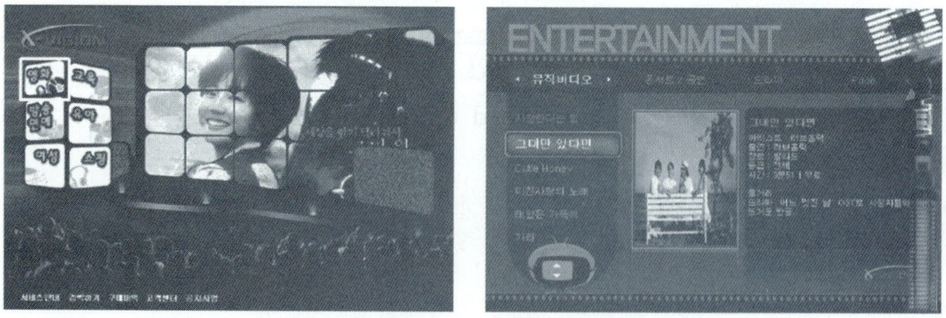

[그림 1-31] Good TV

(5) 서원 아이앤비

① TV-포털형 서비스

② 콘텐츠 구성요소를 갖춘 CP, PP에게 고유 채널 부여한다.

[그림 1-32] 서원 아이앤비

(6) 대림 I&S

① 건설 · 주택분야 정보화를 추진, 신규 아파트를 대상으로 IPTV 서비스를 제공한다.

② 디지털 홈서비스, 지능형 빌딩 시스템 및 빌딩 관리 서비스와 IPTV를 연계한다.

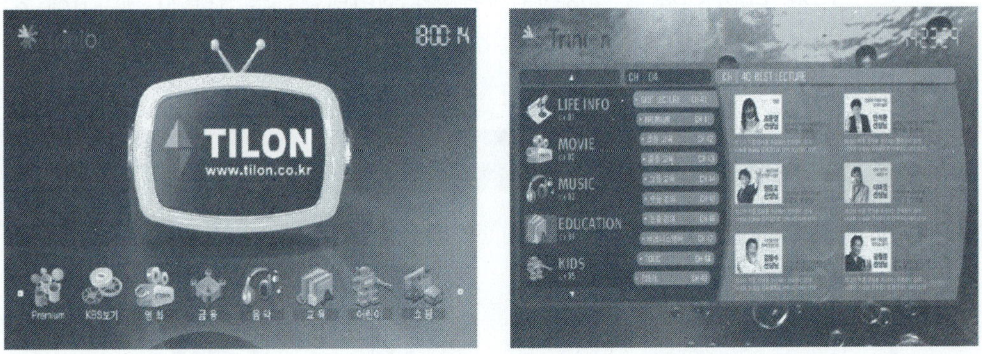

[그림 1-33] 대림 I&S

(7) 숙명여대 IPTV

① 교내 교육방송 및 각종 학사정보 등을 제공한다.

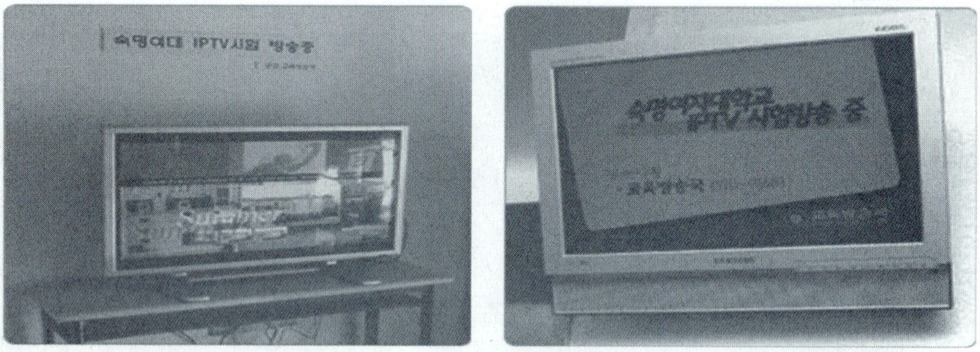

[그림 1-34] 숙명여대 IPTV

(8) 단팥 서비스

① 드라마, 라디오 등 방송 콘텐츠를 다운로드 방식으로 제공한다.

② PC와 PMP를 통해 이용 가능하다.

※ 단팥(danpod)의 의미 : 언제 어디서나 즐길 수 있는 맛있는 방송(출처 : KBS)

- KBS, EBS, CBS 등 방송사업자와 SM 엔터테인먼트, 단말기 제조업체 등이 참여한다.

[그림 1-35] 단팥 서비스

(9) 유빌리온(www.ubillion.com)

① 2007년 8월부터 뉴질랜드 ISP인 메가텔과 협력하여 한인교포에게 서비스 제공한다.

② 주요 콘텐츠 : 지상파 한 채널, 24시간 뉴스채널, 드라마, 영화 등이다.

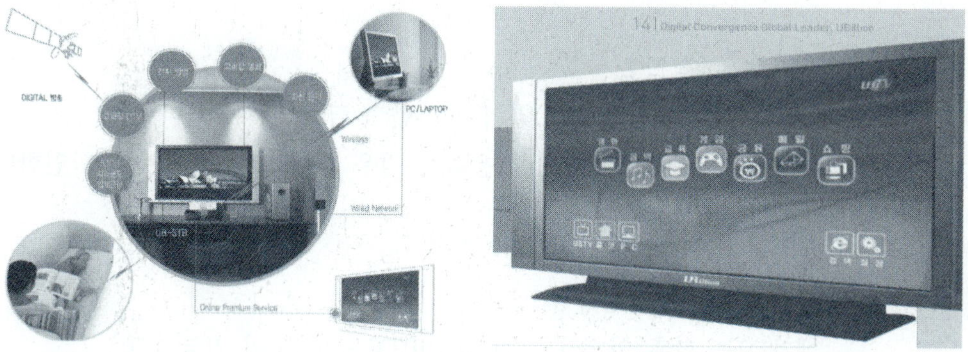

[그림 1-36] 유빌리온

(10) 메가TV

① 서비스 소개

메가TV는 메가패스 회선을 TV와 연결하여 영화, 유아/어린이, 교육, 스포츠 콘텐츠 등을 모두 즐길 수 있는 새로운 방식의 TV 보기 서비스이다.

- "달라진 시간 개념" 원하는 시간에 원하는 프로그램 시청한다.
- "달라진 경제 관념" 모든 비용을 한꺼번에 저렴하다.
- "달라진 유아교육" 수준 높은 유아 콘텐츠와 애니메이션이 많다.
- "달라진 인터넷 서비스" 인터넷에서 제공되는 다양한 콘텐츠를 양방향 서비스로 제공한다.

② 특 징

- 다양한 분야의 질적, 양적으로 놀라운 콘텐츠를 보유한다.
  - 메가TV는 이미 6만여 편의 콘텐츠를 확보 및 지속적인 콘텐츠 확충
  - 영화, TV 프로그램, 교육, 스포츠 및 편리한 부가 서비스 제공
- 고품질 네트워크 기반의 우수한 화질 및 탁월한 안정성
- 프리미엄급 네트워크, 24시간 지원체계
- QoS가 적용된 특별한 네트워크(IP 프리미엄망)를 구축하여 HD급 영상을 비롯한 양질의 화질을 제공한다.

③ 차별화된 자체 제작 콘텐츠 독점 공급

- 사이더스 FnH, 올리브나인 등 최고 제작사와 연계한다.
- 사이더스 FnH, 올리브나인 등 영화, 드라마 제작사를 직접 보유하고 있어 최신 흥행작의 신속한 제공한다.

④ 저렴한 요금체계

- 메가TV는 이미 월 8,000원의 저렴한 요금으로 제공한다.
- 메가패스(스페셜)와 같이 사용하실 경우 최대 20%까지 추가 할인한다.

⑤ 실시간 방송이 가능한 IPTV로의 전환

- 다채널, 고화질, 양방향
- 메가TV는 향후 언제라도 진정한 IPTV로의 UP이 가능하다. (단, IPTV의 법제화가 우선되어야 함)

⑥ 다양한 영화, VoD 서비스

- 영화/시리즈 국내 최대 HD급 영화 콘텐츠 확보한다.

⑦ 원할 때 바로 보는 TV스페셜

- TV 다시보기를 지상파 MBC, KBS, SBS, EBS 등의 콘텐츠 제공한다.

⑧ 국내 최대 교육 콘텐츠

- 고품질 유아 콘텐츠 및 외국어, 논술, 초중고 교육 콘텐츠 등 새로운 TV 교육을 확보한다.

⑨ 마니아를 위한 스포츠 콘텐츠

- 미국 메이저리그 독점, 코리안리거, K-1, 프라이드, WWE 등 콘텐츠 제공한다.

⑩ 부가 서비스 : 편리한 양방향 서비스 콘텐츠

- 인터넷 콘텐츠를 TV에서 TV 신문, 날씨 등 참여형 양방향 서비스 제공한다.

5) 동 향

국내에서는 KT, 하나로텔레콤, 데이콤 등 유선통신 사업자들이 BcN 사업의 비즈니스 모델로서 IPTV를 준비하고 있으나, 제도적 준비 미흡, 케이블 TV 사업자들과의 규제 형평성 문제 등으로 본격 상용화는 지연되고 있는 실정이다. 그러나 사업자들의 노력이 본격화되면 국내에서도 IPTV가 유료방송 시장을 빠르게 잠식할 것으로 예상된다. 통신 사업자들이 IPTV 사업화를 적극적으로 추진할 경우 최근에는 약 200만 명 이상의 가입자 확보도 가능할 것으로 전망된다.

〈표 1-16〉 국내외 IPTV 사업자 동향 요약

구 분		현 황
국내	KT	• IPTV에 대한 선구자적 역할 수행, 홈네트워크 사업화에 많은 관심 • IP-VoD 시스템 구축완료(홈 디지털서비스, HDS) → 홈엔(HomeN)이라는 브랜드로 다채널 서비스를 제외한 VoD 위주의 IPTV 시범 서비스 진행 • KT 여의도 사옥에 미디어센터 구축 • 시범 서비스, 최근 상용 서비스
	하나로	• STB 개발을 통해 향후 영상전화, VoD, IPTV 등 브로드밴드 TV 서비스는 물론 BcN 시범 사업도 전개할 예정 • 연내 VoD, 데이터 방송 등의 TV 포털 서비스 준비. 내년 시범 서비스 및 상용화 예정 • 최근에 본격적인 IPTV 서비스 도입하고 VoD, T-커머스, 홈네트워크 등 완벽한 IPTV 서비스 제공
	데이콤	• KT는 TV에 자사 서버에 저장된 방송 콘텐츠를 전송하는데 반하여 데이콤은 위성을 통해 전송한 것을 이용자의 PC까지 IP기반의 멀티캐스팅 신호로 전송함 • 초고속 인터넷+인터넷 전화+케이블 방송의 부가 서비스를 프로그램 제공업체인 엔앤에이치와 제휴 → 초고속 인터넷, 보라넷 이용자들에게 IP 기반 방송 "웹 TV" 시범 제공 • 망의 시너지 효과를 극대화하기 위한 IPTV 플랫폼 구축 방안 모색
국외	미국	• SBC : 사이언티픽 애틀란타와 모토로라와 IPTV STB 공급계약 체결 , 최근 시범 서비스 제공 • Verizon : 연내 제공 계획 • Bellsouth : 마이크로소프트의 IPTV 시스템을 이용해 시범 서비스 중
	유럽	• FASTWEB(이탈리아) : FTTH 인프라에 IPTV 제공함으로써 IPTV에 성공(2004년 16만 가입자 확보) • France Telecom(프랑스) : 리옹 지역에 "MaLigne TV"라는 시범 서비스 제공중 • Belgacom(벨기에) : "Belgacom TV"라는 이름으로 서비스 제공 계획 • BT(영국) : IPTV 시범 서비스 제공
	아시아	• PCCW(홍콩)의 'NOW Broadband TV'는 독점 채널 운영으로 성공적(연내 50만 가입자 예상)임 • 청화 텔레콤(대만)은 3개회사로부터 IPTV STB를 공급받아 사업에 박차를 가하고 있음 • Yahoo! Japan(일본) :" BBTV"라는 이름으로 IPTV 서비스 제공

KT는 FTTH 네트워크를 기반으로 MPEG2 기반의 IP 멀티캐스팅 방식의 IP 미디어 시연 서비스를 실시하였으며, 현재 서울, 경기 지역을 대상으로 시험 서비스를 제공중이다. 본격적인 IPTV 서비스를 위하여 H.264 기술을 적용할 예정이며, ACAP 기술 적용으로 지상파 데이터 방송 수용이 가능하도록 하고 있다. KT는 IPTV 서비스 브랜드를 '메가패스 TV'로 확정하고, 오락위주의 홈엔 콘텐츠를 최신 영화나 TV 드라마와 같은 영상 콘텐츠와 교육용 콘텐츠로 대폭 보강하였으며, 연내 6만 명 이상의 가입자를 확보하고 상용 서비스에 들어갔다.

하나로텔레콤은 콘텐츠 분야의 경쟁력 있는 사업자와의 전략적 제휴로 1단계 온디맨드 서비스를 제공하고, 제도가 확정된 이후 IP 방송을 제공할 예정이다. 하나로텔레콤은 IPTV 서비스를 제공하기 위하여 현재 주문형 비디오 서비스를 중심으로 TV 포털 방식인 '하나TV' 서비스를 제공중에 있으며, 초고속망 기반 네트워크 PC 등 다양한 부가 서비스를 준비 중이다.

LG데이콤은 실시간 지상파 방송을 포함한 IPTV 서비스를 제공하기 위해 최근까지 미디어 시스템을 구축하고, 성능시험을 겸한 시범 서비스를 거친 뒤 최근에 정식 서비스를 제공하고 있다.

〈표 1-17〉 국내 IPTV 가입자 예측

시나리오		2006년	2007년	2008년	2009년	2010년	2011년	2012년
최대	가입자수 (가구)	670,506	1,484,453	2,540,543	3,318,711	3,701,095	3,866,288	3,946,754
	매출액 (억 원)	1,931	4,074	6,871	8,796	9,664	10,025	10,207
최소	가입자수 (가구)	479,671	1,009,710	1,555,520	1,845,122	1,958,362	2,003,210	2,027,108
	매출액 (억 원)	1,381	2,764	4,177	4,874	5,086	5,182	5,237

2. 국 외

1) 미 국

미국은 현재 도입 초기 단계에 있으며 MSO 진영이 적극적으로 IPTV 도입을 추진하고 있어 향후 고성장이 기대되고 있다. 거대 RBOCs들은 위성 재판매 형식을 통한 방송 서비스의 제공과 FTTP의 구축에 중심을 두고 있어 주로 SureWest와 같은 소규모 독립 통신 회사들이 주도하고 있다. 또한, RBOCs 진영은 위성방송(EchoStar, DirecTV) 번들링 제공에 국한되었으나, 마이크로소프트와 IPTV 계약을 체결하면서 최근 상용화하고 있다.

미국은 지역 유선전화 사업자인 SBC 커뮤니케이션스와 버라이즌은 2005년 말 미국 시장에서 처음으로 IPTV 서비스를 실시하며 벨사우스도 시범 서비스를 하고 있고, SBC와 버라이즌은 올 연말 각자 전화 서비스의 주도권을 갖고 있는 지역에서 최초로 시험(파일럿) 프로그램을 시작한 후 내년부터 서비스를 본격 확대할 계획이다.

미국의 경우 2005년부터 Telco들의 본격적인 IPTV 서비스 시장 진입이 이루어질 것으로 기대되었으나, Texas 법안 부결 이후 평균 6~18개월을 기다려 각 지방자치제에서 총 8천개 이상(Verizon)의 허가증을 얻어야 하는 상황이다. 또한, 최근에 SBC IPTV 시범 서비스가 MS IPTV Edition과의 문제로 인하여 지연되기도 하였다.

(1) 법제도현황

통신법으로 인해 통신사업자가 타 사업으로 진출함으로써 IPTV가 등장하였다.

① 케이블 TV 사업자의 통신사업진출이 명문적으로 금지되었다가 1996년 통신법에서 경쟁촉진을 이유로 통신사업자와 케이블 TV 사업자가 상호시장에 진입할 수 있도록 하였다.

② 1996년 통신법에서 다채널영상서비스시장(MVPD : Multiple Video Programming Distributors)이라는 시장으로 신규시장을 묶고 지상파 방송시장은 이 시장에서 배제되었다.

③ 통신사업자들도 프로그램 서비스 유통시장 진입이 가능하게 되었다.

※ 2005년 9월 16일 연방통신법 개정안에서도 사업자를 유무선 통신사업자, 케이블 사업자로 구분하지 않고, 비디오/인터넷/음성 서비스로 구분하였다.

(2) 산업현황

현재 소규모 지역전화 사업자들이 IPTV 서비스를 제공하고 있고, 대규모 지역전화 사업자들은 위성방송 서비스를 초고속 접속 서비스와 번들링으로 제공하였다.

① 미국 전체 통신회선의 85%에 달하는 회선을 지닌 4대 사업자(버라이존, SBC, 퀘스트, 벨사우스)는 최근 사업을 추진하고 있다.

② 또한, 최근부터 시범 서비스를 개시하였고 최근에는 서비스 지역전체에 IPTV 서비스를 제공하였다.

③ 통신사업자는 케이블 TV 사업자와 영토전쟁 및 가격경쟁, 콘텐츠 기업들과의 제휴를 통해 IPTV 서비스의 확장을 꾀하고 있다.

(3) 대표적인 벤더들의 동향

① 루슨트

루슨트는 다른 통신 장비 벤더들과 마찬가지로 Telefornia 등에 IPTV 인프라를 제공하는 등 IPTV 서비스 시장에서 활동중이지만 현재까지 이렇다 할 영향력을 행사하지 못하고 있다. 하지만, 최근에 위성사업자인 SES Americom와 공동으로 IPTV 서비스를 개발하기로 하면서 앞으로의 IPTV 서비스 개발을 낙관하고 있으며, 유럽뿐만 아니라 북미 시장에서도 10~15%의 서비스 가입자를 유치하겠다는 입장이다. 이와 같은 계획은 프랑스의 유명 통신 장비업체인 Alcatel과의 합병으로 인해 더 큰 힘을 얻고 있다.

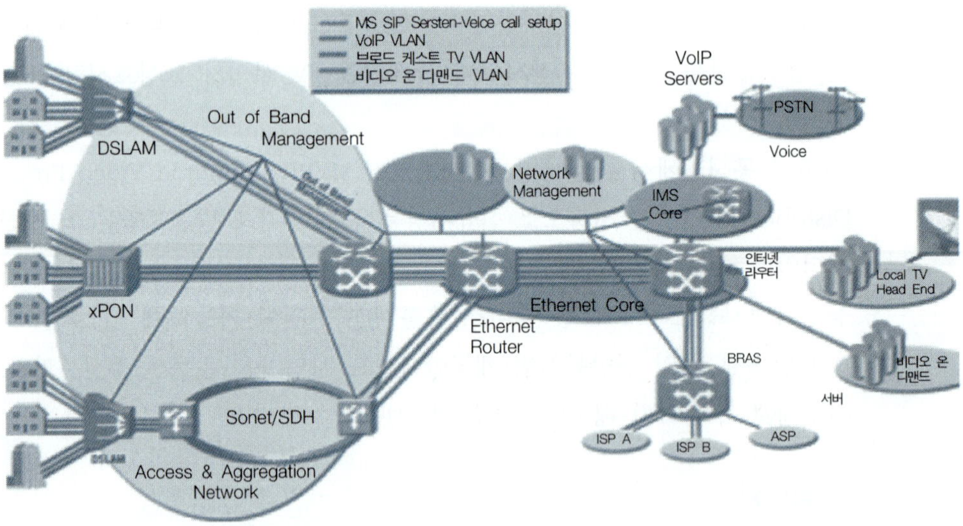

[그림 1-37] Ethernet-Based Triple-Play/IPTV 구조

② 마이크로소프트

마이크로소프트는 Microsoft TV라는 제품으로 IPTV 시장에서 가장 활발하게 활동하는 업체 중 하나이다. Microsoft TV는 IPTV 아키텍처에서 IPTV를 서비스하기 위한 미들웨어, 응용 프로그램, 장치 관리 등을 모두 담당하는 통합 플랫폼이다.

기존 TV 프로그램을 수신할 수 있을 뿐 아니라고 화질 HD 프로그램, 양방향 TV, 디지털 비디오 리코더(DVR), 주문자 비디오 서비스(VoD) 등의 서비스를 제공할 수 있는 Microsoft TV의 주요 특징은 다음과 같다.

- 리브 브로캐스팅의 시간 시프팅
- EPG 경유한 쉬운 내비게이션
- 고속 채널 집핑
- 원터치 채널 레코딩
- 비디오 라이브러리로부터 온디맨드 프로그래밍

현재는 AT&T, Verizon, 스위스콤 등이 Microsoft TV의 IPTV 플랫폼으로 상용 서비스를 진행하고 있다. 뿐만 아니라, 최근에는 Deutsche Telecom 등의 주요 통신 사업자들이 Microsoft TV의 IPTV 플랫폼으로 수십만 명의 사용자에게 서비스할 계획이고, 2010년까지 Microsoft TV의 IPTV 사용자는 3,780만 명이 될 것이라고 예측하고 있다.

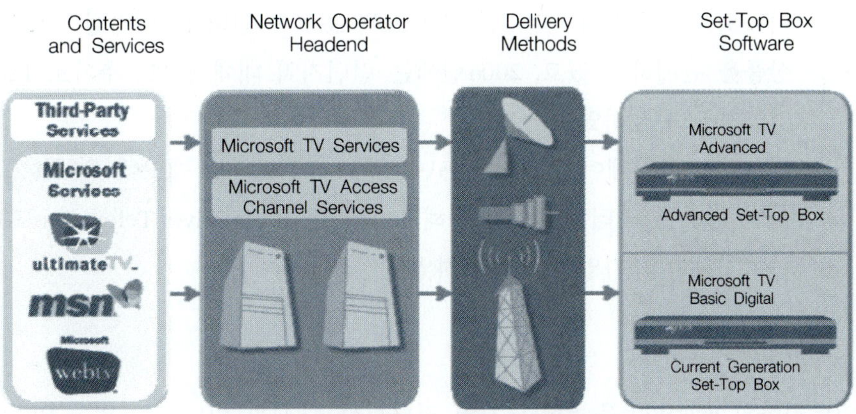

[그림 1-38] 마이크로소프트 TV 플랫폼

2) 유럽 국가

(1) 영 국

① 법제도현황

- IPTV에 대한 명시적 규제 내용은 발표되지 않았으나 공중통신사업자(PTOs, Public Telecom Operators)의 방송사업 진출은 1997년 노동당집권을 계기로 완화되었다.
- 융합시대에 적합한 규제체계 구축을 위한 커뮤니케이션법(Communication Act 2003)이 제정되었다.
- 제공되는 콘텐츠 종류에 관계없이 이를 전송하는 모든 네트워크를 전자통신망이라는 단일개념으로 정의하여 콘텐츠와 네트워크를 분리하였고, 서비스는 전자통신 서비스, 콘텐츠 서비스, 방송 서비스로 구분하였다.
- 융합 서비스는 전송 내용물로 분류되고, 양방향 서비스는 '디지털 부가방송'으로 수용됨으로써 융합 서비스는 방송규제를 받게 된다.
- 통합규제기구인 Ofcom은 브로드밴드 기술 발전에 따라 인터넷콘텐츠, 디지털 방송, IPTV 간 경계가 사라질 것으로 전망된다.

② 산업현황

비디오 네트웍스, 킹스톤 커뮤니케이션즈는 본격적인 IPTV 서비스를 개시

- 비디오 네트웍스의 서비스는 TPS로써 초고속 인터넷, 디지털 TV, 전화 패키지 상품을 판매하고 있고, 2004년에는 런던지역 내에서만도 추가로 120만 가구의 가입자를 유치하였다.
- 킹스톤 커뮤니케이션즈는 2003년도부터 IPTV를 본 궤도에 올려놓기 위해 자회사인 킹스톤 인터렉티브를 통해 Kingston Interactive Television(KIT)를 출시하여 8,000명 가입자를 확보하였다.

(2) 이탈리아

이탈리아의 FastWeb은 밀라노지역 전력회사 AEM과 미디어 재벌 e.Biscom이 1999년 9월 공동으로 설립한 회사(2004년 12월에 e.Biscom과 Fast-Web이 합병하여 회사명을 FastWeb으로 정함)로서 광네트워크를 설치하는 것이 주요 업무였다.

FastWeb은 20개의 무료 채널, 40개의 프리미엄 채널, 그리고 다양한 VoD 서비스를

제공하여 16만의 유료 가입자를 확보하였으며, IPTV 수입의 3분의 1이 VoD에서 창출되고 있다. FastWeb의 VoD 서비스 역시 '다양성'에 초점을 맞추어 14개의 주제하에 700개의 헐리우드 영화와 수천 개의 주문형 콘텐츠로 구성되어 있다.

2001년 11월 이탈리아 경쟁당국(an Italian Antitrust Authority)의 규칙에 따라 FastWeb은 Telecom Italia와 Telecom Italia가 설치한 Socrate duct를 사용할 수 있는 협정을 체결하면서 독자적으로 추진하려던 Cable TV Project는 포기하고 VoD뿐만 아니라 TV 서비스를 제공하기 시작하였다.

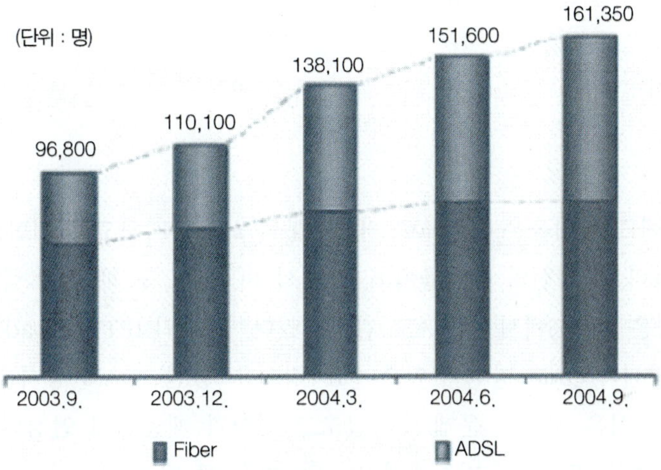

[그림 1-39] FastWeb사의 IPTV 서비스 가입자 수

FastWeb은 이탈리아 리그 축구경기를 생중계로 주택용 고객에게 제공하면서 가입자를 확대하였으며, 현재 가입자는 49만 6,000명에 이른다. 이외에도 Telecom Italia가 Microsoft의 IPTV SW를 이용하여 IPTV를 제공하겠다는 계획을 발표하였다.

① 법제도현황

1990년 방송법 개정작업을 거쳐 1997년 통신방송법이 제정되면서 법령이 통합

- 네트워크와 콘텐츠가 분리되어 규제되고 있으며, 통신망과 방송망 구분 없이 콘텐츠 전송이 허용되었다.
- 신규 융합 서비스를 기존 사업자가 수행하는 경우 별도의 사업면허가 불필요하고 신고만으로 출시 가능하다.
- 통신사업자와 방송사업자의 구분이 사라져 상호 교차진입이 용이하다.

② 산업현황

국가 내에서 케이블 TV가 발전하지 못해 상대적으로 IPTV의 발전이 용이하다.

- 제2통신사업자인 이비스콤의 패스트웹은 IPTV의 성공사례로 꼽히는데, 기본서비스를 제공하고 프리미엄 패키지를 가입자들이 직접 선택할 수 있도록 하여 가입자들의 취향에 맞는 패키지를 선택할 수 있도록 한다.
- 패스트 웹의 IPTV 가입자수는 16만으로 축구리그를 무료 서비스하는 프로모션을 했다는 점, 케이블 TV가 발전하지 못한 틈새시장 전략을 펼쳤다는 점이 초기 성공요인으로 평가된다.

3) 아시아 국가

(1) 일 본

브로드밴드의 비율은 65.0%로 거의 3분의 2를 차지하고 있지만, 전년 대비 증가율은 3.0%로 작다. 광회선의 이용률이 6.1%에서 14.8%로 두 배 이상 증가한 한편, DSL 회선의 이용률은 39.2%에서 34.2%로 감소되었다. 일본의 IPTV(Broadband 방송)의 제공방식은 IP 방식과 QAM 방식이 있으며 IP 방식은 '통신', QAM 방식은 '방송'으로 간주되고 있다. IP 방식은 저작권 문제로 아날로그 지상파 재송신이 인정되지 않은 상황이기 때문에 콘텐츠의 대부분이 기존매체(BS, CS 방송)에 뒤져 가입자 증가가 순조롭게 진행되지 못하고 있다.

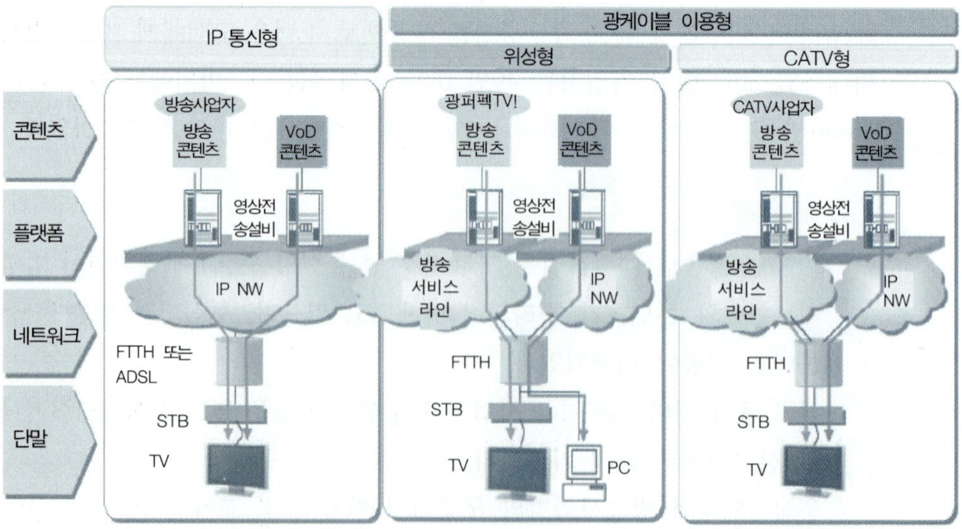

[그림 1-40] 일본의 서비스 제공방식

〈표 1-18〉 일본 IPTV 서비스의 전망

서비스 세대		서비스 형태	요구 포인트	과 제
제1세대	브로드밴드 · 네트워크에 의한 동영상 전달(채널 서비스)	• 주로 DSL 전송 • SD 채널(텔레비전 방송의 동시 재발송신)	• 손쉬움(STB) • 케이블이나 위성방송에 대한 저렴한 느낌(트리플플레이 등)	• IP 멀티캐스트 방식(SD 전송)의 확립
제2세대	브로드밴드 · 네트워크에 의한 동영상 전달(채널 서비스)	• 주로 FTTH 전송 • HD 채널	• 고화질화(HD) • 다채널화	• IP 멀티캐스트 방식(HD 전송)의 확립
제3세대	타임 시프트, TPO 시프트	• 무선 브로드밴드 전송 • 휴대 단말 전용 • 녹화 서비스 • 포드 캐스팅 서비스	• 타임 시프트 시청(녹화, 포드 캐스팅) • TPO 시프트(단말간 콘텐츠 이동)	• CAS의 표준화 • DRM의 표준화

현재 유럽이나 홍콩 등에 있어서의 제1세대 IPTV의 성공이 주목을 받고 있으며, 제2세대 IPTV가 미국을 중심으로 개시되고 있을 단계에서 서비스 내용은 채널 서비스가 중심으로 변화되어 가고 있다. 앞에서와 같이 트렌드나 요인을 생각해 본다면 제3세대에 있어 타임 시프트나 TPO 시프트가 본격화되어 무선 · 브로드밴드에 의한 휴대 단말을 위한 전송을 하거나 종래의 단말로부터 휴대 단말기로의 콘텐츠 이동을 기대되며, 타임 시프트, TPO 시프트에 의한 IPTV 시장이 확대될 것으로 기대하고 있다.

① 법제도현황

통신과 방송 융합이 가시화되기 이전부터 규제체계는 통합형 구조

- 방송과 통신의 전송로 융합에 대응하고 전기통신역무를 이용한 방송을 제도화하고자 2002년 1월 전기통신역무이용방송법이 시행되었고 이미 2002년 가을에 ADSL을 통한 텔레비전 방송 서비스가 개시하였다.
- 총무성은 IPTV 서비스를 제공하는 사업자를 '전기통신역무이용방송사업자'로 등록함으로써 IPTV를 방송으로 규정하나, 문화성은 사용자의 요청에 대해 서버가 영상을 분해하는 형태인 '자동 공중송신'의 개념으로 분류하고 있다.

② 산업현황

KDDI, 소프트뱅크, NTT가 4개의 서비스를 통해 이미 IPTV를 제공

- 2002년에 전기통신역무이용방송법에 근거하여 소프트뱅크 브로드 미디어는 방송 서비스를 개시하여 유선역무이용 방송사업자 1호로 등록하였다.
- NTT는 TPS 등의 다양한 서비스를 4th Media, OCN Theater를 통하여 2004년

부터 제공하고 있다.

- KDDI는 2003년 10월부터 '히카리' 서비스로 시작하여 '히카리플러스'로 TPS 서비스를 개시하였는데, VoD 2,000편의 타이틀 및 3,000곡이상의 가라오케 서비스 등의 차별화 전략으로 업계에서 두각을 나타내고 있다.

(2) 홍 콩

홍콩은 인구수가 약 700만 명인데 이 중 케이블 TV, IPTV, 위성방송 등의 유료방송(pay TV) 가입률이 40% 이상이다. 유료방송 가입률이 대한민국보다 낮고, 4개의 무료 채널을 제공하는 지상파 방송의 점유율이 높은 편이다. 홍콩의 유료방송 가입자 중 케이블 TV 가입률 64%, 위성방송 가입률 2%, IPTV 가입률 34%로 우리나라와 일본에 비해 IPTV의 경쟁력이 매우 크다. 5개의 무료 지상파 방송, CATV와 위성방송 등 30여 개의 유선방송 사업자가 있는 홍콩의 대표적인 IPTV 서비스는 PCCW가 제공하는 NOW Broadband TV이다.

PCCW는 2002년 9월부터 ADSL 기반으로 23개 채널을 제공하기 시작하여 2004년 말 현재 36만 1,000명의 가입자를 확보하고 있다. 최근 PCCW가 발표한 IPTV의 운영결과에 따르면, 초기 서비스의 확산을 위해 셋톱박스와 기본 채널을 무료로 제공하고, 추가 채널에 대해서만 수신료를 부과하였다. 또한, 유료 채널의 경우에는 이용자들이 원하는 채널을 한 달 기준으로 시청할 수 있도록 한 전략에 힘입어 유료 채널 이용자가 최근에 20% 정도에서 53%로 급증하였다.

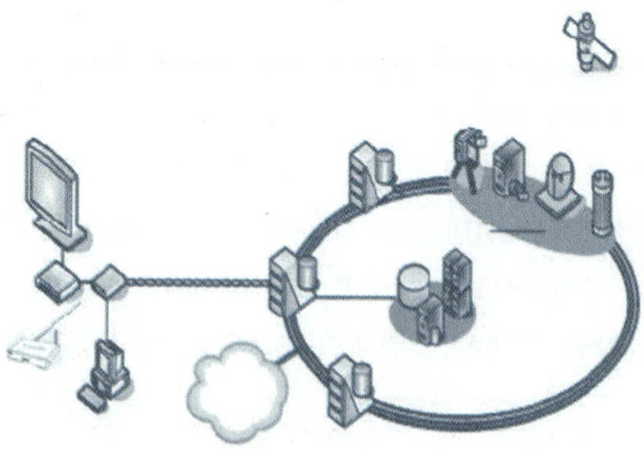

[그림 1-41] PCCW IPTV 네트워크 방식

① 법제도현황

방송법에서 방송 서비스를 국내 무료 TV 서비스, 국내 유료 TV 서비스, 비국내

TV 서비스, 그 외 서비스 등 네 가지로 분류한다.

- IPTV의 경우 'Domestic Pay Television Programme Service'로 분류되어 '국내 유료 TV 서비스'의 허가를 취득해야 서비스가 가능하다.
- IPTV는 무료 TV 서비스에 영향을 주지 않고 차단장치를 포함해야 하는 법적의무를 준수하고, 서비스 접속을 위해서 자발적 행위를 한다는 점에서 약화된 규제가 적용된다.
- 통신사업자의 유료 TV 서비스에서 전달수단은 허가대상에 고려되지 않고, 케이블이나 전화선을 이용하는 서비스가 동일하게 적용된다.
- IPTV 사업자는 상업적 서비스 제공자로서 방송규제기관의 규제를 받으며, 서비스가 주문형 콘텐츠를 제공하는가, 채널서비스를 제공하는 여부에 따라 차별적 규제를 받는다.

② 산업현황

통신사업자인 PCCW는 홍콩케이블 TV와 갤럭시 위성방송 등 3개사와 함께 '국내 유료 TV 서비스 허가'를 취득하여 서비스를 개시한다.

- PCCW는 총 50만 이상의 IPTV 가입자수를 확보하여 전체 유료방송 시장의 39%를 점유, 전체 홍콩가구의 25%를 점유하고 있다.
- PCCW의 IPTV 성공요인으로는 콜센터의 적극적 마케팅, 차별화된 채널 패키징 전략, 가입자 분석자료를 CP에게 제공하는 혁신적 사업모델 수립, 쉬운 유저 인터페이스(User Interface) 제공 등을 들 수 있다.

4) 세계 IPTV 시장 전망

① IPTV 서비스 가입자수 : 190만 명(2004년) 2,530만 명(2008년)

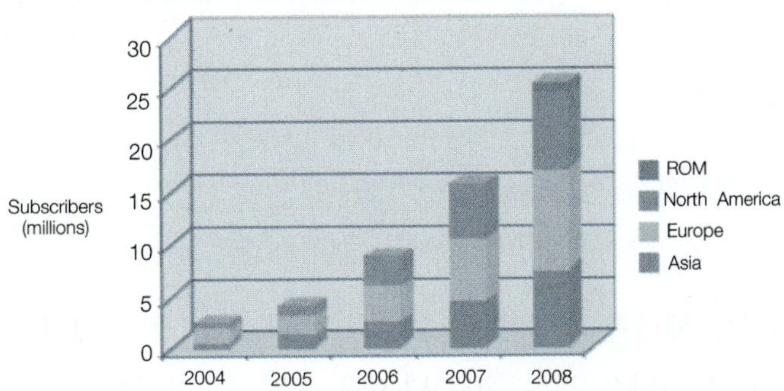

[그림 1-42] IPTV 서비스 가입자수

② 세계 IP 미디어(IPTV) 매출액 : 6.3억만 달러(2004년) 72억 달러(2008년)

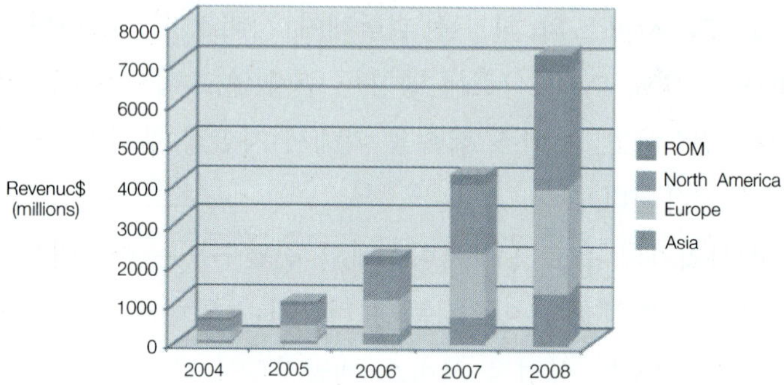

[그림 1-43] 세계 IPTV 매출액

〈표 1-19〉 해외 추진 동향

해외 사업자	추진 현황
홍콩 (PCCW)	• 멀티캐스팅 방식의 TV 기반 Real-Time 방송 서비스 제공(PVR, VoD 제외) • 2003년 8월 출시 이후 전체 753,000 초고속 가입자 중에서 350,000 IPTV 가입자 확보
일본 (Yahoo BB)	• 초고속 인터넷 + VoIP전화 + VoD, 케이블 방송(triple play) : ADSL망 이용 방송 서비스 제공 • 영화, 스포츠, 음악 등 23개 채널 확보 및 제공중
이탈리아 (Fastweb)	• FTTH 기반 인터넷 접속, 영상(방송), IP전화 서비스 제공중 : Triple Play Service 제공 • 13만명(2002.3Q)에서 29만 명(2003.3Q)로 가입자 증가
프랑스 (프랑스텔레콤)	• 위성(Canal+, TPS)와의 콘텐츠 협력을 통한 IPTV 사업 진행 • 전화 + ISP + IPTV(VoD+채널) 상품 출시
미국 (SureWest)	• 캘리포니아 지역 Telco로써 Comcast와의 차별화 전략으로 IPTV 사업 추진 • 3개월 만에 전체 약 27,000 DSL가입자 중 26% 가입/260개 채널 및 400편 VoD 제공 기타
기타	• 전세계적인 유선 통신사업자들이 IPTV 서비스 준비 또는 계획 발표 – 영국 BT, 미국 Verizon, SBC, 타이완의 중화텔레콤, 말레이시아 Shasta Media 등 • MS의 경우 방송 플랫폼 및 방송용 O/S 사업 본격 진출 추진중 – 세계 각 통신사업자와 Early Adaptor Program 시행 중(WMT9 기반)

5) IPTV 사례

(1) 홍콩 PCCW(now Broadband TV)

① 특 징

- 케이블 채널과 상이한 채널을 다수 확보, 지상파 재전송 없다.
- 2003년 서비스 개시, 2006년 6월 44만 명 가입자

[그림 1-44] 홍콩 PCCW

(2) 영 국

① BT Vision

- VoD 및 부가서비스 제공
- 지상파방송은 가정 내 안테나를 통해 수신하며 지상파 방송 재전송 없다.
- 2006년 12월 서비스 개시(진입규제 없다.)

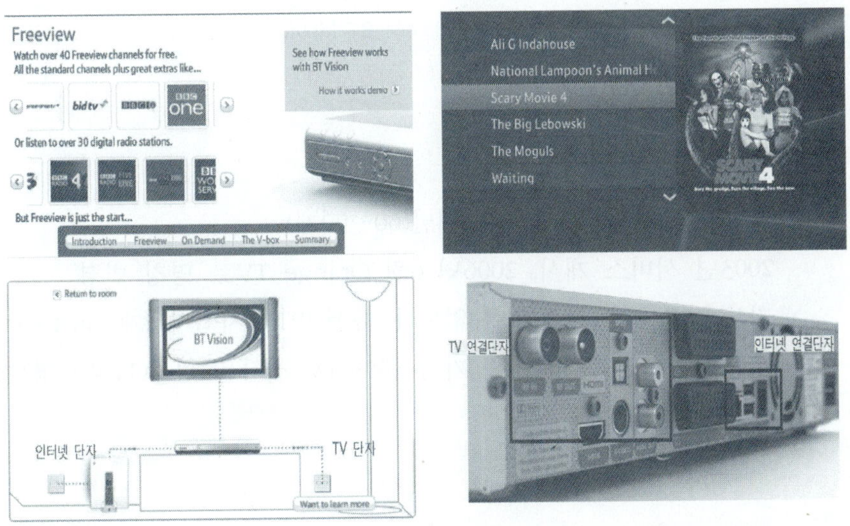

[그림 1-45] BT Vision

② BT Movio

- 이동통신 사업자에게 제공하는 방송 프로그램 도매상품(Wholesale)
- 실시간 디지털 지상파 방송, 디지털 라디오 방송(Digital audio braodcasting) 제공
- 2006년 8월 서비스 개시(등록제)

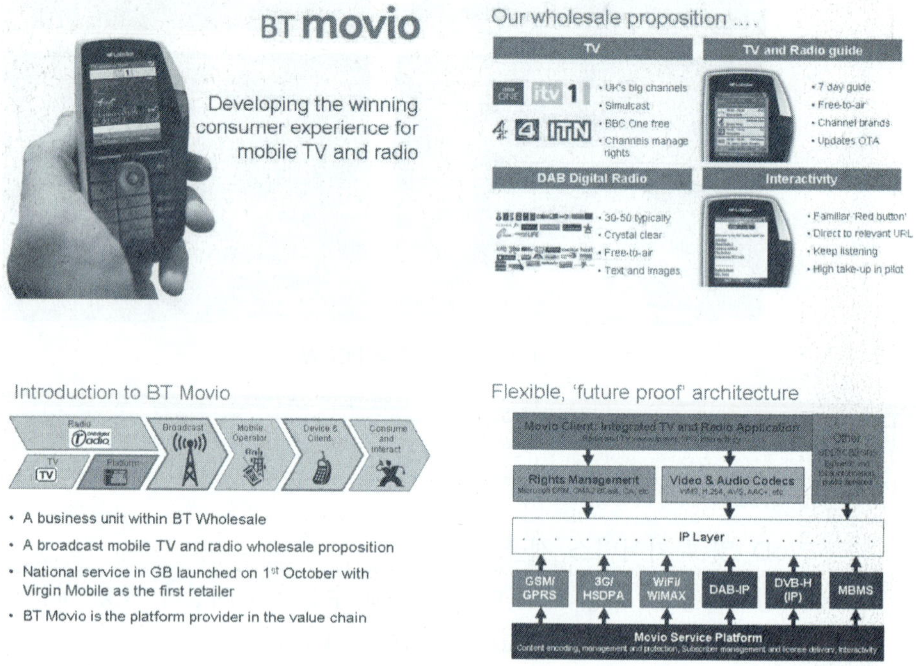

[그림 1-46] BT Movio

(3) 프랑스

① FT(Orange TV)

- 지상파 채널(1~7번), 위성채널(60~90개)
- 2003년 서비스 개시, 2006년 6월 Orange TV로 명칭 변경
- 지상파 재전송관련 규정은 없으나, 유선 IPTV 사업자에게 Must carry 의무 부과
- 프랑스는 OECD 국가 중 가장 큰 IPTV 시장을 형성(120만 명 가입자)

[그림 1-47] FT(Orange TV)

② FT(모바일 IPTV)

- PDA, PC, 휴대폰에서 비디오를 볼 수 있도록 콘텐츠의 이동성을 향상

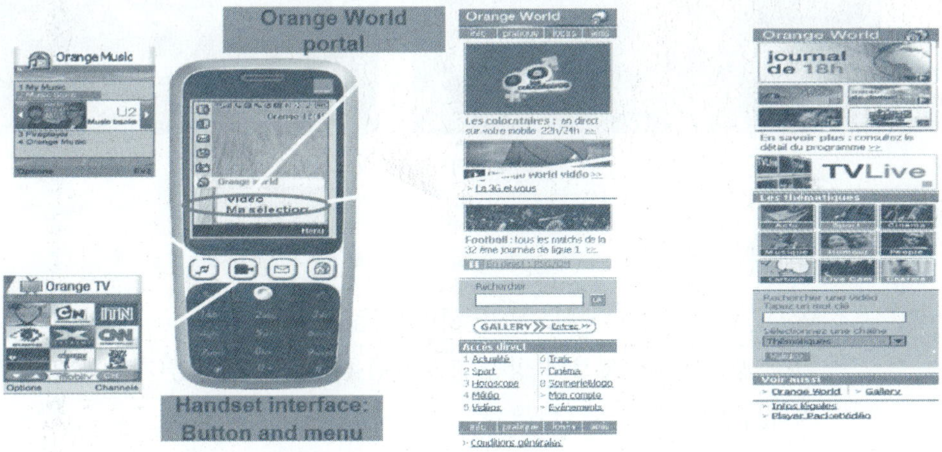

[그림 1-48] FT(모바일 IPTV)

(4) 이탈리아

① TI(Alice Home TV)

- VoD, 위성방송의 채널, 부가 서비스 등을 제공
- 위성방송사(Sky)로부터 방송 프로그램을 공급받아 제공(지상파 방송은 제공하지 않음)
- 2005년 서비스 개시, 7만 명 가입자

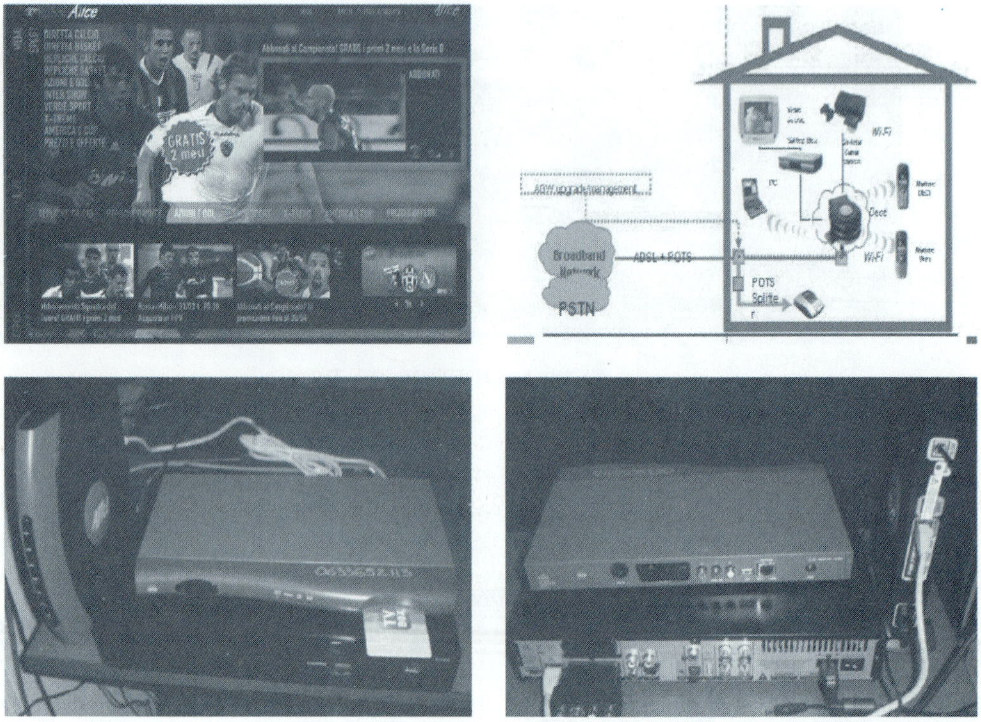

[그림 1-49] TI(Alice Home TV)

② FastWeb TV

- VoD, 위성방송의 채널, 부가 서비스 등을 제공
- 위성 방송사(Sky)로부터 방송 프로그램을 공급받아 제공(지상파 방송은 제공하지 않음)
- 2002년 서비스 개시, 17만 명 가입자

[그림 1-50] FastWeb TV

(5) 일 본

① Plala TV

- PP 채널(50~60개), 2008년부터 지상파 방송 재전송 예정
- 2004년 서비스 개시

[그림 1-51] Plala TV

② Yahoo BB(BBTV)

- ISP 사업자로서 IPTV 제공, 지상파 재전송 없음, PP 채널(50~60개)
- 2003년 서비스 개시, 3만 명 가입자

[그림 1-52] Yahoo BB(BBTV)

(6) 미국 AT&T U-Verse TV

- 실시간 채널, VoD, 부가 서비스 제공, 지상파 재전송 없이 케이블 및 위성 채널 제공
- 2006년 6월 서비스 개시

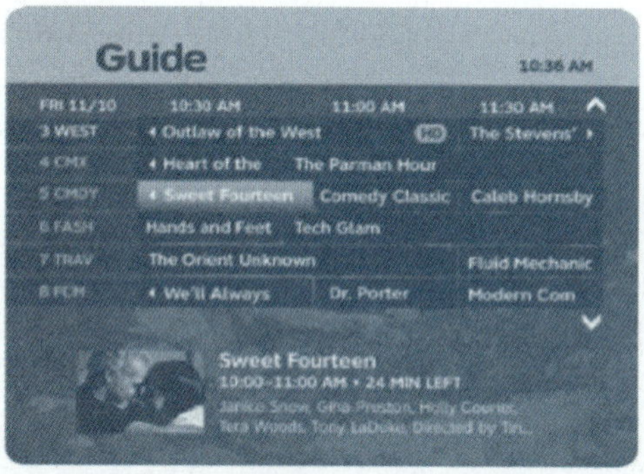

〈프로그램 가이드〉

〈서비스 화면〉

[그림 1-53] 미국 AT&T U-Verse TV

1-6 IPTV 서비스의 단계별 발전 전망

IPTV는 미래 멀티미디어 서비스의 궁극적 플랫폼으로서

① 어떤 IP 디바이스상에서 비디오
② 미래 Telco 비디오 네트워크 구조
③ 표준화된 플랫폼
④ 융합을 통한 새로운 서비스의 창출을 지향하며 계속 발전하게 될 것이다.

주요 통신사업자 및 MSO들에 의해 주로 서비스가 제공되게 될 것이며, 대규모 가입자를 대상으로 하는 보편적 서비스가 될 것이다.

서비스 측면에서는 IPTV는 공중파 방송의 재중계에서 더 나아가 기존 방송이 갖고 있는 시청 시간이나 장소 제약 문제를 해결하고, Customized된 QoS, Security, Billing, Mobility 등을 가입자에게 효과적으로 제공하며, 개인화된 콘텐츠 및 부가 서비스를 제공하고, 다양한 유형의 통신·방송융합형 서비스를 통해 정보와 감성의 상호 소통이 가

능하도록 점진적으로 진화해 나갈 것이다.

기술적으로는 현존하는 '방송기술'과 'IP 기반 통신기술'의 단순 결합에서 더 나아가서 품질과 보안을 보장하면서 대규모 서비스 제공이 가능하도록 Scalability, Efficiency, Global Interoperability를 지원하는 구조로 진화할 것이다. 또한, de facto 서비스 플랫폼에서 표준 서비스 플랫폼으로 단계별로 진화 발전하게 될 것이다. IPTV 서비스의 발전은 [그림 1-54]에서처럼 크게 세 단계로 이루어질 것으로 전망된다.

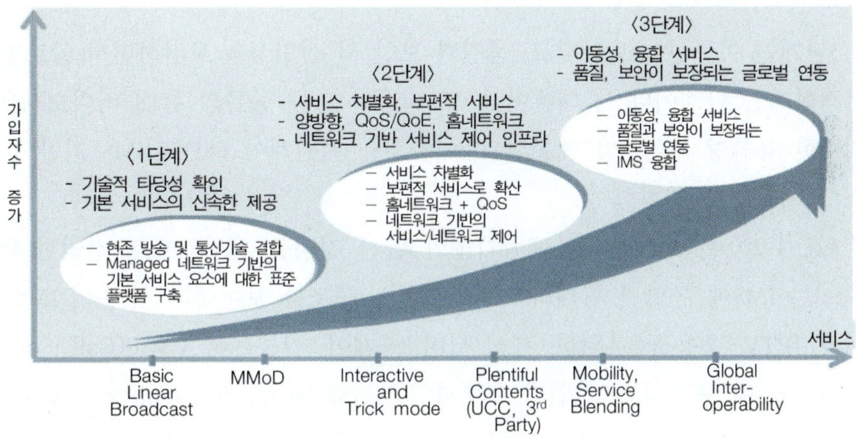

[그림 1-54] IPTV의 3단계 발전 전망

1. 1단계

1단계는 현존하는 통신기술과 방송기술의 결합을 통해 기존 방송 서비스를 IP 기반으로 신속하게 제공하는 것을 목표로 하며, 기본 방송 서비스, MMoD, 기본적인 양방향 TV 서비스 등이 제공된다. 이 단계에서는 네트워크 및 서비스에 대한 기본적인 접속을 위한 서비스 요소와 규격들이 제공되고, 콘텐츠 보호를 위한 서비스 요소 간의 상호 동작들에 대한 기준이 요구된다. 즉, 기본적인 서비스를 위한 미들웨어 및 CAS/ DRM 등의 서비스 계층 플랫폼이 정의된다. 1단계의 서비스 구조는 기존의 클라이언트-서버 형태로 제공될 것이다.

2. 2단계

2단계는 IPTV 서비스가 기존 방송과 차별화되고, 보편적 서비스로 확산되는 단계이다. 방송과 인터넷, 홈네트워크가 결합하는 단계로서, 양방향 서비스, UCC(User

Created Contents)와 3rd party 콘텐츠를 지원하는 등 콘텐츠의 다양화 · 차별화가 이루어진다. QoE와 확장성, 네트워크 및 서비스 계층 보안이 보장될 수 있도록 네트워크 기반의 서비스 제어 기능이 제공된다. 대규모 서비스 제공이 가능하도록 IP 전달방식의 효율화가 요구된다.

3. 3단계

3단계는 이동성이 보장되고, 품질과 보안 및 신뢰성을 보장하면서 글로벌 상호연동이 본격화되는 단계이다. 휴대폰이나 PDA 등의 모든 종류의 휴대 비디오 단말에 IPTV를 비롯한 융합형 서비스가 제공되고, 이동성을 지원해야 하므로 IMS 기반의 통합된 서비스 제어구조로 진화한다.

〈표 1-20〉은 이에 따른 핵심기술의 발전 전망을 개괄적으로 정리한 것이다. [그림 1-54]는 IMS에 통합된 형태의 IPTV 서비스 구조를 보여준다. 기존의 IMS 응용뿐만 아니라 IPTV 응용들을 위한 세션/서비스 제어 기능들이 CSCF(Call Session Control Function)에 통합되고, 가입자 프로파일은 HSS(Home Subscriber Server)에 통합된 구조이다. 전달망은 품질과 보안이 관리되는 NGN 구조를 기반으로 한다.

〈표 1-20〉 IPTV 구조 및 핵심기술의 단계별 발전 전망

구 분		1 단계	2 단계	3 단계
1) 진화목표		• 현존 통신기술과 방송기술의 결합을 통한 신속한 기본 서비스 제공	• 방송과 인터넷 및 홈네트워크의 결합 • 보편적 서비스로 가입자 확산 • 양방향 서비스와 UCC, 3rd 파티 콘텐츠 등 차별화·다양화	• 방송과 통신 및 모바일 환경의 결합 • 품질, 보안 및 신뢰성이 보장되는 글로벌 상호연동
2) 서비스 콘텐츠		• 다채널 방송 • MMoD(Video, Music, Audio) • 월드 가든 인터넷 콘텐츠	• 트릭모드 방송 • 인터넷 콘텐츠 • 3rd파티 및 UCC 콘텐츠(다운로드 및 온디맨드)	• 멀티앵글 TV • 모바일 단말용 콘텐츠(온디맨드 및 다채널 방송)
3) 단말/홈네트워크		• STB+TV	• PC 유형 • 품질과 콘텐츠 보호를 보장하는 홈네트워크	• 모바일 단말 • PDA, Portable Video Device
4) 서비스 계층	4.1) 미들웨어	• ACAP/OCAP/MHP/Proprietary • 비표준	• IP 환경에 최적화된 IPTV 미들웨어	• 원격 구성관리 • 글로벌 상호연동을 지원
	4.2) 코덱	• MPEG · 2TS(SD, HD) • H.264	• H.264 · SVC • IP 전달 환경에 최적화	• 모바일 IP 환경에 최적화 • SVC + 시그널링

구 분		1 단계	2 단계	3 단계
	4.3) 콘텐츠 보호	• CAS 위주	• CAS+DRM	• CAS, DRM • 글로벌 상호연동
	4.4) Metadata	• 기본 EPG	• EPG + Navigation(IPG) • Rich Media	• 개인화 EPG 등
5) 전달계층	5.1) QoE/QoS	• MPLS, DiffServ	• MPLS, 플로우 기반 트래픽 엔지니어링	• 단말, 액세스망 및 콘텐츠 특성에 따른 자원 최적화 • SVC 지원
	5.2) 전달 프로토콜	• IP/UDP/RTP/MPEG · 2TS(H.264)	• Direct IP Transport for Efficiency	• 무선환경을 고려한 전달 프로토콜 최적화 • FEC
	5.3) 멀티캐스트	• 제한적용 • PIM-SSM/IGMPv2/IGMPv3	• 대규모 멀티캐스트	• 품질보장 멀티캐스트
	5.4) Access	• xDSL, Ethernet/E-PON	• Hybrid(IP+Terrestrial Broadcast/Satellite)	• WLAN, WiFi
	5.5) Inter-working	• 지원 안함	• Loose Interworking for 3rd Party Downloadable/On-Demand Contents	• QoS Enabled Interworking for 3rd Party Live/Broadcast Contents
6) 서비스/네트워크 제어계층	6.1) QoS Control	• 서비스별 SLA에 따른 정적 자원관리	• 서비스 요구시의 동적 자원 관리(NGN 기반) • QoS for Home Network	• 세션 기반의 동적 자원관리 (NGN 기반) • 모든 서비스에 대한 통합제어
	6.2) 세션/호 제어	• SIP 응용에 대한 세션/호 제어 및 위치 관리	• IPTV 응용에 대해 네트워크 기반의 세션/서비스 제어 • IMS 연동구조	• 통합 서비스 제어구조 • IMS 통합 구조
	6.3) 서비스 시그널링	• RTSP 및 IGMP	• SIP 프로토콜과 RTSP/IGMP 프로토콜의 상호동작	• 통합단말 및 융합형 서비스 지원 • Unified 시그널링
7) 서비스 운용관리	7.1) 가입자 관리	• 서비스별 별도 관리		• 통합 프로파일 관리 • IMS 통합
	7.2) 서비스 품질 모니터링	• 미디어 레벨 종단간 QoS 모니터링	• 단말/홈네트워크, 액세스망 코어망 및 서버측에 대한 구간별 품질 모니터링 • QoE 제시	• 모니터링 결과에 따른 피드백 제어

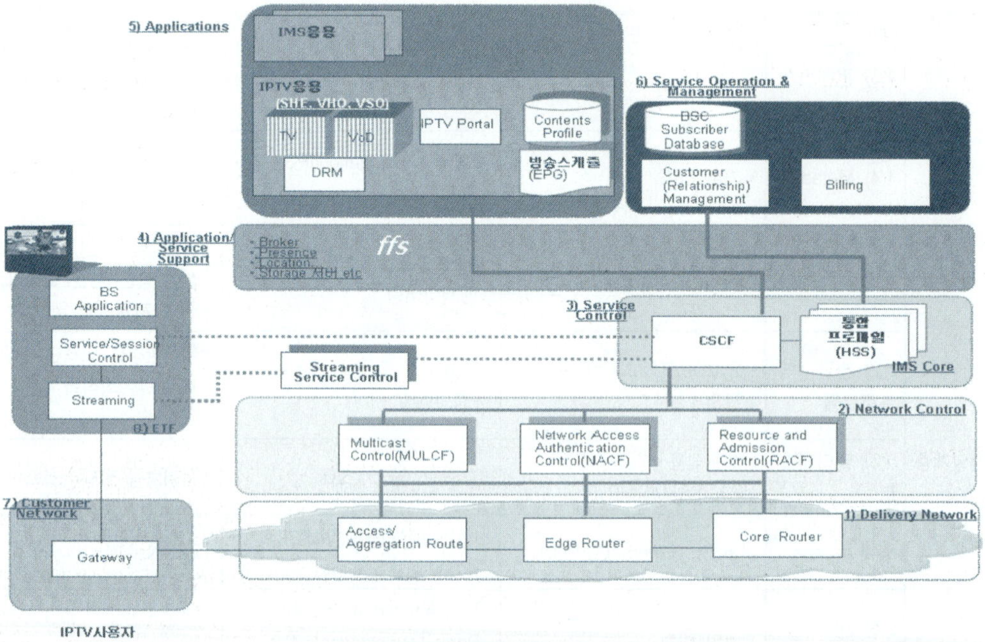

[그림 1-55] IMS 기반의 통합된 IPTV 서비스 구조

〈표 1-21〉 발전 단계별 IPTV 서비스의 변화

구 분	도입 단계	성숙 단계	고도화 단계
특징	• 기술적 문제 해결 • 서비스 개념의 실현 • 기존 서비스의 대체/보완	• 서비스의 활성화 • 기존 서비스와 차별성	• 고유의 신규 서비스 창출
제공 콘텐츠	• 일반 사용자 대상의 기존 방송 및 상업 콘텐츠	• UCC • 개인 방송 • 사내 방송/영화 배급	• 세계적 콘텐츠 연동
플랫폼	• 유선망 기반의 TV/셋톱	• 이동단말/PC	• 홈네트워크 연동
서비스	• 다채널 방송/VoD • 양방향 데이터 서비스	• NPVR, Time-Shift TV • 웹 서비스 연동 • 통신 서비스 연동	• 개인화 서비스 • 융합 서비스
중심 융합	• 사업자 융합 • 망 융합 • 번들/결합 서비스	• 단말 융합 • 통합 서비스	• 서비스 융합
수익 모델	• 정액 사용료 • 송출 수수료 • 콘텐츠 사용료	• 광고 • 부가 서비스 사용료	• 개인화 광고 • 상거래 수수료 • 개인화/융합 서비스 사용료
주된 기술적 문제점	• 품질(QoE/QoS) 보장 • 상호 호환성 확보 • 서비스 제어 기술 • 망간 연동	• 콘텐츠 유통 구조 확립 • 서비스 연동 및 결합	• 사용자 인터페이스 • 보안/프라이버시 • 콘텐츠/사용자 정보 가공

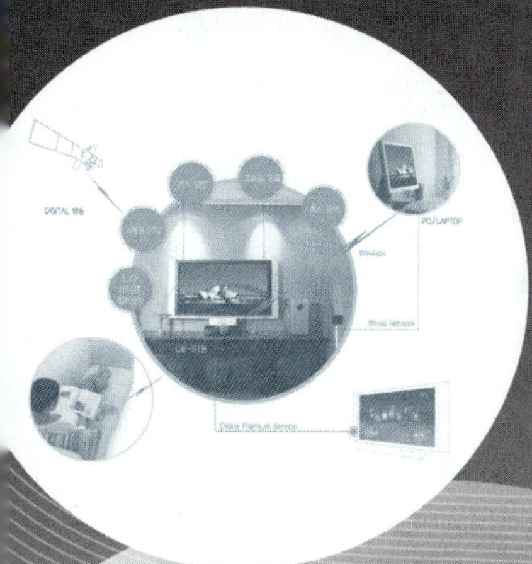

제 2 장
IPTV 시스템 기술과 요소

2-1 IPTV와 경쟁매체의 비교

지상파 TV는 제작 과정에서부터 디지털 방식으로 처리된 TV 프로그램을 지상파를 통해 송출하고 디지털 TV 수신 장치를 이용하여 이를 시청할 수 있는 방송 시스템이다.

케이블 TV는 케이블의 쌍방향 전송망을 통해 문자, 도형, 음성, 동영상 및 정지화상 등을 동시에 병행, 제공하는 멀티미디어 서비스로 전송망 고도화 등의 네트워크 측면의 디지털 등을 모두 포함한다. 디지털 위성방송은 위성으로 신호를 보내고 접시형 파라보라 안테나로 수신되는 기본적인 위성 송수신 과정에서 신호를 디지털 신호로 변환하여 수신을 받는 방식의 위성방송이다.

DMB(Digital Multimedia Broadcasting)는 지상파와 위성을 전송 수단으로 하여 동영상, 오디오 데이터 등 다양한 멀티미디어 서비스의 제공이 가능한 대표적인 방송, 통신 융합 서비스를 말한다. IPTV와 주요 경쟁매체를 〈표 2-1〉에 비교하였다.

〈표 2-1〉 IPTV의 주요 경쟁매체 비교

	지상파 디지털 TV	HD 디지털 케이블	IPTV
채널 수	10개	150개	999개
콘텐츠 서비스	방송 프로그램 데이터 방송 (셋톱박스 구입필요)	방송 프로그램 주문형 비디오(VoD) 데이터 방송 TPS(TV, 전화, 인터넷) PVR(Personal Video Recoder)	방송 프로그램 주문형 비디오(VoD) 데이터 방송 통신(메신저 영상전화) PVR
화질	HD 5개, SD 5개	HD	HD와 고화질 SD
셋톱박스 가격	없음	25만 원~35만 원	15만 원
월시청료	무료, 광고재원	1만 8,000원~2만 8,000원	1만 5,000원
사업주체	지상파+신규사업자	케이블 TV 방송사	통신사업자

2-2 경쟁매체의 현황과 전망

1. 지상파 TV 현황 및 전망

지상파 디지털 TV는 아직까지 수신기 보급문제나 방송사업자와 산업체 정책 입안자들의 혼선으로 아날로그 방송 종료, 디지털 방송개시 시점인 2010년까지도 확신을 가질 수 없는 상황이다. 2010년이란 시점은 디지털 지상파 TV뿐만 아니라 전체 방송환경에서 특별한 의미를 지니고 있다. 주파수 희소성과 공공성에 의거한 전통적 방송의 개념이 사라지고, 시장 진입이 확실시되는 IPTV의 등장으로 인한 방송과 통신의 융합 상황이 본격적으로 나타나고 있다. 우리나라에서 지상파 TV는 기존의 아날로그 TV시장에서 막대한 영향력을 구가하였다. 케이블 TV가 개시된 이후 생겨나기 시작한 유, 무료방송 시장에서도 오히려 지상파 방송이 속해 있는 무료방송 시장의 영향력이 커지는 현상이 발생하였다. 지상파 디지털 TV 역시 MMS 등을 필두로 하는 디지털 방송 시장을 선점할 잠재력을 여전히 지니고 있다.

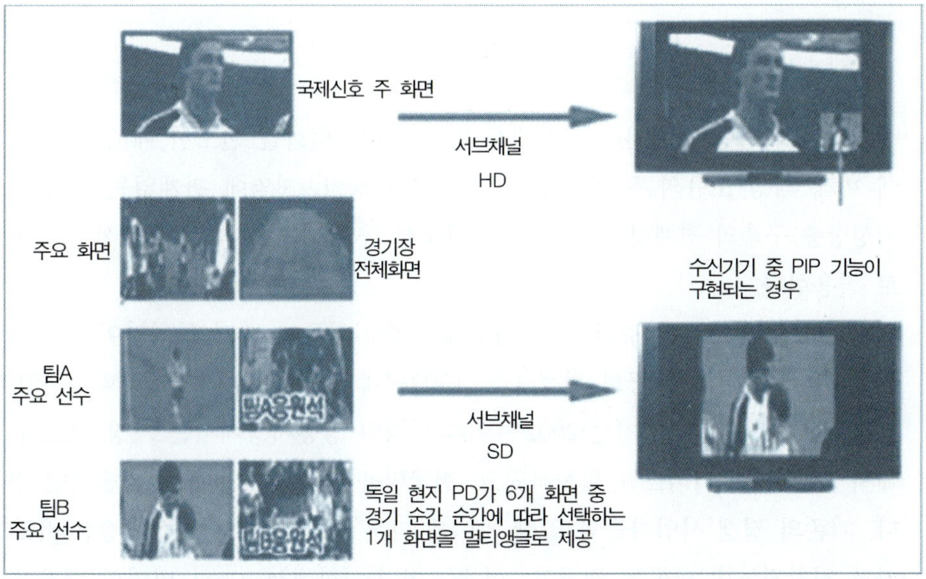

[그림 2-1] 지상파 디지털 방송의 적용 사례 · 멀티모드서비스(MMS)

2. 케이블 TV 현황 및 전망

케이블 TV는 1995년 개국된 이래 꾸준한 성장세를 이어갔고 유료방송 사업자로서 산업에서의 지위를 굳히게 되었다. 디지털 케이블 TV의 경우 1999년부터 디지털 유선방송 추진 전담반이 구성되어 유선방송의 디지털화가 추진되고 있다. 2004년부터 디지털 케이블 TV의 시범 서비스가 시작된 이래 각 사업자들은 이미 방송을 개시한다. 유료방송을 개막, 디지털화가 진행되기 이전에 이미 지상파 TV와의 격차를 줄여나가고 있다는 사실만으로 디지털 환경에서의 디지털 케이블 TV의 영향력은 유효하다고 볼 수 있다.

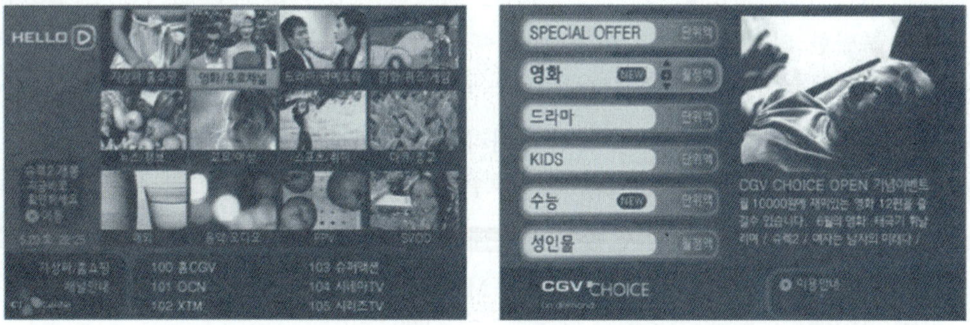

[그림 2-2] 디지털 케이블 TV 서비스의 적용 사례 · CJ케이블넷

3. 디지털 위성방송 현황 및 전망

디지털 위성방송은 여러 나라에서 방송의 디지털화를 선도한 매체이다. 타 전송매체에 비해 의성 고유의 특성인 넓은 커버리지 영역, 지역에 관계없는 동등한 방송품질, 위성방송 구축의 경제성, 위성채널의 단순성 등이 매체의 디지털화 선도의 주요 요인으로 작용한다.

이미 1990년대 초반부터 정부 차원에서 대기업들이 대거 참여하여 위성방송을 추진하고 있다. 1995년 무궁화 위성 1호, 1999년에 무궁화 위성 2호를 발사하였고, 본격적인 서비스가 시작된 시기는 2002년으로 디지털 방송시장에서는 가장 빠르다. 방송시장에서 가장 먼저 서비스를 실시하였고, 전국망을 커버하는 데에는 기술적인 결함이 없었다. 기존의 경쟁 사업자들의 입장 차이에 따른 견제로 인해 위성방송은 유료방송 사업자로 정착되는데 난항을 겪었고, 현재는 방송시장에서 4%의 미미한 점유율을 보이고 있다. 현재의 미미한 영향력으로 인해 타 매체 및 서비스와의 경쟁에서 불리한 측면이 다소 있다.

4. DMB의 현황 및 전망

DMB의 도입은 1997년 3월 정보통신부의 '지상파디지털방송추진협의회'를 구성하면서 시작되었다. 2005년 5월부터 위성 DMB 서비스가 2006년 1월부터는 지상파 DMB 서비스가 시작되었다. 지상파 DMB와 위성 DMB는 같은 사업군에 속해있지만, 전송수단에 따른 기술의 차이점 이외에도 사업자들 간의 이해관계의 차이가 각각의 이질적인 특성을 보여주고 있다.

지상파와 위성 DMB는 사업초기에 디지털 TV의 이동성을 보완하기 위해 방송 산업에 등장하고 있다. DMB는 기술적으로 이동형 TV 방송을 충족하기에 부족함이 없으나, 사업자들 간의 이해관계 및 사업적 입장의 차이가 방송산업에 진출하는데 장애요소로 작용하고 있다. 이동형 멀티미디어적 요소는 디지털 방송시대에 경쟁력을 갖추지만, 적절한 수익구조를 창출하는 것이 여전히 큰 과제로 남아 있다.

2-3 IPTV 시스템의 구조

1. IPTV 시스템 개요

IPTV는 Internet Protocol망을 통해 방송이나 동영상 콘텐츠, 각종 정보 등을 TV로 제공하는 통신과 방송의 융합된 서비스를 의미한다. 또한, IPTV는 종합유선방송 및 위성방송 등 유료방송 사업자의 방송 서비스와 동일선상에 있는 '다채널 방송 서비스'와 인터넷상의 콘텐츠를 TV상에서 제공하는 'TV-포털 서비스'로 구성된다. 미국의 경우 IPTV 또는 Telco TV, 유럽에서는 ADSL TV, 일본에서는 Broadband 방송으로 불리고, 국내에서는 최근 인터넷 주문형 콘텐츠(iCOD)를 비롯하여 좀 더 넓은 개념으로 통신-방송-인터넷의 완전한 결합을 뜻하는 BcN(광대역통합망 : Broadband convergence Network)으로 지칭되기도 한다.

1) 통신과 방송산업 영역의 융합

통신과 방송 서비스의 융합에 따른 TPS(Triple Play Service)가 본격 도입되고 향후 통방융합에 기반한 홈네트워크 서비스로 진화/발전할 것으로 전망한다.

2) 새로운 서비스 모델

TV단말의 장점과 초고속 인터넷의 장점을 부각시킬 수 있는 새로운 서비스 모델인 IPTV가 출현하였다. 향후 Voice를 포함한 TPS로 확장 및 진화될 것이다.

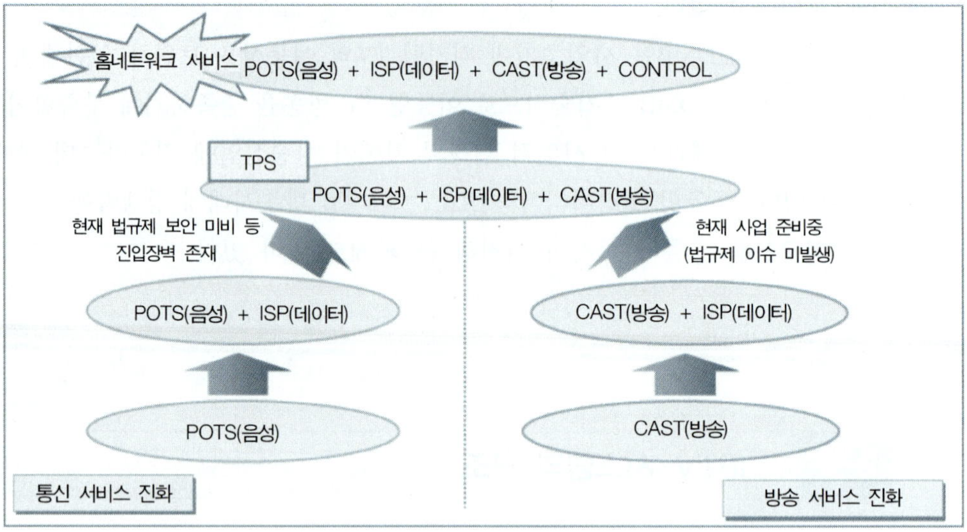

[그림 2-3] 통신과 방송 서비스의 융합

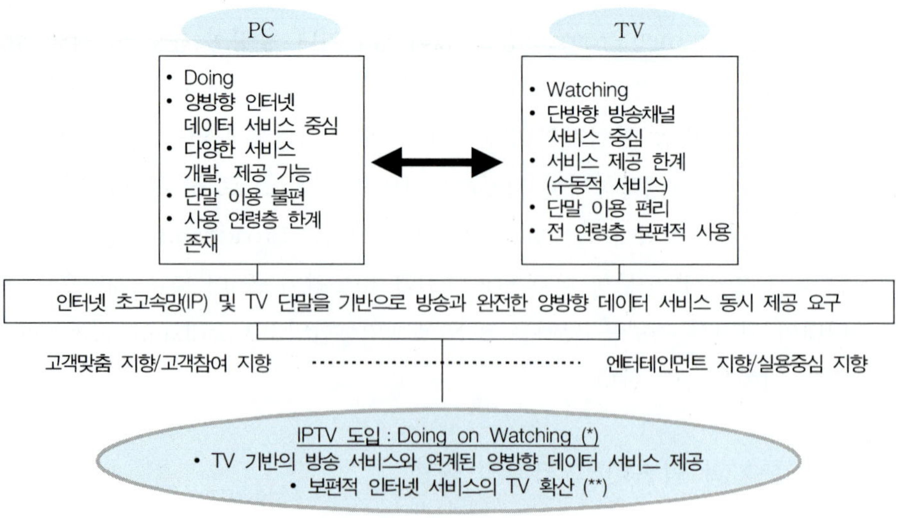

[그림 2-4] IPTV의 도입

3) 서비스 제공 범위와 서비스 제공 효과

IPTV 서비스 속성은 서비스 제공 범위와 서비스 제공 효과이다. 서비스 제공 범위는 전통적인 통신과 방송 서비스의 영역을 포함한 뒤 신규 통신방송 연계영역까지 확장하는 것을 말하고, 서비스 제공 효과는 IPTV를 통한 각 통신과 방송산업의 동반성장 및 융합산업의 신규시장 진출을 의미한다.

IPTV 서비스 영역의 확장에 대하여 [그림 2-5]에 설명하였다.

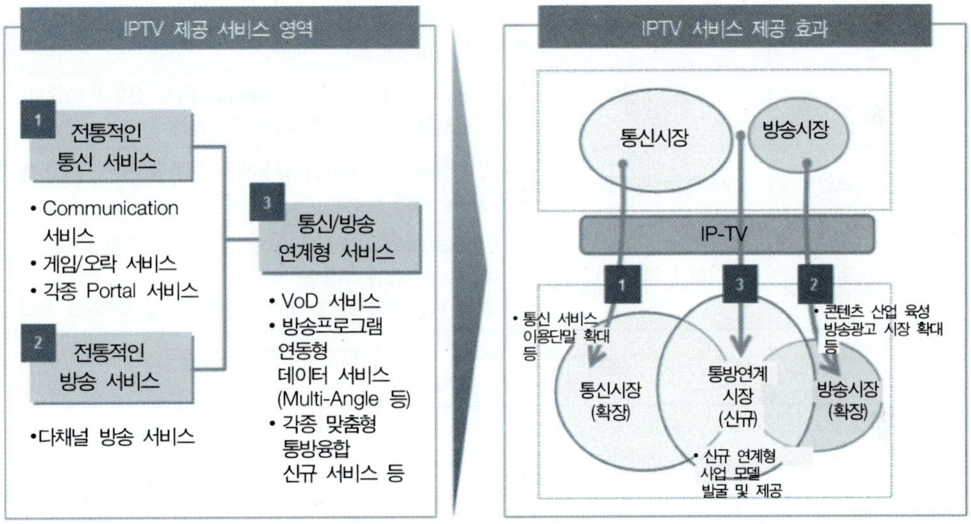

[그림 2-5] IPTV 서비스 영역의 확장

2. IPTV 시스템

1) IPTV 플랫폼

IPTV 플랫폼은 수신, 가공, 송출, 관리, 보안, 부가 서비스 부분으로 구성되어 있다. IP미디어 플랫폼은 콘텐츠를 수신, 가공(압축, 암호화), 송출하는 역할과 각종 부가 서비스를 구현하는 역할을 수행한다.

① 수신(베이스밴드) : 수신은 지상파, PP, 위성 등의 신호를 수신한다. Routine Switcher를 통해 방송 신호들의 분배를 조작하며, 관제 시스템을 통해 모니터한다.

② 가공 송출(압축다중화) : 가공 송출은 수신된 영상신호를 H.264로 압축하고, Data

신호와 다중화한 후 암호화(스크램블링) 및 IP 패킷화하여 전송한다.

③ 보안(수신제한 시스템) : 보안은 실시간 채널에 대한 암호화 및 VoD 콘텐츠의 사전 암호화를 수행하며 시청권한을 제어함으로써 인증된 사용자에 한해 채널 및 콘텐츠를 이용할 수 있도록 하는 시스템이다.

〈표 2-2〉 IPTV 플랫폼 기능 및 구성

	구 성	설 명
수신	베이스밴드	• 지상파, PP, 위성 등의 Source 신호를 수신함. • Routine Switcher를 통해 방송 신호들의 분배를 조작하며, 관제 시스템을 통해 모니터링 함.
가공 송출	압축다중화	• 수신된 영상 신호를 H.264로 압축하고, Data 신호와 다중화한 후 암호화(스크램블링) 및 IP 패킷화하여 전송함.
보안	수신제한 시스템	• 실시간 채널에 대한 암호화 및 VoD 콘텐츠의 사전 암호화를 수행하며 시청권한을 제어
관리	미디어 운영 코어	• 각 시스템들과의 유기적인 결합을 통해 정보 흐름을 통합 관리하는 Coordinator 역할을 수행함. • 프로그램 편성, 콘텐츠 및 미디어 관리, PP및 CP와의 계약 관리
부가 서비스	부가 서비스 시스템	• T-Internet, T-Commerce, T-Communication, T-Game 등의 각종 부가 서비스를 구현함.

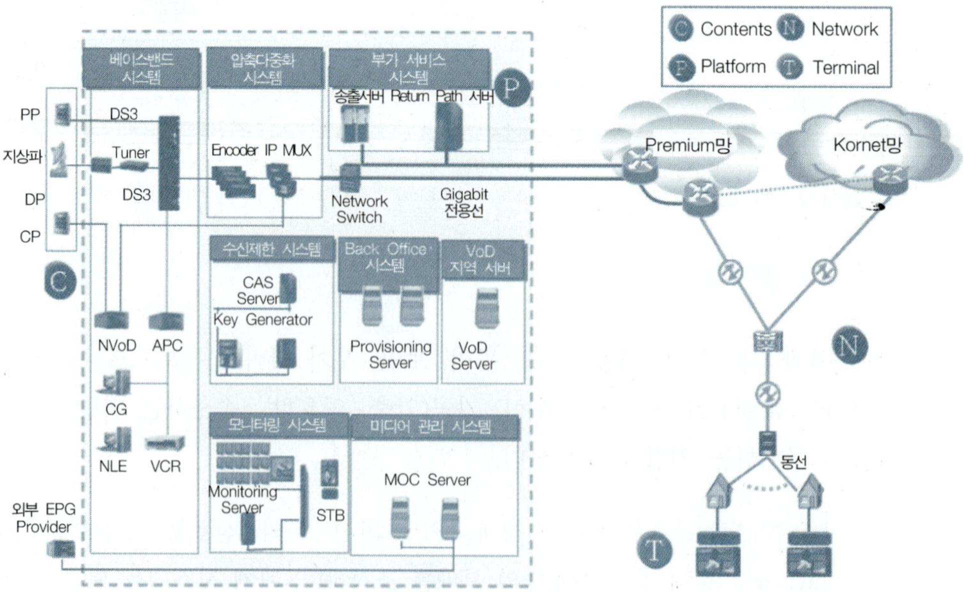

[그림 2-6] IPTV 플랫폼의 역할

④ 관리(Media Operation Core) : 관리는 방송 센터의 중앙에서 각 시스템들과의 유기적인 결합을 통해 정보 흐름을 통합 관리하는 Coordinator 역할을 수행한다. 즉 프로그램 편성, 콘텐츠 및 미디어 관리, PP및 CP와의 계약관리를 말한다.

⑤ 부가 서비스 : IPTV에서의 부가 서비스는 T-Internet, T-Commerce, T-Communication, T-Game 등의 각종 서비스를 구현한다.

(1) 베이스밴드 시스템

베이스밴드 시스템은 [그림 2-7]처럼 PP/CP, 지상파, 위성 등의 방송신호를 수신하여 수신된 소스신호를 SDI(Serial Digital Interface) 신호로 변환 및 프레임 동기화한 후 응용 및 관리를 위하여 모든 방송신호 채널을 연결 및 집중화하는 신호를 분배하여 광고, 로고 자막삽입을 위해 신호 편집 및 가공처리한 후 압축다중화 시스템에 전달해 주는 시스템이다.

SDI(Serial Digital Interface)는 270Mbps의 전송률을 가진 디지털 신호 표준안으로서 콤포지트 디지털 영상과 4채널 디지털 오디오 신호가 혼합되어 있다.

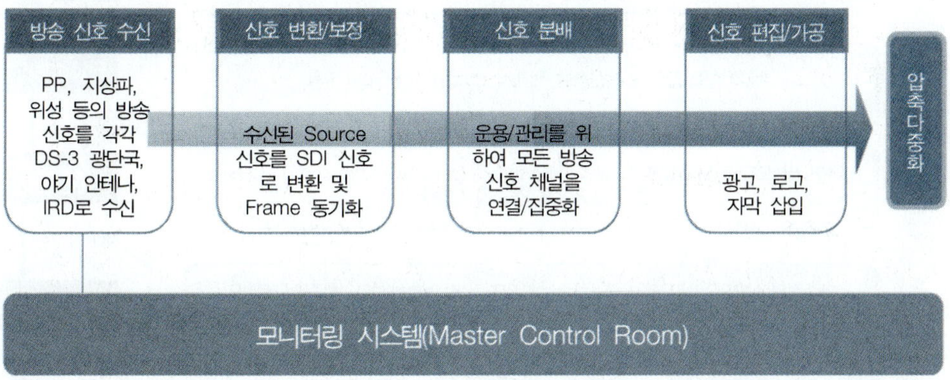

[그림 2-7] 베이스밴드 시스템

(2) 압축다중화 시스템

압축다중화 시스템은 [그림 2-8]처럼 베이스밴드 시스템의 출력 신호인 SDI 신호를 압축한 후 압축된 영상/음성신호와 데이터 방송용 데이터를 다중화하여 얻은 MPEG-2 TS(Transport Stream)을 네트워크 스위치로 전송하는 시스템이다.

① 비디오 코덱은 원본 비디오 영상을 압축된 형태로 코딩하고, 이것을 다시 원본영상에 근접한 영상으로 복원한다.

② 이상적인 코덱 모델은 가능한 적은 비트로 원본에 충실하게 복원한다.
③ 압축된 비트율이 낮을수록 디코더에서 복원된 비디오 영상의 화질이 낮다.
④ 압축효율과 고화질은 서로 상충된다.

압축다중화 시스템의 단계는 다음과 같다.

- 1단계 : 베이스밴드에서 수신된 방송신호(Video, Audio)를 인코더로 입력한다.
- 2단계 : H.264로 압축하고 전송을 위해서 스트림(MPEG2 TS)화한다.
- 3단계 : 비디오 및 오디오 MPEG2 TS와 데이터 방송용 데이터 및 Enhanced TV 서비스를 위한 테이블 정보를 다중화한다.
- 4단계 : 다중화된 MPEG2 TS를 Scrambler에 입력하여 암호화하고, 최종적으로 IP 패킷화한다.
- 5단계 : IP 패킷화 한 방송신호는 네트워크 스위치로 입력되고, 최종 송출된다.

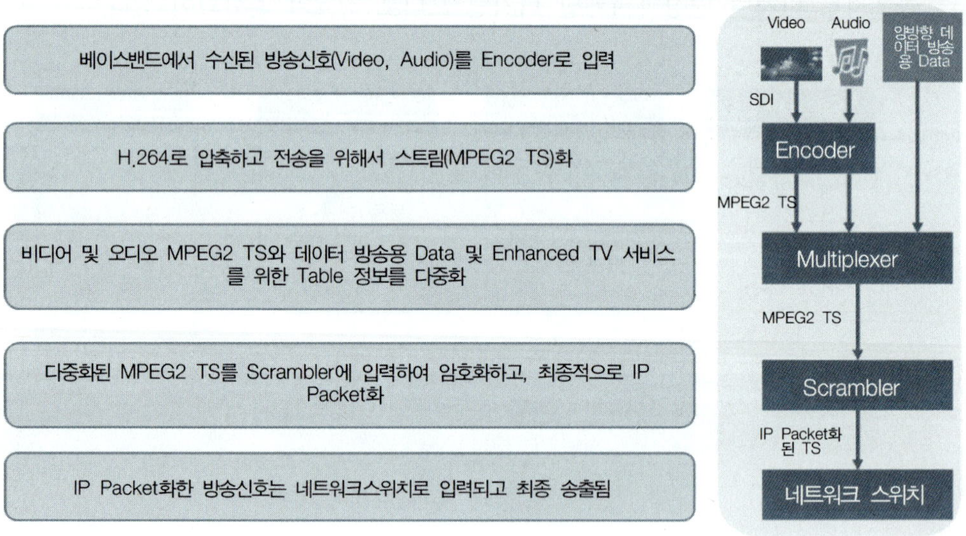

[그림 2-8] 압축다중화 시스템

(3) 수신제한 시스템

수신제한 시스템은 [그림 2-9]처럼 실시간 채널에 대한 암호화 및 콘텐츠에 사전 암호화 기능을 수행하며 시청 권한을 제어함으로써 인증된 사용자에 한하여 채널 및 콘텐츠를 수신할 수 있도록 하는 시스템이다.

수신 제한 시스템의 주요 기능은

① 유료방송 서비스와 암호화 : 실시간 방송을 위한 암호화 및 VoD를 위한 사전 암호화
② 하드웨어 기반의 복호화
③ 시청 등급에 따른 시청권한 통제 및 특정 지역 가입자 또는 특정 가입자군에 대한 서비스 통제 및 허용
④ 유료 서비스 사용이력의 레포트 백을 통한 마케팅 정보를 제공한다.

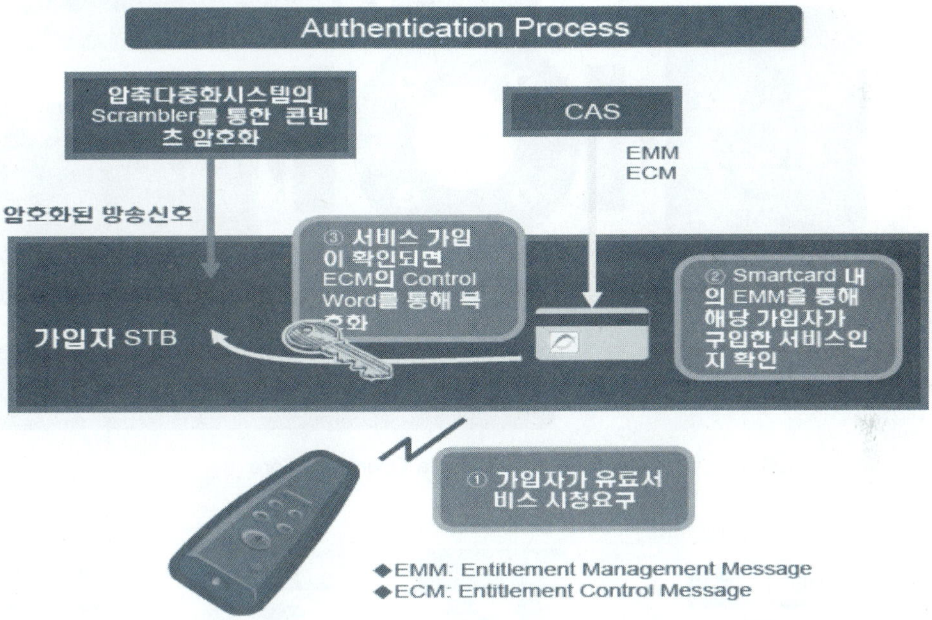

[그림 2-9] 수신제한 시스템 인증 프로세스

- EMM(암호화 가입자 정보) : 권한 생성 및 취소, Credit 관련, 스마트카드를 관리하기 위한 자료 처리
- ECM(암호화 콘텐츠 정보) : 현재 방송중인 이벤트에 대한 access file 처리, Unscramble을 위한 제어

(4) 미디어 운영관리 시스템

미디어 운영관리 시스템(MOC : Media Operation Core)은 [그림 2-10]처럼 방송업무를 운영하기 위한 각종 비즈니스 처리 정보로써 각 서브시스템과 연동을 위한 에이전트 관리 및 VoD 카탈로그 생성관리 및 각종 상품관리, 실시간 방송 및

VoD 채널 편성관리, 미디어 및 콘텐츠 미디어 데이터 관리 및 방송 스케줄 정보인 EPG정보 획득/관리하는 계약관리를 관리하는 시스템이다.

MOC의 목적은 효율적인 다채널 편성 업무지원, 통합된 콘텐츠 자산관리, 채널 라인업 정보 일원화, 타 시스템과의 유기적 연동 최적화, 마케팅 정책 변경에 따른 유연한 대응 등이다.

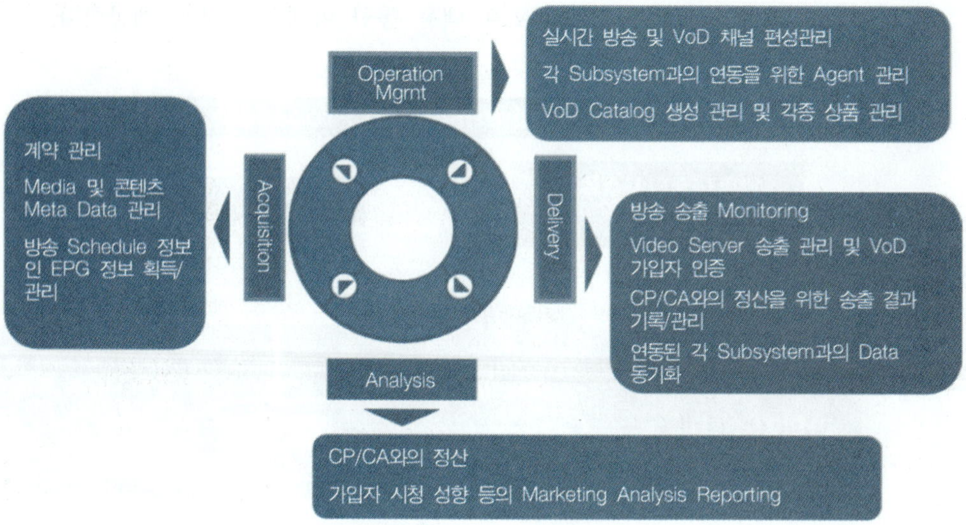

[그림 2-10] Media Operation Core

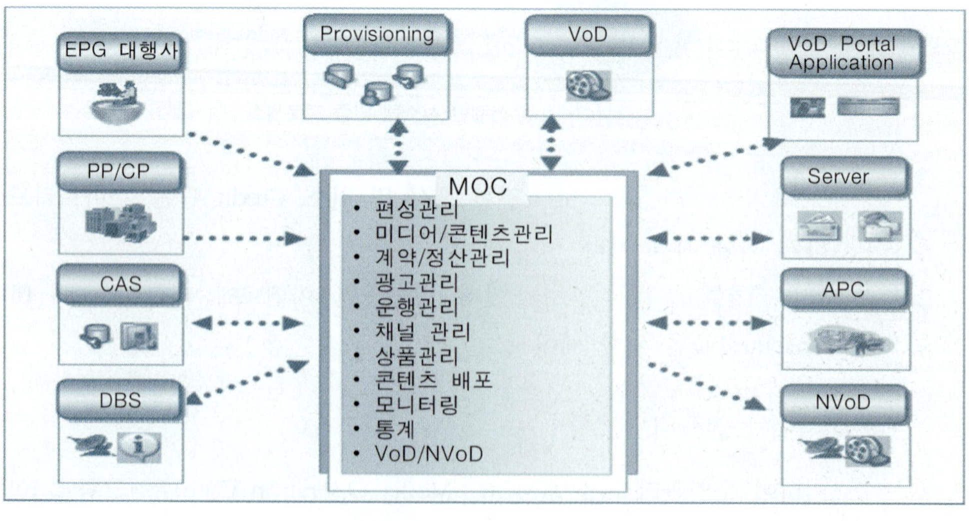

[그림 2-11] Media Operation Core 기능

2) 네트워크

IPTV 서비스를 제공하기 위한 네트워크 기술은 [그림 2-12]와 같이 크게 백본망(BackBone)과 가입자망(Access) 두 가지로 구성된다.

요소기술로는 멀티캐스트(Multicast)와 QoS 기능이 필수적으로 요구된다. 네트워크 구성방식은 UTP 방식의 Ntopia, Twisted pair를 이용한 ADSL, VDSL, FTTH(Fiber To The Home) 방식 확대 적용하고 있다.

인터넷 가입자망의 진화과정은 기존의 전화선을 이용한 가입자망은 ADSL에서 VDSL로 발전하고 있는 추세이고, 광케이블을 통해 인터넷에 접속하는 100Mbps급의 FTTH(Fiber To The Home) 서비스로 발전하고 있으며, 정부의 추진계획에 따르면 2010년까지 50M~100M의 가입자가 1천만 명에 이를 계획한다.

광대역폭 확보를 위해 향후 FTTH와 같은 광통신 기반 가입자망으로 발전될 전망이지만, H.264, VC1 등의 고압축 코덱 기술의 발전으로 xDSL의 기술 활용도 두드러질 전망이다.

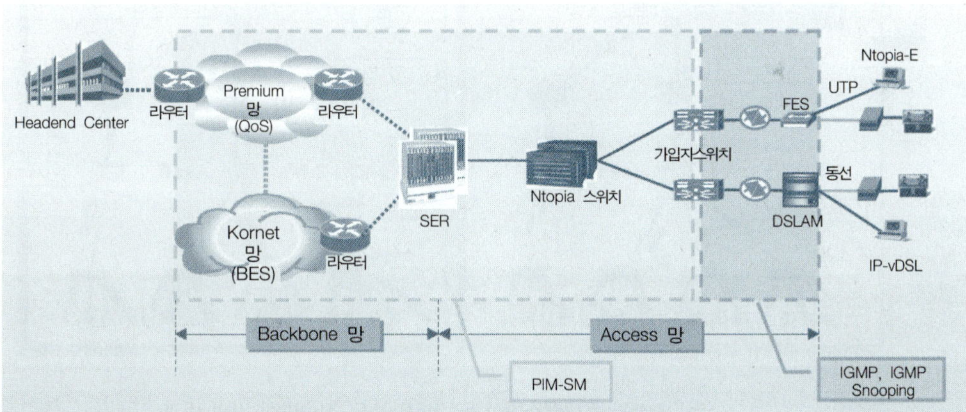

[그림 2-12] IPTV 네트워크 구성

(1) 전송기술

IPTV 서비스는 동일한 가입자망에 속한 다수의 가입자가 동일한 채널을 시청할 경우 네트워크 트래픽 폭주를 최소화하기 위하여 IP 멀티캐스팅이라는 새로운 기술을 사용한다. IP 멀티캐스트란 동일한 데이터를 동시에 다수의 사용자에게 송신하는 방식으로 D 클래스의 주소체계를 사용하여 녹화된 다양한 영상 프로그램을 IP 멀티캐스트 방식에 의해 전송한다.

반면, 유니캐스팅(Uni-casting) 방식은 데이터 패킷을 각 수신자에게 각각 보내는 것으로 이용자가 기존의 인터넷 동영상 스트리밍 서비스와 데이터 서비스를 요구할 경우에만 각 개인에게 별도의 전송대역을 할당함으로써 정보가 제공된다. 같은 정보의 데이터 3개가 동시에 네트워크상으로 전송되는 것에 의해 네트워크상의 대역폭의 낭비라고 볼 수 있으며 또한 전송 데이터량의 증가로 인한 네트워크의 혼잡이 발생할 수 있다. 따라서 다수의 접속자가 정보를 요청할 경우 네트워크나 서버에 부하가 걸리게 되므로 사실상 방송 서비스가 불가능해진다. 멀티캐스트 기술은 이 같은 병목현상을 해결하고 상대적으로 네트워크에 부담을 주지 않기 때문에 안정감 있는 고품질의 영상 서비스를 제공할 수 있다. [그림 2-13]은 유니캐스팅과 IP 멀티캐스팅 전송방식 간의 비교이다.

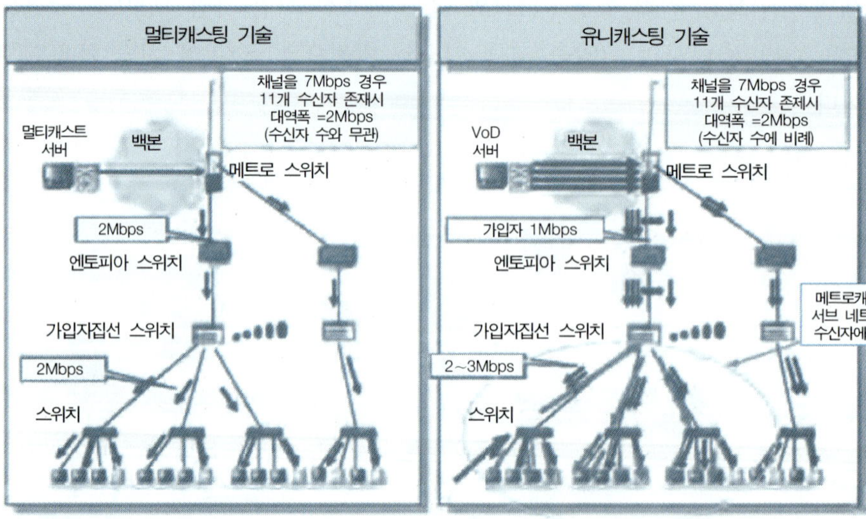

[그림 2-13] 유니캐스팅과 IP 멀티캐스팅 전송방식 간의 비교

① 유니캐스트

유니캐스팅은 송신자와 수신자가 1 : 1로 데이터를 주고받는 방식으로 현재 인터넷에서 주로 사용하는 방식이다. 이용자가 기존의 인터넷 동영상 스트리밍 서비스와 데이터 서비스를 요구할 경우에만 각 개인에게 별도의 전송대역을 할당함으로써 정보가 제공된다. 따라서 다수의 접속자가 정보를 요청할 경우 네트워크나 서버에 부하가 걸리게 되므로 사실상 방송 서비스가 불가능해진다.

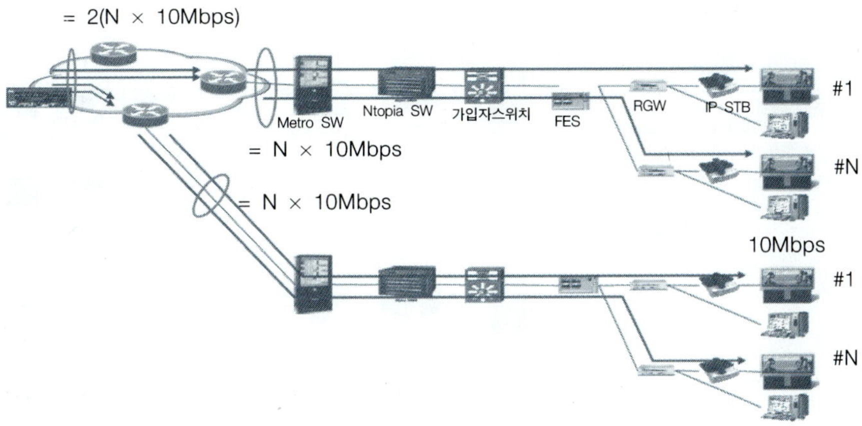

[그림 2-14] **유니캐스트**

② 브로드캐스트

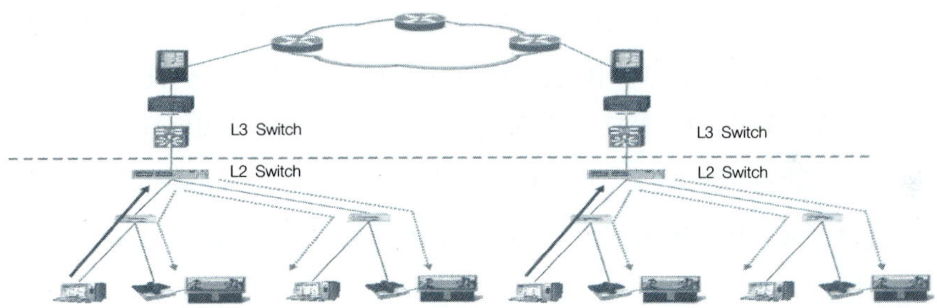

[그림 2-15] **브로드캐스트**

브로드캐스팅 방식은 라우터에서 관리하고 있는 모든 호스트에 패킷을 전송하며 패킷의 사용여부는 각 호스트에서 판단하여 처리한다. 즉 제한된 범위 내에서 모든 수신자에게 패킷을 전송하는 1 : all 방식이다. 브로드캐스팅 방식은 송신자가 데이터를 요청하지 않은 모든 수신자에게 데이터를 전송하는 방식으로 보통은 송신자가 수신자의 주소를 알 수 없을 때 송신자가 사용하는 방식이다. 따라서 브로드캐스팅 방식에서는 호스트에 대한 통제가 사실상 힘들게 된다.

③ 멀티캐스트

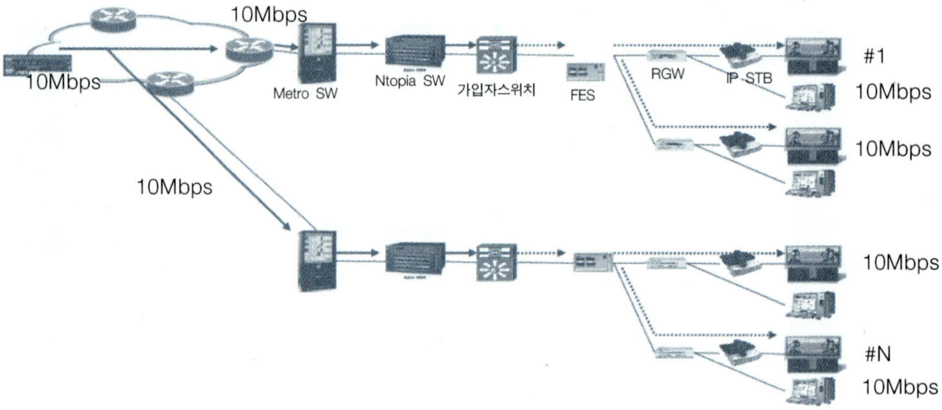

[그림 2-16] 멀티캐스트

사용자를 그룹화시켜 제어하고 서비스를 제공하는 멀티캐스팅 방식에 대해 살펴보자. 멀티캐스팅 방식은 요청하는 특정 수신자에게만 패킷을 전송하는 1:N 방식이다. 송신자는 데이터를 전송하고 데이터를 받기 원하는 수신자는 데이터 수신을 요청하면 네트워크에서 원하는 수신자에게만 데이터를 전송하는 방식으로 보통은 같은 데이터를 다수의 수신자가 수신할 때 사용하며, 유니캐스트보다 훨씬 효율적인 방식이며, 라우터가 각 호스트들의 정보를 가지고 있어 보내고자 하는 목적지 호스트에게 패킷을 보내기 때문에 IPTV 서비스에 적합하다고 볼 수 있다.

멀티캐스팅 방식에서 라우터가 실제로 데이터를 보내야 되는 그룹을 식별하기 위해 IGMP(Internet Group Management Protocol) 메시지를 이용한다.

④ 멀티캐스트 프로토콜

송신자가 해당 데이터를 받기 원하는 수신자들(멀티캐스트 그룹)에게만 데이터를 전달하는 방식으로서 일-대-다 또는 다-대-다 전송을 지원함으로써 유니캐스트와 브로드 캐스트의 단점을 보완한 것이다.

송신자 측에서는 하나의 데이터 패킷을 보냄으로써 네트워크 효율성을 높이고 네트워크의 혼잡 상황을 줄일 수 있으며, 수신자 측에서는 원하는 호스트에게만 데이터를 복사해 줌으로써 불필요한 데이터 수신을 방지할 수 있다.

멀티캐스트 패킷을 네트워크에서 전송하기 위해서는 네트워크 장비에서 멀티캐스트 프로토콜이 구동되어야 한다. 멀티캐스트 프로토콜은 가입자망 장비에서 사용하는 IGMP, IGMP Snooping 프로토콜과 백본/접속망/가입자망에서 주로 사용하는 PIM-SM이 있다.

- IGMP(Internet Group Management protocol) : 가입자가 수신 채널을 선택하여 시청하고 다시 다른 채널을 선택하는 등 채널 선택/해지를 요청하는 단말과 요청을 받아들이는 Layer 3 네트워크 장비 사이에서 사용한다.
- IGMP Snooping protocol : 채널선택/해지를 요청하는 단말과 요청을 받아들이는 Layer 3 네트워크 장비 사이에 위치한 Layer 2 네트워크 장비에서 구동되는 프로토콜로 IGMP Snooping이 구동된 Layer 2 네트워크 장비는 단말과 Layer 3 네트워크 장비 간 IGMP 송수신 메시지를 인식하여 채널 요청을 한 가입자에게만 채널정보를 전송한다.
- PIM(Protocol Independent Multicast) : 단말로부터 IGMP 프로토콜을 이용하여 채널 선택/해제 요청을 수신한 첫 번째 Layer 3 네트워크 장비가 요청사항을 상위 라우터들에게 전달하는 경우와 헤드엔드(Headend)에서 송신된 멀티캐스트 패킷을 가입자에게 전송하기 위해 멀티캐스트 경로설정, 그래픽 관리, 제어 등을 수행한다.

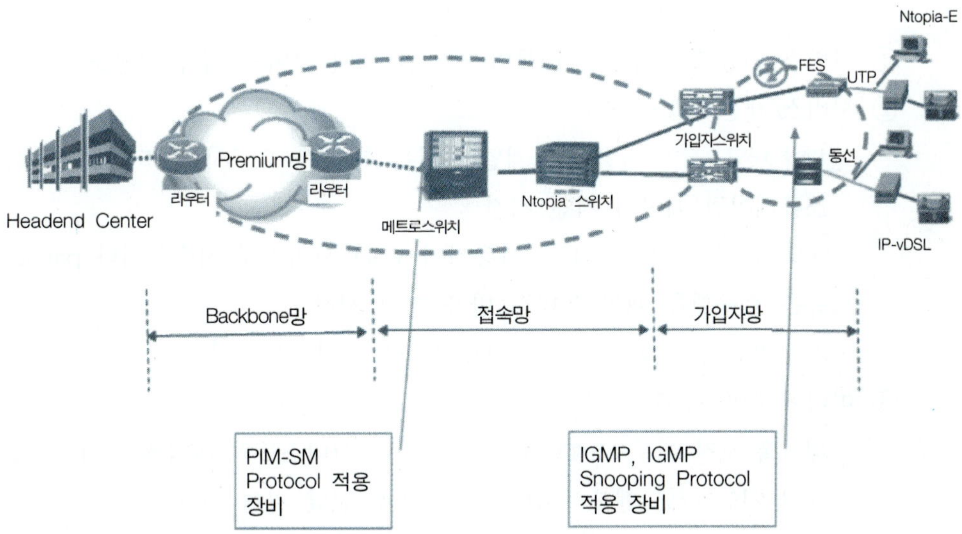

[그림 2-17] 멀티캐스트 프로토콜

(2) QoS(Quality of Service) 기술

현재 IP 네트워크는 Best Effort로 QoS 기능이 적용되어 있지 않아 품질보장에 대한 고려가 필요하며, 특히 IPTV에서는 고품질의 영상 스트림을 수용하기 위해서 전체 네트워크 구간에 대한 QoS 적용이 절실하다.

지금까지 브로드밴드 네트워크는 각 서비스에 대한 트래픽이 혼재되어 있으며 서비스별 고객 차별화 및 자원관리가 불가하였다. 따라서 서비스 개선을 위한 QoS 적용된 네트워크의 개발을 통해 트래픽 분리 및 차등 처리하여 프리미엄 서비스의 우선처리 및 요금 차별화, 장치별 자원관리 등 IP-QoS를 개선하고. 또한, 네트워크에 대한 제어 체계를 구축하여 망 제어권을 확보함으로써 서비스의 안전성을 확보하고 요금의 세분화, 차별화된 서비스, 단대단 자원관리 등을 실현한다.

즉 QoS는 서비스 속성별 트래픽의 차등적 처리를 서비스 중요도에 따라 우선 처리하여 품질을 개선하고 궁극적으로 네트워크 자원 제어를 통해 서비스의 품질을 보장해야 한다.

IPTV 서비스는 고품질의 콘텐츠가 IP망을 통하여 실시간 방송의 스트리밍형 트래픽의 성질을 가지며 대형 화면을 통하여 지속적으로 시청하는 등 패킷 손실을 가입자가 즉각적으로 인지하므로 패킷 지연 및 손실에 민감하다.

IPTV 서비스를 위해 네트워크에서 제공해야 하는 QoS 요소는 다음과 같다.

① 서비스 이용도 : 사용자가 서비스를 원할 때 서비스 접속 가용도

② 서비스/세션레벨 QoS

- 채널 재핑 시간 : 사용자가 채널 변경을 할 경우 요구시점부터 채널이 화면에 디스플레이될 때까지 지연 시간
- VoD 접속/제어 반응 시간 : 사용자가 VoD 서비스에 접속하거나 pause/ replay 등을 요구했을 때의 서비스 반응 지연 시간
- 가입자당 동시 접속 채널 수 : HD/SD급 동시 접속 채널 수

③ 미디어 레벨 QoS

- 대역폭 보장 여부 : IPTV서비스 및 기타 서비스들의 대역폭 계약 및 보장 기능
- 패킷 지연 : 헤드엔드와 STB 간의 패킷 전달 지연 시간
- 패킷 손실 : 패킷 손실/프레임 손실
- 지터 : 패킷지터

④ Scalability

- 채널당 최대 접속 사용자 수 : 실시간 방송에서 채널당 최대 접속 사용자 수

- VoD 최대 접속 사용자 수 : VoD 서비스에서 최대 접속 가능한 사용자 수

⑤ 전달망 평균 홉수 IPTV 전달망에서 라우터의 평균 홉수

⑥ 네트워크 장애복구 시간 링크/IP 계층 장애시의 복구 시간

QoS는 서비스 속성별 트래픽의 차등적 처리로 서비스 중요도에 따라 우선처리 기법으로 품질을 개선하고, 궁극적으로는 네트워크 자원제어를 통하여 서비스 품질보장을 의미한다.

QoS 솔루션은 단순히 한정된 대역폭을 늘려 네트워크 체감 속도를 증가시키는 것이 아니라 대역폭과 그 안에서 발생하는 트래픽을 모니터링과 분석을 통해 효과적으로 제어, 관리하여 궁극적으로 정책 기반의 네트워크를 구성하고 네트워크 관리 방식의 체질을 개선하는 것이다.

QoS 솔루션은 트래픽에 따라 우선순위를 부여하고 중요도에 따라 최소, 최대 대역폭을 설정하는 방법으로 중요한 업무 관련 트래픽은 안정적인 서비스를 위해 충분한 최소 대역폭을 할당하고 업무와 무관한 웹 관련 트래픽은 최대 대역폭을 설정하여 설정된 대역폭 이상은 사용할 수 없도록 제한하여 안정적인 네트워크 환경을 보장해 준다.

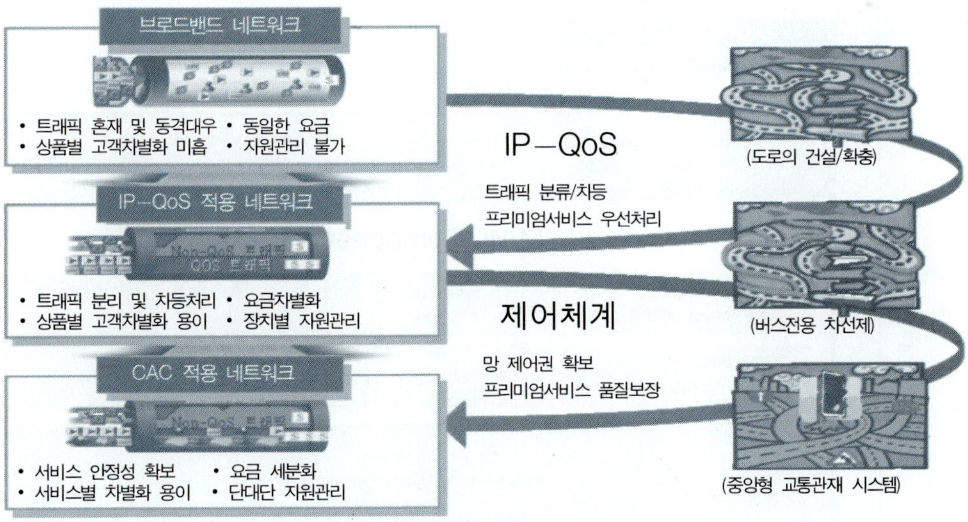

[그림 2-18] 네트워크 QoS 기술 적용

3) 셋톱박스(STB)의 구조와 동작

IPTV의 응용단말기는 크게 디지털 TV와 IP Set-Top으로 나눌 수 있다.

IP Set-Top은 최종단말기인 디지털 TV에서 IPTV가 구현되도록 네트워크 프로토콜 처리, 디지털 신호처리 등의 기능을 수행하는 인터페이스 역할을 수행한다.

IPTV STB은 헤드엔드 장비에서 송출하는 방송 서비스 및 다양한 부가 서비스를 수신 및 재현하는 장치로 다음과 같은 기능들을 제공한다.

- 헤드엔드 시스템과 연동
- 다양한 미디어 포맷 디코딩 기술
- 전자 프로그램 가이드라인 제공
- 콘텐츠 접근제어 기능
- 멀티캐스팅 기반 채널 선택 및 수신 기능
- 양방향 데이터 방송 서비스 제공
- 네트워크를 통해 전송받은 압축된 형태의 오디오/비디오 스트리밍 수신
- 수신된 데이터의 Decapsulation
- 수신된 데이터 압축해제
- 오디오/비디오 데이터의 동기화 및 최종 출력

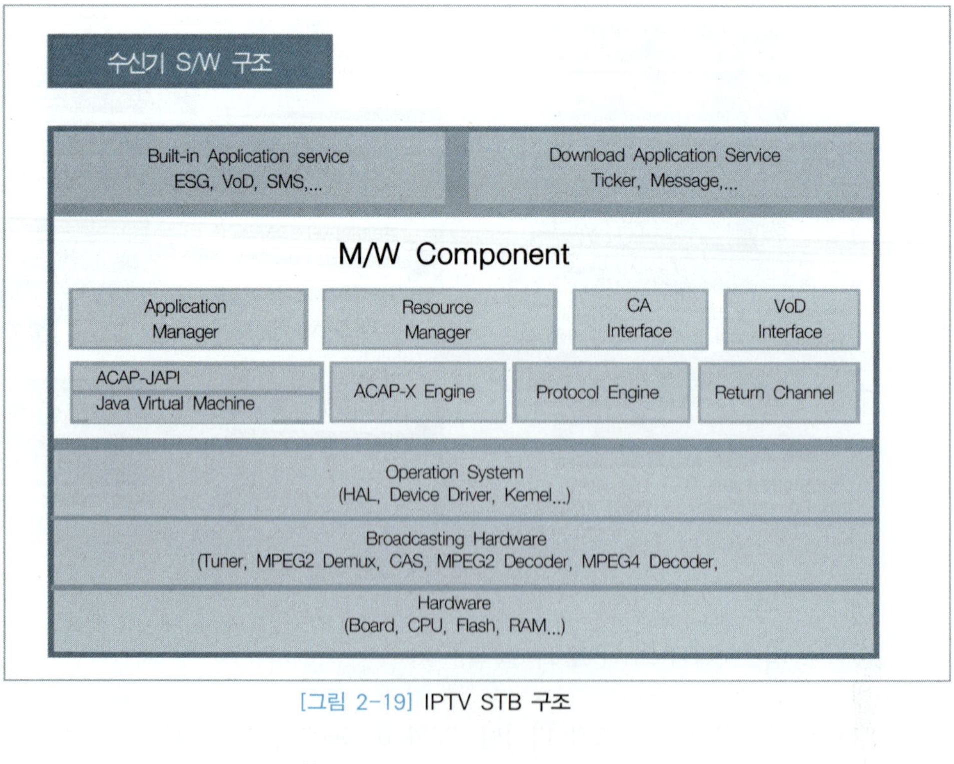

[그림 2-19] IPTV STB 구조

① IPTV-STB는 [그림 2-20]과 같이 4개 계층으로 구성되며, 애플리케이션 계층에 다양한 서비스 구현을 통하여 디지털 융합(Digital Convergence)을 완성한다.

인터넷망을 통해 전송된 멀티미디어 스트리밍 데이터는 전송대역폭의 관점에서 효율적인 전송을 위해 압축된 형태의 포맷으로 초고속 인터넷망을 통해 IPTV 셋탑로 전송된다. 이 과정에서 IPTV 셋탑은 수신신호를 정확하게 복원하기 위한 복조기술을 필요로 한다.

IPTV 데이터 패킷은 IP 패킷의 형태로 전송받기 때문에 IP 헤더를 제거하기 위한 IPTV Decapsulation 과정과 UDP 헤더를 제거하기 위한 UDP Decapsulation 과정을 수행하게 된다. MPEG 형태의 압축방식을 통해 압축된 데이터는 셋톱박스에서 압축이 해제되고 이용자의 제어에 따라 채널의 데이터를 동영상 또는 오디오의 형태로 출력된다.

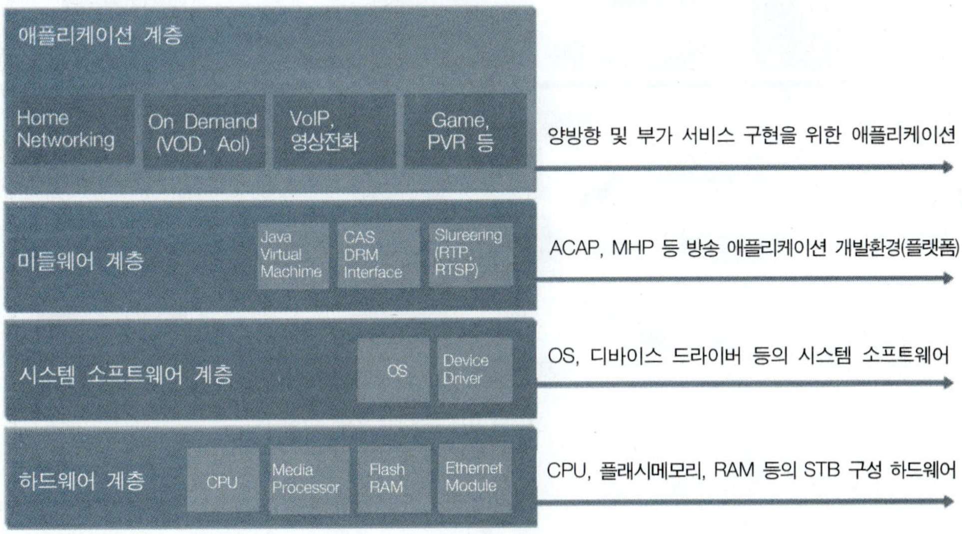

[그림 2-20] IP-STB의 계층

IPTV 셋탑 설계시 고려해야 할 주요 항목들은 다음과 같다.

- 멀티캐스팅
- 네트워크에서 처리할 수 있는 최대 정보량의 사이즈
- 네트워크 혼잡에 따른 전송지연이나 링크 단절과 같은 네트워크상의 문제
- 사용자 주문형 인터페이스 환경
- 네트워크를 통한 자동 업그레이드 시스템

추가적으로 IPTV Set-Top에는 VoIP 서비스를 위한 디지털 신호처리 시스템 기능이 추가되어야 하며, 장기적으로 볼 때는 홈네트워크에 필요한 기능들이 추가되어 홈네트워크의 게이트웨이 서버의 일부 기능을 담당할 수 있다.

② 최근 셋톱박스의 동향

- 멀티코덱 지원(MPEG2는 기본, 거기에 H.264, WMV-9 등 차세대 미디어 포맷 추가 지원)
- 다양한 부가기능(DVR, Dual TV)의 하드웨어적 지원
- 홈네트워킹, 양방향 TV, 게임, 통신 등의 서비스 융합이다.

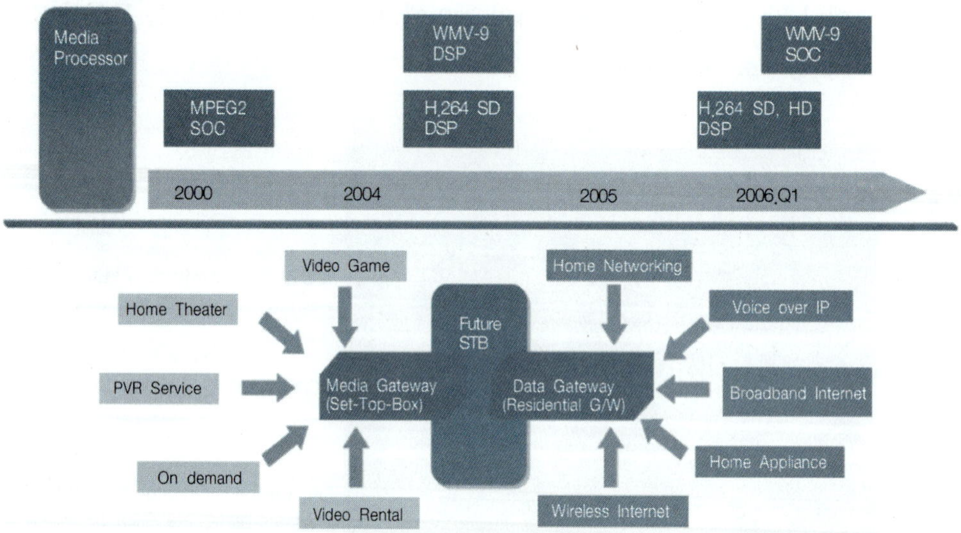

[그림 2-21] IPTV-STB 발전 방향

2-4 IPTV 시스템 구성요소 및 기능

IPTV 시스템의 주요 구성요소들과 관련 장비를 3가지 계층의 분류 모델에 따라 정리하면 다음 〈표 2-3〉과 같다.

〈표 2-3〉 IPTV 시스템의 구성요소 및 장비

계층(Layer)	IPTV 주요 구성요소 및 장비	주요 요소의 예들
콘텐츠 계층 (Content Layer)	• 동영상, 그림, 음성, 데이터 등	• 동영상, 그림, 음성, 데이터 등
논리계층 (Logical Layer)	• IPTV용 STB, UI(User Interface), API(Application Programming Interface), OS(Operation System), HTML 등 • IP 멀티캐스트, MRP(Multicast Routing Protocol), MMP(Multicast Membership Protocol) 등	• 웹브라우저, 이메일 소프트웨어, MP3 소프트웨어, 워드프로세스 등 • HTTP, SMTP, FTP, TCP/IP Protocol 등
물리적 인프라 계층 (Physical Layer)	• FTTx, xDSL, Dffserver 등	• Ethernet, Modem, DSL, Cable, Fiber Optics, Satelite, Bluetooth, Wi-Fi 등

1. 콘텐츠 계층

IPTV는 동영상, 그림, 음성, 데이터 등 기존의 콘텐츠를 동일한 패킷 형태로 전환하여 소비자에게 전달한다. 지상파, 위성, 케이블 방송 서비스를 통해 쉽게 접할 수 있는 동영상뿐만 아니라 정보 서비스를 통해 데이터, 음성, 그림에 이르기까지 다양한 형태의 콘텐츠를 동일한 형태인 IP 주소가 달린 패킷 데이터로 변환시켜 전송한다.

한편 IPTV는 TV에 구현되는 콘텐츠를 소비자의 요구에 따라 변형 및 저장할 수 있는 기능도 갖추고 있다. 이러한 콘텐츠 변형 및 저장도 가능하다는 점에서 IPTV는 전통적인 방송 서비스와 차이가 있다. IPTV는 기존의 동영상과 음성 나아가 데이터와 그림에 이르는 모든 데이터를 주고받으며 때로 변형 및 저장도 가능하다.

따라서 IPTV 관련 사업자들이 IPTV의 기술적 특성을 반영하는 다양한 콘텐츠 개발을 진행시키고 있는 중이다. 예를 들어 PVR(Private Video Recorder)의 실시간 프로그램 저장 시스템이 이미 다른 디지털 서비스에서 상용화되었고, 나아가 스포츠 중계 프로그램 시청 중시청자가 그들의 선호에 따라 편집되어지는 화면 각도를 변형할 수 있는 콘텐츠 변형 시스템이 개발되고 있다.

2. 논리계층

IPTV의 가장 주요한 장비는 셋톱박스(Set-Top Box, IPTV 수신기)이다. 디지털 홈 내 IPTV 서비스에 있어서 사용자와의 직접적인 인터페이스 수단이 되는 셋톱박스(STB)는 방송통신 융합의 IPTV 서비스 실현을 위한 핵심 요소이다.

기존의 방송 서비스와는 좀 더 차별된 양방향성, 개인화, 보안 등 서비스의 제공을 가능하도록 하기 위해 다양한 요구 사항이 발생하고 있다.

STB 가격은 인터넷과의 연동성 정도에 따라 크게 차이가 난다. 초고속 인터넷 접속이 가능한 셋톱박스인 경우는 기존 예상 가격의 3~4배에 달하여 초기 IPTV용 STB는 인터넷 접속이 한정된 범위 내에서 접속이 가능한 정도의 기능만을 보유하고 있어 그 가격은 기존의 디지털 STB 수준이 될 것으로 예상한다.

STB에 사용가능한 OS는 WinCE, Window XP, 그리고 Linux 등이 있으며, 서비스 확장성, 안정성, 비용, 개발기간에 따라 어떤 OS를 선택해야 할지를 결정해야 한다. STB의 하드웨어 및 OS 플랫폼에 상관없이 동일한 API를 제공하여 특정 부가 서비스 애플릿이 실행 가능케 하는 미들웨어가 STB 내에 있다. 또한, HTML 기반의 화면구성을 위한 HTML 기반의 화면구성을 위한 HTML 기능도 내재해 있다. 소비자들은 보다 많은 서비스와 응용 프로그램을 요구하고 있기 때문에 이에 대한 호환 가능성과 익숙한 사용자 인터페이스를 제공할 수 있어야 한다.

전송은 데이터를 초고속 인터넷망을 통하여 이용자에게 송출하기 위한 논리계층에 해당한다. IPTV의 전송기술로 사용되는 멀티캐스팅은 하나의 소수로부터 다수의 목적지로 IP화된 패킷들을 전송하기 위한 프로토콜로 대역폭을 효율적으로 사용하여 동시에 다수의 사용자에게 데이터를 전송할 수 있게 하는 기술이다.

IPTV의 멀티캐스팅 기술은 새로운 기능인 T-Portal을 가능케 한다. 시청자가 자신이 원하는 프로그램들을 자유롭게 편성하여 원하는 시간에 요청 서버로부터 전송받아 볼 수 있다. 이는 기존의 케이블 방송이 제공하지 못하는 새로운 형태의 기능 및 서비스로 논리계층의 IP 프로토콜에 의해 가능해졌다.

현재 가장 일반적인 셋톱박스는 디지털 백엔드(back-end)칩, 아날로그 프론트엔드(front-end) 컴포넌트, 그리고 튜너로 구성된다.

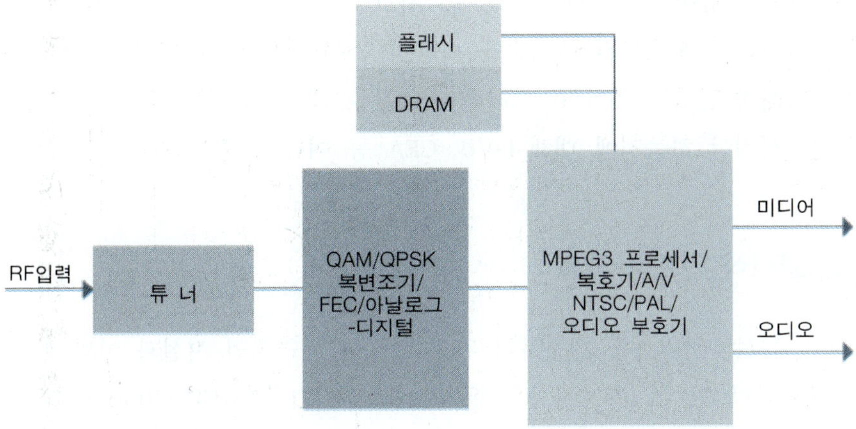

[그림 2-22] 셋톱박스 구성도

백엔드 칩은 16 또는 32비트 RISC CPU, MPEG2 트랜스포트/복호기, MPEG A/V, 그래픽 엔진 및 NTSC/PAL 비디오 부호기와 오디오 부호기가 통합되어 있고 케이블 및 위성 셋톱박스 설계에 표준으로 적용되고 있다.

아날로그 프론트-D엔드는 복변조(demodulation), 순행오류교정(FEC : Forward Error Correction) 및 아날로그-디지털 변환을 조절하며 대부분의 복변조기는 제로-IF 아키텍처를 이용한다. 셋톱박스의 기술적 차별화를 이룰 수 있는 주요 요인으로는 양방향 S/W 기술, PVR 기능 및 네트워크 기능을 들 수 있다.

양방향 S/W 기술은 디지털 방송에서 일반적인 방송에 필요한 비디오/오디오 정보뿐 아니라 더 많아진 데이터 정보(일기예보, 주식정보, 프로그램 상세정보 등)를 효과적으로 처리하고 실질적인 기능을 통해 다양한 부가 서비스(이메일, VoD, T-커머스 등)를 구현하는 기능으로서 방송사에게는 추가적인 수입원을 제고하고 소비자에게는 보다 새로운 서비스를 제공할 수 있다.

PVR은 하드디스크에 정보를 기록하여 재생하는 신개념 디지털 녹화기기로 하드디스크 드라이브를 통해 VCR 없이도 용량에 따라 일정시간 분량의 방송 프로그램을 녹화할 수 있는 차세대 녹화기기이다. 또한, 네트워크 기술은 본질적으로 어떤 기기가 갖고 있지 못한 타 기기의 기능을 공유하는 데에 있다. 사무실 환경에서 한 대의 프린터 기능을 네트워크로 연결하여 여러 대의 PC에서 공유하는 것이 그 좋은 예이다. 셋톱박스의 기능 또한 홈에서 네트워크 기술로 공유될 수 있을 것이다. 예를 들어 가정 내에 여러 대의 TV가 존재하는 경우 IPTV의 콘텐츠를 보기 위하여 TV마다 IPTV 수신기를 부착하는 것은 자원의 낭비일 수밖에 없다. 네트워크 기술을 잘 활용하면 셋톱박스는 가정에 한 대만 있더라도 홈네트워크 기술을 사용하여 여러 대의 TV에서 IPTV 콘텐츠를 볼 수 있는 미래가 열리는 것이다. 이러한 미래를 위해 IPTV 네트워크와 홈네트워크를 어떻게 연동시켜야 하는지에 대해 DVB, CEA 등 여러 표준화 기구에서 연구중이다.

3. 물리적 인프라 계층

네트워크는 서비스를 제공하기 위해 필요한 물리적인 시설과 이와 관련된 프로토콜로 이루어져 있다. IPTV에서 사용되는 네트워크로는 FTTH(Fiber To The Home), FTTC(Fiber To The Curb) 등이 사용되고, 네트워크와 관련된 프로토콜인 멀티캐스팅 라우팅 프로토콜(MRP)은 IP-멀티캐스트 기능이 탑재된 라우터에 효율적인 전달을 위해 사용 되며, 특정 멀티캐스트 집단 트래픽에 대하여 이를 사용하고자 하는 수신자의 존재 유/무를 확인 유지, 관리하는 프로토콜로는 멀티캐스트 멤버십 프로토콜(MMP)이 있다. IPTV 서비스 제공을 위한 네트워크는 방송형 서비스 제공이 가능하도록 통신망에서 IP-멀티캐스트 기능을 보유하고 있어야 하고, 통신회선의 대역폭이 방송형 데이터를 전달하기에 충분해야 한다.

기존의 IP 기반 통신망은 최선형 서비스에 적합하게 설계되었기 때문에 일정 수준의 전송품질(QoS)을 요구하는 방송형 서비스의 경우 이런 요구사항이 충족되지 않을 경우 서비스 제공이 어렵게 된다. QoS는 사실상 현재 VoIP 서비스에서도 제기되고 있는 것과 같이 IP망을 통한 다채널 방송형 서비스 질의 문제이다. 동영상 전송이 필요한 IPTV는 현재 QoS 문제가 있을 수 있으나, 압축과 전송기술의 발전으로 향후 빠른 시간 내에 극복될 것으로 예상한다.

2-5. IPTV 기술

IPTV(Internet Protocol Television) 기술은 크게 헤드엔드, 네트워크, 단말 기술로 나눌 수 있다.

헤드엔드 기술은 시스템 관련 기술로 방송 콘텐츠를 수신하고 분배하는 베이스밴드, 수신된 영상신호를 망의 효율에 맞게 압축하고, 데이터 신호와 다중화한 후 암호화(스크램블링) 및 IP 패킷화하여 전송하는 압축다중화 시스템, 실시간 채널에 대한 암호화 및 VoD(Video on Demand) 콘텐츠의 사전 암호화를 수행하여 시청 권한을 제어하고 콘텐츠를 보호하는 수신제한 시스템, 각 시스템들과 유기적인 결합을 통해 정보흐름을 통합 관리하는 미디어 종합관리 시스템, 영상신호의 송출 및 각종 양방향 부가 서비스 구현을 위한 데이터 방송 시스템, VoD 서비스를 위한 VoD 시스템, 정산 및 고객관리를 위한 프로비저닝(Provisioning) 시스템 기술 등으로 세분화된다.

그리고 네트워크 기술에는 헤드엔드와 셋톱박스 간의 신뢰성 있는 콘텐츠 전달을 위해 필요한 멀티캐스팅, QoS 기술 등이 있다.

단말 기술에는 가입자에게 고화질을 제공하기 위한 영상 코덱 기술과 양방향 데이터 서비스 제공을 위한 미들웨어 기술이 필요하다.

IPTV를 위한 네트워크 기술은 NGN(Next Generation Network) 구축의 영향으로 ADSL(Asymmetric digital subscriber line)에서 VDSL(Very high-data rate Digital Subscriber Line)에 걸친 xDSL과 FTTx에서 각각 진화하여 발전되고 있다. 광대역폭 확보를 위해 향후 FTTH(Fiber To The Home)와 같은 광통신 기반 가입자망으로 발전될 전망이지만, H.264 및 VC1 등의 고압축 코덱 기술발전으로 xDSL의 기술활용도 두드러질 전망이다.

특히, ADSL2+ 기술은 2003년 1월 G.992.5로 ITU-T에서 승인된 표준으로서 하향 20Mbps, 상향 1Mbps의 대역폭을 지니며, 잡음누화를 감소시켜 현재 Triple/Quad Play 서비스 제공이 가능하다. 또한, VDSL2 long 및 short는 G.993.2로 2005년 ITU-T에 비준되어 향후 멀티채널 및 HDTV 서비스를 이끌 기술이 될 전망이다.

기존 IP 또는 케이블망에서 제한된 대역폭에 대한 부담을 감소시키고 IPTV의 서비스 품질을 크게 향상시킨 동영상 압축 기술은 현재 VC1과 MPEG4-Part10(H.264/AVC)이 대표적이다.

VC1은 마이크로소프트의 독자적 방식으로 SMPTE(Society of Motion Picture and Television Engineers)를 통해 표준 제정이 진행중인 반면, H.264/AVC는 ITU-T와 ISO/IEC JTC1의 두 표준화 기구가 공동으로 JVT(Joint Video Team)를 결성하여 2003년에 표준화되었다. VC1은 마이크로소프트의 Windows Media 9를 방송용으로 변경한 것으로 MS-TV2 및 MS-DRM과 호환성이 우수하고 홈네트워킹에 장점을 활용할 수 있으나 로열티와 비표준에 따른 투명성 논란이 있다.

반면 H.264/AVC는 객체 기반 고품질 고압축 미디어 포맷의 오픈소스로 기존 MPEG2 방송 시스템과의 호환성이 우수하다. H.264의 전송표준과 압축률은 VC1과 유사한 정도로 MPEG2-TS, SD 1~2Mbps, HD 5~7Mbps를 나타내며, 국제표준으로 국가 및 기업 등에서 호평을 받고 있다.

양방향 데이터 방송 기술은 독립형, 대화형 및 A/V 프로그램 연동형의 다양한 부가 서비스를 제공하기 위해 필요한 미들웨어 기술이다. 이 기술은 크게 저작검증 기술, 송출기술, 응답기술로 나누어지며, 저작/검증 기술은 응용 애플리케이션을 제작하고 생성하는 것이며, 송출기술은 중앙관리 시스템과 연동하여 정해진 스케줄에 따라 PSI/SI(Program Specific Information/Service Information) 정보 및 데이터 인코딩된 콘텐츠/애플리케이션을 송출하는 기술이다. 그리고 응답기술은 사용자 응답수신과 처리 및 해당 결과를 사용자 단말기에 제공하는 기술이다. 초기의 양방향 데이터 방송 미들웨어 기술은 Open TV, Canal+ Technology, Liberate 등 비교우위에 있던 특정 회사 중심이었으나, 보다 많은 기업의 시장진출이 자유로워지고 데이터 방송 콘텐츠의 공유가 활성화되면서 오픈 소스 기반의 국제표준으로 발전하였다. 대표적인 개방형 표준으로는 ETSI(유럽전기통신표준협회)의 승인을 통해 유럽의 지상파, 케이블, 위성용 데이터 방송 미들웨어 표준으로 활성화된 DVB-MHP, 미국 ANSI와 Cablelabs/SCTE(Society of Cable Telecommunications Engineers)에서 추진되어 케이블용 데이터 방송 표준이 된 OCAP(Open Cable Application Platform), 미국 ATSC(Advanced Television Systems Committee)를 통해 추진되어 현재 지상파/케이블용 데이터 방송 미들웨어 표준이 된 ACAP(Advanced Common Application Platform) 등이 있다.

이외에, 일반 사용자 장치 주요 모듈에서의 관련 기술은 IP망으로 전달되는 IPTV 서비스를 수신하는 통신 프로토콜 스택 기술, 네트워크에서 발생할 수 있는 패킷 손실과 지연을 완충해주는 스트리밍 기술, 콘텐츠 지적재산권을 보호하기 위한 접근제어 및 복호화 기술, IPTV 서비스를 일관성 있게 표현하고 이를 검색하고 선택할 수 있게 하는 콘텐츠 브라우징 기술, 사용자에게 멀티미디어 비디오 음성을 표현해 주는 AV 기술들이 있다.

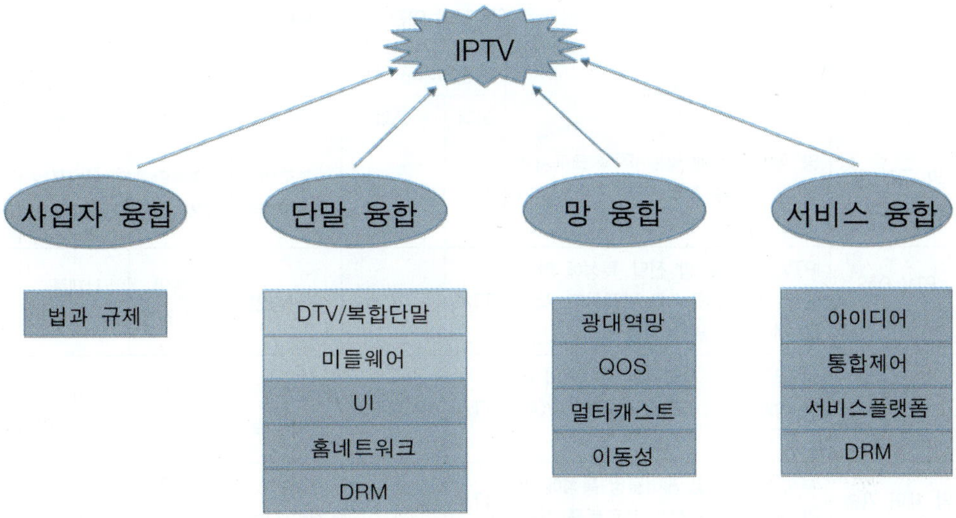

[그림 2-23] IPTV의 기술 요소들

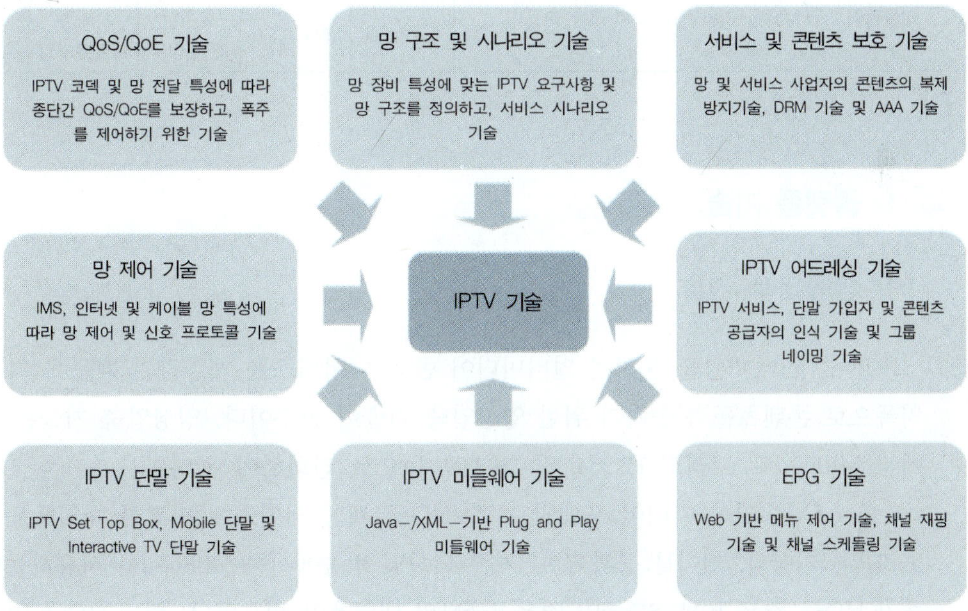

[그림 2-24] IPTV의 연관기술 관계도

〈표 2-4〉 IPTV의 연관기술 분석표

연관기술	내 용	표준화기구/단체		표준화수준		기술개발수준	
		국내	국외	국내	국외	국내	국외
망 구조 및 시나리오 기술	망 장비 특성에 맞는 IPTV 요구사항 및 망 구조를 정의하고, 서비스 시나리오 기술	TTA	IPTV FG	표준안 개발/검토	표준안 개발/검토	시제품/프로토타입	시제품/프로토타입
IPTV QoS 기술	IPTV 코덱 및 망 전달 특성에 따라 종단 간 QoS/QoE를 보장하고, 폭주를 제어하기 위한 기술	TTA	IPTV FG	항목승인	표준안 개발/검토	시제품/프로토타입	시제품/프로토타입
서비스 및 콘텐츠 보호기술	망 및 서비스 사업자의 콘텐츠의 복제 방지 기술, DRM 기술 및 AAA 기술	TTA	IPTV FG	표준안 개발/검토	표준안 개발/검토	시제품/프로토타입	상용화
망 제어 기술	IMS, 인터넷 및 케이블망 특성에 따라 망 제어 및 신호 프로토콜 기술	TTA	IPTV FG	표준안 개발/검토	표준안 개발/검토	시제품/프로토타입	시제품/프로토타입
IPTV 단말 기술	IPTV Set Top Box, mobile 단말 및 Interactive TV 단말 기술	TTA	IPTV FG	항목승인	표준안 개발/검토	시작품	시제품/프로토타입
IPTV 미들웨어 기술	Java/XML-기반 Plug and Play 미들웨어 기술	TTA	IPTV FG	항목승인	표준안 개발/검토	시제품/프로토타입	시제품/프로토타입

1. 플랫폼 기술

1) 영상압축 기술

IPTV는 인터넷망을 통하여 멀티미디어 콘텐츠 서비스를 제공하기 때문에 최소의 대역폭으로 콘텐츠를 전송하기 위한 영상압축 기술이 필수이다. 영상압축 기술은 MPEG2에서 MPEG4로 그리고 H.264 및 WMT9 등으로 진화하여 왔다.

〈표 2-5〉는 영상 미디어 포맷별로 SD/HD급 채널 서비스에 필요한 대역폭을 보여주고 있다. 지상파, 케이블 등과 같이 기존 디지털 방송에서는 MPEG-2를 사용하는데 콘텐츠가 HD급 경우 19M, SD급인 경우 4~6M의 대역폭이 필요하다. 현재 HD급 영상 서비스를 제공하기 위한 고압축 기술로 H.264와 WMT9가 대두되고 있으며 국내 위성 DMB 사업 및 일본 6대 방송사에서도 H.264를 미디어 포맷으로 채택하여 사용하고 있다.

기존 IP 또는 케이블망에서 제한된 대역폭에 대한 부담을 감소시키고 IPTV의 서비스 품질을 크게 향상시킨 동영상 압축 기술은 현재 VC1과 MPEG4-Part10(H.264/AVC)이 대표적이다. VC1은 마이크로소프트의 독자적인 방식으로 SMPTE(Society of Motion

Picture and Television Engineers)를 통해 표준 제정 진행중인 반면 H.264/AVC는 ITU-T와 ISO/IEC JTC1의 두 표준화 기구가 공동으로 JVT(Joint Video Team)를 결성하여 2003년에 표준화되었다.

〈표 2-5〉 영상 미디어 포맷 기술 비교

구 분	MPEG2	MPEG4	WMT	H.264 (MPEG4 Part10)
개요	디지털 방송 표준 규격	Object 기반의 Media 전송 규격	MS의 PC 기반의 고압축 기술(비표준)	고압축 및 Object 기반 기술 규격
표준화	ISO 표준 규격	ISO 표준 규격	비표준(MS 독자기술)	ISO 표준 규격
제품 가용성	End to End Solution 가능	End to End Solution 가능	Microsoft에서 제공	제품 출시중
압축률	SD급 : 4~6M HD급 : 19.3M	SD급 : 3~4M HD급 : 10M	SD급 : 2~4M HD급 : 7M	SD급 : 2~3M HD급 : 6M
실시간 인코더/디코더	H/W	H/W	H/W	H/W
안정성	서버, 단말, 미들웨어 모두 상용화	상용화 초보 단계	상용제품은 존재하나 범용성 부족	압축효율은 검증되었으나 각종 장비의 상용화 초보단계
기타	현재 방송사업자 적용		• MS 기술로서 비공개 기술 • 현재는 무료지만 추후 유료화 예상	• 가장 높은 압축률로 네트워크 서버 비용이 가장 저렴 • 업체들의 경쟁을 통한 저렴한 솔루션 확보 가능 • 국제표준 코덱으로 검증된 기술

이 표준에 대한 정식 표준 식별번호는 ISO/IEC 14496-10이다. VC1은 MS의 Windows Media 9를 방송용으로 변경한 것으로 MS-TV2 및 MS-DRM과 호환성이 우수하고 홈네트워킹에 장점을 활용할 수 있으나 로열티와 비표준에 따른 투명성 논란이 있다. 반면 H.264/AVC는 객체기반 고품질 고압축 미디어 포맷의 오픈소스로 기존 MPEG2 방송 시스템과의 호환성이 우수하다. H.264의 전송표준과 압축률은 VC1과 유사한 정도로 MPEG2-TS, SD 1~2M, HD 5~7Mbps를 나타내며, 국제표준으로 국가 및 기업 등에서 호평을 받고 있다. H.264는 저대역폭 통신망(xDSL)을 통한 네트워크 환경에 적합한 콘텐츠 전송의 사실상 표준으로 전망되며, VC1은 DVD Player/Recoder와 케이블망을 통한 HD 비디오 전송표준으로 전망된다.

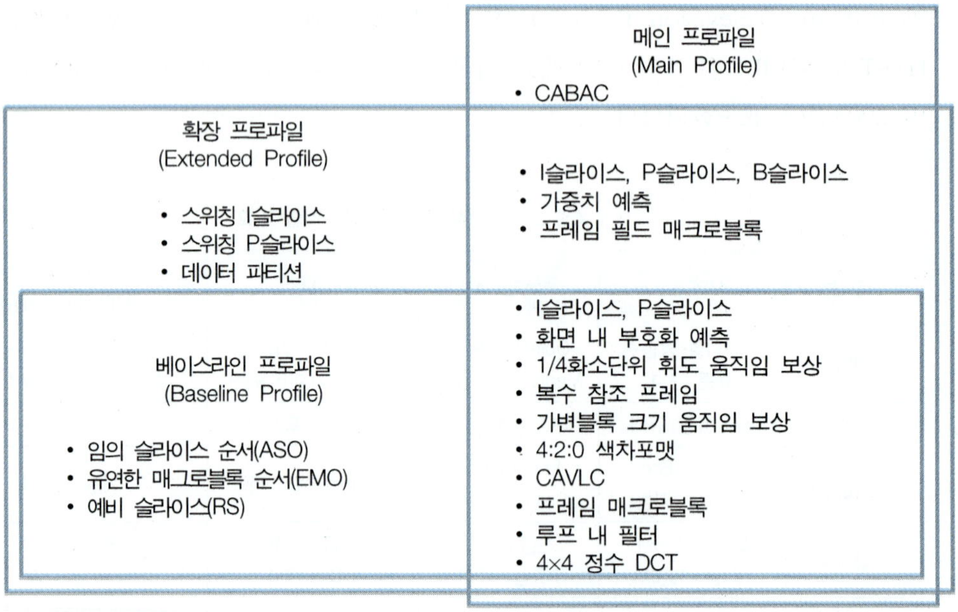

[그림 2-25] H.264 프로파일 간의 관계

현재 시스템의 차이는 있으나 H.264/AVC는 국내외 위성 및 지상파 DMB(Digital multimedia Broadcasting)와 IPTV 사이트에서 사용중이다.

[그림 2-25]는 H.264에서 흔히 사용되는 3가지 프로파일인 베이스라인 프로파일, 메인 프로파일, 확장 프로파일의 관계를 나타낸 것이다.

베이스라인 프로파일은 에러내성 기술과 낮은 지연기술을 갖추고 있어 DMB와 같은 실시간 및 양방향 무선 모바일 통신 시스템에 많이 활용된다.

메인 프로파일은 비록 지연이 생기고 복잡도가 높지만 가변 길이 부호화(CAVLC : Context-based Adaptive Variable Length Code)와 산술부호화(CABAC : Context-based Adaptive Binary Arithmetic) 기술을 사용하여 압축효율을 높였기 때문에, 초고속 광대역망과 안정적인 플랫폼을 활용한 IPTV에 많이 적용된다. 또한, 프레임/필드 매크로 블록과 B슬라이스와 가중치 예측을 통해 SDTV(레벨3)와 HDTV(레벨4)와 같은 높은 레벨에서도 좋은 성능을 보인다.

H.264/AVC는 기존 압축부호화 기술 대비 압축률을 개선하기 위해 단순 8×8의 MPEG4 매크로블록 예측방법을 좀 더 세밀히 표현하였다. 즉 복잡한 영상은 4×4 예측으로 처리하고 평탄한 영상은 16×16의 큰 단위 매크로블록 예측부호화로 처리한다. 또한, 복수참조 픽처를 통해 최적의 블록을 선택하며, 양방향 예측 픽처인 B픽처를 통해 높은 효율의 예측부호화를 실현한다.

그리고 참조 픽처에 적응적으로 가중치를 두어 신호를 예측하는 가중치 예측을 통해 페이드인/아웃의 문제를 해결하였다. 그 외에도 H.264는 영상의 부호화시에 생기는 블록왜곡을 감소시키기 위해 디블록킹 필터를 사용하였으며, 지수 골롬 부호화 방법 외에 CAVLC, CAVAC의 엔트로피 부호화 기법을 사용하였다. 그리하여 H.264는 프레임 부호화, 필드 부호화, 픽처 레벨 필드 및 프레임 적응 부호화, 매크로 블록 레벨 필드/프레임 적응 부호화 등을 통해 격행 주사방식의 신호를 취급함으로써 영상회의, 방송전송, 저장 미디어 등에 활용된다.

2) EPG(Electronic Program Guide) 기술

IPTV를 위한 방송 프로그램 가이드 기술로는 멀티캐스트 세션 공지 기술인 SAP(Session Announcement Protocol)을 이용하는 방식과 웹기반 방식이 있다. 현재는 방송 프로그램 가이드에 대한 표준이 없어 업체마다 독자적으로 개발하여 사용하는 상황이다.

국내 EPG 기술은 3가지의 사용자 인터페이스(모자이크, 그리드, 미니)와 통합 사용자 인터페이스(홈바), 셋톱박스 미들웨어와의 연동 기능 등 5가지가 있다.

NDS와 알티캐스트는 Gemstar 방식의 Grid EPG를 공급하고 있고, Lysis와 Nagravision은 다소 다른 방식의 Grid EPG를 공급하고 있다.

EPG 관련 정보를 전달하기 위한 방법으로 DVB는 위성과 지상파를 위해 DVB-SI 전송방식과 데이터 구조를 제안하고 있으며, OpenCable은 OOB나 DSG 등의 방송 채널과는 별도의 대역폭을 전송하는 방식을 채택하고 있으나 표준이 마련되어 있지 않아 업체마다 서로 다른 방식을 사용하고 있다.

EPG 기술과 관련하여 2002년 루퍼트 머독의 News Corp.에 인수 합병된 Gemstar 인터내셔널은 전 세계에 약 200여개의 합자 혹은 자회사를 통해 대략 3,000여개의 EPG 특허를 소유하고 있다. 모자이크 EPG는 비방디 유니버설의 자회사였던 까날풀루 테크놀로지(Canal+Tech-nology)가 원천 기술을 가지고 있으며, 이 회사 역시 News Corp.의 자회사인 NDS에 인수 합병이 된 상태로 대부분의 EPG 핵심원천 특허는 News Corp.이 소유하고 있는 실정이다.

3) 콘텐츠 보안 기술

IPTV 서비스는 양방향 및 멀티미디어 서비스가 용이한 신규 방송매체로 기존 방송매체와 보완 및 경쟁관계이다. 현재 IPTV 콘텐츠 보안에 대한 표준이나 모델이 정의되어 있지 않으나, 최근 ITU-T IPTV FG에서 CAS와 DRM이 그리고 둘을 접목한 하이브리드 형태의 콘텐츠 보안 모델이 논의되고 있다. IPTV 콘텐츠 보안으로 다음의 기술들이 고려되고 있다.

- 사용자 인증 사용자 식별 및 권한 부여
- 디바이스 인증 사용자 인증과 병행하여 디바이스 식별 및 권한 부여
- 스트림 접근제어 특정 프로그램 EH는 채널 스트림에 대한 접근제어, 특정 VoD 콘텐츠 스트림에 대한 접근제어, PPV/Blackout/Parental Rating 제어
- 스트림 복사 제어 모든 콘텐츠 스트림에 대한 불법복제 방지(스트림 통로의 보호, 불법저장 방지, 저장된 콘텐츠 보호), HDD 저장 콘텐츠의 이용 제어(유효기간 및 플레이 횟수 제어, Watch & Record/Time Shifting Recording/PVR)

대표적인 콘텐츠 보안 기술로는 CAS(Conditional Access System)와 DRM(Digital Right Management)이 있다. CAS는 유료 TV 시스템에서 자격을 가진 가입자만이 해당 채널을 시청할 수 있도록 하는 콘텐츠 보안 기술이다. [그림 2-26]은 일반적인 접근 제어 시스템의 구성도이다.

자격 없는 수신자의 접근을 막기 위해 헤드엔드에서는 스크램블링한 콘텐츠를 전송하고, 수신기에서 스크램블된 콘텐츠는 셋톱박스의 접근제어 모듈에서 디스크램블링

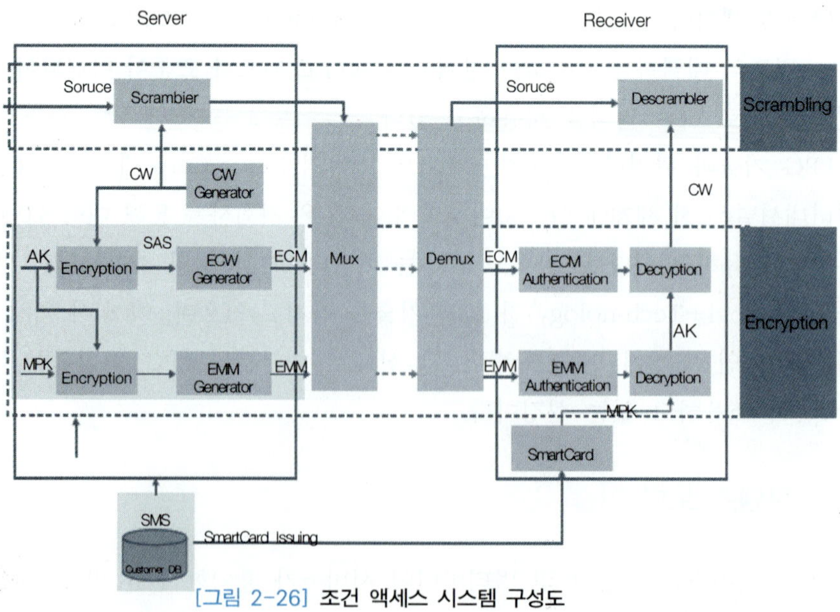

[그림 2-26] 조건 액세스 시스템 구성도

과정을 통해 복구된다. 대부분의 접근제어 시스템에서는 스크램블링키와 디스크램블링키로 동일한 키를 사용하는데, 이를 제어단어(CW : Control Word)라고 한다. 수신기에서 디스크램블링을 위해 서버의 스크램블러가 사용한 제어단어를 전송하는데, 보안을 위해 인증키(AK : Authorization Key)를 이용하여 제어단어를 암호화한 뒤에 자격 제어 메시지(ECM : Entitlement Control Message)를 통해 전송한다.

인증키는 다시 가입자 비밀 키(MPK : Master Private Key)를 사용해서 암호화한 뒤에 자격관리 메시지(EMM : Entitlement Management Message)을 통해 전송한다. 고객정보를 관리하는 가입자 관리 시스템(SMS : Subscriber Management System)에서 접근제어 관련 정보만을 가지고 가입자의 가입 및 탈퇴에 따라 자격관리 메시지와 자격제어 메시지를 생성하여 신규 가입자가 가입한 방송 채널을 수신하거나 탈퇴한 가입자가 더 이상 방송을 수신하지 못하도록 하는 기능을 가입자 인증 시스템(SAS : Subscriber Authorization System)에서 제공한다.

가입자 비밀키는 스마트카드 안에 내장되어 가입자 관리 시스템을 통해 가입자에게 배포된다. 수신기에서 자격제어 메시지와 자격관리 메시지를 받으면 메시지 확인 과정을 거친 뒤에 서버에서 수행한 역순으로 복호화 과정을 수행한다. 먼저 스마트카드 안에 내장된 가입자 비밀키를 가지고 인증키를 복호화한다. 그런 다음 복호화된 인증키를 가지고 제어단어를 복호화하여 디스크램블링에 사용한다. 여기서 제어단어와 가입자 비밀키 사이에는 필요에 따라서 하나 이상의 키를 둘 수 있는데, 이는 시스템 효율 및 접근제어 시스템이 지원하는 비즈니스 모델에 따라 서로 다르게 구성될 수 있다. 이와 같이 접근제어 시스템은 크게 동영상 및 데이터 콘텐츠에 대한 스크램블링 과정과 제어단어 및 구성 키들의 암호화 및 복호화 과정으로 구성된다. 대개 가입자 댁내의 셋톱박스에 수신 접근제어 모듈이 임베디드 시스템으로 탑재되어 방송 서비스의 수신을 제어한다.

DRM(Digital Right Management)은 인터넷상에서 콘텐츠의 불법복제 방지를 목적으로 개발된 기술로 다음과 같은 기능을 제공한다.

- 콘텐츠 무단 배포 방지 암호화된 콘텐츠를 배포함으로 저작권자가 디지털 콘텐츠를 안전하게 배포하고 판매할 수 있게 한다.
- 콘텐츠 사용 제한 사용자에게 콘텐츠에 대한 소유권이 아닌 사용권만을 제공하며 사용자가 콘텐츠에 대해 행할 수 있는 작업의 종류 및 조건을 제한하게 하므로 디지털 콘텐츠의 저작권을 관리하고 제어한다.
- 복호화된 콘텐츠 사용 사용자는 뷰어를 이용하여 콘텐츠를 재생하게 한다.

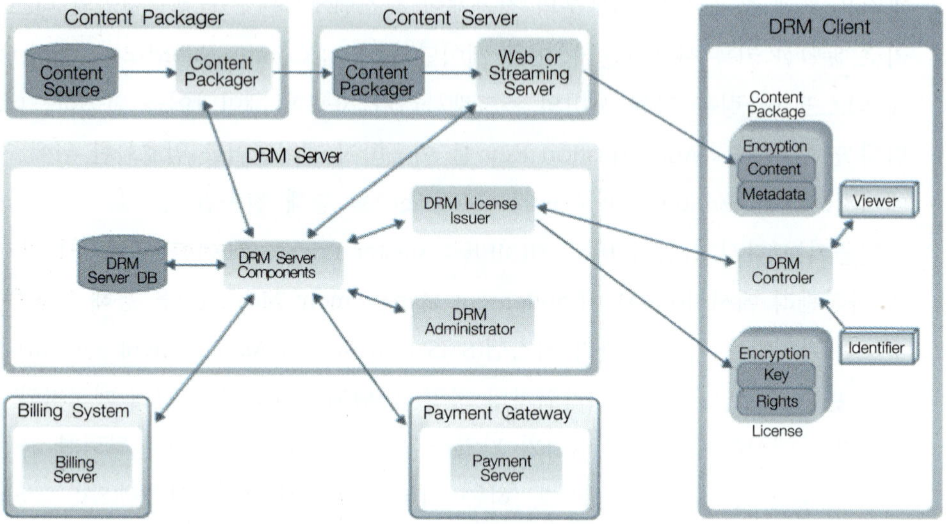

[그림 2-27] DRM 시스템의 구조

〈표 2-6〉 CAS와 DRM 기술 비교

구 분	CAS	DRM
사용목적	• 암호화/복호화/스크램블링/디스크램블링	• 암호화/복호화
제공 기능	• 보안기법을 적용한 메시지 보호 • 가입자 시청자격 관리(시청권한 부여/갱신/삭제) • 망을 통해 과금자료 및 시청성향 정보수집 가능 • 방송사업자가 원하는 서비스 패키지 구성 가능 • Flexible한 시청권한 제한(Blackout & Spot) • 녹화방지 및 수신기 원격제어 기능	• 보안기법을 적용한 메시지 보호 • 시스템 자체적으로 제공 가능한 부가 기능 미약
암호화 방식	• 업데이트 주기에 다른 라이센스 키 제공 • 다양한 라이센스 키 적용 가능 • 스마트카드 적용으로 다단계 암호화 구조 채택	• 1개의 라이센스 키로 Encryption/Decryption
소요비용	• 중/고가	• 중/저가
장점	• 허가된 시청자에게만 수신 권한 부여 • 구체적이고 세부적인 기술 규격 마련 • H/W 및 S/W 방식의 이중 암호화 적용으로 보안성 강화 • 풍부한 시장 적용 사례	• 다양한 권한제어 가능 • 다양한 콘텐츠 유통 모델 지원 • Super-Distribution 지원
단점	• 다양한 권한제어 불가능 • 디지털 버스를 통해 재전송되는 콘텐츠의 보호 불가능	• DRM 표준 기술규격 부재 • DRM 제품 간 상호호환성 불가능 • S/W 방식의 단일 암호화 적용으로 보안성 취약

DRM 기술은 인터넷상에서 유통되는 video, Audio, eBook, 교육용 콘텐츠 등과 같은 멀티미디어 콘텐츠와 콘텐츠 다운로딩, VoD, 실시간 스트리밍 서비스에 적용이 가능하나 다양한 표준 규격이 혼재하고 있으며 DRM 프로토콜에 대한 표준제정이 어려운 상태이다.

〈표 2-6〉은 CAS와 DRM 기술에 대한 비교표이다. 일반적으로 CAS는 방송 프로그램에 대한 사용자 접근제어 기능을 제공하고 DRM은 콘텐츠 데이터의 불법유출을 방지하는 기술이다.

2. 미들웨어 요소 기술

1) 방송 미들웨어 표준 현황과 내용

(1) IPTV 방송용 미들웨어의 역할

① 다양한 IPTV 응용 서비스들이 다른 제조사 수신기들에서 동일하게 동작함을 보장한다.

② EPG와 같은 동일 데이터 방송 서비스가 IPTV 미들웨어를 탑재한 수신기들에서 동일한 수행 및 동작을 보장한다.

③ Java 기술 기반 : write once, run everywhere

④ IPTV 응용 서비스 세부규격 정의 : 응용 서비스 시그널링, 사용 콘텐츠 포맷, API 등을 정의한다.

⑤ 호환성있는 네트워크 간의 서비스 재전송 허용 : 지상파 재전송 등의 문제나 복합단말기 개발이 용이하다.

⑥ 다양한 수신기 개발 지원 : 다양한 운영체제(OS), 다양한 하드웨어 환경(칩셋, 주변장치 등) 지원 및 고급 규격과 가격면에서 경쟁을 유발시킨다.

(2) IPTV 미들웨어 표준화의 필요성

① 공개성 : Open API(Application Program Interface)로 누구든 구현 가능

② 호환성 : Open API 기반 응용 서비스 호환성 확보 가능

③ 다양성 : 다양한 개발사 확보, 콘텐츠 재사용에 의한 효율

④ 경제성 : 응용 서비스, STB(Set Top Box), 솔루션 등 개발 경쟁 유발

⑤ 확장성 : 신규 서비스 요구상에 대한 로드맵과 API 추가를 통한 확장 가능성

(3) IPTV 미들웨어의 특징

① 사용자의 참여를 끌어들이는 AV 연동형 IPTV 서비스

- 드라마나 영화 시청중 물품 구매
- 토론 프로그램 시청중 설문 조사/투표
- 광고 방송 중에 바로 제품 광고 홈페이지나 구매 쇼핑몰로 이동

② 다채널 서비스를 위한 시각적 EPG 서비스

- 모자익 채널을 구성하여 EPG 서비스

③ 인터넷 게임과 연동

- PC에서만 즐길 수 있는 인터넷 게임 포털의 게임을 연동할 수 있음
- Java 가상 머신기반 미들웨어이므로 연동되는 게임 클라이언트 개발 후에 모든 종류의 STB에서 동작 가능(브라우저 기반이나 특정 OS 기반 미들웨어는 불가능)

④ 가입자 증가에 따른 백엔드(Backend) 서버 비용 절감

- IP 멀티캐스팅을 이용한 데이터 서비스가 가능하여 다수 사용자가 불특정 시점에 요구하는 데이터 서비스를 고정대역폭으로 수용 가능

⑤ IP망을 이용한 방송 및 통신형태의 데이터 서비스 모두 수용

- IP 멀티캐스팅을 이용하여 방송 형태의 서비스 수용
- IP를 양방향 리턴 채널로 활용하여 통신 형태의 서비스 수용

⑥ 모니터 멀티캐스팅을 통한 수신기 원격 관리

- 모니터 멀티캐스팅을 통해서 방송 채널 정보 및 EPG 정보 송출
- 수신기를 모니터하고 원격 관리할 수 있는 모니터 응용 서비스 제공

⑦ 방송의 보안성과 통신의 보안성 모두 제공

- 방송용 미들웨어는 데이터 서비스 자체에 암호화 기반화 signing을 통해서 권한없는 침입자가 데이터 서비스를 가로채거나 중간에서 임의로 수정하는 경우 서비스를 거부하도록 할 수 있다.
- 통신상 보안을 위하여 SSL(Secure Sockets Layer), HTTPS(SSL과 HTTP를 결합한 고유 프로토콜) 등 기존의 통신보안 프로토콜 사용 가능

⑧ HD급/SD급 수신기 모두 수용

- HD급과 SD급 화면 해상도 모두 지원
- 8bit, 16bit, 32bit 등 표현 컬러 수 모두 지원

(4) IPTV 미들웨어 표준 후보들

브라우저 기반 : HTML + JavaScript ; 현재 사용되고 있는 해법

① 장점 : 웹을 위해서 개발된 콘텐츠와 경험을 재사용할 수 있다.

② 단점 : 웹 콘텐츠를 TV 환경에서 그대로 재사용할 수 없다.

- HTML과 JavaScript를 방송환경에서 호환성 있도록 하기 위해서는 MHP (Multimedia Home Platform)에 포함되어 있는 DVB-HTML과 같이 막대한 API 표준 작업이 필요하다.
- 응용 서비스 라이프 사이클 관리나 프로그램 연동형 서비스와 같은 TV 환경에 필요한 기능을 제공하기가 적절하지 않다.
- 임베디드용 브라우저들이 실제로 호환성이 없으며, 성능상의 문제점도 보이고 있다.
- PC에서 브라우저를 통해서 사용할 수 있는 서비스를 STB에서도 그대로 기대하지만 실제로는 그렇지 못하다(ActiveX, Plug-in 등).

(5) GEM 기반

MHP－양방향 TV를 위한 DVB 사양

① 장 점

- 디지털 방송 iTV 응용 서비스 재활용이 가능하다.
- 그래픽 인터페이스, STB과의 인터페이스, 보안, 통신, 전송 등에 필요한 API가 이미 잘 정의되어 있다.
- 디지털 방송 서비스를 그대로 재전송도 가능하다.
- 방송(위성, 지상파) + IPTV 복합 수신기 개발이 용이하고 경제적이다.
- Java 기반이므로 보다 복잡한 응용 개발이 가능하다(예 게임, 지능형 서비스 등)
- 다양한 개발사들의 경쟁으로 다양한 서비스 및 경제성 확보가 가능하다.

② 단 점

- HTML에 비해서 상대적으로 MHP에 대한 인식이 부족한 편이다. 그러나 기본적인 Java 개발자면 쉽게 개발 가능하며, 최근 웹 개발의 경우에도 Java나 JavaScript를 이미 많이 사용하고 있다.

- 웹 브라우징 서비스를 위해서 별도의 브라우저가 필요하다. 그러나 TV를 통해서 웹 사이트를 그대로 접근하게 하는 것은 적절치 않고 추세도 아니다.

(6) IPTV 미들웨어 동향

① 일부 IPTV 사업자(Alcatel, Myrio)들은 이미 Java 기술을 선택한다.

② HTML을 지지했지만 쓰지 않는 사업자들(예 Nokia, Microsoft, Thomson)

③ 새로이 GEM을 도입한 곳들

- T-온라인(Germany) : WinCE 기반 브라우저 MHP
- ARIB(Japan) : BML(XML) BML+MHP(GEM)

④ 새로이 GEM을 도입한 표준

- BDA(Blue-ray Disc Association)은 BD-ROM(TM-MUG0078, TM-MUG116) 상에 응용을 위해 DVB-GEM을 재사용한다.
- BDA은 JVM이 차세대 Blue Ray DVD 플레이어에 집적될 것이라고 최근에 발표했다.

2) 네트워크 관련 기술

IPTV는 '서비스의 확장성'에서 디지털 케이블 TV 대비 비교우위를 나타낼 것으로 예상되는데, 이를 4가지 측면에서 접근하면 다음과 같다.

첫째, IPTV는 All IP 기반으로 기존 PC 기반의 인터넷 서비스를 TV 기반으로 전환하여 제공하는 것이 용이하다.

또한 IPTV는 패킷 및 IP Address 방식을 사용하므로 망 효율성이 높아 개인 방송국, 개인 블로그, 화상전화, 커뮤니티 채널 등 개인화된 서비스가 가능하다. 반면 디지털 케이블 TV는 주파수 방식을 사용하기 때문에 주파수에 따라 제공되는 정보가 구분되어 있어 망 효율성이 낮은 편이라 할 수 있다.

둘째, IPTV는 이미 전국에 설치되어 있는 인터넷망과 전국가입자를 기반으로 이루어진다.

따라서 상대적으로 저렴한 투자비용 및 서비스 요금이 가능하며 지역별로도 특화된 서비스가 가능하다. 반면 현 규제하에서 디지털 케이블 방송은 지역별 규제 및 SO 소유 규제로 전국 방송으로의 확장이 어렵다. 또한, HFC망 업그레이드 및 DMC 구축 등을 위해 대규모 투자가 선행되어야 하기 때문에 상대적으로 높은 서비스 요금이 예상된다.

셋째, IPTV는 지상파 방송 표준인 ACAP(Advanced Common Application Platform) 기술을 수용할 수 있어 지상파 방송사업자의 데이터 방송을 그대로 이용할 수 있다.

넷째, IPTV는 통신사업자가 주체가 되므로 와이브로 등을 이용한 무선 인터넷과의 결합, 유무선 음성망과의 결합 등 이종 플랫폼과의 융합 등을 통한 홈네트워크로의 진화가 용이하다.

반면 디지털 케이블 TV는 방송사업자가 주체가 되므로 통신 분야와 네트워크 분야에서의 기술력 및 노하우 측면에서 홈네트워크 사업으로의 확장에 어려움이 따를 것으로 판단된다.

3) 제어 관련 기술

(1) CAS(Conditional Access System)

CAS는 사용자의 시청권한을 제어하는 시스템이다.

① 목적

- 디지털 유료방송의 다양한 상품 및 사업 모델을 제공한다.
- 시청자격이 있는 가입자만 시청할 수 있도록 완벽한 보안성을 제공한다.

② 기능

- 불법시청을 막기 위한 콘텐츠 스크램블링 및 암호화한다.
- 가입자 정보, 스마트카드 정보 암호화 및 관리한다.
- 채널별, 사용자별 접근 권한 부여한다.
- 불법 대량 복제 방지를 위한 채널 감시 및 STB 모니터링한다.
- 사용자의 서비스 수신 내역 로그 처리한다.

③ 원리

- 콘텐츠 스크램블을 위한 Key 값 : CW(Control Word)
- 암호화된 콘텐츠 정보 ECM(Entitlement Control Message) : 현재 방송중인 이벤트에 대한 액세스 파일 처리, Unscramble을 위한 제어 워드
- 암호화된 가입자 정보 EMM(Entitlement Management Message) : 권한 생성 및 취소, Credit 관련, 스마트카드를 관리하기 위한 자료 처리

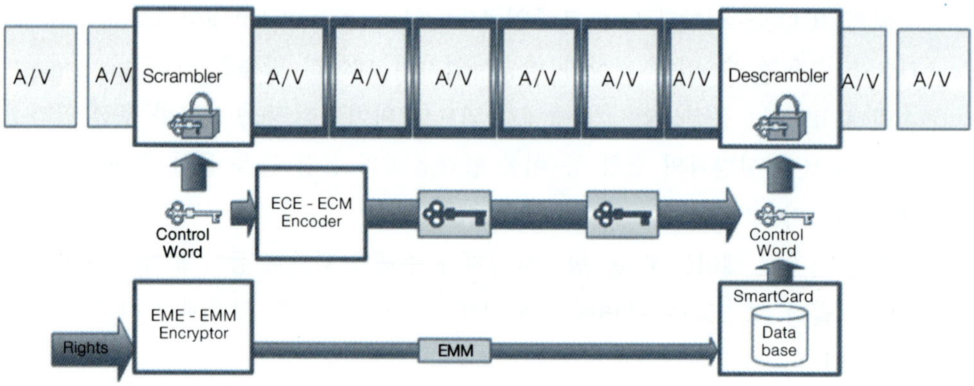

[그림 2-28] 수신제한 시스템 원리

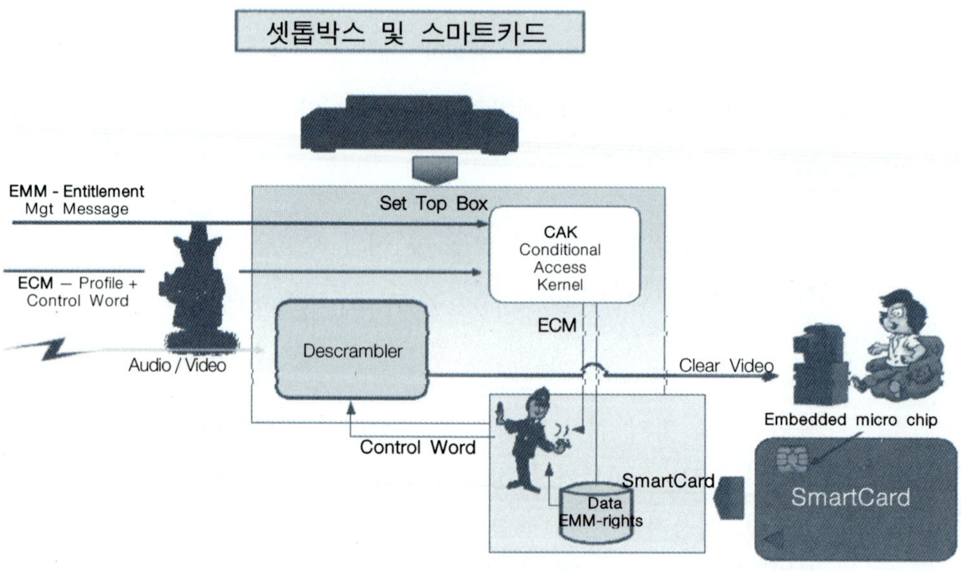

[그림 2-29] 수신제한 동작 과정

4) 데이터 방송 미들웨어 표준

양방향 데이터 방송 기술은 독립형, 대화형 및 A/V 프로그램 연동형의 다양한 부가 서비스를 제공하기 위해 필요한 미들웨어 기술이다. 이 기술은 저작검증 기술, 송출기술, 응답기술로 나눈다.

① 저작/검증 기술은 응용 애플리케이션을 제작하고 생성하는 것이다.

② 송출 기술은 중앙관리 시스템과 연동하여 정해진 스케줄에 따라 PSI/SI(Program

Specific Information/Service Information) 정보 및 데이터 인코딩된 콘텐츠/애플리케이션을 송출하는 기술이다.

③ 응답 기술은 사용자 응답수신과 처리 및 해당 결과를 사용자 단말기에 제공하는 기술이다.

초기의 양방향 데이터 방송 미들웨어 기술은 Open TV, Canal+ Technology, Liberate 등 비교우위에 있던 특정회사 중심이었으나, 보다 많은 기업의 시장진출이 자유로워지고 데이터 방송 콘텐츠의 공유가 활성화되면서 오픈소스 기반의 국제표준으로 발전하였다. 대표적인 Open Standard의 개방형 표준으로는 유럽전기통신표준협회(ETSI)의 승인을 통해 유럽의 지상파, 케이블, 위성용 데이터 방송 미들웨어 표준으로 활성화된 DVB-MHP, 미국 ANSI의 승인과 Cablelabs/SCTE(Society of Cable Telecommunications Engineers)에서 추진되고 MHP1.0 기반을 확장해 케이블용 데이터 방송 표준이 된 OCAP(Open Cable Applications Platform), 미국 ATSC(Advanced Television Systems Committee)를 통해 추진되어 DASE(DTV Application Software Enviroment)를 확장하고 MHP, OCAP 일부를 포괄하여 현재 지상파/케이블용 데이터 방송 미들웨어 표준이 된 ACAP(Advanced Common Application Platform) 등이 있다.

IPTV에 대한 국내 양방향 데이터 방송 미들웨어 표준은 아직 결정되지 않았다. 그래서 IPTV 데이터 방송 표준은 연구 기관과 서비스 제공자의 요구사항을 수용하여, 기존의 데이터 방송 표준에 IP 기반의 Multicast/ Unicast 기술 및 SI 전송 기술을 적절히 융합하여 추진될 것이다. 특히 국내에서 지상파 데이터 방송 표준이 ATSC의 ACAP 표준으로 확정되면서 콘텐츠 수용의 용이성을 위해 ACAP을 수용하면서도 IP 특성에 맞도록 관련 기술이 추가 개발될 전망이다.

데이터 방송 미들웨어 표준으로 지상파는 ACAP(Advanced Common Application Platform)이다.

케이블 미들웨어 표준은 OCAP(OpenCable Application Platform)이다. 위성 미들웨어 표준은 MHP(Multimedia Home Platform)이다. 이들 모두 GEM을 기반으로 하고 있어 기술적으로 거의 유사하다. 데이터 방송 미들웨어는 방송망을 통해 전달되는 여러 소프트웨어에 일관된 API를 제공함으로써 각종 응용 소프트웨어들이 동작할 수 있는 공통된 운용환경(Running environment)을 제공한다.

- 데이터 방송 표준은 ACAP(지상파), OCAP(케이블), MHP(위성)이 있다.
- 기술적으로 ACAP, OCAP, MHP는 거의 유사하다.

- GEM은 모든 데이터 방송 표준의 교집합이므로 GEM 기반으로 설계된 Applicaion 은 모든 표준에서 동작이 가능하다.

[그림 2-30] 데이터 방송 미들웨어 표준

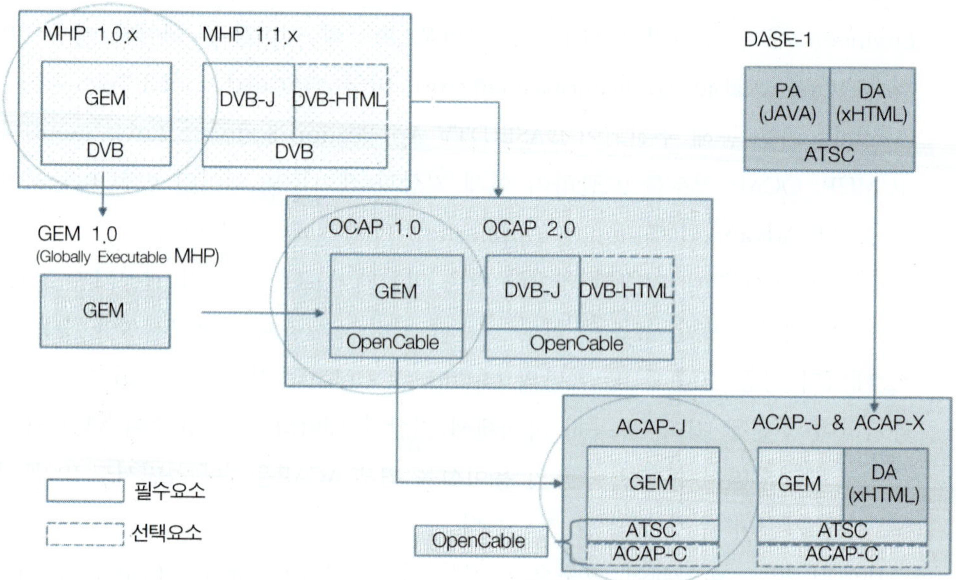

[그림 2-31] 데이터 방송 미들웨어 표준 관계도

또한 오디오/비디오 매체를 다루기 위해 소니의 HAVi 인터페이스와 DAVIC의 표준안도 일부 수용하였고, 튜너, Demux 등의 하드웨어의 인터페이스와 미디어 스트림 제어와 유료 방송을 위한 CA 제어에 이르기까지 각종 기능을 미들웨어가 주도한다. 〈표 2-7〉은 기존의 양방향 데이터 방송 미들웨어의 표준에 대한 비교표이다.

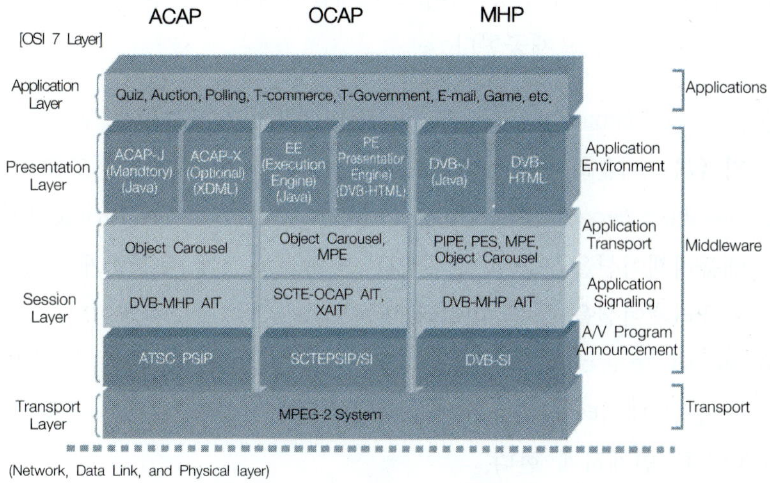

[그림 2-32] 데이터 방송 미들웨어

〈표 2-7〉 양방향 데이터 방송 미들웨어의 표준

구 분	ACAP	DVB-MHP	OCAP
표준화 단체	ATSC	DVB	Cablelabs
국내외 표준 채택기관	KBS, MBC, SBS, EBS	SKY Life	CJ Cablenet, KDMC
지원가능 네트워크	지상파(위성, 케이블)	위성(지상파, 케이블)	케이블
연동형 서비스	용이	용이	용이
응용 프로그램 STB 이식성	용이(Java 기술채택)	용이(Java 기술채택)	용이(Java 기술채택)
양방향 Contents 확보용이성	양호(콘텐츠 사업자 표준)	미흡(서비스 사업자 표준)	미흡(서비스 사업자 표준)

(1) DVB-MHP(Digital Video Broadcasting-Multimedia Home Platform)

MHP는 유럽의 위성 데이터 방송용 표준 규격으로 디지털 방송 수신기와 인터렉티브 디지털 애플리케이션 사이에 일반적이고 공통적인 인터페이스를 정의하고 있다. MHP에서 공통의 인터페이스를 DVB-J API라 부르며 하드웨어와 네트워크에 독립적인 플랫폼을 제공한다.

DVB 전송 규격을 가지는 방송 네트워크는 위성, 지상파, 케이블에 관계없이 모두 적용이 가능하며 리턴 채널의 경우 모뎀, ISDN, xDSL 등 물리적인 네트워크와 관계없이 적용 가능하다. 데이터 방송 서비스와 애플리케이션 관점에서 보면 MHP는 다음과 같이 3개의 프로파일을 제공한다.

① Enhanced Broadcast 프로파일 : 디지털 방송 프로그램과 함께 리턴 채널을 사용하지 않는 애플리케이션을 이용한 데이터 방송이 가능한 프로파일이다.

② Interactive Broadcast 프로파일 : Enhanced Broadcast Profile에서 제공할 수 있는 애플리케이션을 포함하여 물리적인 네트워크에 무관하게 리턴 채널을 사용하는 애플리케이션을 통한 데이터 방송이 가능한 프로파일이다.

③ Internet Access 프로파일 : 방송 채널을 통한 데이터 방송 서비스와 더불어 인터넷을 통한 데이터 서비스가 가능하도록 하는 프로파일로서 방송 서비스와 인터넷 서비스를 연계하게 한다.

MHP 1.0 규격은 2000년 7월 처음 발표되었고, 2002년 2월에 MHP 1.0.2가 최종 표준규격으로 승인되었다.

DVB IPTV 규격은 CM(Commercial Module) 서브그룹에서 작성된 요구사항을 바탕으로 TM(Technical Module) 서브그룹에서 표준화 작업을 수행한다. DVB는 주제별로 다수의 CM 서브그룹과 TM 서브그룹들이 존재하며 그 중 IPTV를 위한 워킹그룹으로 CM-IPTV 서브그룹과 TM-IP 서브그룹이 활동을 한다.

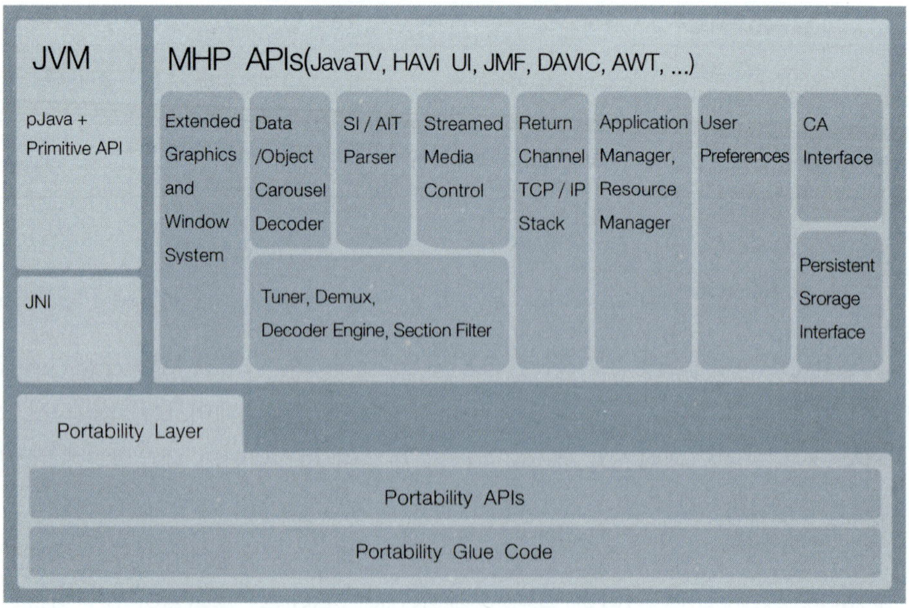

[그림 2-33] MHP 구조

현재 CM에 참여하고 있는 업체는 크게 가전 제조사, 소프트웨어/시스템 제공자, 네트워크 제공자/서비스 제공자, 제한수신 사업자로 구분되어 IPTV 서비스 시나리오 및 시장 요구사항을 정리하여 TM 서브 모듈에 제공하고 있다.

IPTV 서비스 표준은 기존에 존재하는 표준화 기술을 활용하여 IP로 방송 서비스를 제공하기 위한 것으로 기존 표준안을 참조하거나 기존 표준안을 바탕으로 새로운 안을 제안한다. 구조(Home Reference Model)는 다음과 같다.

① 딜리버리 네트워크 : 서비스 제공자가 제공하는 망으로 ADSL, Cable 등과 동일
② 딜리버리 네트워크 게이트웨이 : 게이트웨이와 같은 역할을 수행
③ 홈네트워크 에이전트 : 홈네트워크 기술에 따라 분류되는 범위로써 홈네트워크 기술로 이더넷을 사용하는 이더넷 세그먼트, IEEE1394를 사용하는 IEEE1394 세그먼트로 구분한다.
④ 홈네트워크 연결 장치 : 홈네트워크 세그먼트를 연결해 줄 수 있는 유선 또는 무선 장치를 의미한다.
⑤ 홈네트워크 엔드 장치 : 홈네트워크에 연결된 가입자 장치로 애플리케이션 레벨의 게이트웨이 역할을 수행한다.

(2) OCAP(Open Cable Application Platform)

Cable Labs는 미국 디지털 케이블 방송의 규격을 개방형 표준으로 바꾸기 위하여 Open Cable이란 수신기 하드웨어와 제한 수신장치에 대한 표준을 제정하였고, 데이터 방송을 위해서 MHP1.01 규격을 차용하였으며 이를 바탕으로 OCAP 1.0 규격을 작성하였다.

OCAP은 GEM에 Open Calbe SI(EPG정보), CableCard(제한수신 모듈), OpenCable 네트워크 프로토콜 등 OpenCable의 환경요소를 추가하였으며, Monitor Application, Unbound Application, XAT, OOB, DSG 등 케이블 환경 요소를 추가하였으며, 국내 케이블 방송 표준으로 사용되고 있다.

① OCAP은 케이블 TV 분야의 양방향 표준규격으로 모든 케이블 TV에서 운용가능한 양 방향 TV 서비스나 응용 프로그램을 설계할 수 있는 중간 소프트웨어 계층을 의미한다.
② OCAP를 적용하면 케이블 TV에 적용되는 신형 비디오 애플리케이션이나 장비제조자들이 TV/셋톱박스/케이블시스템의 스펙에 맞춰 각각의 제품을 튜닝하지 않아

도 호환성을 유지할 수 있다.

③ 삼성전자 디지털 TV가 미국 Cable Labs로부터 세계 최초로 케이블 양방향 데이터 방송수신 관련 인증을 획득한다.(북미지역 표준 디지털 양방향 케이블 방송수신에 필요한 필수 절차)

④ 버전

- OCAP 1.0 : 2003년 8월 출시
- OCAP 2.0 : MHP 1.1에 기반, ACAP과의 호환성이 더 높음

(3) ACAP(Advanced Common Application Platform)

ACAP은 유럽의 DTV 표준화 기구인 DVB(Digital Video Broadcasting)가 데이터 방송 방식 간의 호환을 위해 제시한 MHP 규격인 'GEM(Globally Executable MHP)'과 기존의 데이터방송 규격인 DASE를 토대로 하고 여기에 케이블 TV의 데이터 방송 규격인 OCAP(Opencable Common Application Platform)의 일부 기능을 추가한 것이다.

현재 국내 지상파 표준으로 채택하여 실험 방송중이며 일부 IPTV 서비스 제공자는 이를 IPTV용 데이터 방송 미들웨어로 사용하려고 하고 있다.

① 케이블 TV 데이터 방송 규격인 OCAP과의 호환성을 고려해 ATSC(미국 디지털 방송 표준기구)가 새롭게 정한 규격이다.

② ACAP Middleware는 Java Xlet을 구현하기 위한 환경(응용 정보해석, 다운로드, 실행, 미디어 제어)을 제공한다.

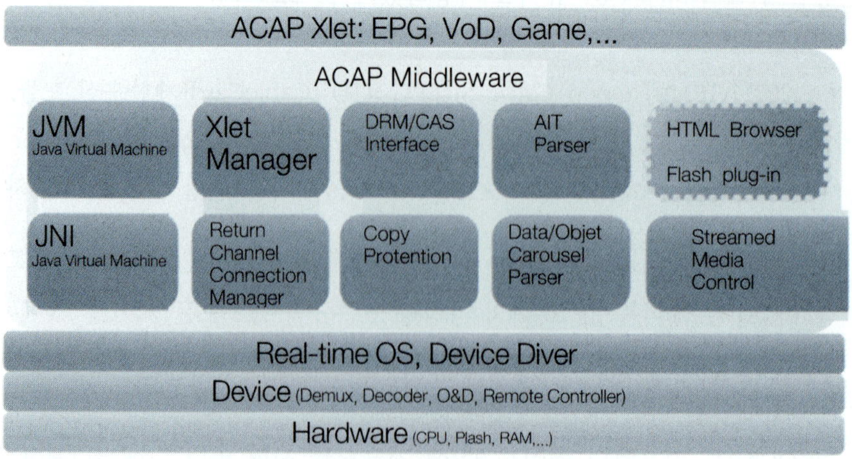

[그림 2-34] ACAP 구조

③ 기존 DASE는 OCAP와 호환되지 않는 결함을 가지고 있어서 ATSC는 이 결점을 보완하기 위하여 OCAP의 발전된 규격이란 뜻에서 ACAP를 새로운 표준으로 선정한다.

④ 우리나라가 지상파 데이터 방송 규격인 ACAP 분야에서 세계시장을 선도하고 있다. 이미 시험방송이 진행중이며, 최근에는 세계 최초로 지상파 데이터 방송 수신이 가능한 셋톱박스가 ACAP 인증을 획득하기도 했다. 이에 따라 향후 미국식(ATSC) 디지털 방송을 선택한 국가들에 대한 데이터 방송 장비 및 수신기 시장 선점도 기대된다.

(4) GEM(Globally Executable MHP)

MHP에서 유럽방송환경에만 쓰이는 DVB-SI(EPG 정보), CA(제한수신 모듈), DVB 네트워크 프로토콜을 제거한다. OCAP과 ACAP의 기준 표준이 된다.

GEM은 DVB가 정한 상위 표준으로서 그 하위의 기술 규격들로는 MHP 이외에 ACAP (Advanced Common Application Platform), OCAP(Opencabel Common Application Platform) 등이 있다. 결과적으로 상위 규격인 GEM을 준수함으로써 ACAP, OCAP, MHP는 서로 다른 표준일지라도 상호 호환이 가능하게 된다.

3. 미디어 포맷 기술

기존 IP 또는 케이블망에서 제한된 대역폭에 대한 부담을 감소시키고 IPTV의 서비스 품질을 크게 향상시킬 동영상 압축 기술은 현재 H.264와 VC1이 대표적이고 음성 압축 기술은 AAC, AC-3, MP3이다.

1) VC1(WMT-9)

VC1은 마이크로소프트의 독자적 방식으로 MS의 Windows Media 9를 방송용으로 변경하였으며 SMPTE(Society of Motion Picture and Television Engineers)를 통해 표준 제정되었다. 압축 표준은 WMT-9 압축 코덱으로 MS-TV2 및 MS-DRM과 호환성이 우수하고 홈네트워킹에 장점을 활용할 수 있으나 로열티와 비표준에 따른 투명성 논란이 있다. VC1은 HD DVD players/recoders와 케이블망을 통한 HD 비디오 전송의 표준으로 채택될 전망이 있다.

2) H.264

H.264는 ITU-T와 ISO/IEC JTC1의 두 표준화 기구가 공동으로 팀을 경성하여 2003년에 표준화되었다. H.264는 객체 기반 고품질 고압축 미디어 포맷의 오픈소스로 기존 MPEG2 방송 시스템과 호환성이 우수하다. 전송표준으로는 MPEG2 TS로 압축률이 SD 1~2Mbps, HD 5~7Mbps를 나타내며 채널 변경 시간이 우수하다.

H.264는 저대역폭 통신망(xDSL) 통한 콘텐츠 전송의 사실상 표준으로 될 것이다. 현재 시스템의 차이는 있으나, H.264는 국내외 위성 및 지상파 DMB(Digital Multimedia Broadcasting)와 IPTV에서 사용중이며 프레임 부호와 필드 부호화, 픽처 레벨 필드 및 프레임 적응 부호화, 매크로 블록 레벨 필드/프레임 적응 부호화 등을 통해 격행 주사방식의 신호를 취급함으로써 영상회의, 방송전송, 저장 미디어에 활용된다.

3) MPEG-2

MPEG-2는 MPEG(Moving Picture Expert Group)이 정한 오디오와 비디오 인코딩(부호화)에 관한 일련의 표준을 말하며, ISO 표준 13818(13818-1은 시스템, 13818-2는 비디오 부호화, 13818-3은 오디오 부호화)로 공표되었다. MPEG-2는 일반적으로 디지털 위성방송, 디지털 유선방송 등의 디지털 방송을 위한 오디오와 비디오 정보 전송을 위해 쓰이고 있다. 또, MPEG-2의 표준을 약간 변형한 인코딩 포맷은 상업 DVD의 표준으로 돌비 디지털, DTS(Digital Theater System)와 함께 사용되고 있다.

MPEG-2는 MPEG-1과 비슷하지만, 텔레비전 방송에서 사용하는 비월주사(격행주사 : Interlaced scanning) 방식의 영상을 지원한다. MPEG-2 비디오는 저속 비트율(1 Mbit/s) 환경에는 부적합하지만, 초당 3Mbit 이상을 요구하는 MPEG-1보다는 향상된 압축률을 보이고 있다. MPEG-2의 MPEG-1과 구별되는 특징으로는 데이터 유실이 많은 전송 환경에도 적합한 트랜스포트 스트림이 정의되어 있다는 점을 들 수 있으며, 이는 현재 디지털 방송에 사용되고 있다. MPEG-2는 원래 MPEG-3로 개발하려던 HDTV(고선명 텔레비전) 전송의 표준 또한 포함한다. 또한, MPEG-1과도 호환성도 보장되어 표준을 따르는 MPEG-2 디코더는 MPEG-1 스트림도 재생할 수 있다.

MPEG-2 13818-3 오디오 표준은 MPEG-1 오디오 표준에서 발전되어 채널의 확장을 하는 MC(다중 채널)과 낮은 표본화 주파수를 제공하는 LSF(낮은 샘플링 주파수 : Low Sampling Frequency)(24kHz, 22.05kHz, 16kHz)로 구성되어 있다. 또한, 두 가지 모두 MPEG-1 오디오를 복호화할 수 있는 하위 호환성의 특성을 가지고 있다. 알고리즘 측면에서는 추가된 내용이 없기 때문에 이론적으로 MPEG-1과 동일한 압축률을 가진다고 봐도 무방하다.

하지만 MPEG-2에서는 압축률을 높이는 대신, 하위 호환성을 지원하지 않는 AAC(Advanced Audio Coding)를 13818-3이 표준화된 후 13818-7로 표준화하고 있다. AAC에는 기존 MPEG 오디오에서 사용되지 않던 LTP(Long Term Prediction), TNS (Temporal Noise shaping), 예측 도구가 추가되었으며 레이어로 구분하던 MPEG-1, 2와는 달리 도구의 집합인 프로파일로 구분하여 정의하고 있다.

4) AAC(Advanced Audio Coding)

영상압축규격 MPEG-2 또는 MPEG-4에서 사용되는 음성압축방식이다. 1997년 4월에 ISO 13818-7로서 표준화되었다. 최대 샘플링 주파수는 96kHz이며, 사용 가능한 채널수는 최대 48채널이다. MPEG-1에 채택된 음성압축방식인 MP3보다 1.4배 정도 압축효율이 높으며, 음질은 거의 같은 수준이다.

5) AC-3

AC-3는 DVD에서 표준으로 사용되는 사운드 포맷으로 현재의 MP3가 2채널(stereo)의 스피커를 기반으로 하고 있는데 비해 이것은 돌비연구소에서 5.1채널을 기반으로 한 입체음향 포맷으로 기존의 사운드 포맷과는 달리 현실에서 들을 수 있는 가장 사실적인 사운드를 들려준다. AC-3는 전후, 좌우, 중앙 및 중저음만을 담당하는 서브우퍼를 포함하여 6개의 스피커를 각 채널별로 독립된 신호를 내보내기 때문에 잡음없는 깨끗한 소리를 전달할 수 있다. 그러나 AC-3의 입체음향을 제대로 듣기 위해서는 별도의 오디오 시스템을 갖추어야 하는 경제적인 부담감이 있으며, 윈도우에서 재생을 하기 위해서는 따로 AC-3 코덱을 설치해야만 감상할 수 있는 불편함이 있다.

6) MP3

MP3는 MPEG1에서 규정한 고음질 오디오 압축 기술의 하나로 CD음반에 가까운 음질을 유지하면서 일반 CD의 50배로 압축, 양질다수의 음악을 복제해 전송할 수 있다. 이와 같은 특징으로 인해 컴퓨터 이용자들이 음악저작권자의 허락을 받지 않은 채 MP3 기술을 이용해 다수의 음악을 인코딩, 공개자료방 및 동호회를 통해 배포함으로써 음악저작물의 불법복제 시비를 불러 일으켰다.

4. 보안 솔루션 기술

디지털 미디어 압축 기술과 더불어 요즘 많이 주목받고 있는 기술이 디지털 콘텐츠 보호 기술이다. 디지털 방송 콘텐츠를 보호하는 기술은 크게 CAS(Conditional Access System)와 DRM(Digital Rights Management)으로 나눌 수 있다. CAS는 방송 콘텐츠 자체를 암호화하여 전송하면 다양한 TV 콘텐츠에 대한 요금 정책을 지원할 수 있게 되었다.

DRM은 말 그대로 디지털 콘텐츠에 대한 올바른 관리를 할 수 있도록 지원하는 기술이다. DRM은 방송 콘텐츠보다는 인터넷을 통해 전달되는 다운로드 콘텐츠 또는 VoD 콘텐츠를 보호하는 용도로 많이 활용되고 있다. 최근에는 DRM을 이용한 방송 콘텐츠 보호기술이 많이 제시되고 있다.

1) CAS

CAS는 인증된 사용자만이 콘텐츠를 사용할 수 있도록 스마트 카드(Smart Card)를 이용한 실시간 인증 시스템으로 H/W 및 S/W방식의 이중 암호화 적용하였으며, 다단계 키 및 알고리즘을 사용한 복잡한 암호화 방식으로 보안성이 우수하다. 검증된 보안 시스템으로 다양한 방송 콘텐츠의 확보가 용이하다.

2) DRM

암호화 기술을 이용하여 디지털 콘텐츠의 불법복제 및 유통을 방지하는 기술로 일반적으로 1개의 라이센스 키로 암호화된 콘텐츠를 복호화한다. 콘텐츠 접근/배포 권한 제어가 우수하고 솔루션 비용이 저가이나 시스템 자체적으로 제공할 수 있는 부가기능이 미약하고 S/W 방식의 단일 암호화 적용으로 보안성이 취약하다.

5. 관리 솔루션 기술

1) TCS

TCS는 시스템으로부터 고객의 채널 패키지 가입 내역을 받아서 CAS로 전달해주거나, 외부 사업자로부터 방송 스케줄을 전달받아 CAS에 전달해주며 방송 채널의 편성 및 각

EPG(SI/PSIP 정보) 정보를 합성하거나 양방향 방송의 데이터 방송과의 융합(Muxing)을 제어하기 위한 시스템으로 미디어 센터의 업무를 총괄하고 시스템 간 연동 및 제어 관리하는 시스템이다. TCS는 채널 관리 및 헤드엔드 관리, 방송 채널 편성관리, 미디어 및 콘텐츠 관리 상품관리 등의 역할을 하는 관리 솔루션이다.

2) iTV M/W

iTV 미들웨어는 TCS 같은 관리 시스템이지만 TCS 시스템과는 달리 양방향 데이터 서비스 관리하고, VoD 카탈로그 생성 및 구매 프로세스를 처리하며 사용자 및 STB 관리하는 시스템이다. 채널 및 헤드엔드 관리는 TCS와 동일하지만 콘텐츠 배포 및 VoD 관리, EPG 및 STB 관리, 양방향 서비스 관리 등 고객관리 및 VoD 관리 기능에서 더 우수하며 채널 서비스보다는 고객 맞춤형 서비스에 더 적합한 시스템이다.

2-6 IPTV 기술 동향

1. 국내 기술개발 현황 및 전망

1) 정부정책

정부에서는 BcN 구축 2단계 사업으로 4개의 컨소시엄으로 나누어 IPTV 서비스를 기존 BcN 테스트베드에서 시험을 한 후에 본격적으로 IPTV 사업에 시작할 예정이다. KBS, MBC 등 방송사업자 기존에 Digital TV를 확장하여 방송형 IPTV 시범 서비스를 계획을 하고 있으나 최근에 정부는 IPTV 시범 서비스를 추진하고 있다.

그러나 IPTV 서비스에 대한 사업승인과 규제 방향을 정리하지 못하여 본격적으로 IPTV 서비스를 보급하는데 큰 장애가 되고 있다.

2) 통신사업자 IPTV 서비스 도입 현황

KT 등 주요 통신사업자는 IPTV에 대한 기술개발을 완료하고, 자체 테스트베드 구축을 통하여 기술적인 검증이 완료된 상태에서 정부의 사업승인을 기다리고 있다. 또한,

국제적으로 IPTV Focus Group이 결성되어서 통일된 세계 표준을 만들기 위해서 활발하게 작업하고 있다.

3) 국내 특허출원 현황 및 전망

IPTV 관련해서는 비디오 코딩 기술과 미들웨어 플랫폼 분야에 기존에 MPEG 그룹과 각종 미들웨어 개발업체들이 다수의 특허를 기 보유하고 있다. 또한, IPTV의 콘텐츠 보안을 위한 DRM 및 CAS 기술 관련의 많은 특허가 있으며, Set-Top Box 시스템 분야에도 일부 특허가 있으나, IPTV 네트워크 및 서버 분야는 인프라 특성상 많은 특허가 없다. 앞으로도 신규로 IPTV Focus Group을 중심으로 표준화가 진행됨에 따라 상당히 많은 특허가 추가적으로 양산될 것이며, 이는 IPTV 관련 단말기나 시스템 적용시 많은 수익을 가져다줄 것으로 예상된다. 그러나 비디오 코딩 및 미들웨어 중 일부 특허는 로열티 부담이 너무 큰 상황이 예상되어 기존 특허료 부담을 피하기 위해 Patent free 형태의 표준화작업이 일부 진행될 것으로 예상된다.

2. IPTV 서비스 기술 현황

IPTV 서비스 제공 현황을 간략히 살펴보면 최근에 약 370여 개 사업자가 서비스를 제공하고 있으며, 주로 중소규모의 독립 서비스 사업자들이 지역 서비스 개념으로 서비스 중이다.

SBC나 Verizon, BT, KT 같은 주요 통신사업자들은 초기 서비스 진입중이거나 이를 위한 준비 단계에 있다. 주로 유럽과 아시아에 위치하는 IOC들은 IPTV 유형의 서비스를 제공하기 위해 DSL(Digital Subscriber Line)이나 이더넷 기반의 망을 구축하고, 기존 TV 외에 특화된 채널과 VoD 위주의 콘텐츠를 제공하거나 채널 패키징 서비스 등을 제공한다. 서비스 미들웨어나 보안 관련 기능을 제공하기 위해서 비표준 플랫폼을 사용하고 있다.

즉, 현재의 IPTV 서비스는 다수 가입자를 대상으로 하는 보편적 서비스라고 부르기에는 한계가 있으며, 비표준 미들웨어 채택에 따른 상호운용성 문제, 제한적인 서비스 품질보장 메커니즘, 융합화에 따른 정책 및 제도 정비 문제 등이 주요 이슈가 되고 있다.

현재의 IPTV 서비스 기술은 현존하는 통신기술과 방송기술을 단순 결합하는 수준으로서, 대규모의 보편적 서비스 제공을 위해서는 확장성과 효율성, 신뢰성 및 고품질 제공에 문제를 가지고 있다.

IPTV 서비스 사업자 입장에서는 코덱, DRM, 스트리밍 프로토콜, 미들웨어 등에 대해 현존하는 다양한 기술 대안 중에 최적 솔루션이 무엇인지를 결정해야 하며, 아울러 비디오 서비스를 모바일 시장으로 확산하기 위한 기술들을 필요로 하고 있다. 주요 기술 이슈들을 살펴보면 다음과 같다.

1) 전달망 기술

다채널 방송을 포함하는 고품질 비디오 서비스를 대규모로 효율적으로 전달하기 위해 요구되는 네트워킹 기술이다. 비디오 서비스 전달을 위한 end-to-end 간의 필요한 대역폭의 할당 및 트래픽 엔지니어링 기술, 유·무선망을 이용한 멀티미디어 멀티캐스트 스트리밍 기술, 효율적이고 안정적인 액세스, 에지, 코어 전달망의 구조, 비디오 서비스를 효율적으로 제공하기 위한 각종 부가 기능 등이 요구된다.

현재의 기술은 망의 용량 및 신뢰도, 고품질 멀티캐스팅 기술, 멀티미디어 트래픽이 주가 되는 경우의 품질제어 메커니즘에서 기술적 한계를 갖고 있다.

① 품질제어 메커니즘으로 DiffServ와 MPLS(Muiti Protocol Label Switching) 기술이 사용될 수 있다.

그러나 DiffServ 기술은 IPTV 응용처럼 실시간 트래픽이 주가되는 경우 우선순위 차별화를 이용한 품질보장이 어렵게 되며, MPLS 기술은 멀티캐스팅을 지원하지 못한다. 따라서, 대규모의 실시간 트래픽에 대해 end-to-end 간에 품질제어가 가능하도록 세션 기반의 자원관리가 요구되며, 품질보장과 신뢰성 및 확장성을 보장하는 멀티캐스팅 기술이 요구된다.

② 액세스망은 용량 부족과 기존 시스템들의 낮은 신뢰도, 멀티캐스팅 처리능력 제한 등으로 인해 IPTV 서비스 제공의 병목점이 될 것이다. 대용량의 멀티캐스팅 트래픽을 효율적으로 처리하고, 안정성이 개선된 멀티서비스 비디오 라우터 기술이 요구되며, 품질제어 측면에서는 세션 기반의 동적 자원관리가 요구된다.

③ 향후 대규모 서비스를 위해서 MPEG2-TS(Transport Stream)를 IP 기반으로 전달함에 따른 비효율성도 개선이 요구된다.

2) 서비스 계층 기술

다채널 방송을 포함하는 고품질 비디오 서비스를 가입자에게 제공하기 위해 요구되는 클라이언트 측 및 서버 측 기술이다. 단말 플랫폼 기술, 미들웨어 및 양방향 서비스를 위한 API, EPG(Electronic Program Guide) 기술, 미디어 코덱 기술, DRM이나 CAS와 같은 보안 소프트웨어 기술, 서비스 접속 권한 인증, 응용 서버(비디오 서버, 헤드엔드 등) 기술이 필요하다. 가장 큰 이슈는 다양한 비표준 플랫폼 사용에 따른 상호연동성 문제이며, 유무선 통합망에서의 종단 간 콘텐츠 전달 과정에서 콘텐츠를 안전하게 유통하게 위한 메커니즘을 해결하는 것이다. 이를 효과적으로 해결하는 기술 대안으로서 다운로더블 혹은 원격제어가 가능한 플랫폼 기술이 연구되고 있다. 〈표 2-8〉은 양방향 IPTV 서비스를 위한 미들웨어 기술 현황을 보여준다.

〈표 2-8〉 양방향 IPTV 서비스를 위한 미들웨어 기술 현황

구 분	OCAP	ACAP	MHP
표준화 주도 기구	CableLabs	ATSC	DVB
기술 특성	케이블 대상	지상파 대상 OCAP의 subnet	지상파/케이블/위성
표준화 현황	현재 OCAP1.0	ACAP 1.0	현재 MHP 1.1
적용 현황	지역 : 미주/한국 미국 : TWC,Cox 등 한국 : CJ Cablenet 등	지역 : 미주/한국 한국 : 지상파 방송 4사 IPTV : KT	지역 : 유럽/한국 이탈리아, 독일 등 : 지상파 한국, 독일 : 위성
상용화 일정	한국 : 2005년 상용 서비스 미국 : 2006년 말 상용화	한국 : 2006년 6월 방송 실시 미국 : Field Trial 계획	유럽 : 2003년 상용화(지상파) 한국 : 2004년 상용화(위성)

3) 서비스 및 네트워크 제어 기술

가입자에게 품질을 보장하면서 secure 한 IPTV 서비스를 제공하되, 사용하기 편하고 효율적인 서비스를 위해 가입자나 콘텐츠에 관한 정보와 로직들을 유기적으로 연계하는 제어 기술이다. 서비스 세션의 제어, 네트워크 및 서비스 자원들의 효율적인 할당을 처리한다. 서비스/콘텐츠의 발견 및 선택, 네트워크 및 서비스 접속에 대한 인증, 공통 가입자 프로파일 관리, 서비스 융합이나 모바일 IPTV, 개인화 TV 등과 같은 고도화된 서비스를 제공하기 위한 서비스 제어 인프라 플랫폼 기술이다.

현재의 IPTV 서비스는 클라이언트-서버 구조로서 네트워크 기반의 제어 기술을 제공

하지 않아 여러 가지 한계를 갖고 있다. 기술적 대안으로서 서비스 제어 공통 플랫폼으로 자리잡아 가고 있는 IMS(IP Multimedia Subsystem) 기반으로 IPTV 서비스를 제공하는 구조와 별도의 IPTV 제어 시스템을 통해서 네트워크 기반의 IPTV 서비스 제어를 하는 구조가 연구되고 있다.

(1) IPTV 기반 서비스 구성(Live 방송, Download and play, VoD)

일반적인 IP 방송 시스템을 통해 실시간(Live) 방송과 VoD 방송 예에 대해 살펴본다.

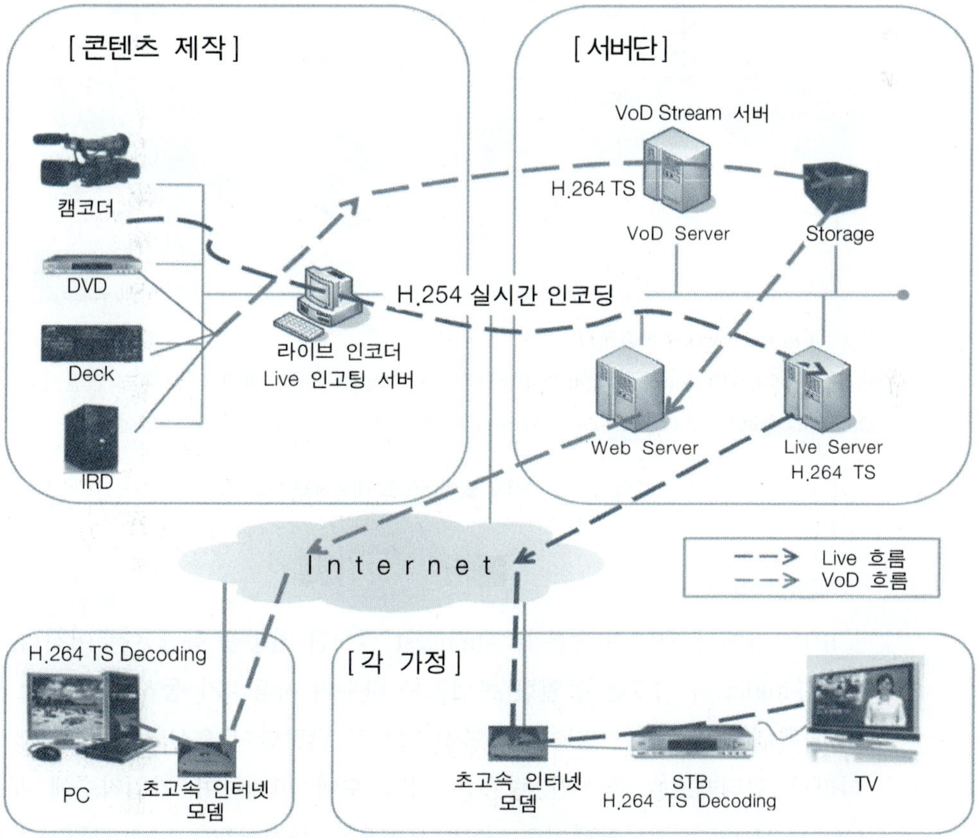

[그림 2-35] IP 방송 시스템 구성도 예

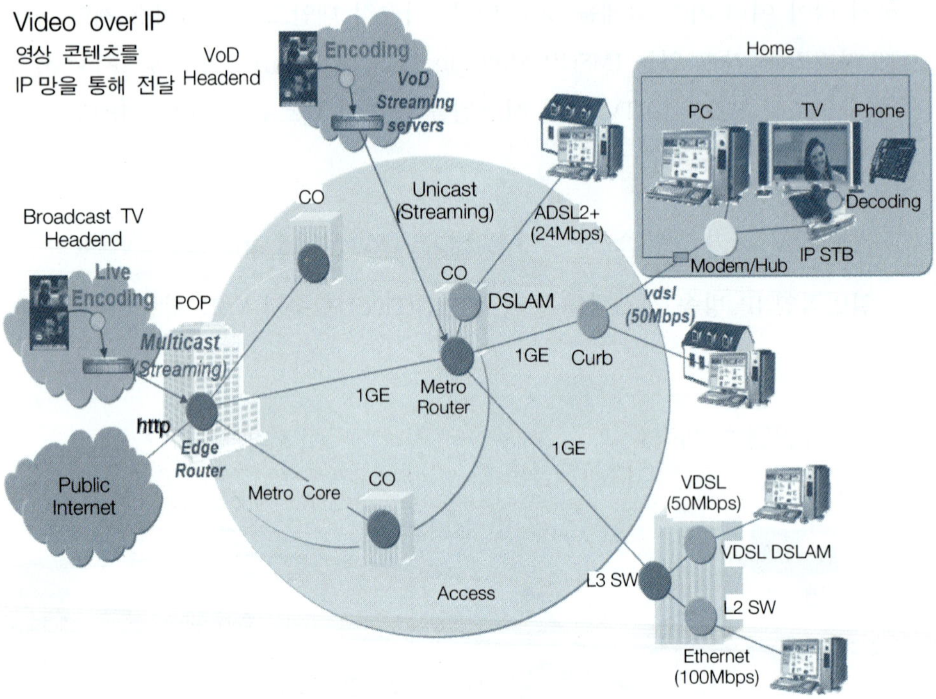

· CO : Central Office(전화국)
· POP(Point of Presence) : ISP가 인터넷접속을 위해 사용자에게 제공하는 연결지점
· DSLAM(Digital Subscriber Line Access Multiplexor) : 디지털 가입자 회선 접속 다중화 장치

[그림 2-36] IPTV 텔레매트로 네트워크 구조

① 실시간(Live) 방송

IPTV 실시간 채널 방송은 IP Multicast 실시간 전송을 통해 이루어진다. 멀티캐스트(Multicast) 기술은 동일한 콘텐츠를 다수의 사용자가 동시에 이용할 경우 서버가 콘텐츠를 한번만 전송하며 특정 그룹의 단말만이 수신할 수 있는 기술이다. 따라서 멀티캐스트 실시간 방송은 채널 수에 비례하며 가입자수에 무관하다. One-to-Many point 형태이며, 한번 요청으로 특정 그룹 전체 가입자에게 전송된다.

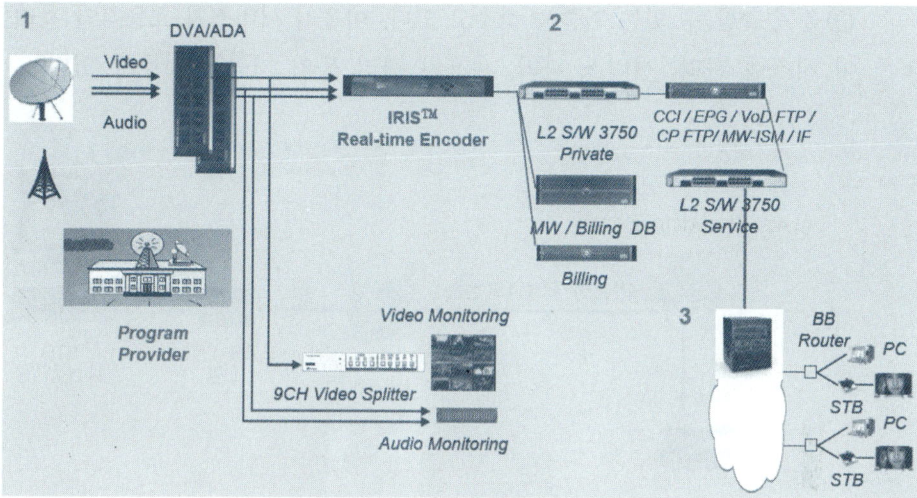

[그림 2-37] 실시간 채널 서비스 과정

(a) Live Encoding Server

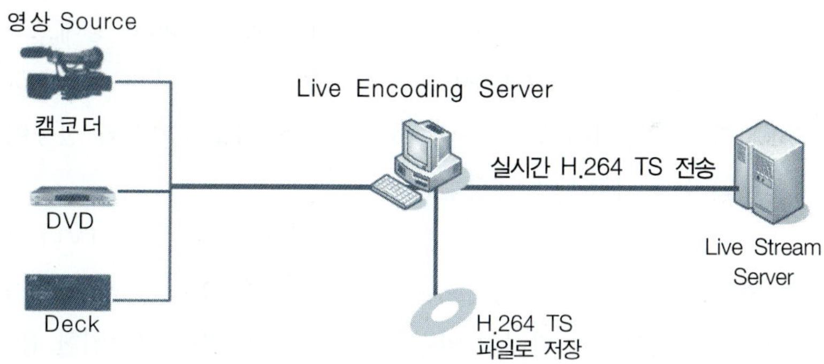

[그림 2-38] 실시간 방송 인코딩 서버 구성

H.264 실시간 인코딩 시스템은 CAM, DVD 플레이어, Deck 등의 외부 장치로부터 영상을 입력받아 H.264 TS 및 AVI 포맷으로 실시간으로 생성할 수 있다. 또한, H.264 TS 포맷으로 실시간 인코딩을 하여 Live 서비스를 위한 전송과 동시에 시스템 내에 파일로 저장할 수 있어, VoD 서비스를 위한 콘텐츠 제작 작업을 동시에 병행할 수 있는 장점을 제공한다.

(b) Live Stream Server

H.264 TS Live Stream Server는 실시간 인코딩 시스템으로부터 Stream을 받아 지정된 원격지로 Unicast하거나 특정 대상에 관계없이 Multicast를 진행할 수 있다. 또한, 최대 200개의 채널 Stream을 입력받을 수 있으며, 최대 900Stream(1Mbps 기

준)을 송출할 수 있는 기증을 갖추고 있다. 아울러 서비스의 효율적인 관리를 위하여 시스템 관리, 서비스 관리, 사용자 관리 등의 기능을 갖추고 있다.

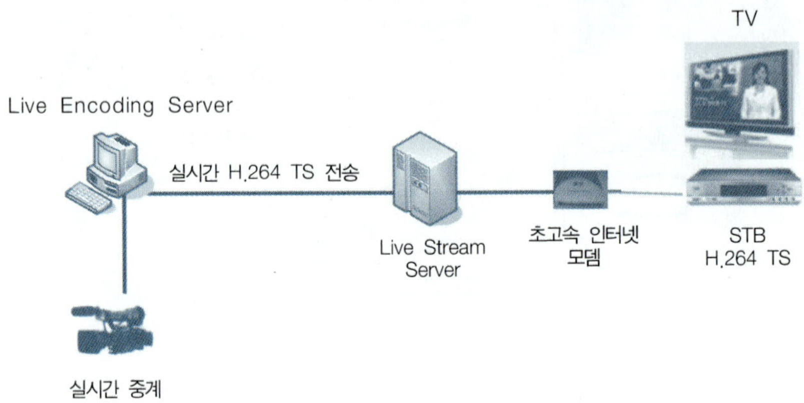

[그림 2-39] 실시간 방송 스트리밍 서버 구성

② VoD 서비스

IP Unicast 방식으로 Download & Play/ Streamming 형태로 이루어진다. 가입자수와 이용 성향에 비례하며, 콘텐츠 수에 무관하다. One-to-One point 형태이며100명의 사용자가 동일 콘텐츠를 요구하더라도 100번의 전송이 수행된다. 일반적인 인터넷 서비스에 해당된다.

VoD(Video on Demand, 주문형 비디오)는 개인들이 TV나 컴퓨터 화면을 통해 중앙의 서버로부터 비디오를 선택해 볼 수 있도록 하는 것을 공동의 목표로 삼고 있는 회사들과 관련된 일련의 기술들을 일컫는 광범위한 용어이다. 시청자들은 자신의 TV를 통해 그들이 선택하는 즉시 원하는 비디오 프로그램을 볼 수 있으며, 그 프로그램들은 케이블이나 ISDN 등을 통해 전송된다. VoD는 연예(디지털 전송된 영화의 주문), 교육(교육용 비디오의 시청), 및 화상회의(비디오 클립들을 이용한 표현기법들의 강화) 등에 사용될 수 있다. VoD가 이러한 모든 분야에서 다소 사용되고는 있지만 아직 광범위하게 구현되지는 못했다. VoD의 가장 큰 장애물은 비디오 전송에 요구되는 대량의 데이터를 신속히 처리할만한 네트워크 기반시설이 아직은 부족하다는 것이다.

- VoD 채널을 통해서 콘텐츠 및 방송시간 검색
- 특정 콘텐츠의 시청을 예약하여 언제든지 보고 싶은 영화나 콘텐츠를 시청할 수 있는 서비스

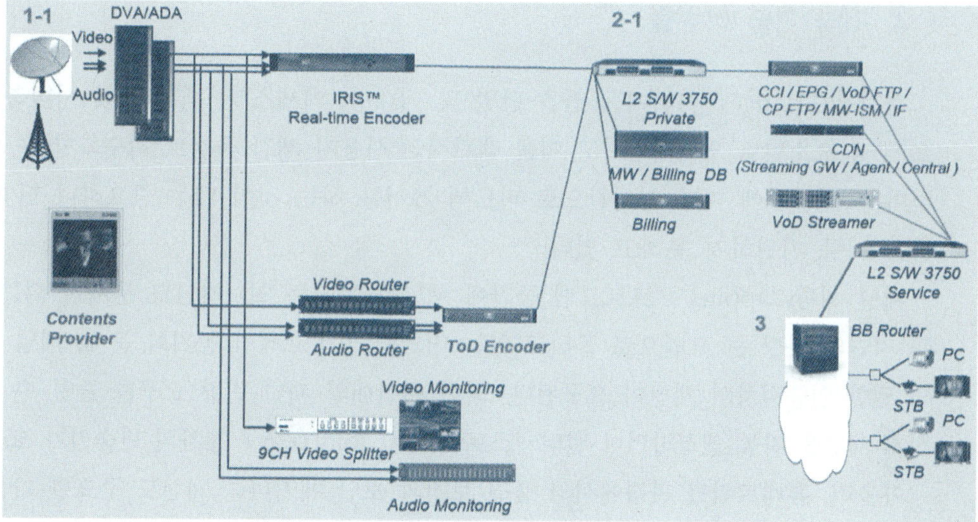

[그림 2-40] VoD 서비스 Flow

- 디지털 방송 환경에서 시청자가 가장 많이 이용하는 검증된 수익 모델 : SVoD(Subscription Video on Demand) : 가입자가 예약 구독을 신청함으로써 이루어지는 VoD 서비스이다. 월단위로 정액제로 운영한다.

■ VoD Stream Server

고효율의 H.264 TS VoD Stream Server는 인코딩된 콘텐츠를 지정된 원격지로 Unicast 서비스 할 수 있다. 또한, 한 예로 최대 800Mbps 대역폭에 대한 서비스를 진행할 수 있으며, 필요시 시스템 내의 저장장치를 이용한 스토리지 구성과 외부의 스토리지를 활용한 서비스를 진행할 수 있다. 아울러 서비스의 효율적인 관리를 위하여 시스템 관리, 서비스 관리, 사용자 관리 등의 기능을 갖추고 있다.

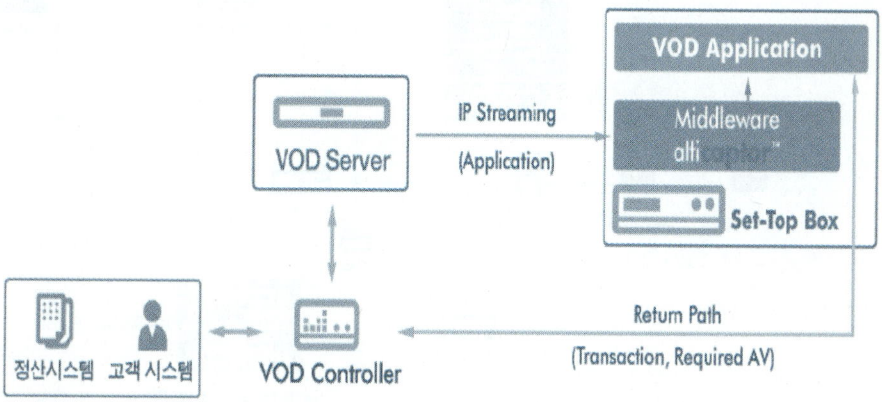

[그림 2-41] VoD 방송 스트리밍 서버 구성

4) 기타 기술 이슈들

실시간으로 IPTV 미디어 품질을 단말 및 댁내망, 액세스망, 백본망 및 서버측 등 주요 구성 요소별로 모니터링하고 이를 객관적인 사용자 체감 품질로 지수화할 수 있어야 하며, 측정결과에 따라 실시간으로 피드백 제어를 하는 것이 매우 중요하나 현재의 기술은 이를 지원하지 못하고 있다.

채널 재핑(Zapping : 프로그램 중간에 채널을 돌리는 일) 지연도 문제가 되는데, 재핑 지연의 가장 큰 요인으로 꼽히고 있는 버퍼링 및 I 프레임 동기화 문제, 채널 변경시의 권한 인증절차의 개선이 요구된다. 최번 시간대의 채널 변경 요구를 줄일 수 있도록 선호 채널을 자동 연결하거나 멀티캐스트에 대한 Join/Leave 절차의 단순화가 요구된다.

아울러, 홈네트워크 환경에서의 품질 보장과 보안 메커니즘 개선도 주요한 기술적 이슈가 되고 있다. 또한, 모바일 환경에서의 끝없는 서비스를 위해서는 다양한 QoS 특성을 갖는 단말, 콘텐츠 및 유무선 액세스망의 동적 특성에 따라 최적화된 품질의 콘텐츠를 자동으로 제공할 수 있는 메커니즘이 요구된다. 이를 위해서는 단말이나 네트워크 및 콘텐츠의 상태나 QoS 능력을 수집하고, 수집된 정보를 기반으로 자동으로 미디어 프레임들의 최적 전송을 제어할 수 있어야 한다. IMS 기반의 제어 기술과 SVC 기반의 프레임 필터링 기술의 접목이 요구된다.

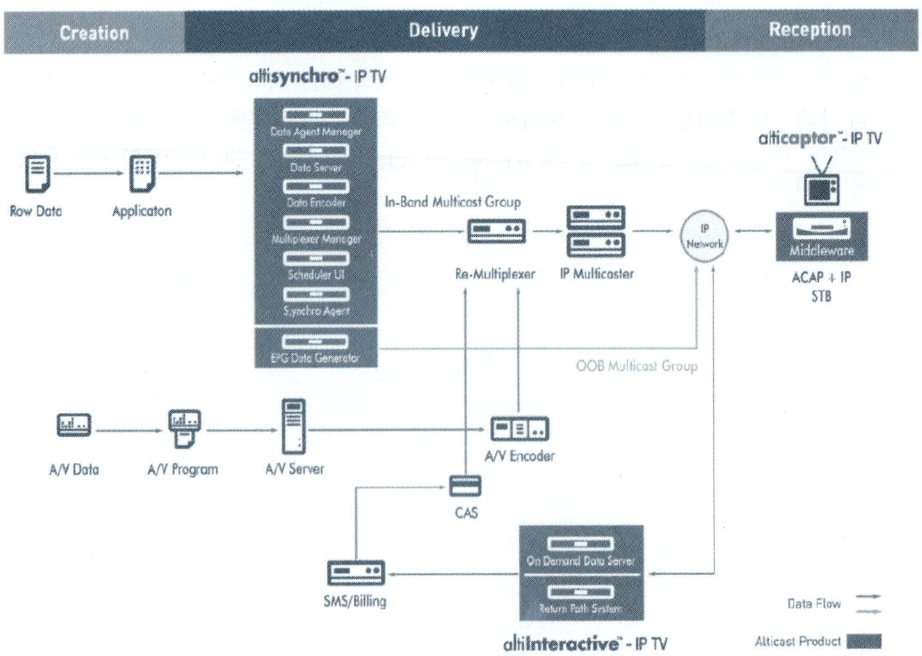

[그림 2-42] 양방향 서비스 Flow 예〈ALTICAST〉

TV-Portal, T-Commerce, T-Communication, T-Entertainment, 교육, SMS, 영상전화 등의 양방향 서비스에 대한 서비스 흐름 시나리오로 다음 절차에 의해 진행된다.

① CP, DP, PP, 지상파 등의 양방향 콘텐츠가 미디어 관리 시스템으로 입수된다.
② 입수된 콘텐츠는 상품구성 등록, 암호화 단계 이후 On Demand 스트리밍 서버에 저장되고, 양방향 관련 애플리케이션은 양방향 데이터 프로세싱 이후 다중화되어 전달된다.
③ 사용자는 단말을 통해 양방향 애플리케이션을 받고 버전 체크 후, 양방향 서비스를 사용한다. 양방향 및 상세 정보를 요청한다.
④ 요청 내용이 리턴 패스 서버에 전달되고, ⑤ 미디어 관리 시스템은 주문형 서버와 연계하여 확인 후 유니캐스팅 형태로 사용자에게 요청 콘텐츠 및 정보를 전달된다.
⑥ 콘텐츠 특성에 따라 외부 서버에 연동 후 서비스를 제공한다.
⑦ 사용자는 요구 정보를 받아 사용하며, ⑧ 비디오 컨퍼런스, VoIP, SMS, Messenger 등 통신과 게임 등의 양방향 서비스인 경우 네트워크를 통해 PC, 모바일 등 다른 플랫폼 사용자와 접속하여 서비스를 사용할 수 있다.

3. IPTV 산업 원천기술 현황

국내 방송산업은 지상파, 케이블, 위성 및 New Media 방송으로 구성되어 있으며, 주요 Player는 지상파, SO(C&M, CJ), PP(온미디어, CJ 등), 위성방송 등이 있다. 고가의 PC를 대체하여 TV를 통하여 인터넷 Web Surfing을 목적으로 하는 1세대 'Internet TV'에서 Surfing 개념에서 벗어나 방송 수준의 동영상 및 양방향 데이터 방송 서비스를 제공하는 2세대 'IPTV'모델로 넘어가는 현 시점에서 초기 시장에는 인터넷 접속망을 보유하지 않은 벤처형 기업들이 시장에 진입하였으나, 대부분이 경제적인 능력과 경험/지식 부족으로 시장에서 퇴출되고, 현재는 인터넷 접속망 보유 사업자가 인터넷 ARPU 추가 확보차원에서 부가 서비스 형태로 사업 시도중이다.

IPTV 사업의 성공을 위하여 고객 측면과 사업자 측면에서의 안정성, 경제성, 확장성을 확보하기 위해 '미디어포맷', '보안 솔루션', '관리 솔루션', '데이터 방송 미들웨어' 등의 가장 적합한 요소 기술들을 선정할 필요가 있다.

4. IPTV의 발전 방향

1990년 "Video On Demand : Is It Feasible?"이라는 논문을 통해 처음으로 네트워크 기반의 비디오 서비스의 가능성을 제시하였고, 이후 수많은 시행착오를 겪으면서 오늘날 인터넷을 통한 비디오 서비스는 아주 보편적인 서비스가 되어버렸다. 이는 네트워크 기술과 콘텐츠 기술 모두가 성숙했기 때문에 가능해진 것이며, [그림 2-43]과 같이 이제는 웹 2.0 등 웹 기술의 발전으로 인하여, 지금까지는 기술적 도약을 해왔다면 앞으로는 서비스의 도약으로 이어질 것이라는 전망을 하고 있다.

앞으로 IPTV 서비스는 다양한 플레이어들에 의해 서로 다른 서비스 모델을 통해 제공될 것으로 예측되며, 특히 최근 발전하고 있는 차세대 웹 기술과의 접목을 통해서 새로운 가치를 갖는 형태의 IPTV 서비스도 조심스럽게 기대해 볼 수 있다. 이러한 측면에서 미래의 IPTV 서비스는 기술적 문제 이전에 서비스 자체에 대한 다양성, 즉 다양한 사업자가 시장에 자유롭게 참여할 수 있는 토양의 마련과 동시에 IPTV 콘텐츠 활성화 방안도 함께 고려되어야 하며, 이는 관련된 법, 제도적인 지원으로 연계되어야 할 것이다. 이것은 웹 2.0의 특징으로 대변되는 "개방", "참여", "공유"의 정신과도 일맥상통하는 대목으로, 그 동안 우리나라가 일궈온 성공적인 초고속 인터넷 인프라를 기반으로 차세대 IPTV 서비스 분야에서도 세계적인 경쟁력을 갖도록 하는 정책적, 기술적 준비가 필요로 되는 시점이다. 현재 전 세계적으로 IPTV 서비스 사업자는 600여 개를 넘어서고 있는 등 조만간 본격화될 IPTV 서비스를 앞두고 분위기가 무르익고 있다. 따라서 향후 IPTV 시장을 선점하고 경쟁력을 확보하기 위해서는 보다 개방적이며 유연한 서비스 구조를 갖는 형태로의 진화를 준비해야 하며, 관련된 표준화에 역량을 집중할 필요가 있다. 또한, 이를 바탕으로 국내에서의 성공적인 차세대 IPTV 서비스의 모범사례를 만듦으로써 IPTV 서비스 선도국가로서의 위상 제고도 가능할 것이다.

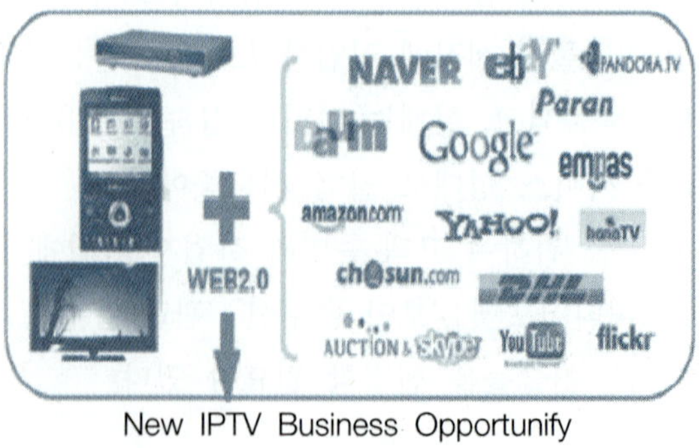

[그림 2-43] 웹 2.0과 접목을 통한 새로운 IPTV 기회 창출

웹 2.0이 가져다 준 것은 결코 새로운 기술이 아니라 앞으로의 서비스가 성공을 위해서 어떻게 진화해야 하는가에 대한 새로운 방법론이며, 향후 IPTV 서비스의 성공열쇠도 여기에 있다고 할 수 있다.

5. 국내 IPTV 관련 서비스 동향 파악

IPTV의 수익성을 가늠하기가 현재로서는 매우 어렵다. 기본적으로 IPTV는 설비투자 및 마케팅 비용 등에 있어 유선통신의 여러 영역과 겹치기 때문이다. IPTV의 수익성을 예측하는데 있어서 큰 방향성은 2가지이다.

첫째, 유선통신의 IPTV 서비스 ARPU는 점차 상승할 것이다.

그 이유는 TV Portal로 시작할 IPTV는 IP Media를 거쳐 완전한 통신방송 결합 서비스로 진행되기 때문이다. 즉, 다양한 부가 서비스가 지속적으로 등장할 것임을 의미한다.

둘째, IPTV의 수익성은 초고속 인터넷의 수익성과 비교하여 접근하는 것이 적절한 것으로 판단된다.

또한, IPTV의 수익성이 서비스 개시 3년 만에 초고속 인터넷 수익성을 넘어설 수 있을 것으로 예측된다. 기본적으로 IPTV는 초고속 인터넷망을 기반으로 이루어지기 때문이다.

1) KT의 'IP 미디어' 서비스

이미 홈엔 멀티캐스팅 서비스 등 브로드밴드 인터넷망을 통한 방송 서비스를 시험하면서 IPTV를 준비하여 왔다. 애초 '메가패스'의 TV판으로 '메가TV'라는 브랜드를 2005년 하반기부터 시작할 예정이었으나, 정통부와 방송위의 힘겨루기 속에 일단 실시간 방송부분을 제외한 'IP미디어' 서비스를 제공하고자 추진하고 있다.

① 양방향 서비스와 영상 서비스로 구성(실시간 방송 제외)
② 양방향 서비스에서는 메일, 문자 서비스, 금융 및 주식거래, 상품주문 등이 가능
③ IP 미디어 서비스를 위해 2006년 3000억 원 투자

2) 하나로텔레콤의 TV 포털

하나로텔레콤은 영상전화, VoD, IPTV 등 브로드밴드 TV 서비스를 통해 TPS 제공을 추진할 것을 천명한 후 실시간 방송, VoD, 부가 서비스, 거래형 서비스 등으로 구성된

'TV포털'이라는 브랜드로 진화하였다. 이를 위해 셀런 TV를 인수하였고, 현재 '하나 TV'를 서비스하고 있다.

〈표 2-9〉 사업자별 추진 현황

구 분	추진 현황
KT	• 홈엔서비스를 통하여 IP-VoD 형태의 서비스 제공중 • BcN 시범사업의 일환으로 IPTV 시험 서비스중
SKT	• SKT와 TCC(더컨텐츠컴퍼니)를 통하여 시범 서비스 수행 • 2002년부터 2003년까지 서울 지역(강북, 강남)에서 Field Trial과 Commercial Trial 수행 • Live CH(실시간방송), VoD, WALLed Garden*, T-communication, SMS, Mail 등의 서비스 제공 • 현재는 디지털 홈프로젝트와 BcN 프로젝트를 통하여 IP-TV형태 서비스 제공 예정
하나로 텔레콤	• 2000년부터 수차례 시범서비스 수행하여 기술(플랫폼, 네트워크, 단말 등) 검증중 • 초고속 인터넷 가입자를 대상으로 ICoD**형태의 서비스 준비중
인터넷포털	• 다음은 "DaumTV.net"을 통하여 종합 포털 시스템 구축 추진중 • 네이버는 게임, 메일, 뉴스, 날씨 등 생활정보 서비스를 위주로 추진중 → 가전업체와 홈네트워킹 TV 포털 시범 서비스 참여
벤처기업	• 2002년 7월 시범사업 도중 유동성과 수익성 부재로 서비스 사업 중단, STB 판매 주력(벤처기업 형태의 사업추진 한계 노출) • 인터넷 TV 네트웍스도 동일한 형태로 현재는 사업 철수

*) Walled Garden 서비스 : 네트워크 서비스 사업자가 자사의 네트워크를 폐쇄 구조로 운영하는 모델을 말한다. 예로 SKT, KTF, LGT 이동전화 사업자가 대표적인 사례이다.
**) 주문형 인터넷 콘텐츠(ICoD: Internet Contents on Demand)

6. 주요 국가의 서비스 동향 파악

전 세계 IPTV 시장은 현재 시작단계에 있다. 대부분의 유선통신 사업자들이 IPTV 서비스를 준비하고 있지만 현재 10만 명 이상의 유료가입자를 확보한 통신사업자는 PCCW, Fastweb 등 전 세계적으로 5개에 불과하다. 이에 따라 현재까지 통신사업자들의 IP 셋톱박스에 대한 수요 또한 미미한 수준이다.

지상파 방송, 위성방송, 케이블 방송은 ACAP, DVB-MHP, OCAP 등 미들웨어 표준이 형성되어 있는 반면, IPTV 서비스는 현재 서비스를 위한 미들웨어 표준이 형성되어 있지 않은 실정이다. 이에 따라 셋톱박스 제조업체는 IPTV 시스템 개발 단계에서부터 통신사업자가 선택하는 미들웨어 및 솔루션, 그리고 통신사업자가 요구하는 스펙을 반영한 제품을 개발해야만 하는 상황이다.

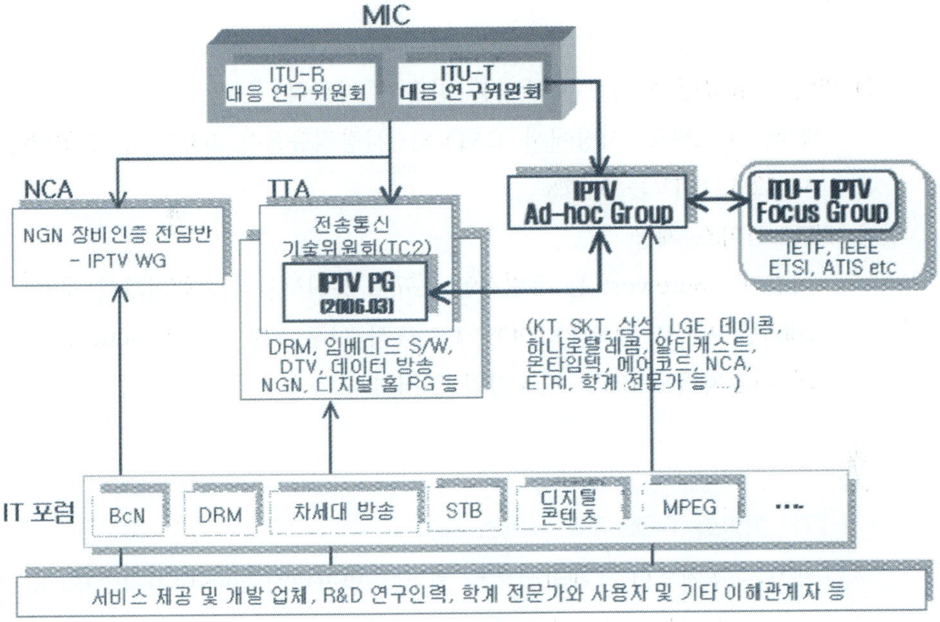

[그림 2-46] IPTV 표준화 체계

〈표 2-12〉 국가별 서비스 제공 현황

국 가	사업자	서비스명	개시 시기
영국	Kingston Comm.	KIT	2001
	Video Networks	Home Choice	2004
이탈리아	FASTWEB	FASTWEB	2003.8
	Telecom Italia	Alice Home TV	2005
프랑스	FT	마린느(Maligne) TV	2003
	Free	Free Box TV	2003
	Neuf Telecom	너프(Neuf) TV	2004
미국	Verizon	FiOS TV	2005
	SureWest	Digital TV	2004
홍콩	PCCW	Now BroadbandTV	2003

1) 미 국

① 미국의 유료방송 시장은 케이블 방송이 지배적

- 전체 유료방송 시장에서 CATV의 시장점유율은 65.71%, 위성방송(DTH)은 34.22%, IPTV는 0.07%

② IPTV 서비스 제공

- 이전에는 Surewest 등 독립적인 소규모 통신사업자들에 의해서 지역단위로 제공
- 2005년 9월 Verizon의 'FiOS' TV 출시 이후 AT&T, Bellsouth 등 기존 지역전화 사업자들도 IPTV 시장진입 본격화

(1) Verizon 社

① FTTP 기반의 'FiOS TV' 서비스 제공

- 텍사스 주정부의 프랜차이즈를 최초로 발급받아 2005년 9월 22일 Keller시에서 FTTP 네트워크 기반의 FiOS TV 서비스 시작
- 2006년 말까지 북텍사스 지역의 FiOS TV 서비스 가입자는 약 40만 명으로
- 현재 5개주(텍사스, 플로리다, 캘리포니아, 뉴욕, 버지니아주)에서 FiOS TV 서비스를 제공중이며 향후 FTTP 망 구축으로 16개 주에 IPTV 서비스를 제공할 계획

② IPTV 제공 전략

- Verizon은 FTTH 회선을 새롭게 구축하여 지상파 방송을 지상파 방송사업자가 원하는 형태로 전송하는 것이 중요하다고 판단
- CATV 사업자가 회선용량이 부족하다는 이유로 지상파 디지털 방송의 재송신을 거부하고 있는 상황에서 대용량 전송이 가능한 FTTP를 이용해 CATV 사업자를 대신하는 프로그램 전송수단으로 IPTV를 고려
- Verizon의 IPTV 확대전략은 품질 대비 낮은 요금 전략을 선택하여 경쟁사 대비 가격면에서 우위를 모색하고 있으며, 전화, 브로드밴드와의 TPS 제공으로 고객 확보
- Disney, MTV Networks, BET와의 프로그램 공급계약 체결 및 Discovery, NBC, ESPN 등과의 콘텐츠 제휴 확대

③ FiOS TV의 특징

- 350개 이상의 TV 방송 채널(이중 20~22개는 HD채널 제공)
- 1,800여개의 VoD 확보(MoD, ToD 포함, 올 봄까지 2,000개까지 확대 계획)
- TV 방송, HD 프로그램, VoD, DVR 등을 손쉽게 이용할 수 있는 쌍방향 프로그램 가이드 제공
- 다양한 요금제도를 통한 선택 기회 확대

(2) AT&T 社

① AT&T의 IPTV 제공 배경

- CATV업체들의 인터넷 시장 선점, 독점 대비 및 향후 TPS 시장에서의 경쟁우위 확보를 위해 IPTV 제공
- AT&T는 IPTV 서비스 제공으로 전통적인 전화회사에서 TV 지향적인 통신사업자로 전환하는 계기 마련

② IPTV 제공 전략

- AT&T는 경쟁이 치열한 시장에서는 조속한 진입을 통한 커버리지 확대가 중요하다고 판단하여 기존의 동축회선을 그대로 이용할 수 있는 VDSL 기술을 채택
- 'Lightspeed'라는 프로젝트를 통해 IPTV 서비스 제공을 위한 마스터플랜 수립
- 향후 초고속 인터넷 기반의 IPTV 서비스 제공와 관련하여 MS측과 10년간 4억달러 규모의 TV플랫폼 도입 계약 체결
- 텍사스주 샌안토니오에서 IPTV 서비스를 최초로 제공
- 2006년 중반부터 더 많은 채널 및 기능 추가와 더불어 서비스 지역 확대
- 최근 약 40억 달러의 네트워크 투자

③ AT&T의 IPTV 특징

- 200여개 채널 구성
- 일부 시간대에는 소비자가 원하는 영상물만 전송해주는 VoD 서비스 제공
- 채널 변경시 지체현상 없이 즉시 화면이 나타나는 '패스트 채널 체인지' 기능과 한 화면에 다양한 채널을 모니터링할 수 있는 PIP(Picture In Picture) 기능 지원

④ AT&T에 의한 Bellsouth 합병 전망

- AT&T는 2006년 3월 6일, 미국 3위의 통신사업자인 Bellsouth를 670억 달러에 M&A결정
- 이에 따라 AT&T는 동남부지역에 구축된 Bellsouth의 광통신망을 이용한 IPTV 서비스 제공 지역 확대, Cingular Wireless를 활용한 유무선 패키지 상품 확대를 도모할 것으로 전망

2) 영 국

① Freeview라는 무료 지상파 디지털 방송 제공

- 2005년 9월말 시점에서의 시청 세대수는 약 5,775,000세대
- Freeview의 성공은 유료 TV 서비스에 대해 위협요소로 작용할 소지가 큼

② 유료 TV 시장

- 유료 TV 시장은 지배적 위성방송 사업자인 BskyB, 독과점 케이블 사업자인 NTL과 Telewest를 중심으로 형성
- BskyB는 2005년 12월말 시점 약 810만 세대 확보
- NTL은 Telewest를 매수해 TPS의 선두주자가 되겠다는 전략을 2005년 10월 발표
- IPTV는 KIT와 Home Choice가 서비스 제공중이며, BT도 서비스 제공 예정

(1) Video Networks 社

① Home Choice 개요

- Video Networks가 런던을 중심으로 제공
- TV방송, VoD, 인터넷, 전화 등의 서비스 제공
- 가장 저렴한 패키지의 경우 월 £14.99로 35개 채널의 TV방송, VoD, 1Mbps의 인터넷, 전화 서비스 이용가능
- 가입자수는 2005년 11월 34,000명이며, ARPU는 연간 £430

② HomeChoice 서비스 구성

- 100개 이상의 유료방송 TV 및 VoD 채널
- 1,000개 이상의 영화 On-demand 서비스

- 4,000개 이상의 뮤직비디오 On-demand 서비스
- 네트워크 기반의 EPG, PVR 서비스

(2) Kingston Communications 社

- Kingston Communications가 제공하는 ADSL 기반의 IPTV 서비스
- 1998년부터 ADSL을 이용한 방송을 실험하였으며, 2000년 1월에는 유료방송으로서 본방송 개시
- 지상파 방송, 위성방송의 수신 외에, 인터넷 등을 이용할 수 있음
- 가입자수는 2005년 7월 약 5,000명

3) 프랑스

① 가입자 측면에서 유럽에서 가장 진보된 시장

- France Telecom, Free, Neuf Telecom 등이 IPTV 서비스 제공
- 300,000 이상의 IPTV 가입자 확보(유료 가입자 200,000명)

② 프랑스 IPTV 시장의 특징

- ULL 조건이 대적으로 다른 국가에 비해 양호한 편이며 ADSL2+ 기반
- 상대적으로 저렴한 요금
- 23%의 디지털 보급률로 성장 가능성이 높은 편
- 자국어 콘텐츠 공급으로 수익 달성

(1) France Telecom 社

① 기업 개요 및 전략

- 2004년초 Ma Linge 제공 개시, Free, Neuf Telecom과 경쟁
- 위성사업자인 TPS, Canal Plus와 제휴관계
- 프리미엄 축구 패키지 등 콘텐츠 확보 : 소규모 독집제작사를 통한 틈새 콘텐츠 확보
- 다양한 알 라 카르테(a la carte) 콘텐츠 공급
- 저가의 Free, Netf Telecom과 경쟁하기 위해 콘텐츠 및 서비스 품질의 차별화

제 2 장

② 가입자 현황

- 2005년 7월 1천만 가구의 서비스 커버리지
- 2005년 12월 : 약 200,000 가입자 확보

③ 서비스 현황

- Ma Ligne(VoD, TVoD) 접속을 위한 기본 가입
- TV, VoD 서비스
- 콘텐츠 구입 개인식별번호 시스템, parental control, 통합 과금 시스템 등

(2) Free 社

① 기업 개요 및 전략

- FreeBox TV 서비스 제공 : 전국 유료 TV 콘텐츠 제공
- Canal Plus 또는 AB Sat와의 결합 패키지 제공, A la carte 콘텐츠 제공
- CPE 무료대여(해지시 반환), 무료접속, 최소계약 조건을 두지 않는 전략
- 비용문제 때문에 VoD 서비스를 제공하지 않지만 가정 내 콘텐츠를 공유하도록 하는 Freeplayer 서비스 개시(현재 1십만 가입자가 소프트웨어 다운로드, 콘텐츠 구매촉진 및 고객 로열티 강화 효과 유발)

② 가입자 현황

- 기본적 TV 서비스(80채널)수신이 가능한 셋톱박스 1,180,000개, 130,000유료 TV 가입자 확보

③ 서비스 내용

- 기본적으로 TV 서비스(고정상품)에 가입
- 100개 이상의 무료 채널 제공(요금 번들 상품)
- 개별 채널 알 라 카르테(a la carte) 옵션 구매
- 추가요금이 다양한 추가 패키지

4) 이탈리아

IPTV 시장 개발의 선두주자

① Fastweb은 2003년 3월 VoD 서비스 시작, 같은 해 8월 IPTV 서비스 개시

② IPTV 시장은 선도적인 Fastweb이 지배하고 있지만 300,000 가량의 가입자를 확보

(1) TI 社

① Telecom Italia의 포털 Alice Rosso는 Mediaset과의 계약으로 pay-per-view 기반의 음악, 영화 및 인기 콘텐츠 제공

② TI는 방송국 La7을 소유하고 있으며 2005년 말 17개 도시에서 서비스 시작

(2) Fastweb 社

① 기업 개요 및 전략

- 2002년 IPTV 서비스 제공 개시
- 프리미엄급 헐리우드 콘텐츠 확보, VoD 콘텐츠 저작권 획득, TV 콘텐츠 확보
- 고객 친화적 포털 개발, 다양한 알 라 카르테 요금체계 도입, 고객의 선택 다원화를 위해 TPS 요금체계 해체 등 다양한 요금제도 마련
- PVR 서비스 제공, Dolby 5.1도입 및 원어버전 제공 서비스

② 가입자 현황

- 2005년 6월 현재 기본 TV 패키지 가입자수는 2000,000 이상
- 추가 유료 TV 패키지는 약 100,000 가입자 확보

③ 서비스 내용

- 모든 가입자는 Broadband voice 가입 의무
- 고속 브로드밴드, 음성, TV 패키지에 대해 추가 옵션 선택

5) 일 본

① 일본은 2004년부터 IPTV가 본격화되었다.

- 성장속도는 느린 편
- 일본은 FTTH의 가입이 증가하면서 FTTH에 의한 IPTV의 제공이 확대될 전망
- 2005년 6월말 FTTH 3,410,440명, Cable Internet 3,061,881명 DSL 14,082,268명
- 2005년 1사분기에 FTTH의 순증가입은 51만명, DSL은 41만명

② 일본의 IPTV는 2002년에 제정된 전기통신역무이용반송법에 의해 진입이 가능

〈표 2-13〉 국가별 서비스 제공 현황

		BBTV	광플러스 TV	4th MEDIA 서비스	eo 광 TV	광 퍼펙트 TV! (피카퍼!)	온디맨드 TV	NTT콤 OCN 'Theater'
전송방식		IP	IP	IP	QAM	QAM * 1	IP	IP
유선 역무 방송	사업자명	비비케이블	KDDI	온라인티비	K-CAT	옵티캐스트	온디맨드티비	-
	주요 주주	소프트뱅크 BB (2004.9 자회사화)	• 교세라(13.50%) • 도요타자동차 (11.72%) 등	• 주피터 프로그래밍 (55%) • 세콤(15%) 도호쿠신사(15%) • 닛케이신문(15%)	• 간사이전력(66.77%) • 게이한전기철도(10%) • 케이옵티콤(6.27%) • 마쓰시타전기산업 (4.03%) 등	• 스카타(100%)	• 이토추상사(66.26%) • NTT서일본(32.97%) • 스카파(0.4%) • NTT동일본(0.36%)	
서비스	개시시간	2003년 7월	2003년 12월	2004년 7월	2003년 11월	2004년 2월	2005년 3월	2004년 7.12
	주요 제공 지역	홋카이도, 도쿄도, 사이타마현, 치바현, 가나가와현...	전국	NTT 동일본 지역 17개 도도현	오사카부, 교토부, 효고현, 시가현, 와카야마현	도쿄도, 오사카부, 히로시마현	'플레츠 광 프레미엄' 또는 'B플레츠+플레츠 v6' 이용 지역	전국
	월 사용료 (세금포함)	1,260~2,079엔	871~2,520엔 상당	577엔(라이트플랜) 2,145엔(레귤러플랜)	3,150엔(밸류팩) 3,675엔(스탠더드팩)	3,865엔	315엔(STB 대여료) 2,100엔(다채널 플랜) 3,150엔(욕심플랜)	980엔(엔트리코스) 1,500엔(1,000타이틀 무제한)
메뉴	방법 베이직 Ch	31ch	25ch	30ch	61ch(79ch)	스카이퍼펙트tv! 270ch	19ch	X
	방법 페이 Ch	2ch	5ch	18ch	28ch	X	X	X
	방법 지상파	X	X	X	○ 아날 11ch, 디지 8ch	○ 아날 9ch, 디지 1ch	X	X
	방법 BS 방송	X	X	X	○ 디지털 8ch	○ 아날 2ch, 디지 10ch	X	X
	VoD (타이틀 수)	○ (5,200개)	○ (4,000개)	○ (3,000개)	△ (시험 서비스)	X	○ (1,000개)	○ (1,200개)
통신 네트워크	회선 종류	ADSL/FTTH (FTTH는 2005.7)	FTTH	ADSL/FTTH	FTTH	FTTH	FTTH	FTTH
	제공 주체	소프트뱅크 BE	KDDI	NTT 동일본	케이옵티콤	NTT동서, USEN	NTT 동일본, 서일본	NTT콤
저작권법상 취급		통신	통신	통신	방송	방송	통신	방송

6) 홍콩

① 홍콩의 유료 TV 가입자는 110만 정도

- CATV 가입자는 73만이며, IPTV는 45만 정도
- 주요 CATV 사업자는 MSO와 iCable이며, IPTV는 PCCW가 Now Broadband TV를 제공하고 있고, City Telecom이 FTTH 기반의 IPTV를 제공하고 있음
- PCCW는 홍콩 DSL 시장의 75%를 점유하고 있음

② IPTV 서비스의 제공

- 홍콩은 세계적으로 IPTV를 가장 선도하고 있는 국가로서
- PCCW는 2004년 말 현재 400,000명 이상의 가입자를 확보
- 이는 PCCW DSL 가입자의 53%이며, 전체 유료 TV 시장의 20%에 해당

7) 대 만

① 대만은 CATV계의 5대 MOS와 5개의 지상파 방송이 있음

② 대만의 중화 Telecom의 현황

- 대만 제1위의 통신사업자
- 유선전화 가입자 1,320만 명, 시장점유율 100%
- 이동전화 가입자 820만 명, 시장점유율 38%
- 인터넷 가입자 380만 명, 시장점유율 69%

③ CHT의 MoD(Multimedia-on-Demand) 서비스 제공

- CHT는 타이페이 지역의 400명을 대상으로 시범 서비스를 제공하고, CHT의 가입자망에서 MoD 서비스 구현을 실험
- MoD Project를 위해 100백만 달러 이상을 투자
- CHT의 가입자 확보 전망 : 2005년 150,000명, 2006년 600,000명, 2007년 1,000,000명, 2008년 1,500,000명

8) 네덜란드

① KPN 개요

- 네덜란드 유선전화, 모바일, 브로드밴드 인터넷 시장에서 제1의 통신사업자
- 'Planet Media'라는 브랜드로 미디어 시장으로 사업영역을 확대하고 있을 뿐만 아니라 DVB-T 서비스를 제공중이며 향후 모바일 TV와 IPTV, UMTS 등 유무선 분야를 총망라하여 제공할 계획
- 전국적으로 케이블과 위성방송이 지배하고 있는 상황이나 KPN은 2004년 4/4 분기에 네덜란드 서부지역을 중심으로 DVB-T 기반의 '디지털 TV' 서비스를 제공하기 시작하여 2005년 말 서부지역 TV 가입자 중 4.5%를 확보하였으며, 전국 디지털 TV시장에서 약 15%의 점유율을 확보하고 있음

② KPN의 TV 서비스 시장 진출의 배경 및 TV 서비스 제공 이유

- 기존시장에서의 경쟁심화로 인한 시장 방어 차원
- 고객의 선택권 확대를 통한 ARPU 증가 및 고객가치 향상
- TV 서비스는 향후 멀티플레이 사업자로서 입지 구축을 위한 구심점 역할

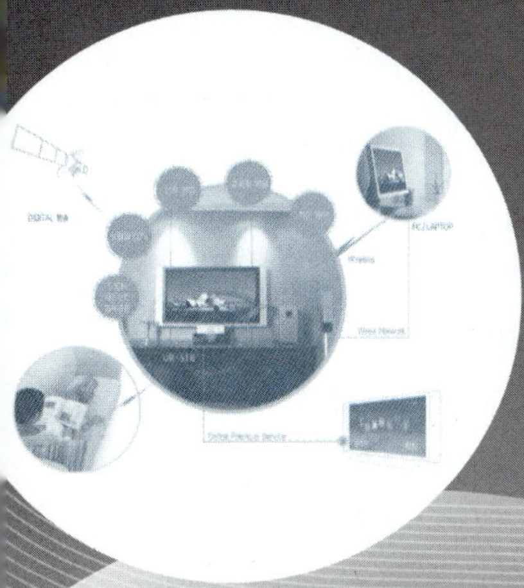

제 3 장
IPTV 홈네트워크 인증 및 접근제어 기술

3-1 홈네트워크 시스템과 인증

1. 홈네트워크 개요

홈네트워크란 TV, 냉장고, 에어컨 등 집안의 가전제품과 안방, 부엌, 거실, 현관 등 집안의 각 공간을 인터넷을 통해 연결, 정보를 전달해 휴대전화 등을 통해서도 작동이 가능토록 하는 미래형 가전 시스템을 말한다.

홈네트워크는 가정 내의 정보가전기기가 네트워크로 연결돼 기기, 시간, 장소에 구애받지 않고 서비스가 이뤄지는 미래 가정환경인 '디지털 홈'을 구성하는 것이다.

초고속 인프라를 기반으로 다양한 IT(정보기술) 기기를 활용해 원격교육, 엔터테인먼트, 헬스케어, 정보가전 제어 등을 할 수 있는 '디지털 컨버전스(융합)'의 대표적인 서비스인 꿈의 기술이라고 할 수 있다.

1) 유선 홈네트워크

유선 홈네트워크 기술은 전화선을 이용하는 HomePNA 기술, 고속의 AV 멀티미디어 데이터 전송을 위한 IEEE1394 기술 및 가정 내에 기 배선된 전력선을 이용하는 PCL 기술 등 다양하다.

〈표 3-1〉 유선 홈네트워크 기술

	Ethernet	PLC	HomePNA	IEEE1394	USB
표준	IEEE802.3	지역별	V1/V2/V3	1393a/1393b	V1/V2
속도	10/100Mbps	~10Mbps	1/10/100Mbps	0.4/3.2Gbps	12/480Mbps
전송거리	100m	100m	150m	4.5/100m	30m
노드 수	1024개	–	25개	63개	127개
접속기기	PC, Printer	HA, 통신기기	PC, 전화, Printer	A/V기기, PC 주변기기	PC 주변기기

2) 무선 홈네트워크

무선 홈네트워크 기술은 저전력, 저가격을 목표로 하는 Bluetooth, HomeRF, Zigbee 기술, 고속의 무선랜 기술, 유선 1394의 단점인 브리지 기능을 무선으로 해결하기 위한 무선 1394 및 UWB(Ultra Wide Band) 기술 등 다양하다.

〈표 3-2〉 무선 홈네트워크 기술

	Bluetooth	HomeRF	무선랜(TGb)	무선 1394	UWB
주파수 대역	2.4GHz	2.4GHz	2.4GHz	5.15~5.35GHz 5.725~5.825GHz	3.1~10.6GHz
속도	1Mbps	1~2Mbps	11Mbps	54Mbps	100Mbps
전송거리	10m	50m	50m	50m	10m
변복조	FFHSS	FHSS	DSSS	OFDM	임펄스 전송
특징	Ad-Hoc 음성채널3	PC 기반 음성채널6	데이터 전송	A/V 전송	A/V 전송

3) 홈네트워크 시장동향

홈네트워크 관련 세계시장은 2004년 986억 달러에서 2007년 1740억 달러 규모로 연평균 47%의 성장이 예상된다. 특히 홈게이트웨이/홈서버 분야는 연평균 78% 고속 성장이 예상된다.

2. 홈네트워크 보안기술 동향

1) 국내 동향

홈네트워크 보안기술은 방범/방재 분야를 중심으로 개발되어 왔으며, 최근 들어 일부 업체에서 관련 IT Security 기술을 개발하였다. 홈네트워크 보안기술은 홈게이트웨이 중심의 VPN, F/W 등이 대부분이다.

① ㈜안랩유비웨어에서 외부망 홈네트워크 접근을 위한 인증/인가 기술개발

② ㈜이니텍은 디지털 방송 솔루션 업체인 알티캐스트와 제휴하여 PKI 기반의 보안 솔루션을 개발중

③ ㈜시큐어넷에서 홈네트워크 보안서버 운영과 인증 솔루션을 개발
④ ㈜소프트포럼은 PKI 기반의 셋톱박스용 사용자 인증 및 암호기술을 개발

(1) 인증 기술

ETRI 정보보호연구단에서 개발한 PKI 기술이 PKI 업체 등에 기술 이전되어 인터넷 뱅킹, 사이버 증권거래 등의 보안을 위해 활용되고 있다. 그리고 사용자 인증을 위한 생체인증기술의 활용성이 증가하고 있어, 향후 PKI 또는 보안 IC카드 등과 연계하여 새로운 기술로 발전할 것이다.

(2) 암호 기술

① 미국, 유럽, 이스라엘 등 선진국에 비해 5~10년 정도의 기술격차가 존재
② 국내용 표준 블록 암호 알고리즘으로 SEED를 개발하여 사용중이다.

(3) 접근제어 기술

① 접근제어 기술은 보안 OS나 통합인증 권한관리 솔루션인 EAM 등에 응용되고 있다.
② 국내 보안 OS 시장은 초기단계로, ETRI에서 개발하여 기술이전 하였다.
③ EAM은 소프트포럼, 이니텍 등이 시장을 주도하고 있다.

2) 국외 동향

① 국내와 같이 홈게이트웨이에 VPN, F/W 기능을 통합하기 위한 연구가 주로 진행중이다.
② 홈네트워크 미들웨어에는 보안요구 사항이 정의되어 구현되고 있다.
③ CableHome에서는 안전한 홈게이트웨이 및 암호기능에 대해 연구하고 있다.
④ 일본 NTT 등에서는 원격에서 스마트카드를 이용한 홈네트워크 자원관리 기술이 연구되고 있다.

(1) 인증 기술

① 미국의 FPKI, 캐나다의 GOC PKI, 호주의 PKAF, 유럽의 ICE-TEL 등 국가차원의 PKI 체계를 구축하고 있다.
② 미국의 생체여권과 같이 사용자 인증을 위한 생체인식 기술이 활성화되고 있다.

(2) 암호 기술

① Rijndael 등 암호 알고리즘을 정부주도로 개발하여 상용제품에 활용하고 있다.
② 암호 알고리즘 기술은 미국, 이스라엘, 일본, 벨기에 등이 선도하고 있다.

(3) 접근제어 기술

① 국외 보안 OS시장은 컴퓨터 어소시에이트, 시만텍 등이 주도하고 있다.
② EAM 세계시장의 70%를 Netegrity가 점유하고 있다.

3. 인증 및 접근제어 기능 정의

1) 인 증

인증은 어떤 정보를 확인하는 절차이다. 크게 사용자/서버 인증과 메시지 인증의 두 가지가 있다. 사용자(혹은 서버) 인증은 사용자(혹은 서버)가 상대하는 사용자(혹은 서버)의 신원을 확인하는 것이다.

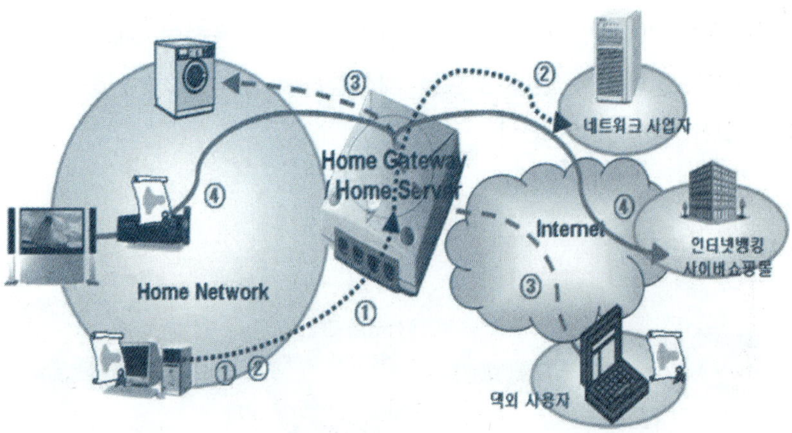

• 댁내 홈서비스 접근인증 ①
• 댁외 네트워크 접근인증 ②
• 댁내 홈네트워크 자원에 대한 원격 접근인증 ③
• 댁외 보안 서비스 연동 ④

[그림 3-1] 사용자 인증의 예

인터넷과 같은 네트워크상에서는 상대의 신원을 확인할 방법이 없기 때문에 당혹스러운 경우도 많고, 쇼핑몰 등의 전자상거래는 사용자나 쇼핑몰 운영자나 모두 불안감을 느끼는 경우가 많다. 사용자의 경우 이용하려는 쇼핑몰이 안전한지, 사기꾼 업체는 아닌지가 염려되고, 실제로 물품대금을 입금만 받고 사라지는 경우도 심심하지 않게 있는 것이 사실이다. 보통의 우리 일상생활에서는 주민등록증, 운전면허증 등을 보거나 그 사람의 얼굴을 보는 것이 인증이다. 보안에서의 인증은 PKI의 인증서(Certificate)를 이용하거나 요즘의 경우 지문이나 홍채, 음성, 얼굴 등과 같은 사람 몸의 신체적 특성을 이용한 생체인식(Biometric)을 이용한 더욱 높은 수준의 인증을 하기도 한다.

2) 메시지 인증

메시지를 송신할 때 메시지 뒤에 메시지 완전성(Message integrity) 검사 부호를 부가하여 전송함으로써, 전송 도중에 메시지의 내용이 부당하게(불법적으로) 변경되지 않고 정확하고 완전하게 수신되었음을 보증하기 위한 보안 기법이다. 송신자가 메시지를 송신할 때 송수신 양자 간에 사전에 약속된 암호화 키(Encryption key)를 이용, 메시지 완전성 검사 부호인 메시지 인증 코드(MAC)를 산출하고 이를 암호화한 후 메시지와 함께 전송하면 키를 알고 있는 수신자가 키를 이용하여 메시지 인증 코드를 복호(Decode)하고, 메시지 인증 코드를 재산출하여 두 메시지 인증 코드를 비교함으로써 변조 사실을 검사할 수 있다.

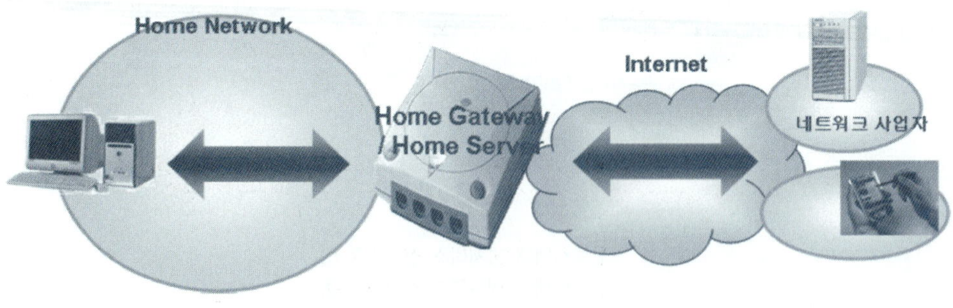

[그림 3-2] 메시지 인증

3) 접근제어

사전에 인가되지 않은 사용자 및 보안문제를 가지고 있는 사용자의 네트워크 접속을 근본적으로 차단, 제어하는 네트워크 보안체계(Network Access Control)를 말한다. NAC는 자동차가 안전하게 주행할 수 있도록 하는 고속도로이다. 안전하고 효율적인 고속도로를 위해 주변 도로와의 연계성, 톨게이트 역할 등을 고려하듯 NAC 적용을 위해서는 체계적이고 세부적인 전략 수립이 전제되어야 한다. 그래야만 강력한 보안성을 발휘할 수 있다.

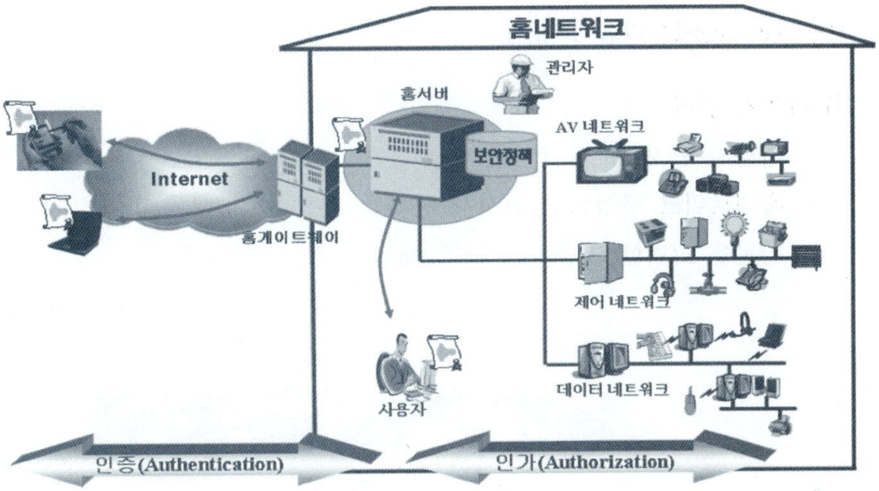

[그림 3-3] Network Access Control

4. 인증 및 접근제어 모델

1) 홈네트워크 인증 및 접근제어 모델 요구사항

(1) 인증기능의 이중화

① 외부 사업자 인증 서버
- 홈구성원의 네트워크 접근인증 수행
- 단지 내 관리 서버 인증기능 제공
- 홈네트워크 자원에 대한 원격접근시 1차 인증 수행

② 댁내 인증 서버 기능
- 댁내 홈기기 및 홈서비스 접근인증 수행
- 디바이스 인증기능 수행
- 원격접근시 2차 인증 수행(옵션)

(2) 댁내 인증기능 위치

① 향후 융합형 홈서버를 고려하여 위치 결정
② 별도의 서버보다는 홈서버 탑재형

2) 홈네트워크 인증 및 접근제어 모델

보안관리 구조는 다음과 같다.

① 사업자 관리
- 가입자 관리위주의 서비스
- 홈네트워크 구성요소 실시간 관리를 위한 안전 대책 반영
- 안전을 고려한 계층화된 구조 채용

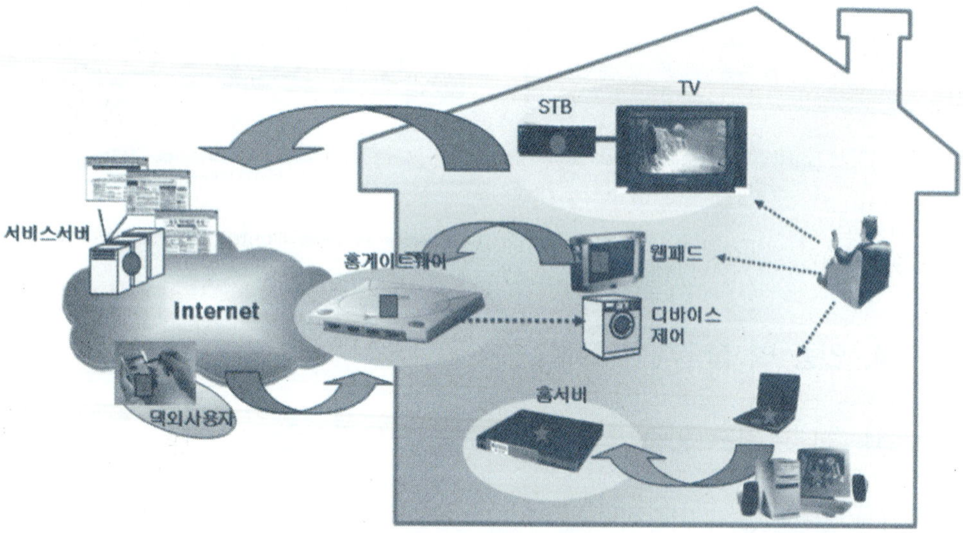

[그림 3-4] 홈서비스별 인증위치

② 단지 관리(지역 사업자 관리)
- 관리사무소 주도의 아파트 포털서비스 제공
- 단지별/지역별 홈네트워크 관리

③ 댁내 홈네트워크 관리
- 홈기기 및 홈서비스별 내부 접근제어 정책관리
- 홈 구성원별 특성을 고려한 관리정책 필요
- 사용자 편리성을 고려한 관리방안 필요

3-2 IPTV 접근제어 서비스 기술

1. 구현 형태에 따른 제한수신 시스템의 유형

CAS 응용은 가입자 수신 단말에 위치해 제한 수신용 키 관리 및 자격 제어를 담당하는 기능 모듈을 의미하며 크게 6가지로 구분한다.

첫 번째 CAS 응용 구현 유형은 일반 OS에 클라이언트 형태로 CAS 응용을 구현하는 것으로, 이 방식에서는 키 관리와 자격관리 프로그램을 단순히 일반적인 형태의 마이크로프로세서에 탑재한다. 하지만, 이 방식은 역엔지니어링 공격에 매우 취약하다.

두 번째 유형은 보안이 강화된 소프트웨어 형태로 CAS 응용을 구현하는 것으로써, 이때 CAS 응용은 프로그램 내 키 관리와 자격관리 부분이 해커에 의해 역엔지니어링 공격을 당하는 것을 방지하기 위한 보안 메커니즘을 포함하게 된다. 또한, 이 방식은 양방향 네트워크를 통해 CAS 응용에 대한 인증을 실시함으로써 응용복제(Cloning)와 같은 공격을 막을 수 있다.

세 번째 유형은 셋톱박스 내 SoC칩에 CAS 응용을 구현하는 것으로, 셋톱박스에서 사용되는 일반적인 SoC를 디자인할 때 부가적으로 키 관리와 자격관리 기능을 추가하여 구현하게 된다. 칩 자체는 스마트카드에서 사용된 칩 수준의 보안을 제공하지는 않지만 소프트웨어만으로 구현된 것보다는 안전하다.

네 번째 유형은 셋톱박스에 내장된 형태의 소프트웨어와 독립된 모듈인 스마트카드를 함께 사용해 CAS 응용을 구현하는 것으로, 이 유형에서 소프트웨어는 스마트카드가 생성한 CW(Code Word)를 보호하고 스마트카드로 향하는 메시지 흐름을 제어하는 역할을 수행한다. 하지만, 셋톱박스 내 소프트웨어는 해커에 의한 역엔지니어링 공격에 취약하기 때문에 제어단어를 안전하게 보호할 수는 없다.

다섯 번째 유형은 셋톱박스에 내장된 보안칩과 스마트카드를 함께 사용해 CA 응용을 구현하는 것으로, 셋톱박스에 내장된 보안칩은 스마트카드와 셋톱박스 사이에 보안 채널을 형성한다. 그리고 스마트카드는 암호화된 제어단어를 셋톱박스로 출력하고, 셋톱박스는 내장된 보안칩을 사용해 암호화된 제어 단어를 복호화한다. 이 방식에서는 키나 자격정보와 같이 매우 중요한 정보가 스마트카드에 저장되기 때문에 셋톱박스 내 보안칩의 보안수준은 높지 않아도 된다.

마지막으로, 셋톱박스에 보안칩만을 내장해 CAS 응용을 구현하는 것으로 이 유형에서는 셋톱박스 마더보드에 보안칩을 내장한다. 칩이 키나 자격정보와 같이 중요한 정보를 저장해야 하기 때문에, 다섯번째 유형에 사용된 보안칩보다는 높은 레벨의 물리적 보안이 요구된다. 하지만, 이 유형은 단방향 네트워크상에서 보안의 결합으로 인해 키 관리 및 자격관리 알고리즘 갱신이 요구될 때 셋톱박스 자체를 교환해야 한다. 따라서 스마트카드를 사용한 방식보다 유연한 운용을 할 수 없다.

2. 소프트웨어 기반 제한수신 시스템

제한수신 시스템의 유형은 스마트카드를 배제한 소프트웨어 기반의 제한수신 시스템이다. 소프트웨어 기반의 제한수신 시스템이 관심을 끄는 첫번째 이유는 스마트카드 또는 OpenCable의 Cable CARD 등과 같은 하드웨어 기반의 제한수신 모듈을 사용했을 경우 모듈에 대한 발급 및 갱신 비용이 방송사업자들에게 큰 부담으로 작용한다는 것이다.

특히, OpenCable 방식에서 요구하는 PCMCIA 형태의 Cable CARD는 스마트카드보다 많은 운영비용을 요구한다. 두번째 이유는 예전의 단방향 방송 네트워크가 양방향 네트워크로 변하는 점을 들 수 있다. 단방향 네트워크에서의 제한수신 시스템은 사용자와 동일시되는 스마트카드 또는 Cable CARD가 없으면 실체 인증이 불가능하였다.

하지만, IPTV와 같이 양방향 방송이 점차 가시화되고 있는 현재는 스마트카드와 같은 하드웨어를 통한 실체인증이 반드시 필요하지 않게 되었다.

이러한 이유들 때문에 양방향 네트워크상에서 소프트웨어 기반 제한수신 시스템이 시장에 소개되고 있는 것이다. 특히, 소프트웨어 기반 제한수신 시스템은 200,000~300,000명의 가입자수를 갖는 소규모 네트워크에서는 매우 유리한 위치를 차지할 것으로 예상되고 있다.

[그림 3-5]에서 보듯이 소프트웨어 기반의 제한수신 시스템이 운용비용 절감이라는 측면에서 큰 매력을 가지고 있지만, 보안 측면에서는 아직까지 하드웨어 기반의 제한수신 시스템이 우세하다.

왜냐하면, 단순히 플래시 메모리에 CAS 응용 코드를 저장하는 소프트웨어 방식은 보안칩을 사용한 스마트카드보다 역엔지니어링과 같은 물리적 공격에 매우 취약하기 때문이다.

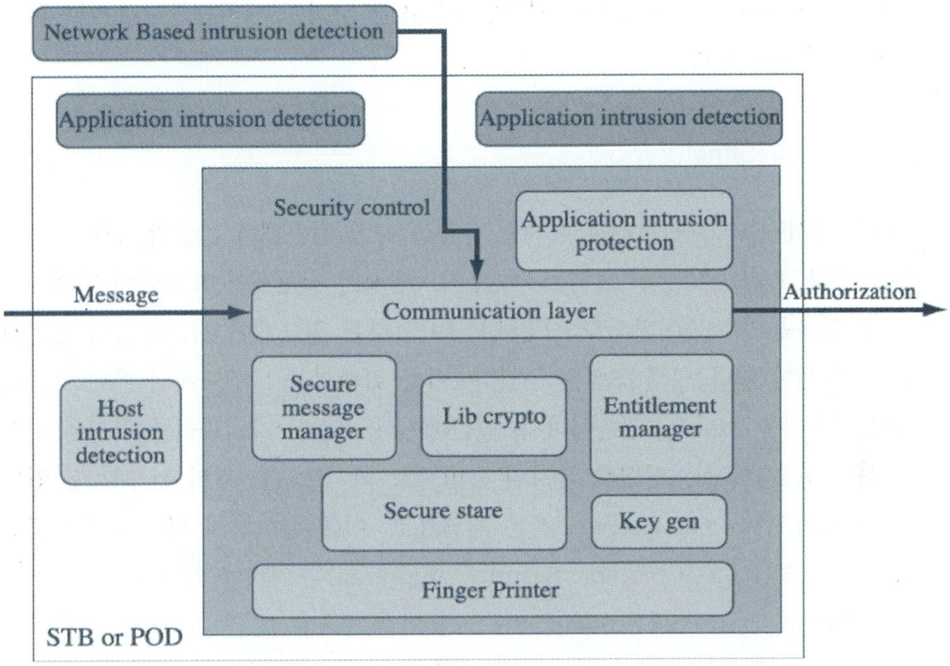

[그림 3-5] 소프트웨어 기반 제한수신 시스템(Cyber VSC 구성 모듈)

하지만, 소프트웨어 기반의 제한수신 시스템을 주장하는 측은 소프트웨어 기반의 제한수신 시스템 솔루션이 하드웨어 기반의 제한수신 시스템보다 훨씬 빠르게 CA응용을 갱신할 수 있기 때문에 보안적인 측면에서 문제될 것이 없다고 말한다. 왜냐하면, 제한수신시스템에 치명적 보안 결함이 발생했을 때 소프트웨어 기반의 제한수신 시스템은 단순히 새로운 CA 응용을 다운로드하면 되기 때문이다.

3. 상호 운용 접근제어 시스템

DVB(Digital Video Broadcasting)에서 IPTV에 대한 표준화는 DVB-IP(CM-IPTV, TM-IPI)와 TMTAM Module의 MHP-IPTV Workin Group에서 주도하고 있으며, 단계1과 단계2로 나뉘어서 진행되고 있다.

대표적인 디지털 방송 표준화 단체 DVB에서 서로 다른 접근제어 시스템들이 시장에서 공존하며 자유롭게 경쟁할 수 있는 상호운용성 있는 접근제어 시스템을 위해 제안한 두 가지 시나리오 Simulcrypt와 Multicrypt가 있으며, 미국 케이블 산업에 대한 기술적 연구를 계획하고 자금을 지원하는 케이블랩스에서 추진중인 오픈케이블(Open

Cable) 표준에서 제안한 교체 가능한 하드웨어 장치인 케이블카드를 이용한 접근제어 시스템 기술이 있다.

1) DVB의 Simulcrypt

DVB에서는 1993년 이래로 디지털 방송을 위한 접근제어 기술의 표준화 활동을 진행하고 있다. DVB 프로젝트에서는 DVB 시스템에서 접근제어 요소들에 지적재산권이 있을 수 있음을 받아들이면서도 시장에서 여러 다른 접근제어 시스템들이 공존하며 사용될 수 있어야 한다는 데 초점을 두었다. 이를 위해서 헤드엔드에서 콘텐츠를 하나의 동일한 알고리즘으로 스크램블링하되, 접근제어와 관련된 자격관리 메시지와 자격제어 메시지는 접근제어 시스템별로 각자의 방법으로 페이로드를 채워 전송할 수 있도록 하였다. 이것이 DVB Simulcrypt의 기본 개념으로, 이를 실현하기 위해서 공통된 스크램블링 알고리즘인 CSA(Common Security Algorithm)를 제안하였다.

최근 Simulcrypt 스펙은 Simulcrypt 그룹의 활동으로 2개의 ETSI 표준 문서로 정리되고, 2001년 1월에 결성된 SimExt 그룹에서 이전 스펙을 보완하여 다시 2개의 ETSI 표준 문서로 추가 정리했으며, 서로 다른 접근제어 시스템의 공존을 고려한 Simulcrypt는 ATSC의 접근제어 시스템에서 스크램블링 알고리즘을 제외하고 그대로 채택되고 있으며, 다만 스크램블링 알고리듬만 ATSC에서 제안한 ATSC CSA를 사용하도록 하고 있다.

2) DVB의 Multicrypt

상호운용성을 위해 제안된 또 다른 시나리오는 하나의 수신기에서 하나 이상의 접근제어 시스템을 수용하도록 규정한 Multicrypt으로써 1997년에 수신기에서 접근제어 모듈을 분리하기 위해 지적재산권을 가진 접근제어 모듈과 호스트 사이에 위치한 입출력 인터페이스인 CI(Common Interface)를 제안하였다.

Multicrypt에서 스마트카드의 사용여부는 선택적이며, DVB CI를 사용하는 수신기의 구조는 [그림 3-6]과 같다.

접근제어 모듈은 사용자 개인정보인 가입자 비밀키와 자격제어 메시지 및 자격관리 메시지 처리부, 제어단어를 추출하기까지의 단계적인 키 복호화 처리부, DVB 디스크램블러로 구성된다. 이 부분은 각 접근제어 시스템 업체별로 자사의 지적재산권에 있는 구성요소로 만들도록 하되 DVB CI를 따르는 경우 특정 제품에 상관없이 연동이 용이하다.

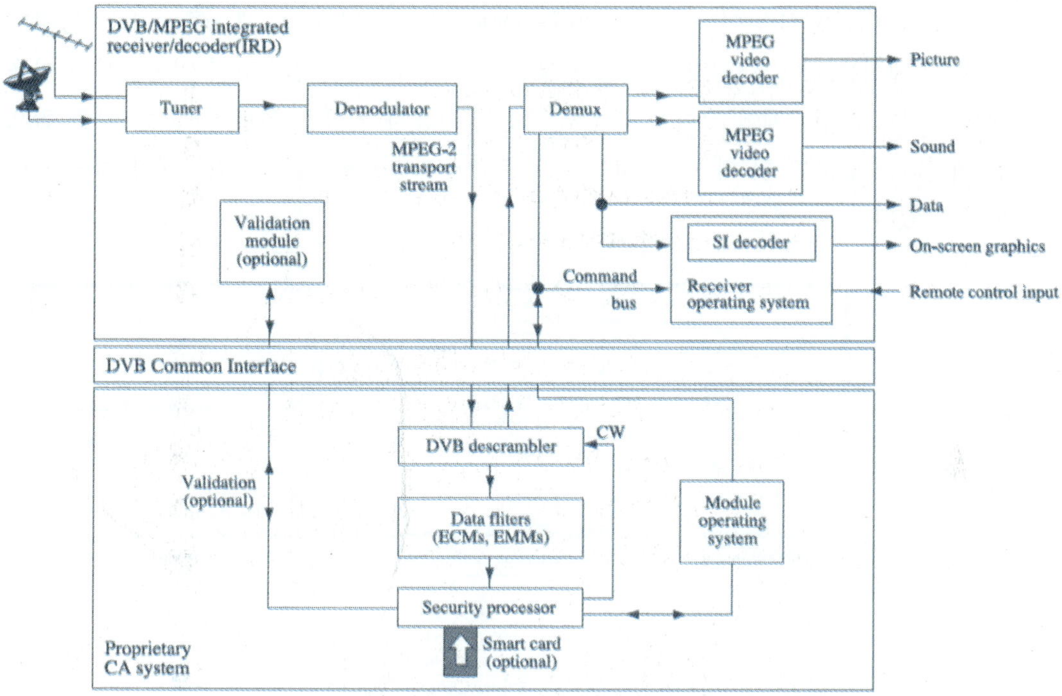

[그림 3-6] DVB Common Interface를 포함하는 수신기 구조도

3) 오픈케이블의 케이블카드

미국에서는 1996년 12월, 방송통신융합법인 텔레콤액트(Telecom Act)를 통과시켜 접근제어 모듈이 분리된 셋톱박스를 규정하고, 1998년 9월 셋톱박스와 접근제어 모듈의 분리를 명시하였다. 2005년 1월, 셋톱박스와 접근제어 모듈간의 분리를 의무화하였으나 케이블 TV 방송사와 연방통신위원회간의 대립으로 분리의무 시점을 2006년 7월로 연기하고, 다시 2007년 7월 이후로 연기하였다. 케이블카드의 도입이 셋톱박스의 원가를 높일 뿐만 아니라 도입된 시스템에서 발열문제로 셋톱박스 성능이 저하되고, 잦은 고장으로 AS 요청이 많아지는 등의 문제점으로 인해 케이블카드를 의무적으로 도입하도록 규정하기 어려운 상황이다.

4. 다운로드가 가능한 접근제어 시스템

케이블카드와 같은 하드웨어 기반의 접근제어 시스템의 한계를 극복하고자 새롭게 제시되고 있는 것이 소프트웨어 다운로딩 방식의 접근제어 시스템이다. 디지털 가입자

망(DSL)을 이용한 IP망이나 DAVIC 또는 DOCSIS 기반의 리턴 패스를 가지는 양방향 케이블망에서는 다운로드 및 업로드가 모두 가능하다. 이런 전송망의 양방향성을 이용해서 수신기에 접근제어 모듈을 다운로드하고, 사용자 인증을 위한 키 교환 관련 필요한 데이터를 업로드 및 다운로드하는 소프트웨어 다운로딩 방식의 접근제어 기술이 대두되고 있다.

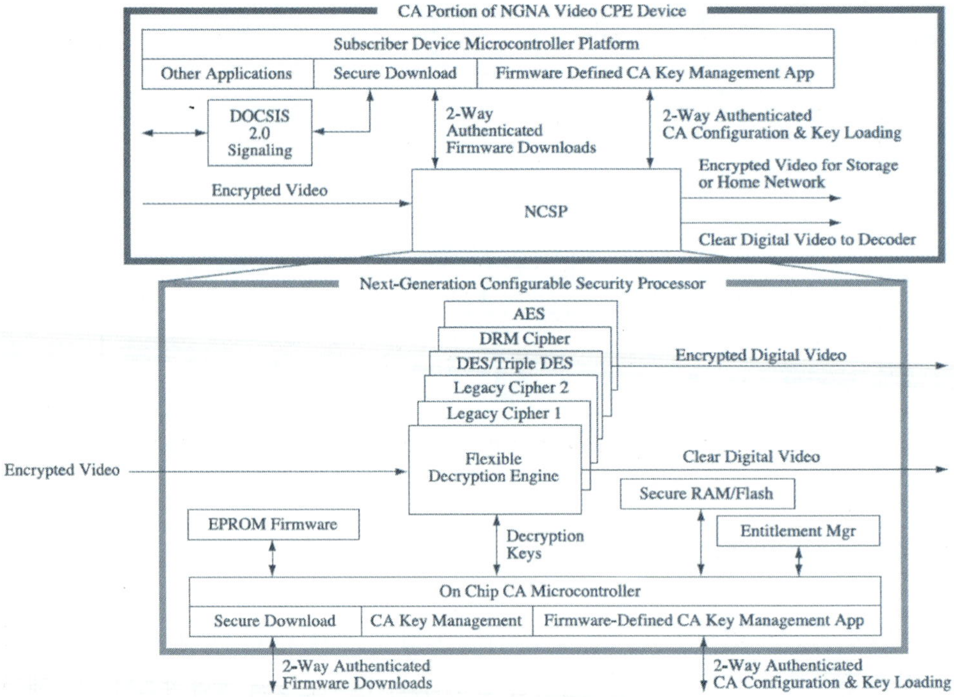

[그림 3-7] NGNA 보안 참조 모델

미국에서는 디지털 케이블망에서 접근제어 시스템을 다운로드하는 DCAS(Download Conditional Access System)가 등장하였다. 미국 복수 유선사업자들은 연방통신위원회가 규정하고 있는 분리의무화를 케이블카드를 교체하는 셋톱박스뿐만 아니라 소프트웨어 다운로딩 방식의 DCAS까지 포함하도록 요구하고 있다. 미국 3대 복수 유선 사업자인 컴캐스트, 콕스 커뮤티케이션 그리고 타임워너 케이블이 주축이 되어 현재 케이블TV망인 광동축 혼합망(HFC) 인프라에 추가적인 비용 투자없이, 제품혁신과 가격절감을 유도하는 통합 멀티미디어 구조의 구현을 목표로 하는 NGNA(Next Generation Network Architecture) 프로젝트에서 새롭게 제안하고 있는 소프트웨어 다운로딩 방식을 도입한 NGNA 보안 모델이 있다. [그림 3-7]에서와 같이 NGNA 보안 참조 모델은 복수 유선사업자가 지적재산권이 있는 접근제어 시스템뿐만 아니라 새로 표준화되는 접근제어 시스템을 사용할 수 있게 하여, 케이블 운영자를 위한 다수의 접근제어 모듈 중에서 선택 가능하도록 지원한다. 접근제어 기술의 선택은 헤드엔드 쪽의 영향을 받기 때문에 NCSP(NGNA Configurable Security Processor)에 들어가 있는 접근제어 시스템은 하나의 접근제어 모듈에서 다른 접근제어 모듈로의 전환이 가능해야 한다. 그리고 케이블카드 인터페이스를 가지는 가입자 장치는 케이블 카드가 인스톨되어 있지 않으면 NCSP가 디폴트가 된다. 특히 기존 디지털 방송의 보안 모델과 뚜렷한 차이점은 하드웨어 기반 시스템을 원격으로 재구성할 수 있고, 소프트웨어 기반 시스템도 다운로드에 의해 접근제어 시스템의 일부를 업데이트할 수 있다는 점이다.

3-3 인증서의 형식과 저장장치

인증을 사용하는 대표적인 서비스로는 T-Commerce와 HomeNetwork를 들 수 있다. T-Commerce는 TV를 이용한 전자상거래를 말하며, 사용자가 TV시청 도중에 상품을 구매하거나 인터넷 화면을 그대로 TV에 적용하여 상품구매를 유도하는 방식이다. 다채널화, 고품질화, 다기능화가 특징인 디지털 방송을 위해 OCAP나 ACAP와 데이터 방송 표준을 사용한다. 인증 방식으로서 공개 키 기반 구조(PKI)의 사용자 인증이 전반적으로 적용되며, TV 쇼핑몰이나 TV 프로그램에서 상품에 대한 다양한 정보를 제공한다. HomeNetwork에서는 사용하는 미들웨어의 소프트웨어(Havi, OSGi, JINI..etc)에 따라 정책이 차이가 있기는 하지만, 디바이스 인증과 사용자 인증을 병행하여 사용한다. 디바이스 인증은 키 생성 방식과 PKI 방식과 유사한 인증서 발급 방식이 있다.

1. 사용자 인증(PKI 기반)

1) 사용자 인증의 개요

통신망을 통하여 서비스를 제공받는 사용자가 등록되어 있는 정당한 사용자인지를 신뢰할 수 있는 방법으로 확인하는 소프트웨어이며 개방형 망에서는 특히 중요하다. 인증 서버를 중심으로 사용자의 이름과 패스워드 등을 일괄 관리한다. 인증 서버는 서비스를 제공하는 프로그램에 대해서 PKI 등의 인증용 프로토콜을 사용하여 사용자가 허가를 받은 본인이라는 사실을 인증한다. 제품으로는 미국 제록스사의 프로토콜 체계인 제록스망 체제(XNS) 인증 서비스가 있으며, 유닉스에서는 미국 MIT의 아테나(Athena) 프로젝트에 의해 개발된 케베로스(Keberos) 등이 사용된다. PKI의 구조도를 보면 다음과 같은 여러 개체(Entitiy)가 있다.

① PAA(정책승인기관) : Policy Approving Authority의 약자로 공인인증 서비스 전반의 정책과 절차 수립, 하위 기관들의 관리 및 운영
② CA(인증기관) : Certification Authority의 약자로 인증서 발급/효력정지/취소/관리의 역할을 한다.
③ RA(등록기관) : Registration Authority의 약자로 CA의 부차적인 업무를 한다.
④ Client/User : 고객/사용자

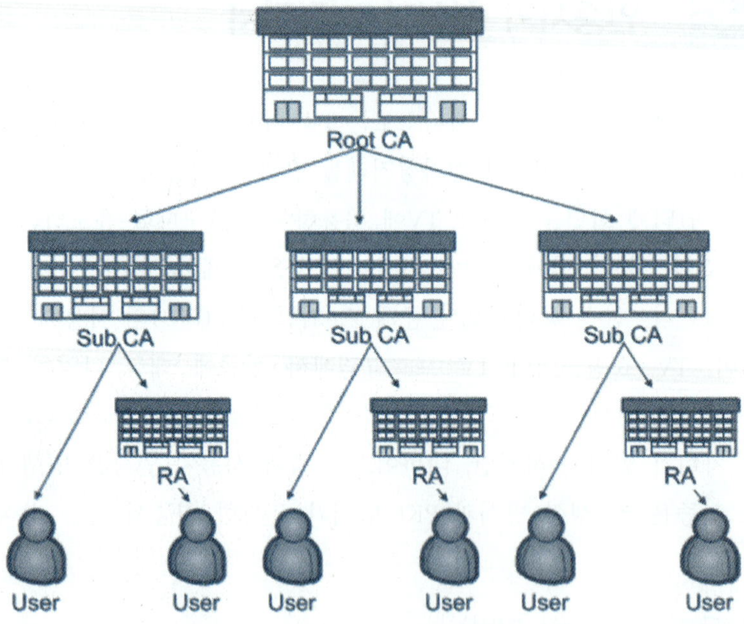

[그림 3-8] PKI 구조도

2) 사용자 인증서의 저장위치

(1) 댁내 디바이스

IPTV, IPTV STB, Home Server/Gateway 등의 홈네트워크의 중심적인 역할을 하는 댁내 디바이스에 사용자 인증서를 저장하는 방식이다. 인증서의 보관 및 디바이스의 펌웨어와 사용자 인증서의 업데이트에는 용이하나, 이동성이 부족하여 사용자로 하여금 불편을 초래할 수 있다.

[그림 3-9]에는 댁내 디바이스에 저장된 사용자 인증서의 그림을 설명하고 있다. 사용자 '갑'은 댁내의 IPTV STB에 저장되어 있는 사용자 인증서를 이용하여 (A) E-Bank를 통해 금전관리를 하였다. 하지만 '갑'이 집을 벗어났을 경우에 E-Bank를 이용하려면 사용자 인증서를 재발급받아야 하고, 기존에 댁내 IPTV STB에 받아두었던 인증서는 자동 폐기되며, 추후 장소를 이동하여 사용하려 하여도 사용자 인증서를 매번 재발급받아야 하는 불편함을 초래한다.

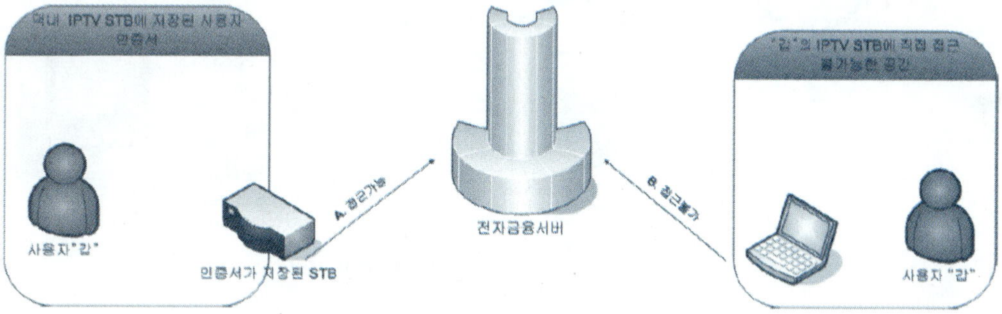

[그림 3-9] 댁내 디바이스에 저장된 사용자 인증서

(2) 이동식 저장장치

이동식 저장장치(USB 메모리, 휴대폰, PDA 등)를 이용해 사용자 인증서를 저장하는 방식으로, 댁내 디바이스에 사용자 인증서를 저장하는 방식보다 사용자의 이동성을 월등히 보장한다. 하지만 저장장치의 분실 우려와 타인에 의한 악의적인 사용을 초래할 수도 있다. 현재는 이동식 저장장치에 생체인식 기술을 도입하여 분실했을 경우에도 타인에 의한 사용을 차단하는 방법이 있지만 추가비용의 문제로 보편화되어 있지 않다.

(3) 웹서버(기관) 키 로밍 방식

사용자 인증서의 "댁내 디바이스 저장"과 "이동식 저장장치 저장" 방식의 장단점을 고루 수용하여 사용자 중심의 편리한 인증 서비스를 제공하기 위해 고안된 방식이다. 전자 상거래시에 필요한 사용자 인증서를 공인된 기관(웹서버)에 통합적으로 모아 관리함으로써 사용자로 하여금 이동성을 확보해 주고, 저장장치의 분실에 따른 부수적인 위험 부담을 줄여주며, 통합적인 인증서 관리가 용이하다. 하지만 키 로밍 서버의 보안이 보장되어야 하고, 인증서의 안정성에 대한 사용자의 거부감이 문제시 된다.

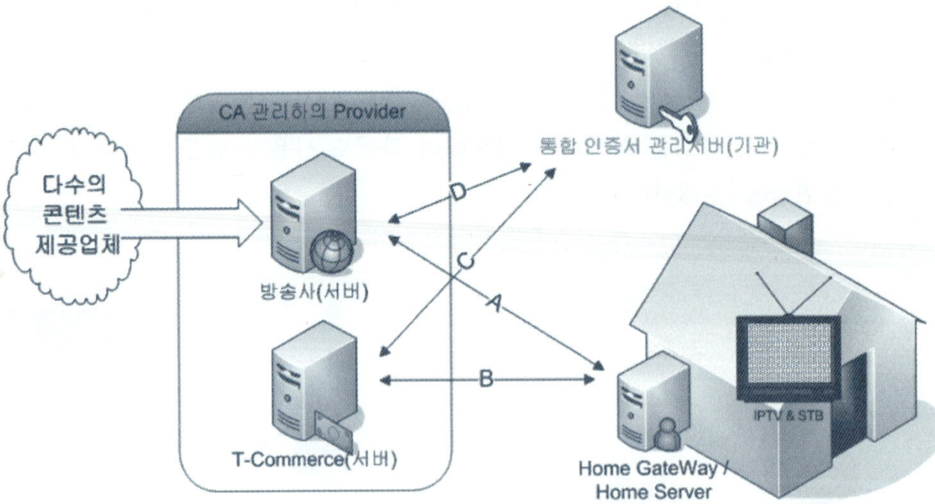

[그림 3-10] 키 로밍 서버

■ 키 로밍 서버 인증방식 예시(서비스에 따라서 세부 순서는 변동될 수 있음)

① IPTV를 통하여 사용자가 제품에 관한 정보를 얻는다.

② 해당 제품을 T-Commerce 회사에 요청하고 사용자 인증에 필요한 정보(키 로밍 서버에 저장된 인증서 위치정보/URL/ID/PASS 등)를 제공한다.

③ T-Commerce 제공자가 직접 인증서를 확인하고, 필요시 사용자로부터 인증서 비밀번호를 제공받는다.

④ ② 제품 결제가 끝나면 IPTV의 화면을 통해, 혹은 다른 수단(SMS, E-mail)을 통해 승인 결과를 통보한다.

2. 디바이스 인증

1) 키 생성 방식

디바이스 제품 출시시에 각 기기마다 고유의 인증번호를 가지고 있으며, 사용자의 요청에 따라서 해당 서비스 제공자에게 등록되어 인증 요구시 추출되어 사용함으로써 저장개념이 불필요하다. BIOS Level에서 생성되어 외부 침입으로부터 높은 안정성을 보인다.

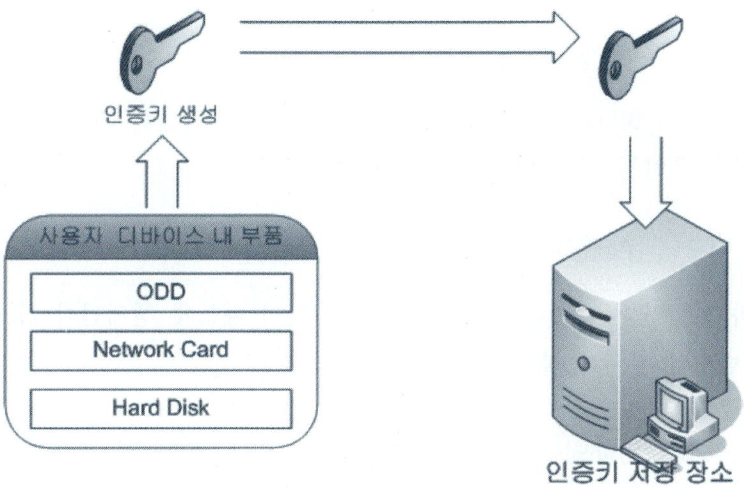

[그림 3-11] 키 생성 방식의 디바이스 인증

비밀번호와 사용자 인증서 등을 사용하는 인증 솔루션의 경우, 사용자의 액세스를 관리하는데 중요한 툴이지만 단지 사용자의 신원확인을 해 줄 뿐이다. 사용자가 적합한 사람이라고 판단되면 사용하는 디바이스에 상관없이 해당 네트워크에 접속할 수 있다. 알려지지 않거나 관리되지 않은 디바이스가 네트워크에 접속할 경우, 바이러스에 대한 통로를 제공하는 셈이 되며 다른 악성 코드나 바이러스가 침투할 가능성도 높아진다. 이러한 위험요소를 최소화하고 관리하기 위해 네트워크와 보안 정책을 준수하는 신뢰성 있는 디바이스만이 네트워크와 리소스에 접근하도록 해야 한다. 사용자와 디바이스를 모두 입증하는 방법만이 진정한 보안을 제공할 수 있으며, 이를 기업으로 네트워크 보안을 강화할 수 있다.

디바이스 인증의 기능과 장점을 살펴보면 다음과 같다.

(1) 접근제어(Access control) 기능

등록된 장치에서 생성된 인증 값을 서버에 등록된 인증 값과 비교하여 확인 후 설정된 권한으로 동작하고, 미등록 장치에서 생성된 인증 값은 서버에 등록된 인증 값과 다르기 때문에 접근을 제한받게 된다.

(2) 추적(Trace) 기능

서버에 저장된 디바이스 정보로 이용자가 접근한 장치를 추적할 수 있다. 이것을 통해서 비정상 사용자가 인가되지 않은 장치로부터 접근하는 것을 추적/관리할 수 있다.

(3) 해킹 및 복제 불가능

디바이스의 BIOS 레벨 인증요소를 사용하기 때문에 기존의 저장장치에 인증서를 저장하여 사용하는 것에 비해 복제, 해킹이 어렵다.

(4) 별도의 부대장치 불필요

디바이스 인증은 그 자체에 인증요소를 갖기 때문에 생체인식 기기나 스마트카드와 같은 별도의 장치가 불필요하다.

2) 인증키 분배방식

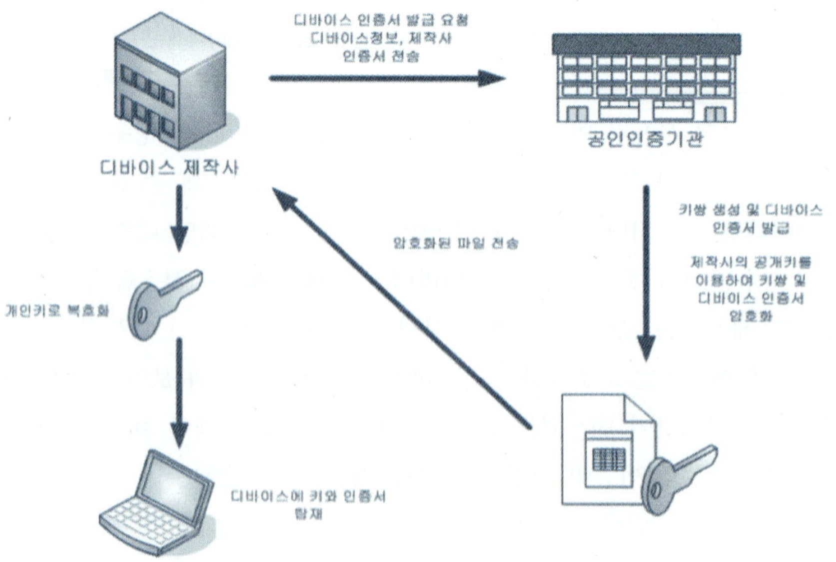

[그림 3-12] PKI 방식의 디바이스 인증

PKI 방식과 유사하게 공인인증기관에서 관리하는 방식 [그림 3-12]로 디바이스 제작사가 공인인증기관에 인증서 발급을 요청하면 인증기관에서는 제작사의 공개키를 이용하여 키 쌍 및 디바이스 인증서를 암호화한 뒤 디바이스 제작사에게 전달한다. 디바이스 사용자는 그것을 개인키로 복호화하여 디바이스에 키와 인증서를 탑재한다.

3-4 인증정책 및 서비스 시나리오

IPTV는 기존의 DTV와 인터넷 환경에서 가능한 거의 모든 서비스를 제공한다. 하지만 IPTV의 입력장치가 현재로서는 리모컨처럼 단순한 기기이기 때문에 사용자가 원하는 다양한 입력을 표현하기에는 다소 무리가 있으므로 디바이스 인증이나 사용자 인증을 통한 간단명료한 인증장치가 필요하다. 다양한 서비스의 중요도에 따라 사용자 인증과 디바이스 인증을 이용한 레벨을 구성하였다.

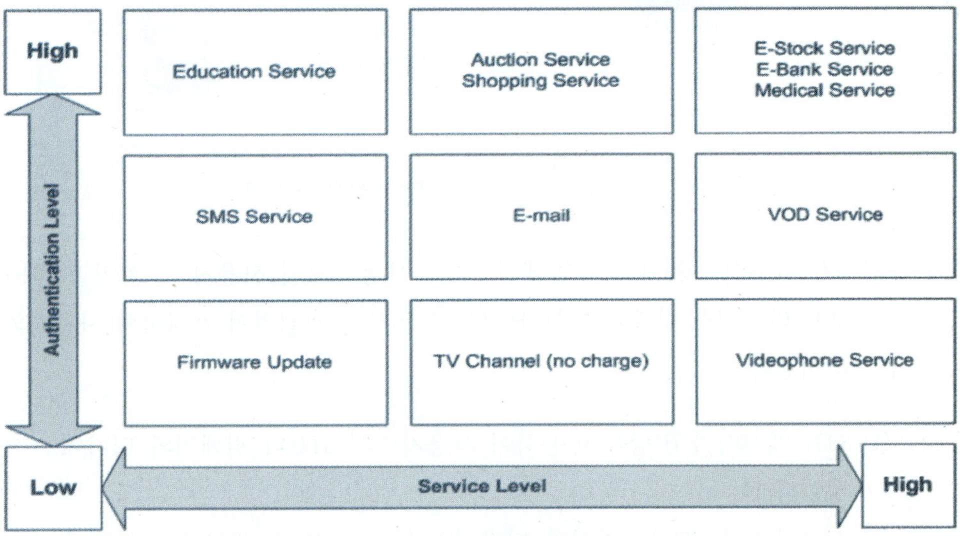

[그림 3-13] Security Level

1. Level 1 : 디바이스 인증

IPTV의 다양한 서비스 중에서 큰 금액이 부가되지 않거나, 프라이버시 침해의 우려가 없는 낮은 레벨의 서비스들을 디바이스 인증만을 사용하여 제공하는 시나리오이다.

1) Firmware Update

댁내 사용되는 가전기기들이 IP기반으로 변화되어감에 따라서 기기들의 펌웨어 업데이트도 필수적으로 필요할 것이다. 다음의 시나리오는 IPTV의 STB 내의 필수적인 펌웨어를 업데이트하는 내용으로서, 사용자 인증서가 필요 없이 디바이스 인증서만으로 인증을 하고 업데이트를 진행하는 내용이다.

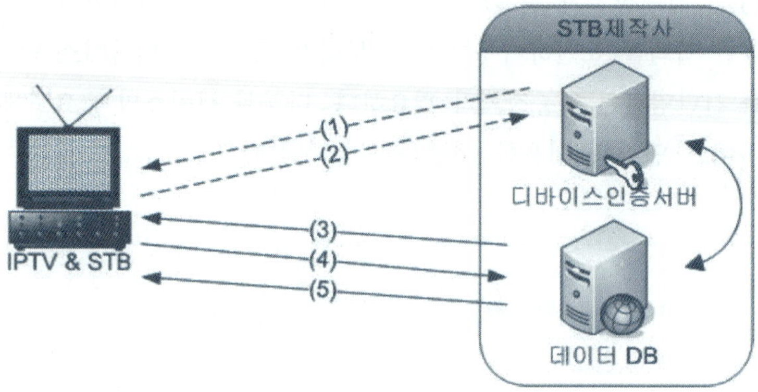

[그림 3-14] Firmware Update

설치가 필수적인 펌웨어를 업데이트하는 내용으로서 사용자는 "확인"만 해주면 되는 상황이다. 디바이스 인증에 대한 요청은 사용자의 개입없이 제작사와 사용자의 STB 간에 이루어진다.

① STB 제작사가 IP망을 이용하여 사용자측의 STB의 펌웨어와 디바이스 인증을 요청한다(1).
② 사용자측의 STB는 자신의 디바이스 내에서 키를 생성하여 펌웨어 버전과 함께 STB 제작사에게 보낸다(2).
③ 펌웨어의 업데이트 필요성을 확인한 제작사는 사용자에게 업데이트할 것임을 "확인"시킨다(3).

④ 사용자는 업데이트 내용을 "확인" 했음을 STB 제작사 측에 전달한다(4).

⑤ STB 제작사는 사용자측의 STB 펌웨어 업데이트가 인가되었음을 인지하고, 데이터 DB를 통하여 사용자측의 STB의 펌웨어를 업데이트한다(5).

2) TV Channel(flat rate)

IPTV의 기본 채널은 정액(flat rate)의 개념으로서 서비스될 것으로 예상된다. 사용자의 권리를 얻기 위한 "정액제도 신청"을 제외하고, 해당 서비스 기간의 기본 채널 시청은 디바이스 인증만으로 서비스가 가능하다.

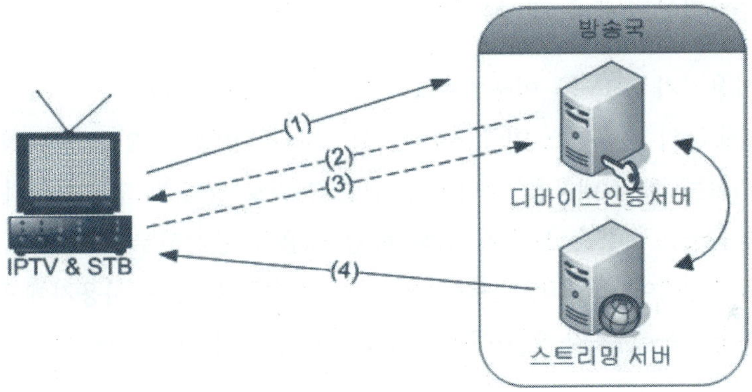

[그림 3-15] Broadcast Service

① 사용자가 IPTV를 켜고, 방송국에 접근하려 한다(1).

② 방송국 측에서는 접근하려는 사용자가 정당한 가입자인지 확인하기 위하여 사용자의 디바이스에 인증정보를 요청한다(2).

③ 사용자의 IPTV STB는 자신의 인증키를 생성하여 방송국의 디바이스 인증 서버에 전송한다(3).

④ 정당한 사용자임이 확인된 후 스트리밍 서버를 통하여 방송 서비스를 제공한다(4).

⑤ ③번의 동작은 방송국의 정책이나 서비스의 내용에 따라서 ①과 통합되어 진행될 수 있다.

2. Level 2 : 디바이스 인증 + 사용자 인증

서비스의 이용료가 낮고, 보편적인 서비스라도 프라이버시 문제나 누적되는 이용료 때문에 서비스 사용자의 인증이 필요한 경우가 있다. 이런 경우 사용자 인증을 옵션으로 사용하여 서비스에 관한 인증 절차를 강화할 필요가 있다.

1) SMS Service

문자메시지(SMS)를 IPTV를 통하여 보내는 서비스의 시나리오이다. 일정금액(저가상품)내의 서비스는 디바이스 인증만으로도 가능하며 한도가 넘을 경우 사용자 인증을 통하여 추가적인 인증을 받아야 한다고 가정한다.

① 사용자가 IPTV를 이용하여(1) SMS를 보내려 한다.
② 방송국의 디바이스 인증 서버는 사용자의 디바이스 인증을 요청하고(2), 사용자의 STB는 해당 내용을 디바이스 인증 서버로 보내어 인증받는다.
③ 방송국은 SMS를 보내기 위해 해당 내용을 통신사로 보냈으나(3), SMS 서비스의 한도금액이 초과되었음을 파악하고, 방송국을 통해 사용자에게 알린다(1).
④ 사용자는 사용자 인증서를 제공하고(4), 추가적인 SMS 서비스를 결제한다.

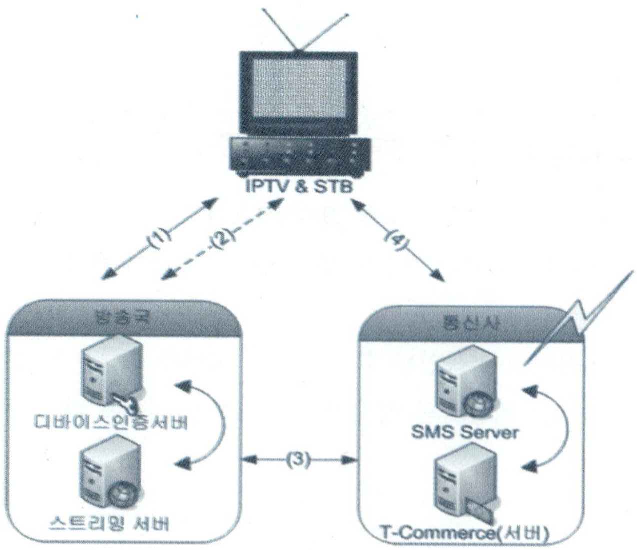

[그림 3-16] SMS Service

⑤ 통신사는 SMS 서비스를 제공한 뒤에 결제내역과 서비스가 완료되었음을 알리는 정보를 사용자에게 전달한다.(3), (1)

2) E-mail Service

E-mail 서비스는 현재와 같이 ID와 Password 입력 등의 간략한 사용자 확인 작업만을 사용하여 접근제어가 가능하지만, 사내의 기밀문서나 개인적인 사항이 있을 때는 보안의 수준을 더욱 높여 주어야 한다.

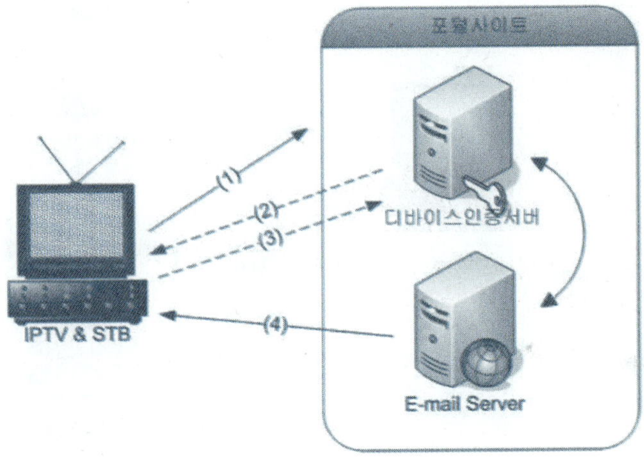

[그림 3-17] E-mail Service

① 사용자가 IPTV를 이용하여 E-mail을 확인하려 한다(1).
② 포털사이트의 디바이스 인증 서버는 사용자측에 디바이스 인증자료를 요청하고(2), 사용자의 STB는 인증키를 디바이스 인증 서버에게 제공한다(3).
③ 디바이스 인증 후에 E-mail Server에서 사용자에게 해당 메일 내용을 제공한다(4).
④ 사용자가 E-mail을 확인하던중, 지난달에 받은 종합검진의 결과가 포함되어 있었고, 개인적인 사항이 들어 있는 E-mail이기 때문에 디바이스 인증만으로는 확인할 수 없다.
⑤ 사용자는 메일 확인을 위하여 사용자 인증정보를 포털사이트 측에 보내게 되고(1), E-mail Server는 사용자 인증을 거친 후 E-mail 내용을 사용자에게 재전송한다(4).

3. Level 3 : 사용자 인증 + 디바이스 인증

1) Medical Service

의료정보는 매우 개인적인 사안이다. 타인에게 쉽게 공개되어서는 안되기 때문에 디바이스 인증만으로는 부족하며, 필수적으로 사용자 인증이 사용되어야 한다.

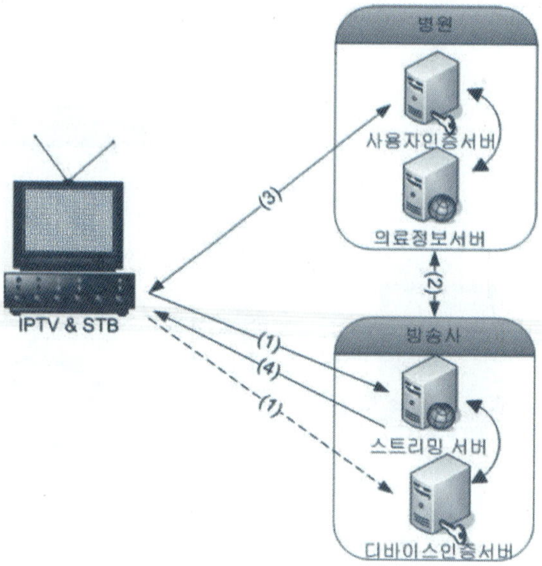

[그림 3-18] Medical Service

① 사용자는 지난달에 받은 건강검진의 결과를 확인하기 위하여 IPTV 서비스인 Medical Service에 접근하려 한다(1).

② 방송사는 해당 서비스의 인터페이스를 제공하여 사용자가 병원에 접근하도록 돕는다(2).

③ 병원 측에서는 사용자가 원하는 정보에 접근하기 위해서는 사용자 인증정보가 필요함을 알리고, 해당 정보를 전달받아 인증한다(3).

④ 올바른 사용자임이 확인되면 방송사를 통해서 사용자가 원하는 의료정보를 제공한다(2), (4).

3-5 IPTV 등 홈네트워크 서비스에 대한 인증

1. 홈네트워크 구성 디바이스의 특징 및 요구사항 분석

홈네트워크를 구성하는 주체(사업자 서버, 홈게이트웨이/홈서버, 서비스시스템) 간 통신의 경우 위장의 위험이 존재한다. 따라서 각 주체들이 홈네트워크 서비스에 참여하는 정당한 주체인지를 확실하게 인증하기 위해서는 인증서 기반의 인증이 필요하다. 특히 인증서 기반의 SSL/TLS를 사용할 경우 인증과 보안을 동시해 가능하게 해주어 Seamless한 보안 구현이 가능하다. 본 과제에서는 인증을 위한 디바이스의 특징 및 요구사항을 분석한다.

인증서가 적용되는 사례를 홈네트워크의 구성요소별로 살펴보면 다음과 같다.

① 디바이스 인증
- 홈게이트웨이에 들어간 인증서를 이용하여 디바이스 확인
- 전자서명 기술 적용으로 변조 불가
- 디바이스 확인 및 인증은 각종 부가 서비스 과금의 기본

② 사업자 서비스 서버 인증
- 개인의 중요한 정보가 흐르는 핵심 서버
- 위장된 서버가 서비스서버를 가장하지 못하도록 서버 인증서 적용이 필수

T-Commerce나 T-Banking 등을 이용할 경우에는 인증서 기반 로그인 및 거래의 전자서명 지원을 위한 인증서 이용이 필요하다.

디바이스에서의 인증을 위하여 다음의 특징을 고려하여야 한다.

① 열악한 기기 환경 : OS 종류(WinCE, Embedded XP/Linux, RTOS 등), CPU, Memory

② Seamless한 공인인증서의 사용 : 공인인증서의 이동, DTV의 입력 환경을 고려한 공인인증서 비밀번호 변경 지원

③ 인증서 사용 Toolkit : 열악한 기기 환경에서 돌아가는 인증 Toolkit 필요. 공인인증서 지원, 기존 PC에 설치된 인증 Toolkit과 호환

2. 신규 홈네트워크 서비스에 대한 인증 메커니즘 요구사항 도출

댁내에서 TV 등을 통해 신규 서비스 가입 및 로그인, 사이트 변경시, 리모컨과 같은 열악한 입력 환경을 통하여 인증 및 가입 절차를 거쳐야 하는 번거로움이 존재한다. 본 과제에서는 Single Sign-On이나 다른 인증 메커니즘에 대한 요구사항을 도출한다.

또한 서비스에 관한 인증 메커니즘에 대한 요구사항도 도출한다. 서비스 요구사항의 도출에 있어서 고려해야 할 사항은 다음과 같다.

① 인증서의 발급 주체
② 단말기의 컴퓨팅 능력 고려
③ 생체인식 등 다양한 인증 기술의 활용 여부
④ 댁내 및 댁외에서의 사용자의 편리성 여부
⑤ 홈네트워크에서 상황인지 기술을 이용하는 미들웨어를 이용할 경우 이와의 연동

3. 국내 · 외에 제안된 기존 홈네트워크 인증방식 분석 및 문제점 도출

국내에서는 KT와 SKT의 홈네트워크 시범 서비스가 구축 운영중이며, 이를 통한 개선방안 연구들도 진행되고 있다. 본 과제에서는 국내 · 외에 제안된 기존 홈네트워크 인증방식을 분석하고 문제점을 도출한다.

1) 현재 국내에서 추진되는 기존 홈네트워크의 인증방식

① 네트워크 보안기술은 방범/방재 분야를 중심으로 개발되어 왔으며, 최근 들어 일부 업체에서 관련 IT Security 기술을 개발하였다.
② 홈네트워크 보안기술은 홈게이트웨이 중심의 VPN, Firewall 등이 대부분이다.

2) 국외의 동향

① 국내와 같이 홈게이트웨이에 VPN, Firewall 기능을 통합하기 위한 연구가 주로 진행중이다.
② 홈네트워크 미들웨어에는 보안요구 사항이 정의되어 구현되고 있다.
③ CableHome에서는 안전한 홈게이트웨이 및 암호기능에 대해 연구하고 있다.
④ 일본 NTT 등에서는 원격에서 스마트카드를 이용한 홈네트워크 자원관리기술이 연구되고 있다.

4. IPTV 등 신규 홈네트워크 서비스 제공 시나리오 분석

① IPTV를 이용하면 다음의 서비스가 가능해진다.

- 쌍방향 서비스 가능 : 쌍방향(Interactive) 서비스가 가능해 소비자가 원하는 대로 비디오 서비스(VoD)뿐만 아니라 T-Commerce 구현이 용이
- 개인화 서비스 가능 : Point-to-Point 전달 방식으로 개인화된 채널을 볼 수 있음, 개인화된 TV포털 등장
- 번들 서비스 제공 : 초고속 인터넷, VoIP와의 결합을 통해 번들 서비스가 용이해 TPS(Triple Play Service, 즉 음성+데이터+방송) 제공

② 이러한 서비스 유형에 따른 IPTV를 중심으로 하는 신규 홈네크워크 서비스는 다음과 같은 것이 예상되며 이에 대한 서비스 제공 시나리오를 분석한다.

- Desktop TV 방송
- 위성방송의 네트워크 전달
- 뉴스나 이벤트의 네트워크 전달
- 감시 모니터링 시스템
- 원격교육 학습 트레이닝
- 제조공정의 모니터링
- 기업 내 정보 전달(사보, 영업기술 연수, 사내 회의 중계)
- 컴퓨터 베이스의 교육(CBT)
- 회원제 정보 서비스
- 전자상거래

3-6 홈네트워크 서비스에 대한 효율적인 인증 메커니즘 개발

IPTV 셋톱박스, 홈게이트웨이 등 홈네트워크 디바이스에 적용될 수 있는 안전하고 효율적인 인증 메커니즘을 개발한다. 그리고 사용자별로 홈기기 및 홈서비스에 대한 차별화된 접근제어 기능을 제공할 수 있는 효율적인 인증 메커니즘을 개발한다.

① 홈네크워크 내부에서의 고려 사항
- 홈서비스 요청 및 제공 방법
- 홈서비스의 제공허가 및 제공 방법
- 사용자 인증 및 접근 권한 확인 방안

② 홈네트워크 사업자가 운영하는 인증 서버의 고려 사항
- 홈포털 서비스 요청 및 제공 방안
- 홈포털 접근 인증 방안
- 인증결과 통보 및 원격 서비스 제공

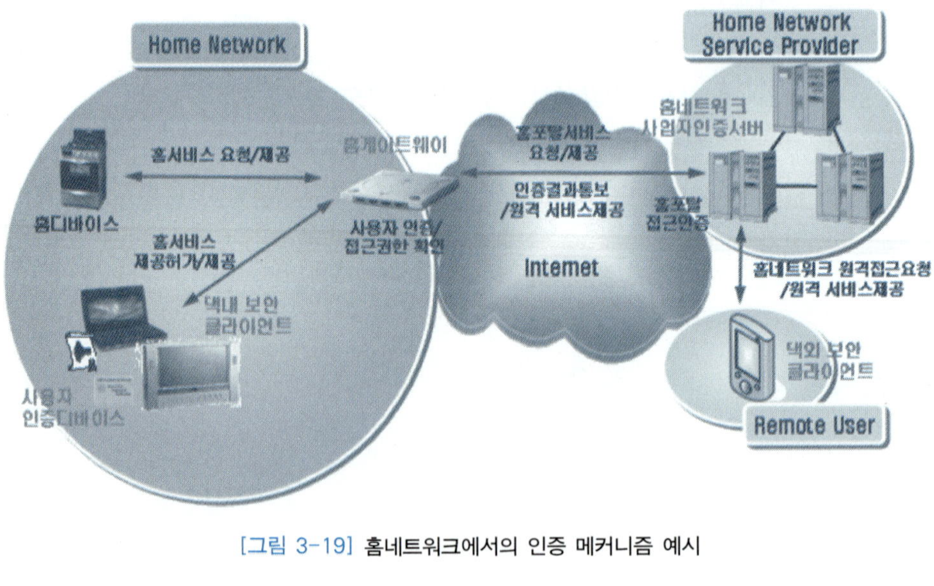

[그림 3-19] 홈네트워크에서의 인증 메커니즘 예시

기존의 PKI 서비스와 IPTV 및 홈네트워크 디바이스 인증 메커니즘이 상호 연동 방안 개발이 필요하다. 특히 IPTV를 중심으로 한 T-Commerce 등 각종 서비스에 대하여 서비스의 보안성을 높이고 사용자의 편리성을 동시에 추구할 수 있는 연동

방안의 개발이 필요하며 Single-Sign On 기법의 적용이 필요할 것으로 예상된다.

③ 연동방안의 개발을 위한 고려 사항

- 인증서의 발급 주체
- 단말기의 컴퓨팅 능력 고려
- 생체인식 등 다양한 인증 기술의 활용 여부
- 댁내 및 댁외에서의 사용자의 편리성 여부
- 홈네트워크에서 상황인지 기술을 이용하는 미들웨어를 이용할 경우 이와의 연동

[그림 3-20] 홈네트워크에서의 PKI 기반 인증 서비스

3-7 IPTV의 프라이버시 침해 위험성 연구

1. 프라이버시 보호대상

1) 가입자 정보

기존 방송사업자는 일방향 서비스를 제공하고 비과금이라는 특성 때문에 개인정보(식별정보, 과금정보, 성향정보, 신용정보 등) 수집 및 축적이 불필요했으나, 방송사업자는 새롭게 개인정보를 수집하게 된다.

2) 콘텐츠 정보

방송 프로그램은 기본적으로 출연자의 영상·음성 등 개인에 대한 직접적이고 총체적인 정보(방송 프로그램 내 개인 동영상, 통신 내용 등)를 포함하고 있으며, 방송의 경우 1 : 1로 전송되는 것이 아니라 다수의 수신자에게 동시 노출되는 특성을 지닌다.

2. 새로운 프라이버시 위험요인

1) 초상권 침해

사업자가 아닌 개인도 자체 방송 서비스를 제공할 수 있는 환경이 조성됨에 따라 무분별하게 타인의 동의없이 사생활을 촬영·방송하여 초상권을 침해하는 사례가 증가한다. 최근 인터넷을 통해 연예인 사생활 동영상이 유포되어 문제가 되었는데, 이와 유사한 침해가 IPTV를 통해 확대될 수 있고, 방송사 및 방송제작자가 개인화될수록 윤리의식이 취약해질 가능성이 높은데다 방송망에 비해 통신망의 규제가 어렵다는 점을 악용하여 방송위원회의 심의 등을 회피하는 사례가 증가할 것으로 예상한다.

2) 개인정보 목적 외 사용

유료방송 서비스가 제공되면서 방송사까지 가입자의 성향정보나 신용정보 등을 수집·축적하게 됨에 따라 사업자에 의한 원치 않는 마케팅, DB 거래 등 오·남용이 우려된다.

3) 스 팸

화상전화, SMS, E-mail, 실시간 채팅 등 기존 PC 기반의 인터넷 통신 서비스가 TV 수상기를 통해 가능한 점을 악용하여 각종 화상 기반의 스팸이 발생할 가능성이 높다.

4) 해 킹

리모컨으로 주문시 신용카드번호 등의 개인정보가 제3자의 해킹에 의해 노출될 우려가 있다. PC기반 인터넷뱅킹에서 키보드 보안이 필요한 것과 동일하다.

3. 보호방안

최근 통방융합의 산물로 탄생한 IPTV 서비스의 규제 방법 및 주체에 대해 논란이 제기되고 있어 기관 간 입장정리가 선행될 필요가 있다. 정보통신부에서는 IPTV를 인터넷으로 유통되는 다채널 실시간 방송에 더해진 부가통신 서비스라고 규정하며, 이를 위해 '광대역융합서비스사업법'이란 특별법을 만들어야 한다고 주장하고 있다. 방송위원회에서는 IPTV는 텔레비전과 오디오, 데이터 방송이 더해진 멀티미디어 방송 서비스이며, 방송법 개정을 통해 멀티미디어 방송사업을 신설해야 한다고 주장한다.

1) 4가지 규제방안 제시

(1) 기존 통신관련법으로 보호하는 방안

정보통신망법 제2조 제3호에 의하면 방송사가 통신망을 이용하여 서비스를 제공할 경우 개인정보보호 규정 준수대상자인 정보통신 서비스 제공자 범위에 포함한다. IPTV 서비스에서의 해킹과 스팸 문제는 현 정보통신망법 제48조 및 제50조에 의해 규제가 가능하다.

정보통신망법 제2조(정의) "정보통신 서비스 제공자"라 함은 전기통신사업법 제2조제1항제1호의 규정에 의한 전기통신사업자와 영리를 목적으로 전기통신사업자의 전기통신역무를 이용하여 정보를 제공하거나 정보의 제공을 매개하는 자를 말한다.

(2) 방송관련법에 보호조항 신설하는 방안

IPTV 서비스를 방송 서비스로 규정할 경우 기존의 일방향 TV 서비스에서는 불필요했던 개인정보 보호규정을 신설할 필요가 있다.

(3) 통방융합법에 보호조항 포함하는 방안

통방융합 서비스에 관한 독립법이 신설될 경우 개인정보 보호조항을 포함할 수 있다.

(4) 개인정보보호 기본법 제정하는 방안

기본법은 개인정보 수집 및 유통경로에 상관없이 모든 개인정보 침해행위를 규제하기 때문에 통방융합의 다양한 서비스에서 발생가능한 개인정보 문제를 포괄적으로 적용이 가능하다. 현재 3개의 기본 법안이 국회 행정자치위원회에 계류중이다.

4. IPTV 정책방안

1) 실시간 방송 프로그램

법적 규제의 대상으로서 실시간 방송 프로그램의 정의와 범위 문제

① 방송법 제2조의 방송사업자가 일방향으로 송신하는 방송 프로그램에 한정
② 다수의 IPTV 사업자마다 서로 다른 패키지 구성(예 1개, 5개, 20개 채널 등)이 불가피하며, 프로그램 유통구조상 SO에 비해 열악한 시장 여건에 직면
③ 통신법에 따라 이미 상용 서비스 제공중인 VoD는 제외 타당

2) 직접 사용 채널

IPTV 사업자에게 방송 프로그램을 직접 기획·편성 또는 제작하여 송신하는 직접사용 채널 운영권의 자동허용 여부가 문제이다.

IPTV 사업은 직접사용 채널 운영 없이 규제대상을 실시간 방송 프로그램을 그대로 단순 전송하는 사업에 한정하고, 진입규제를 등록제 수준으로 완화 적용한다.

3) 외국인 소유 제한

전기통신사업법과 방송법의 외국인 소유제한 기준이 상이(방송법의 기준이 보다 엄격)

방송법 기준 적용시 다수의 IPTV 준비사업자의 사업진입이 불가능한 상황이 발생 가능하므로, 외국인 지분제한은 전기통신사업법 기준을 적용 필요

4) 수평적 규제체계

방송·통신 융합은 기존의 수직적 산업구조를 수평적 산업구조로 유도

① 방송과 통신의 칸막이 구분 철폐
② 융합환경에서 혁신적인 융합 서비스가 활성화될 수 있도록 경쟁촉진 필요
- 전송사업은 진입규제 완화·경쟁체제·공정경쟁
- 콘텐츠 사업은 콘텐츠의 유형·성격에 따라 차등규제

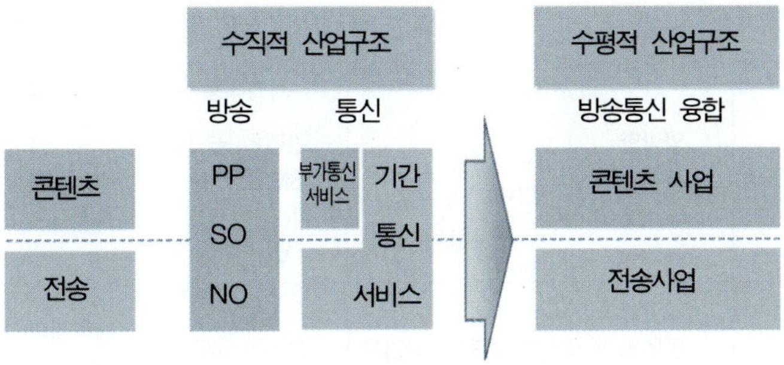

[그림 3-21] 수평적 규제체계

5) 콘텐츠 활성화

한미 FTA로 열악한 국내 콘텐츠 시장의 활성화 시급

① 기존 PP 윈도우 확대 → 공정경쟁 강화(프로그램 접근 규칙)
② 공익 콘텐츠 제공 토대 마련(예 공익적 보도, 종교, 역사, 문화 등)
③ 신규 콘텐츠 사업자 사업기회 제공
④ 민간의 창의성 · 자율성 제고 : UCC → PCC
⑤ 제2의 한류 기반 강화

〈표 3-3〉 IPTV 정책방안

구분	방송위원회	정보통신부
서비스 성격 및 적용법률	• (멀티미디어) 방송 서비스 (텔레비전 + 오디오 + 데이터 방송) • 방송법 개정(멀티미디어 방송사업 신설) ※ 미국 Communications Act Title 6(Cable Communications) 내의 MVPD(다채널 영상제공사업)와 유사	• 광대역 융합 서비스(실시간 방송+부가통신 서비스) • (가칭) 광대역융합서비스사업법 제정(융합 서비스사업신설) ※ 영국Communication Act 내의 ECS(Electronic Communication Services) 사업과 유사
인 · 허가 방식	• 방송사업자로 허가 (방송위 추천+지경부 허가) ※ 플랫폼+콘텐츠(SO · 위성방송과 동일)	• 전송사업자로 등록(지경부 등록+방송위 협의) ※ 네트워크+서비스(방송 콘텐츠 기획 · 제작 · 편성시 방송위의 별도 면허 필요)
기간통신 사업자 진입제한	• 진입 허용하되, 자회사 분리 (일정규모 이상 사업자) ※ 네트워크 (동등)접근권 '사전' 보장 제도화 (공정경쟁 강화)	• 진입 허용, 자회사 분리 의무화 곤란 ※ 네트워크 (동등)접근권 제도적 보장(공정경쟁 강화)
사업권역	• 전국 77개 권역 유지 전제 • 지역면허/전국면허 가능 • 사업자의 Cream-Skimming 방지	• 전국 사업권역(사업자 자율)

〈표 3-4〉 IPTV 도입방안

구분	사업자		사업내용	규제이슈	적용법률	주무부처
콘텐츠 사업 (Content)	양방향 콘텐츠 (non-linear content)	일반 콘텐츠 사업자 (CP 등 부가통신 사업자)	콘텐츠 공급 (SMS, 게임, 인터넷, 오락, VoD 등)	내용심의 광고	전기통신 사업법	방통위
	일방향 콘텐츠 (linear Content)	방송 콘텐츠 사업자 (PP 등 방송사업자)	콘텐츠 공급 (실시간 방송)	내용심의 광고· 편성	광대역 융합 서비스 사업법 (방송법 준용)	방통위
전송사업 (Carriage)	기간통신 사업자, 다음, 네이버 등 인터넷포털, 곰TV 등 인터넷 방송사업자, 기타		가입자 관리 요금부과	동등접근 공정경쟁 이용자보호 정보보호	광대역 융합 서비스 사업법 (통신법 준용)	방통위

3-8 Single-Sign-On의 개념

여러 개의 사이트를 운영하는 대기업이나 인터넷 관련 기업이 각각의 회원을 통합 관리할 필요성이 생김에 따라 개발된 방식으로, 1997년 IBM이 개발하였으며 우리나라에는 2000년 코리아닷컴이 처음으로 도입하였다.

Single Sign-On은 사용자가 단 한 번의 인증(로그인)을 통하여 추가적인 인증없이 다른 서비스로의 자동적인 인증을 제공한다. 그러므로 Single-Sign-On은 사용자의 요구에 따라 이동하기 쉬운 Web Service 환경에 매우 적합하다. 개인의 경우 사이트에 접속하기 위하여 아이디와 패스워드는 물론 이름 · 전화번호 등 개인정보를 각 사이트마다 일일이 기록해야 하던 것을 한 번의 작업으로 끝나므로 불편함이 해소되며, 기업에서는 회원에 대한 통합관리가 가능해 마케팅을 극대화시킬 수 있다는 장점이 있다.

3-9 Single Sign-On 모델

일반적으로 사용되는 SSO 시스템은 두 가지 모델로 구분된다. SSO 대상 애플리케이션에서 사용되는 사용자 인증방법을 별도의 SSO 에이전트가 대행해주는 Delegation(인증 대행) 방식과 SSO 시스템과 신뢰관계를 토대로 사용자를 인증한 사실을 전달받아 SSO를 구현하는 Propagation(인증정보 전달) 방식으로 구분된다.

Delegation 방식(그림 3-22)은 대상 애플리케이션의 인증 방식을 변경하기 어려울 때 많이 사용된다. 대상 애플리케이션의 인증 방식을 전혀 변경하지 않고, 사용자의 대상 애플리케이션 인증 정보를 에이전트가 관리해 사용자 대신 로그온 해주는 방식이다. 즉 Target Server 1을 로그온 할 때 User1이 alice/alice라는 ID/ PWD가 필요하다면, 에이전트가 이 정보를 가지고 있고, User1이 Target Service 1에 접근할 때 에이전트가 대신 alice/alice ID/PWD 정보를 전달해서 로그온시켜 준다.

Propagation 방식은 통합 인증을 수행하는 곳에서 인증을 받아 대상 애플리케이션으로 전달할 토큰(Token)을 발급받는다. 대상 애플리케이션에 사용자가 접근할 때 토큰을 자동으로 전달해 대상 애플리케이션이 사용자를 확인할 수 있도록 하는 방식이다. 웹 환경에서는 쿠키(Cookie)라는 기술을 이용해 토큰을 자동으로 대상 애플리케이션에 전달할 수 있다. 이러한 웹 환경의 이점으로 웹 환경에서의 SSO는 대부분 이 모델을 채택하고 있다.

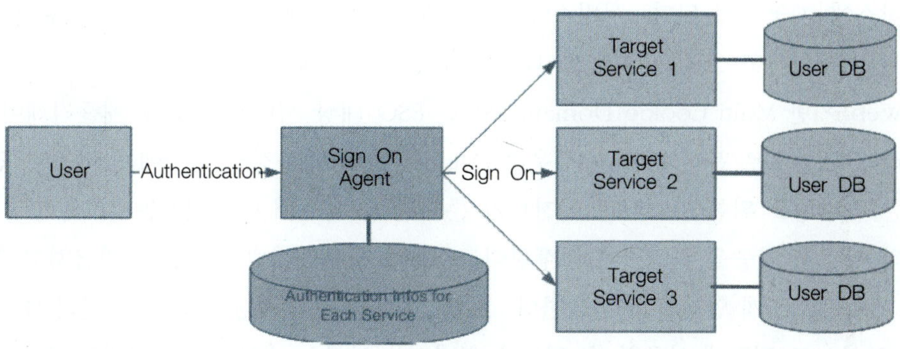

[그림 3-22] SSO Delegation Model

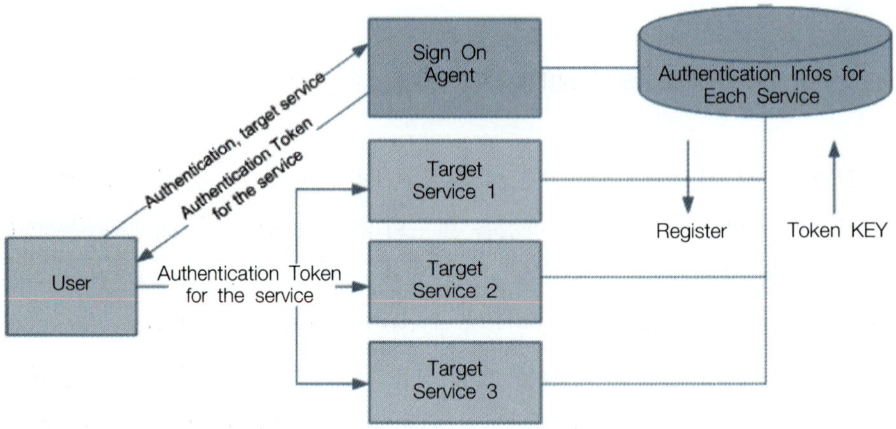

[그림 3-23] SSO Propagation Model

Delegation & Propagation 방식은 웹 환경이라고 하더라도 Propagation 방식이 모두 적용될 수는 없다. 특히 웹 애플리케이션의 변경이 전혀 불가능하고 사용자 통합이 어려운 경우 Delegation 방식을 사용하게 된다. 또한, 대상 애플리케이션들이 많이 있고 애플리케이션의 특성들이 다양한 경우 각 애플리케이션에 Delegation 방식과 Propagation 방식을 혼용해서 전체 시스템의 SSO를 구성한다.

Web 기반 One Cookie Domain SSO는 SSO 대상 서비스와 응용 애플리케이션들이 하나의 Cookie Domain안에 존재할 때 사용된다. 일반적인 기업 내부의 컴퓨팅 환경이다. 통합인증을 받은 사용자는 토큰을 발급받게 되고, 이 토큰은 Cookie Domain에 Cookie로 설정되어 Cookie Domain 내의 다른 서비스로 접근할 때 자동으로 토큰을 서비스에 제공하게 된다. 서비스에서 동작되는 SSO 에이전트는 토큰으로부터 사용자 신원을 확인하고 요청된 자원에 대한 접근을 허가 해준다.

Web 기반 Multi Cookie Domain SSO는 SSO 대상 서비스와 응용 애플리케이션들이 여러 도메인으로 분산돼 있을 경우다. Multi Domain 환경인 경우에는 사용자 인증 및 토큰의 발행을 위한 마스터 에이전트가 존재한다. 마스터 에이전트는 각 서비스 에이전트의 사용자 인증을 위임받아 수행한다. 인증된 사용자에게는 토큰을 발급하고 각 서비스 에이전트에게 안전하게 전달한다. 또한, 에이전트가 해당 토큰을 자신의 Domain에서 Cookie로 저장해 사용할 수 있도록 한다. 각 서비스 에이전트의 신뢰도 및 SSO 시스템의 보안 레벨에 따라 다음과 같이 두 가지 방식으로 서비스될 수 있다.

1. One Token for All Multi Cookie Domain

One Token for All Multi Cookie Domain은 모든 도메인이 하나의 토큰을 공유한다. 모든 시스템은 서로 신뢰관계를 가져야 한다.

토큰이 하나만 사용되므로 마스터 에이전트는 사용자 인증 및 각 도메인에 대한 토큰 제공에 대해서만 수행하게 돼 에이전트들의 관리 및 구성이 매우 간단하다. 하지만 모든 도메인들이 서로 신뢰관계를 가져야 한다는 제약사항으로 인해 적용대상이 제한적이다. 일반적으로 하나의 기업에서 운영하는 다중 도메인 서비스들을 SSO로 구성할 때 많이 사용된다.

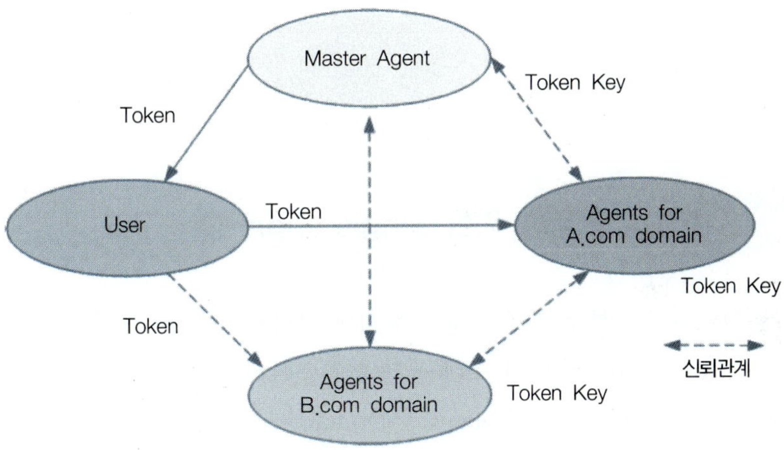

[그림 3-24] One Token for All Multi Cookie Domain

2. 각 쿠키 도메인과 마스터 에이전트를 위한 토큰

각 쿠키 도메인을 위한 One Token과 마스터 에이전트를 위한 One Token은 마스터 에이전트와 각 도메인들이 각각 토큰을 가진다. 마스터 에이전트는 각 도메인의 에이전트들과 신뢰관계를 가지며, 각 도메인의 에이전트들 사이는 신뢰관계를 가지지 않는다. 마스터 에이전트는 각 도메인의 에이전트에게 전달할 사용자 토큰을 발행하므로, 에이전트들의 레벨이나 속성에 따라 토큰에 저장되는 사용자 정보의 양을 조절할 수 있다. 토큰이 각 도메인별로 발행되므로, 도메인별 Replay Attack 등에 대한 취약성이 전체 시스템에 영향을 주지 않는다.

제3장

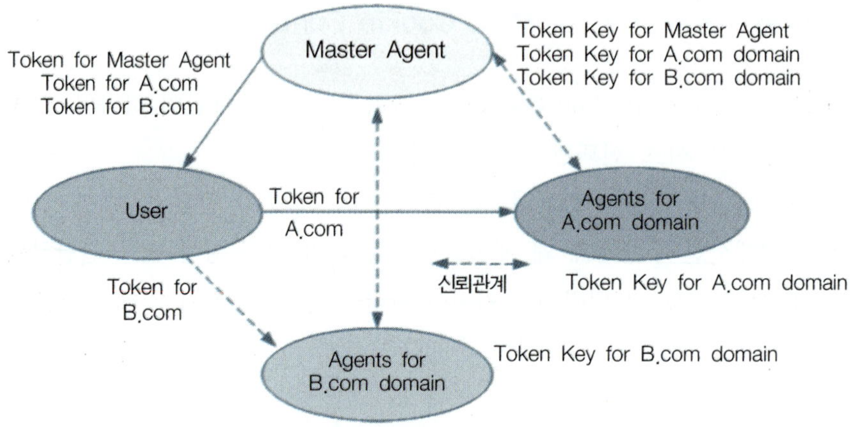

[그림 3-25] 각 도메인과 마스터 에이전트를 위한 하나의 토큰

3-10 IPTV 환경을 위한 Single Sign-On 구조

Security Domain은 특정한 접근제어 정책에 따라서 자원을 관리하고 제어하는 역할을 한다. Security Domain 내의 subject가 다른 Security Domain의 자원에 대해 접근을 요청할 때, subject는 최초의 Security Domain에서 정의되어야 하고 Domain 간에 상호 신뢰(Mutual trust-relationship)할 수 있어야 한다.

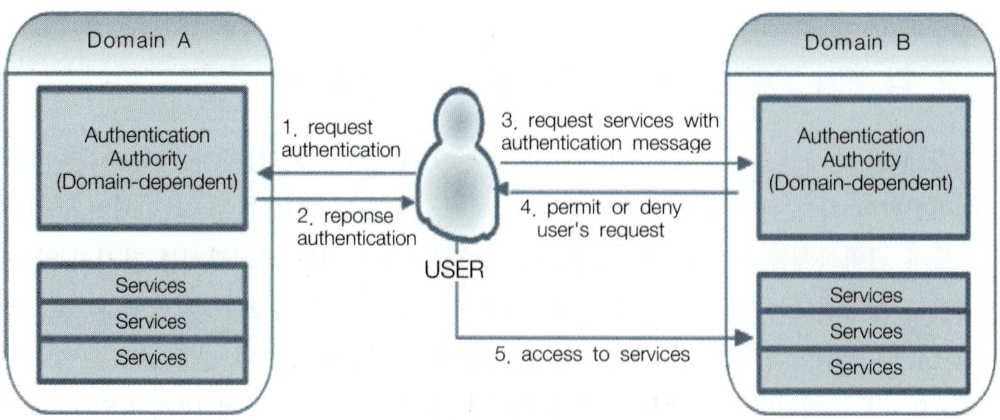

[그림 3-26] Single Sign-On Prototype

특히 IPTV는 IP 기반의 네트워크에서 동작하며, 사용자의 의지에 따라 빈번한 도메인 간의 이동이 이루어지기 때문에 SSO은 매우 유용하고도 필수적인 요소라고 할 수 있다. [그림 3-26]은 서로 다른 Domain 간에 일어나는 사용자 인증 방식에 대한 Single Sign-On의 Prototype이다.

3-11 IPTV 환경을 위한 SSO 방법

Single Sign-On은 두 가지 방식으로 동작할 수 있다.

다음 두 방식 중에서 중앙저장소 방식의 접근은 빈번한 사용자 정보의 이동으로 인한 개방형 네트워크에서의 보안이 비교적 취약하며 일관된 보안정책을 제시함으로써 다양한 서비스 환경을 가지고 있는 IPTV의 개발과 확장성 제공에는 적합하지 않고, 메시지 첨부 방식은 각 도메인들 간의 보안정책에 관계없이 사용자의 정보를 원활하고 안정적으로 관리/제어할 수 있으므로 분산 서비스를 지원하는 IPTV 환경에 더욱 적합할 것으로 생각된다. 메시지 첨부 방식 중 SAML은 사용자 정보에 대한 보안성과 다양한 개발 환경에 적용할 수 있는 호환성을 가지고 있는 Method여서 다양한 애플리케이션에 대한 각각의 제어 방안이 난립하는 것을 통합된 플랫폼으로 전환할 수 있고, 일관된 보안정책의 일괄 적용으로 보안성도 높아지며, 개발자가 Business Logic에만 전념하게 함으로써 기존 및 신규 애플리케이션에 대한 개발자의 개별 보안 모듈 코딩 작업의 증가로 인한 비용을 줄일 수 있을 것이다.

1. 중앙저장소 방식

중앙저장소 방식(Central repository)은 사용자의 기존 ID를 삭제하고 중앙저장소로부터 새로운 ID를 할당받은 후 서비스에 접근할 때 새로운 ID를 사용해야 한다. 이 접근방식은 단일 도메인 서비스를 위한 구성에 적합하다. 모든 사용자의 정보가 중앙저장소로 저장되기 때문에 각 도메인의 보안정책은 중앙저장소를 따라야 하고 사용자 정보에 대한 제어가 어려워진다. 또한, 이 접근방식은 확장성을 기대하기도 힘들고 IPTV의 분산 서비스 환경에 적합하지 않다.

2. 메시지 첨부 방식

메시지 첨부(Message attachment) 방식은 다양한 보안 토큰을 이용하여 사용자의 최초 접근시에만 인증을 받으면 다른 도메인이나 서비스로 이동시에 추가적인 작업 없이 사용자 인증이 가능하고, 티켓 등의 암호화된 정보를 주고받기 때문에 공개되어 있는 네트워크 환경에서 보안성이 우수하여 빈번한 서비스 이동이 예상되는 IPTV 환경에서 첫 번째 방식보다 보안이나 사용자 편의면에서 월등한 성능을 보여준다.

3-12 IPTV 환경에서의 Single Sign-On 응용

Single Sign-On을 적용하여 IPTV 환경에서 서로 다른 도메인을 오가며 서비스를 사용하는 사용자들의 빈번한 인증으로 인한 번거로움을 줄여줄 새로운 구조(그림 3-27)를 제안한다.

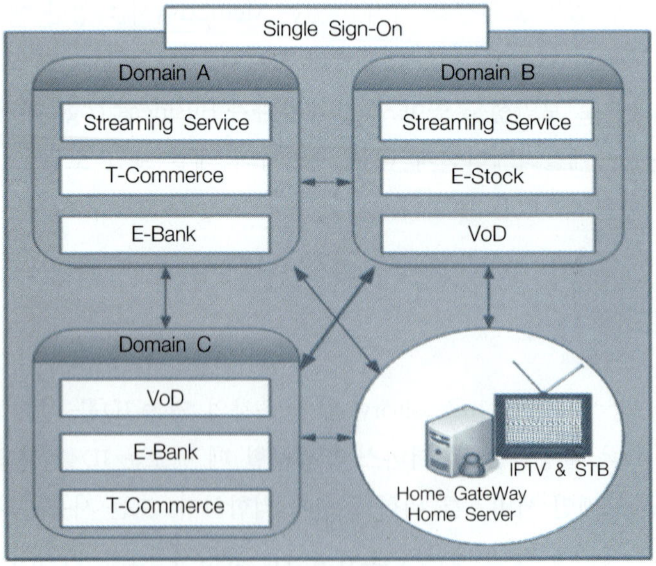

[그림 3-27] IPTV를 위한 Single Sign-On

제안한 방식에 대한 과정은 [그림 3-28]의 Sequence Diagram에서 확인할 수 있다. 다이어그램의 각각의 박스는 이 과정에서 수반된 실체를 표현하고, 화살표는 메시지의 전송 및 SOAP 메시지를 포함한 메시지의 전달경로를 표현한다. 각각의 Part는 상호 신뢰할 수 있는 관계이다.

Sequence Diagram 각각의 단계는 다음과 같다.

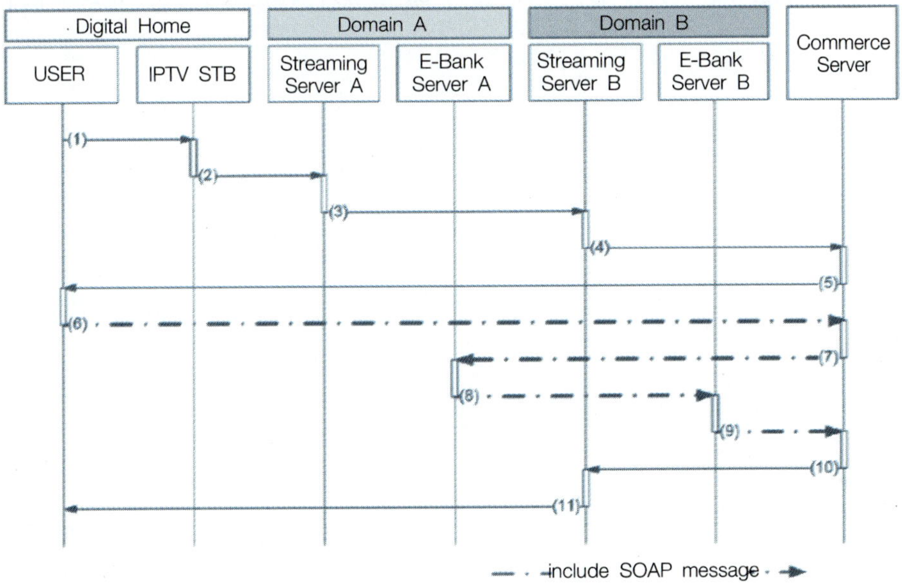

[그림 3-28] Single Sign-On 구조의 시퀀스도

① 사용자가 IPTV STB에게 신호를 주어 IPTV의 홈쇼핑 채널(Streaming Server A)을 시청하기 위해 작동시킨다.(각 도메인의 홈쇼핑 채널은 무료 서비스임을 가정한다)

② IPTV STB는 Streaming Server A에 접근하여 사용자에게 해당 채널을 보여준다.

③ 사용자의 요구에 따라서 다른 도메인의 홈쇼핑 채널(Streaming Server B)에 접근한다.

④ 이전 채널보다 더 싼 가격에 물건을 판매하는 것을 확인한 사용자는 물건을 구매하고자 결제신청 신호를 주어 Commerce Server에 접근한다.

⑤ Commerce Server는 결제를 위해 사용자에게 개인인증서를 요구한다.

⑥ 사용자는 개인인증서를 Commerce 서버에 확인시키고, E-Bank Server A에서 결제 하도록 지시한다.

⑦ SOAP 메시지에 사용자 인증을 확인했음을 알리는 정보를 담아 E-Bank Server A

에 접근해보지만 잔고가 부족함을 알게 되고, 사용자에게 알려 E-Bank Server B에서 결제하도록 요청받는다.

⑧ SOAP 메시지와 함께 E-Bank Server B에 접근하여 결제를 한다.

⑨ 결제가 끝났음을 Commerce Server에 전달하면

⑩ Commerce Server는 Streaming Server B에 위의 사실을 알리고

⑪ Streaming Server B는 화면을 통해 결제가 완료되었음을 사용자에게 전달한다.

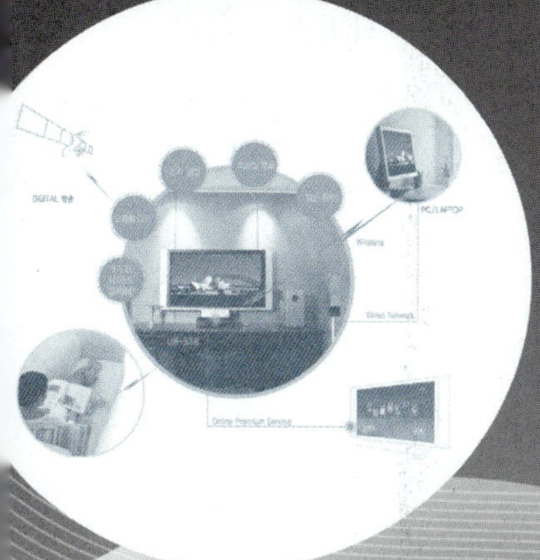

제 4 장
IPTV의 표준화

4-1 IPTV 표준화의 목표

현재 서로 상이한 IPTV 관련 표준을 통일하고, 기존 유·무선 및 방송망 환경을 고려하여 궁극적으로 NGN으로 통합하기 위해 가장 적합한 IPTV 망구조 및 서비스 시나리오를 개발하여야 한다. 특히, 국내뿐만 아니라 국제적으로 통일된 IPTV 단말 및 미들웨어 규격을 통하여 세계 어디에서나 동일한 IPTV 서비스 환경을 유지하여야 한다.

① Architecture and Requirement of IPTV
② QoS and Performance Aspects
③ Service Security and Contents Protection Aspects
④ IPTV Network Control
⑤ End Systems and Interoperability aspects
⑥ Middleware, Application and Content Platforms

4-2 IPTV 표준화 필요성

통방융합의 새로운 패러다임인 IPTV에 대한 기술 표준은 국제적으로는 유럽의 디지털 방송 표준인 DVB, 액세스와 코덱 및 서비스 아키텍처에 관한 ITU-T, IP 멀티캐스트 및 전달에 관한 IETF, IP망에서의 QoS 보장을 위한 IEEE를 중심으로 분야별 추진중이다. 국내에서는 ITU-T의 IPTV 세계 표준화를 위한 전문그룹 구성 제안에 힘입어 정통부, TTA, ETRI를 중심으로 IPTV 포커스그룹이 발족될 예정이다. 전 세계적으로 IPTV 상용서비스가 시작되었지만 현재 국내에서는 법규문제로 상용 서비스가 지연되고 있으며, 단지 솔루션 및 셋톱박스 업체의 기술수출이 부분적으로 이루어지고 있는 형편이다. 향후 본격적으로 서비스가 진행될 때 서비스 제공사업자 간 장비와 기술규격에 대한 호환성 문제가 예상되므로 사전에 표준화 항목을 선정하여 각 항목의 상세기술 스펙을 조율하는 것이 필요하다.

특히 IPTV 표준화가 이루어지면 통신사업자는 표준화된 솔루션 도입으로 시스템 간 상호연동을 쉽게 하고 구축비용을 절감할 수 있으며 객관적으로 솔루션을 평가할 수 있다. 솔루션 공급자는 상이한 사업자 요구부담을 줄이고 표준화된 제품생산을 통해 생산비 절감 및 품질향상을 꾀할 수 있다. 콘텐츠 제공자는 코덱별 콘텐츠를 매번 제작하는 어려움을 피해 표준화된 제작으로 여러 곳에서 활용할 수 있는 다용도의 콘텐츠 제작이 가능하다. 따라서 현재 상용중인 다양한 서비스 기술과 서비스 제공자의 요구사항을 상세히 고찰하고 검토하여 사용자가 만족할 수 있는 IPTV 서비스를 위한 최적의 기술 표준화가 필요하다.

IPTV 표준화는 BcN 기반에서 통신 · 방송 융합 서비스 중 가장 시장 가능성이 높은 Killer Application이다. 그러나 현재 각국에서 서로 상이한 규격으로 표준안을 추진하고 있어 이를 통일하기 위해 ITU-T IPTV FG 표준화 작업을 통하여 ITU-T SGs 및 SDO, 포럼, 컨소시엄들과의 협력을 강화하고, 국제적으로 적용 가능한 글로벌 IPTV 표준을 정의 및 개발할 필요가 있다.

① 국내 IPTV 표준화 기술을 국제표준에 반영 : 국내 IPTV 사업자 및 장비업체들의 표준화 입장 및 기술을 국제표준에 반영하고 국제 IPTV 표준화에서의 주도권을 확보하고자 한다.

② IPTV 기술과 사업을 국제 시장개척에 활용 : 국내 IPTV 기술 및 서비스의 향후 세계 시장개척에 전략적으로 활용한다.

③ 국내 IPTV 서비스 활성화를 위한 기반을 마련 : 현재 국내에서는 KT를 비롯한 통신사업자, 삼성, LG 및 중소기업 등에서 상당히 앞선 기술을 이미 확보하고 있으나, 국내 시장의 부재로 말미암아 이를 세계 시장에 효과적으로 진출하지 못하고 있는 상황이다. IPTV FG 국제표준화회의를 통하여 국내 기술의 우수성을 입증하고, 나아가 국내 서비스 활성화에 많은 기여를 하게 될 것이며, 국내 법규의 제정을 촉진시키는 데 직 · 간접적으로 많은 영향을 주게 될 것이다.

4-3 IPTV Vision 및 기대효과

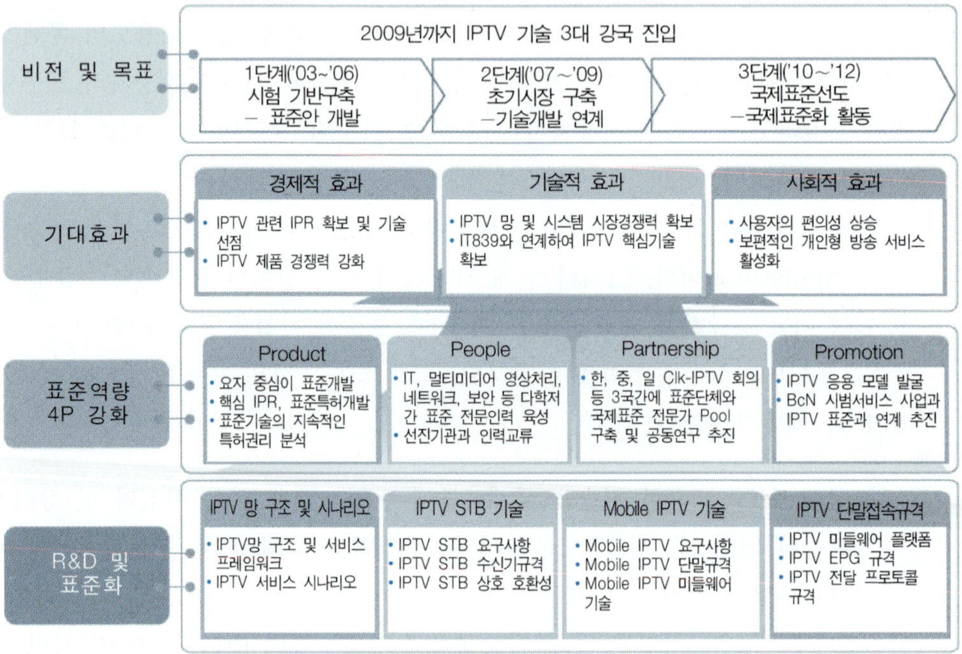

[그림 4-1] IPTV 기술 표준화의 비전 및 기대효과

국내에 IPTV 망구축 및 서비스 보급 후 수년 내에 1,000만 명 이상의 IPTV 가입자 확보가 예상되며, 궁극적으로 유선 및 무선 전화의 매출 규모를 능가하는 시장 형성이 가능할 것이다. 경제적인 측면에서 인터넷 서비스 이후 VoIP 등장으로 기존 유선 및 무선 전화 시장이 급격히 감쇠하는 것을 상쇄할 중요한 응용 서비스로 IPTV가 등장할 것이며, 이는 신규로 기존 전화 서비스 시장 규모를 능가하는 대규모 시장이 형성될 것이다.

기술적인 측면에서 IPTV 기술은 기존 데이터 및 음성 서비스 위주의 망에서 시각효과를 갖는 멀티미디어 시장으로 본격적으로 진입하는 교두보 역할을 할 것이다. 또한, 이는 BcN망의 통합효과를 가져오는 최대 수혜자로서 다양한 멀티미디어 서비스 시장을 개척하는 시작점이 될 것이다.

산업적인 측면에서 기존 통신사업자 및 가입자로 구분되는 정보통신 먹이사슬 관계를 콘텐츠 공급자 및 서비스 사업자의 역할이 체계적으로 정립되어 콘텐츠 공급자, 서비스 사업자, 네트워크 사업자 및 가입자로 이어지는 먹이사슬 관계가 미래 사이버 마켓 환경에 맞도록 재구성되는 환경이 만들어질 것이다.

4-4 IPTV 표준화 대상항목의 정의

〈표 4-1〉 표준화 대상항목의 정의

구분	정의	표준화 대상항목	표준화 내용
IPTV 구조 및 서비스 시나리오	IPTV 서비스 망 구조를 정의하고, 채널 기반, Web기반 및 통신기반 IPTV 서비스 시나리오	IPTV requirements	IPTV 서비스를 위한 망기능, 사용자, 및 서버 요구사항
		IPTV network architecture	IPTV 서비스를 위한 망기능 구조
		IPTV Service Scenario	다양한 단말 및 미들웨어 환경에 따른 서비스 시나리오
IPTV QoS 및 보안	IPTV 콘텐츠를 안전하게 가입자까지 전달하기 위해 필요한 망 전달 품질 및 보안	IPTV QoS	IPTV 서비스에 대한 가입자 체감 품질 규격(QoE)
		IPTV Security	IPTV 콘텐츠 보안 규격(DRM, CAS, CP)
		IPTV Security	IPTV 콘텐츠 보안 규격(DRM, CAS, CP)
IPTV 단말/응용 기능 규격	IPTV Set Top Box를 포함하여 IPTV 단말접속 및 응용 규격	STB Requirement of IPTV	IPTV 서비스를 위한 Set Top Box 규격
		End User Functional Specification of IPTV	IPTV 종단 단말 기능 규격

4-5 IPTV 서비스 표준화 현황

IPTV에 대한 표준화는 ITU, DSL Forum, DVB(Digital Video Broadcasting), IETF (Internet Engineering Task Force), ETSI(European Telecommunications Standards Institute), ISMA(Internet Streaming Media Alliance), DLNA(Digital Living Network Alliance), CEA(Consumer Electronics Association), ATIS(Alliance for Telecommunications Industry Solutions) 등에서 활발하게 추진되고 있으며, 방송사업자나 통신 서비스 사업자 관점의 규격연구가 이루어지고 있다. 특히, 광대역 통신망 사업자 관점에서의 IPTV 표준화를 연구하고 있는 기구는 ATIS, ITUT 및 DSL Forum 등이 있다. IPTV에 대한 상위 프레임워크로서 서비스에 대한 정의, 요구사항 정의, 서비스 구조 등을 정의하고 이를 기반으로 서비스 품질, 콘텐츠 보안, 미들웨어, 상호운용 규격 등의 세부 기술에 대한 규격 정의를 추진하고 있다.

1. ATIS의 표준화 현황

ATIS 내에 2005년 6월에 결성된 IPTV IIF(Interoperability Forum)에서 IPTV 관련 규격을 연구중이다. BT, Verizon, BellSouth를 비롯한 메이저급 통신회사, Alcatel, Cisco, Juniper, Ericsson 등의 장비회사, Microsoft, Telcordia 등의 응용 솔루션 업체 등 약 50 여개 업체가 적극적으로 참여중이며, IPTV 규격 연구에 있어서 현재 가장 앞서 있는 상태이다.

IPTV를 엔터테인먼트 비디오 및 이와 관련된 서비스를 안전하고 신뢰성 있게 가입자에게 전달하는 서비스로 규정한다. IPTV를 위한 표준규격 간의 조정, IPTV 서비스 제공에 장애가 되는 이슈들의 해결 및 IPTV 서비스 및 망간 연동의 활성화, IPTV 관련 이슈들의 NGN 반영 등을 목표로 활동하고 있다.

이를 위해 ARCH(Architecture), DRM, TI(Testing & Interoperability), QoSM(Metadata, Quality of Service Metrics) 등의 5개 TF(Task Force)로 조직을 구성하였다. IPTV를 위한 상위 구조 정의(Reference architecture for IPTV), 콘텐츠 보호(DRM) 및 콘텐츠 전달의 사용자 체감 품질(QoE : Quality of Experience)을 위한 표준화된 지표 정의, 단일망을 통해 비디오/오디오/데이터의 통합 전달시의 품질보장을 위해 종단 간에 요구되는 기능의 정의, 비디오 전달망 간의 상호연동 및 각 컴포넌트에 대한 시험 기준, 메타데이터 등에 대한 연구가 진행중이다.

ATIS는 IPTV 서비스 구조를 3단계로 나누어 연구하고 있다. 첫 번째 단계는 가장 기본적인 규격으로서 기본 서비스에 대한 네트워크 및 서비스에 대한 접속, 서비스의 발

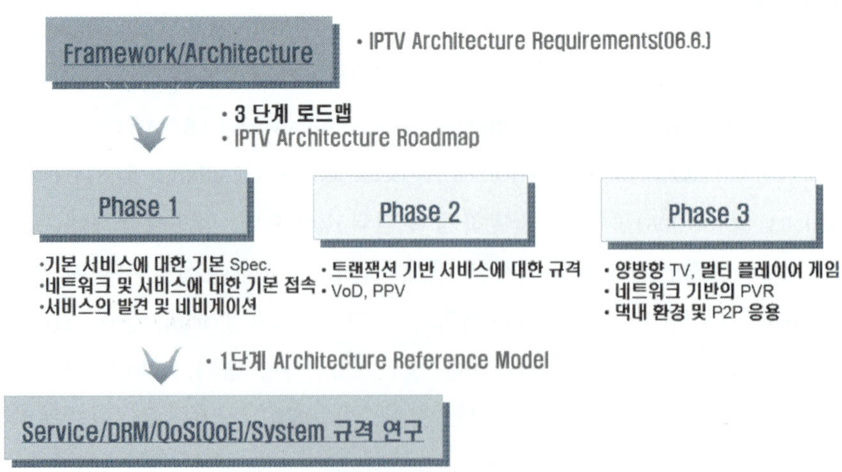

[그림 4-2] ATIS 3단계 연

견 및 내비게이션 등을 위한 기본적인 규격을 정의한다. 2단계에서는 VoD나 PPV(Pay-Per-View)와 같은 트랜잭션 기반 서비스에 대한 규격을 연구하게 되며, 마지막 단계에는 양방향 TV, 멀티플레이어 게임, 네트워크 기반의 PVR(Personal Video Recorder), 댁내 환경 및 P2P 응용들에 대한 규격을 연구할 예정이다.

2. ITU-T의 표준화 현황

ITU-T에서의 IPTV 관련 표준연구는 2006년 6월에 만들어진 FG IPTV(Focus Group on IPTV) 그룹 주도하에 진행되고 있다. FG IPTV는 글로벌 IPTV를 위한 표준규격 제정을 목표로 한다. 이를 위해 기존의 ITU의 연구반이나 다른 표준기구들에서 이미 진행중인 IPTV 관련 표준 연구 결과들을 통합·조정하고, 추가적으로 필요한 규격에 대한 연구를 촉진하는 것을 목표로 하며, 1년간 한시적으로 활동하는 것으로 되어 있다.

FG IPTV에서는 IPTV를 "서비스에서 요구하는 QoS/QoE를 제공하고, 보안과 양방향성 및 신뢰도를 보장할 수 있도록 관리될 수 있는 IP 기반의 망을 통해 텔레비전/비디오/오디오/텍스트/그래픽/데이터 등을 전달하는 멀티미디어 서비스"로 정의한다.

FG IPTV는 6개의 작업반으로 구성되어 있는데, 구조 및 요구사항 등의 상위 프레임워크 정의를 담당하는 WG1 외에 QoS 및 품질 관련(WG2), 서비스 시큐리티 및 콘텐츠 보호 관련(WG3), 단말 및 상호운용성 관련(WG5), 미들웨어, 응용 및 콘텐츠 플랫폼 관련(WG6) 등의 작업반이 있다.

현재까지 두 차례(2006. 6 및 2006. 10) 회의가 개최되었으며, 초기연구 단계여서 WG1에서 주도하고 있는 요구사항 및 상위 구조정의를 우선적으로 추진중이다. 요구사항은 구조 및 서비스 외에 5개 작업반에서 다루고 있는 이슈들에 대한 상위 레벨 요구사항을 도출하고 있으며, ATIS 및 DVB의 표준내용이 적극적으로 반영되고 있다. 서비스 구조에 대해서는 기준 모델 및 구조를 정의하고 있는데, NGN 및 non-NGN 환경에서의 서비스 구조를 정의하되, NGN 기반 망의 경우 IMS를 이용하는 경우와 그렇지 않은 경우의 구조를 정의하려고 하고 있다.

2007년 1월 개최 예정인 3차 회의에서 프레임워크 정의가 어느 정도 마무리될 수 있을 것으로 기대된다. 프레임워크가 정의되면 기존 규격들이나 다른 표준기구들에서 진행중인 규격들 간의 차이점들을 분석하여(Gap Analysis), 이들을 어떻게 조정·통합해야 할지를 결정하고, 이를 기반으로 ITU-T내 연구반 및 타 표준기구들에 대해 입력을 주게 될 것이다.

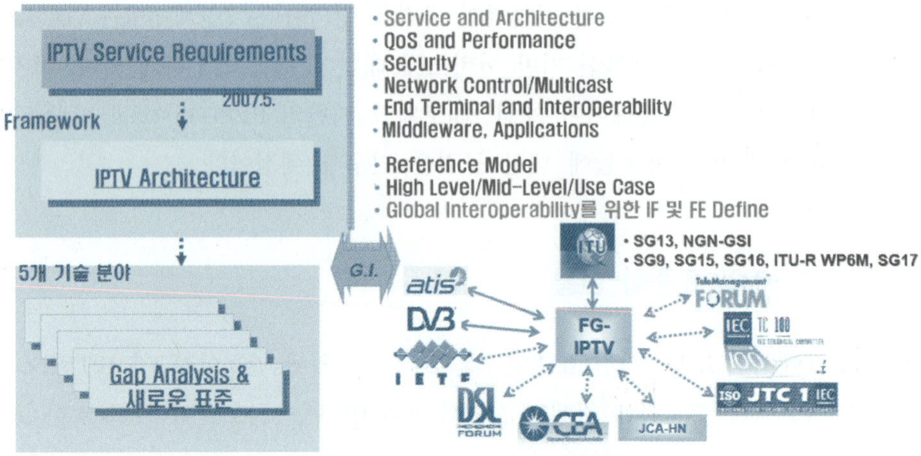

[그림 4-3] ITU-T FG IPTV

그러나 미들웨어나 시큐리티, 단말 규격들처럼 산업적 파급 효과가 큰 기술들에 대해 기존 규격들을 통합·조정하는 것은 현실적으로 상당히 어려울 수밖에 없어서 향후 어떤 방향으로 진행될지는 좀 더 두고 봐야 할 것이다. 아울러, 2007년 4월에 열릴 SG13 회의에서 FG IPTV의 추진 현황이 보고될 예정인데, 이때 1년으로 예정된 FG IPTV의 활동기간이 연장될 것으로 예측된다.

3. 국내·외 표준화 현황 및 전망

1) 국 내

2006년 4월에 TTA 산하 IPTV PG가 결성하여 국내 IPTV 표준화 활동을 시작하였고, 2007년 중순에 IPTV Focus Group의 중요 표준문서를 바탕으로 국내 표준화 작업이 시작되었다.

2) 국 외

2006년 4월 IPTV Consultation 회의 개최 후 IPTV Focus Group을 결성하기로 의결하여 2006년 7월에 1차 IPTV Focus Group 회의를 개최하였다.

4. 표준화 대상항목별 현황분석표

〈표 4-2〉 표준화 대상항목별 현황분석표(1)

구 분		IPTV 구조 및 서비스 시나리오		IPTV 서비스 품질 및 보안 규격		IPTV 단말 기능 규격	
표준화 대상항목		IPTV 요구사항 및 망구조	IPTV 서비스 시나리오	IPTV QoS	IPTV Security	IPTV Set Top Box 시스템	IPTV 단말/응용 접속 규격
시장현황 및 전망	국내	테스트베드 구성 중	데모 수준	IP 서비스 품질규격	인터넷 보안 규격	Digital TV용 규격	전화, 인터넷, 케이블 규격
	국외	주요 국가별 약 100만 명 규모(최근 급증)	시장 도입 및 다양한 모델 개발중	초기 시장 도입	초기 시장 도입	초기 시장 도입	초기 시장 도입
기술개발 현황 및 전망	국내	실험 모델 수준	실험 모델 수준	시작품 수준	시작품 수준	시작품 수준	시작품 수준
	국외	Defecto 표준 개발, IPTV Focus Group 표준화 작업에 대응	Defecto 표준 개발, IPTV Focus Group 표준화 작업에 대응	Defecto 표준 개발, IPTV Focus Group 표준화 작업에 대응	Defecto 표준 개발, IPTV Focus Group 표준화 작업에 대응	Defecto 표준 개발, IPTV Focus Group 표준화 작업에 대응	Defecto 표준 개발, IPTV Focus Group 표준화 작업에 대응
기술개발 수준	국내	시제품	시제품	시제품	프로토타입	시작품 수준	시작품 수준
	국외	시제품	시제품	시제품	프로토타입	시제품	시제품
	기술격차	0년	0년	0년	0년	1년	1년
	관련제품	IPTV망	IPTV 시나리오	IPTV망	IPTV망, 단말	IPTV STB	IPTV STB
IPR 보유현황	국내	보통	보통	보통	보통	보통	보통
	국외	보통	높음	보통	높음	높음	보통
IPR 확보 가능 분야		망 리소스 제어 방식	제어 및 EPG 시나리오	QoS 보장 메커니즘	보안 알고리즘	시스템 규격	접속 규격
IPR 확보 가능성		보통	높음	보통	높음	높음	보통
표준화 현황 및 전망		De Facto 표준 있음	De Facto 표준 있음	De Facto 표준 있음	De Facto 표준 있음	De Facto 표준 있음	De Facto 표준 있음
표준화 기구/단체	국내	TTA	TTA	TTA	TTA	TTA	TTA
	국외	IPTV FG, DSLF, IIF, DVB	IPTV FG, DSLF, IIF, DVB	IPTV FG, DSLF, IIF, DVB	IPTV FG, DSLF, IIF, DVB	IPTV FG, DSLF, IIF, DVB	IPTV FG, DSLF, IIF, DVB
	국내 참여 업체 및 기관현황	ETRI, 삼성, LG, ICU	ETRI, 삼성, LG, ICU	ETRI, 삼성, LG, ICU	ETRI, 삼성, LG, ICU	ETRI, 삼성, LG, ICU	ETRI, 삼성, LG, ICU
	국내기여도	보통	높음	높음	높음	높음	보통
표준화 수준	국내	표준안 개발/검토	표준안 개발/검토	항목승인	항목승인	항목승인	항목승인
	국외	표준안 개발/검토	표준안 개발/검토	표준안 개발/검토	표준안 개발/검토	표준안 개발/검토	표준안 개발/검토
국내 표준화의 인프라 수준(시장요구정도 및 참여도)		높음	높음	매우 높음	매우 높음	매우 높음	매우 높음

〈표 4-3〉 표준화 대상항목별 현황분석표(2)

구 분		IPTV 단말/응용접속		Mobile IPTV	
표준화 대상항목		IPTV EPG 규격	IPTV 미들웨어 플랫폼	Mobile IPTV를 위한 망 및 서비스 구조	실시간 멀티캐스트 핸드오버 규격
시장현황 및 전망	국내	테스트베드 구성중	데모 수준	데모 수준	
	국외	주요 국가별 약 100만 명 규모(최근 급증)	시장 도입 및 다양한 모델 개발 중	초기 시장단계	시작단계
기술개발 현황 및 전망	국내	실험 모델 수준	실험 모델 수준	시작품 수준	시작품 수준
	국외	DeFecto 표준 개발, IPTV Focus Group 표준화 작업에 대응	DeFecto 표준 개발, IPTV Focus Group 표준화 작업에 대응	DeFecto 표준 개발 IPTV Focus Group 표준화 작업에 대응 DeFecto 표준 개발중, IPTV Focus Group 표준화 작업에 대응	
기술개발 수준	국내	시제품	시제품	시제품	시제품
	국외	시제품	시제품	시제품	시제품
	기술격차	0년	0년	0년	0년
	관련 제품	IPTV EPG	IPTV 미들웨어 플랫폼	IPTV 서비스	IPTV 핸드오버 규격
IPR 보유현황	국내	보통	보통	보통	보통
	국외	보통	높음	보통	높음
IPR 확보 가능분야		EPG 규격	미들웨어 플랫기술	서비스 시나리오	멀티미디어 핸드오버 규격
IPR 확보 가능성		높음	보통	매우 높음	높음
표준화 현황 및 전망		De Facto 표준 있음	De Facto 표준 있음	De Facto 표준 있음	De Facto 표준 있음
표준화 기구/단체	국내	TTA	TTA	TTA	TTA
	국외	IPTV FG, DSLF, IIF, DVB	IPTV FG, DSLF, IIF, DVB	IPTV FG, DSLF, IIF, DVB	IPTV FG, DSLF, IIF, DVB
	국내 참여 업체 및 기관현황	ETRI, 삼성, LG, ICU	ETRI, 삼성, LG, ICU	ETRI, 삼성, LG, ICU	ETRI, 삼성, LG, ICU
	국내 기여도	보통	높음	높음	높음
표준화 수준	국내	항목승인	항목승인	표준기획	표준기획
	국외	표준안 개발/검토	표준안 개발/검토	표준기획	표준기획
국내 표준화의 인프라 수준 (시장요구정도 및 참여도)		보통	보통	높음	높음

5. 중점 표준화 항목의 표준화 추진전략

1) 중점기술의 표준화 환경분석

(1) 표준화 추진상의 문제점 및 현안 사항

① IPTV 도입을 위한 법, 제도상의 미비점이 있다 : IPTV는 통신법상으로 부가 서비스 영역이나 방송법상으로는 새로운 해석이 필요하며, 기술발전에 맞는 새로운 법, 제도의 정비가 필요하다.

② IPTV 망구축, 서비스 도입, 및 장비개발을 위한 일관된 체계를 수립하여야 한다 : IPTV 요구사항, 망구조 및 시나리오에서부터 QoS 기준, 장비 규격, 및 응용 소프트웨어 개발에 대한 체계적인 관리가 필요하다. 또한, 국내 시장 도입을 위해 IPR 문제에 대한 종합적인 대책이 필요하다.

(2) SWOT 분석 및 표준화 추진방향

〈표 4-4〉 SWOT 분석표

<table>
<tr><td colspan="3" rowspan="4">국내 역량요인
국외 환경요인</td><td colspan="2">감점요인(S)</td><td colspan="2">약점요인(W)</td></tr>
<tr><td>시장</td><td>기존 전화 및 인터넷 시장이 포화, 신규 부가 서비스 시장이 필요</td><td>시장</td><td>통신 시장과 방송 시장이 분리됨. 법, 제도 체계가 미흡</td></tr>
<tr><td>기술</td><td>프리미엄급 인터넷망 및 시스템 관련 표준이 있음</td><td>기술</td><td>IPTV 기반 응용 서비스 개발 준비 미흡</td></tr>
<tr><td>표준</td><td>프리미엄급 인터넷망 및 시스템 관련 표준이 있음</td><td>표준</td><td>IPTV를 위한 직접적인 표준이 없음</td></tr>
<tr><td rowspan="3">기회요인(O)</td><td>시장</td><td>BcN 시장 도입 시기와 일치</td><td colspan="2" rowspan="3">• 현황분석에 의한 우선순위 : 1
• 세계에서 가장 우수한 BcN 망구축을 바탕으로 IPTV 시장 도입
• BcN 기반 IPTV 융합 서비스 시장 창출
• BcN 환경에서 효과적인 국제표준안 개발
• BcN 기반 IPTV 시스템 시장 선점
〈SO전략 : 공격적 전략(강점사용-기회활용)〉</td><td colspan="2" rowspan="3">• 현황분석에 의한 우선순위 : 2
• BcN 시범 서비스 환경을 IPTV 시범 서비스 환경으로 활용
• 유·무선 환경의 프리미엄 급 IPTV 서비스 개발을 적극적 추진
• 융합형 IPTV 서비스에 대한 세계 시장 선점
〈WO전략 : 만회 전략(약점극복-기회활용)〉</td></tr>
<tr><td>기술</td><td>BcN 기술과 IPTV 기술의 융합으로 시너지 효과 발생</td></tr>
<tr><td>표준</td><td>BcN 기반 IPTV 표준안 개발</td></tr>
<tr><td rowspan="3">위협요인(T)</td><td>시장</td><td>법, 제도 문제로 IPTV 시장 도입 지연</td><td colspan="2" rowspan="3">• 현황분석에 의한 우선순위 : 3
• 기존 망 환경을 최대한 활용하여 IPTV 시범 서비스 시행 및 본 서비스 조기 도입
• 국내 시장 환경에 맞는 IPTV 사업자 법, 제도를 조기에 정비
• IPTV FG 회의를 통해 국제표준안 주도
〈ST전략 : 다각화 전략(강점사용-위협회피)〉</td><td colspan="2" rowspan="3">• 현황분석에 의한 우선순위 : 4
• 시범 서비스와 관련 법, 제도 병행 추진
• IPTV 응용 및 융합 서비스 개발에 집중
• 국내 WiBro, DMB와 결합한 표준 개발을 통한 국제표준선점
〈WT전략 : 방어적 전략(약점최소화-위협회피)〉</td></tr>
<tr><td>기술</td><td>IPTV 융합 기술 경쟁력이 미흡</td></tr>
<tr><td>표준</td><td>국외 사설 De Facto 표준이 존재</td></tr>
</table>

표준화 추진방향은 다음과 같다.

① 국제 IPTV 표준안을 NGN 환경으로 가정하도록 유도한다.

② 타 국가나 기업이 기 보유하고 있는 IPR로 인해 시장 진입의 어려움을 피하기 위해 IPR 장벽이 가장 낮은 국제표준안으로 유도하여야 한다.

③ 유·무선 초고속 인터넷, WiBro 및 DMB 환경을 IPTV 서비스 시나리오 및 관련 시스템 규격에 반영한다.

④ BcN 기반에서 IPTV 응용 및 융합 서비스 관련 표준안을 주도한다.

(3) 표준화 추진체계

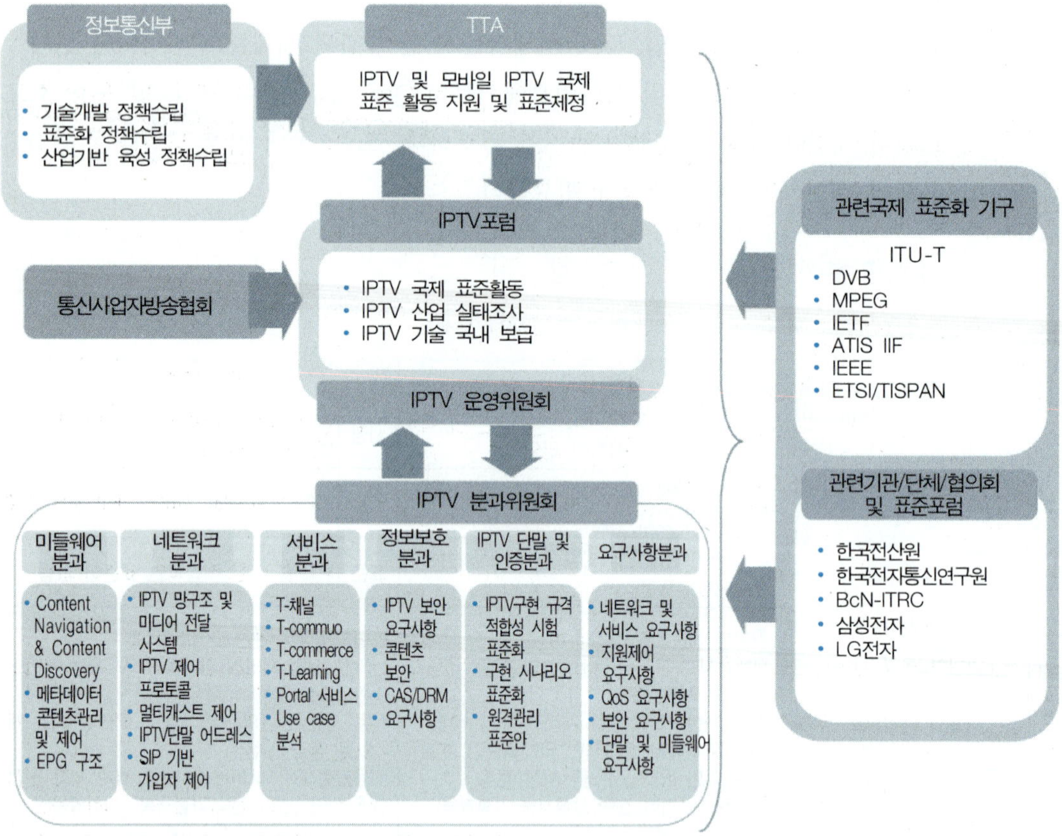

[그림 4-4] IPTV의 표준화 추진체계

2) 중점 표준화 항목 선정

(1) 중점 표준화 항목 선정방법

중점 표준화 항목 선정은 현재 ITU-T에서 진행하고 있는 IPTV Focus Group의 각 Working Group의 Terms of Reference를 국내 서비스 환경에 맞도록 가장 중요한 표준화 항목만 정리하였다.

〈표 4-5〉 표준화 항목 및 내용

구분	정의	중점 표준화 항목	표준화 내용
IPTV 구조 및 서비스 시나리오	IPTV 콘텐츠 제공자, 서비스 사업자, 망사업자 및 가입자 간에 IPTV서비스 망 구조와 서비스 시나리오 기술	IPTV 망 구조 및 서비스 시나리오	IPTV 망 구조, 서비스 제어, 보안, 사용자 요구사항 및 서비스 시나리오
		IPTV 망 구조 및 서비스 제어 프로토콜	IPTV 망을 운영하기 위한 망 리소스 제어 및 서비스 제어 프로토콜
IPTV Qos 및 보안	IPTV 서비스의 사용자의 체감 품질과 보안 기준을 정의	IPTV QoS 규격	IPTV Qos(Quality of Experience)규격
		IPTV 보안 규격	IPTV 서비스를 위한 DMB, CAS, Content Protection규격
IPTV STB	IPTV 콘텐츠를 수신하고, 다양한 부가 서비스를 실현하기 위해 가입자 간에 필요한 셋톱박스 기술	IPTV STB 시스템 규격	IPTV 서비스를 위한 영상처리, 콘텐츠 저장 및 정보 프로세싱 능력
		IPTV STB 망, 단말 접속 규격	IPTV STB의 망 접속 및 사용자 단말 접속 규격
IPTV 단말/응용 접속	IPTV 사용자 접속 환경 및 다양한 서비스 메뉴를 편리하게 조작을 할 수 있는 기술	IPTV EPG 규격	IPTV 서비스 메뉴 실행 및 구성을 위한 GUI 환경 및 콘텐츠 편집가능
		IPTV 미들웨어 플랫폼	IPTV 서비스 비즈니스 실행을 위한 채널 제어 및 메뉴 검색, 보안, 과금 및 시스템 제어 기능
Mobile IPTV	이동 중에서 휴대단말을 이용하여 IPTV 서비스를 제공받을 수 있는 기술	Mobile IPTV 위한 망 및 서비스 구조	이동환경에서 IPTV 서비스를 위한 망 구조 및 서비스 시나리오
		실시간 멀티메스트렌드 오버 규격	실시간 핸드오버 환경에서 IPTV 서비스 연속성 유지

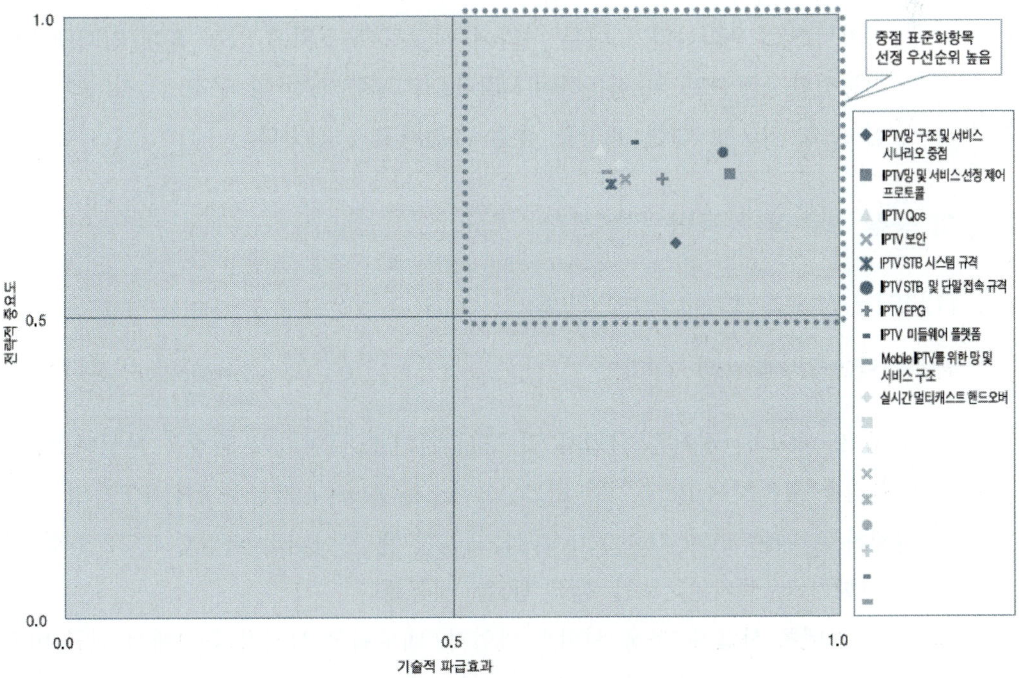

[그림 4-5] 표준화 대상항목별 전략적 중요도 및 기술적 파급효과 분석

(2) 중점 표준화 항목 선정사유

① 전략적 중요도 및 기술적 파급효과의 요소

- IPTV 서비스를 조기 국내에 도입하고, 관련 시장을 창출할 수 있는 기술 분야를 우선적으로 선정하였다.

② 중점 표준화 항목별 선정사유

- 첫째, 정부 측면에서 콘텐츠 사업자, 다양한 응용 서비스 사업자 및 네트워크 사업자 간에 상호공평하고 일관된 서비스 실현을 위하여 망 구조 및 서비스 시나리오를 선정하였다.
- 둘째, 다양한 서비스 사업자 간에 상호 접속이 용이하도록 관련 접속 및 제어 프로토콜을 선정하였다.
- 셋째, 산업체 측면에서는 가정 내에서 IPTV 서비스를 위한 하드웨어 측면에서 STB에 대한 통일된 표준을 통하여 상호 호환성에 문제가 생기지 않도록 시스템 규격을 표준화하고, 망 접속 및 서비스 접속 규격이 요구된다.
- 넷째, 소프트웨어 측면에서 사용자가 다양한 IPTV 단말을 통하여 IPTV 메뉴를 검색하고 선택할 수 있는 EPG(Electric Program Guide) 표준을 선정하였으며, 이러한 환경을 지원하기 위한 미들웨어 플랫폼이 필요하다.
- 마지막으로 우리나라가 다른 나라에 비교하여 우위에 있는 휴대 인터넷 및 무선통신환경을 IPTV와 접목하여 Mobile IPTV를 위한 망 구조 및 시나리오와 핵심 소요 기술에 대한 표준을 중점 추진하고자 하였다.

3) 중점 표준화 항목별 세부전략

(1) IPTV 망구조 및 시나리오 기술

세부전략(안)은 다음과 같다.

① 국내 IP 사업자, 케이블 사업자 및 무선 인터넷 사업자의 환경을 분석하고, 기존 망환경을 고려하여 BcN 기반 IPTV 서비스를 수용이 가능하도록 IPTV 망 구조를 설계하고, 기존 TV에 Interactivity를 제공할 뿐만 아니라 다양한 IPTV 융합 서비스(전화기반, 웹기반, 보안 강화 등)를 제공한다.

② 특히, 콘텐츠 사업자, 응용 서비스 사업자, 네트워크 사업자 측면에서 신규 비즈니스 창출이 가능하도록 시나리오를 개발한다.

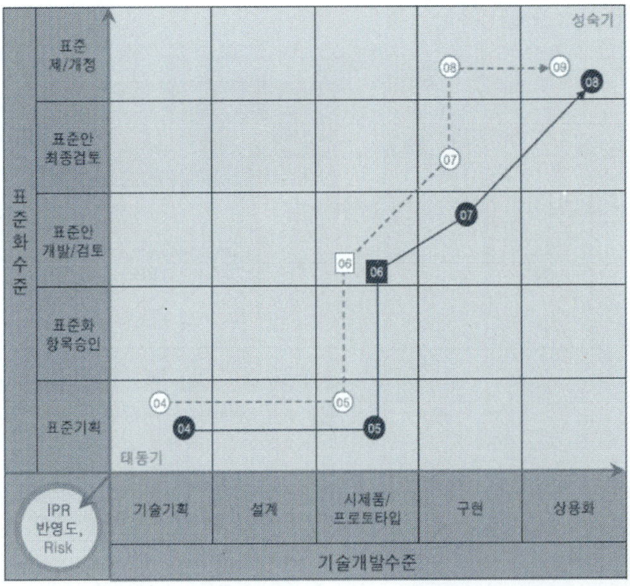

표준화 중요도 고(★★★) 중(★★☆) 저(★☆☆)	국내 개발주체		관련 국제 표준화 기구
	표준개발	기술개발	
★★☆	IPT 포럼	KT, ETRI	IPTV FG IETF, ATIS, ETSI/TISPAN

범례

- 06 : 중점 표준화항목의 국내상태
- 06 : 중점 표준화항목의 국제상태
- → : 중점 표준화항목의 국내 표준상태전이
- -→ : 중점 표준화항목의 국제 표준상태전이
- ↑ : 선행표준(선 표준화 후 기술개발)
- ↗ : 동시표준(표준화&기술개발 동시추진)
- ↓ : 후행표준(선 기술개발 후 표준화)

[그림 4-6] 표준상태전이도(표준화&기술개발 연계분석)

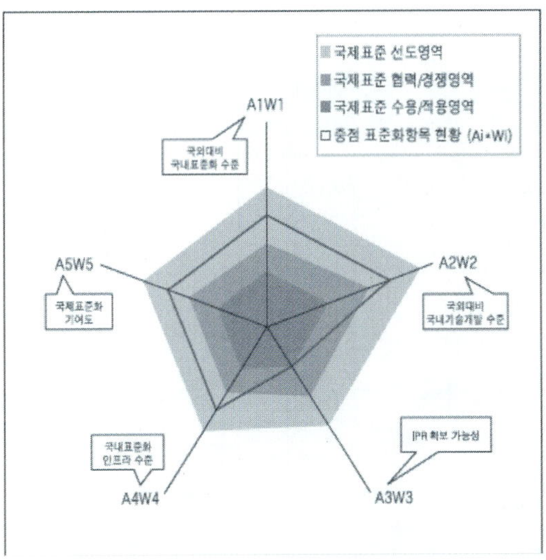

SI	
SI_L (SI의 선도기준)	0.65
SI_R (SI의 수용기준)	0.40
SI	0.73

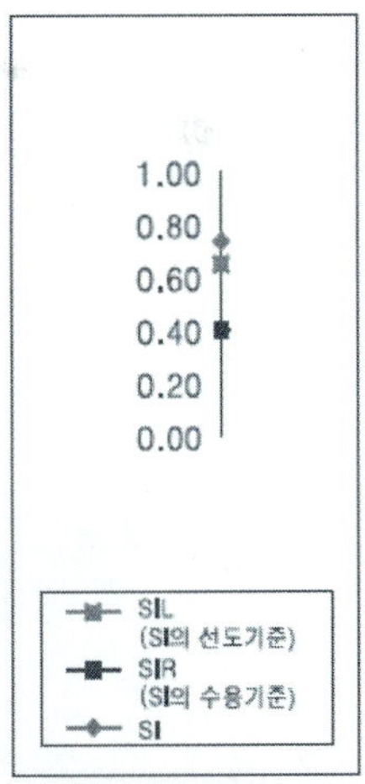

∴ 국제표준 선도

[그림 4-7] 국제표준화 전략목표 도출

③ 또한 관련 표준안을 국내뿐만 아니라 국제표준규격으로 채택을 노력한다.

④ 사업자 간 상호 접속 규격 및 서비스 요금정산 등 관련된 법, 제도의 정비를 위하여 정부 및 주요 기관에 기술적인 지원을 한다.

(2) IPTV 망 및 서비스 제어 프로토콜 기술

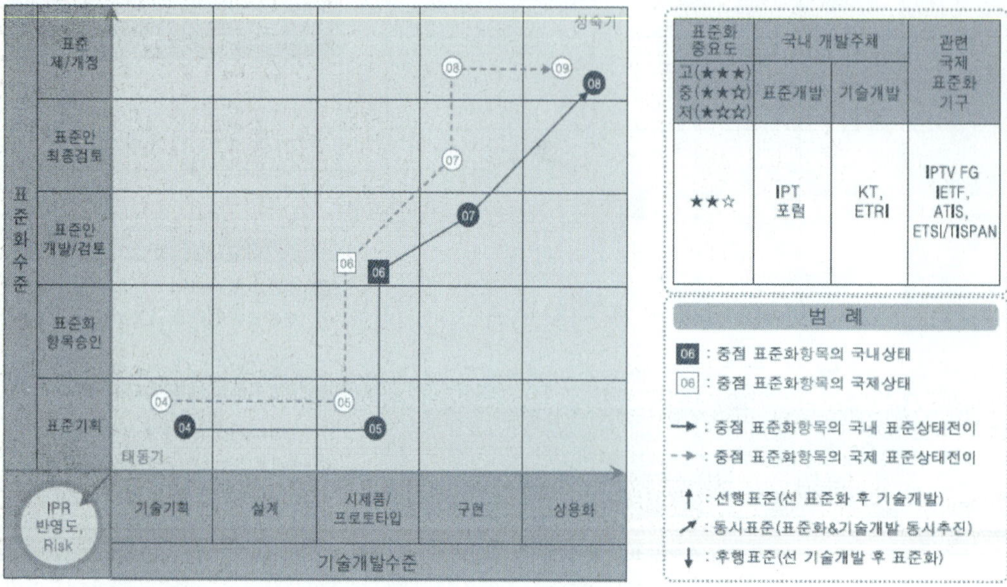

[그림 4-8] 표준상태전이도(표준화&술개발 연계분석)

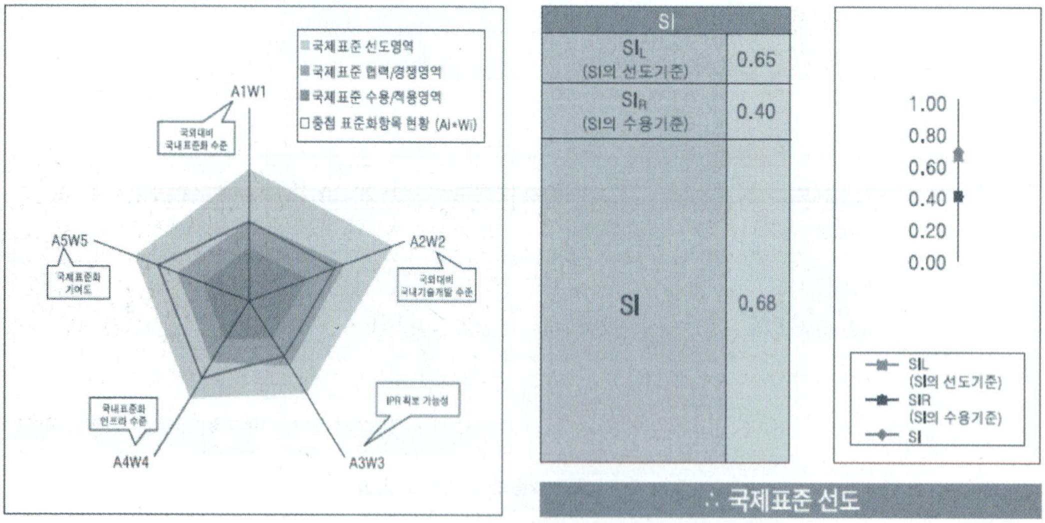

[그림 4-9] 국제표준화 전략목표 도출

세부전략(안)은 다음과 같다.

① IP망, 방송망 및 케이블망 환경에 따라 필요한 IPTV 분배망 토폴로지 및 QoS, 리소스 제어를 위한 프로토콜을 개발하고 서비스를 운영 및 관리를 위한 가입자 등

록, 인증, 및 관리를 위한 절차를 수행한다.

② 무료 IPTV 서비스 및 유료 채널 서비스에 따라 적절한 인증 및 액세스 제어절차를 연구하여 관련 망 제어 프로토콜 및 서비스 제어 프로토콜을 확정하고, IPTV 국제 표준화에 반영하고, 관련 프로토콜 규격 개발을 위하여 IETF 및 NGN-GSI 등에 표준화 활동을 주도하도록 한다.

(3) IPTV QoS 기술

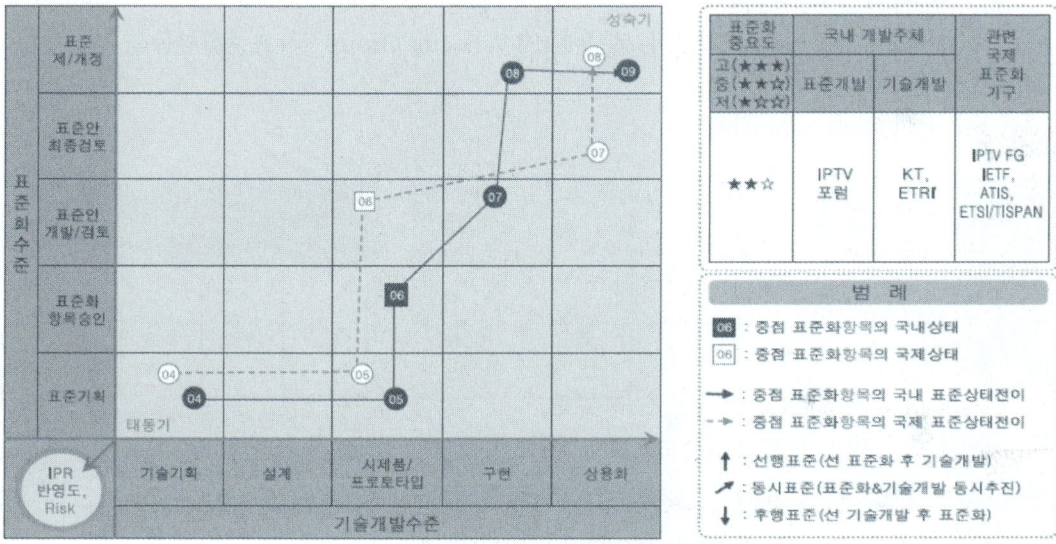

[그림 4-10] 표준상태전이도(표준화&기술개발 연계분석)

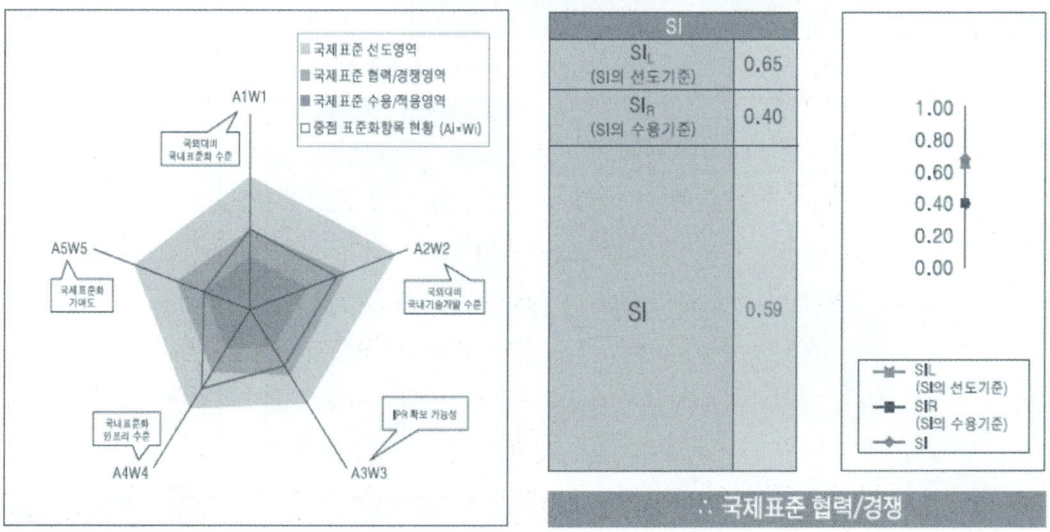

[그림 4-11] 국제표준화 전략목표 도출

세부전략(안)은 다음과 같다.

① IP망의 서비스 품질기준과 방송 서비스를 위한 서비스 품질기준을 비교 분석하여 IPTV 서비스를 위한 서비스 품질(QoS)기준을 수립하고, 동시에 가입자가 체감하는 서비스 품질(QoE) 측정을 위한 기준을 수립한다.

② 또한, 가입자가 비디오 채널을 선택하고, EPG 프로그램을 제어할 때 Japping 지연 시간이나 프로그램 제어성능이 열화되는 것을 막기 위한 최적 QoS 프로토콜과 관련 품질제어 규격을 개발한다. 또한, 관련 서비스 품질제어 절차를 IPTV 국제표준화에 반영하고, 특허권을 확보와 동시에 IPTV Focus Group 등 표준화활동을 주도한다.

(4) IPTV Security 기술

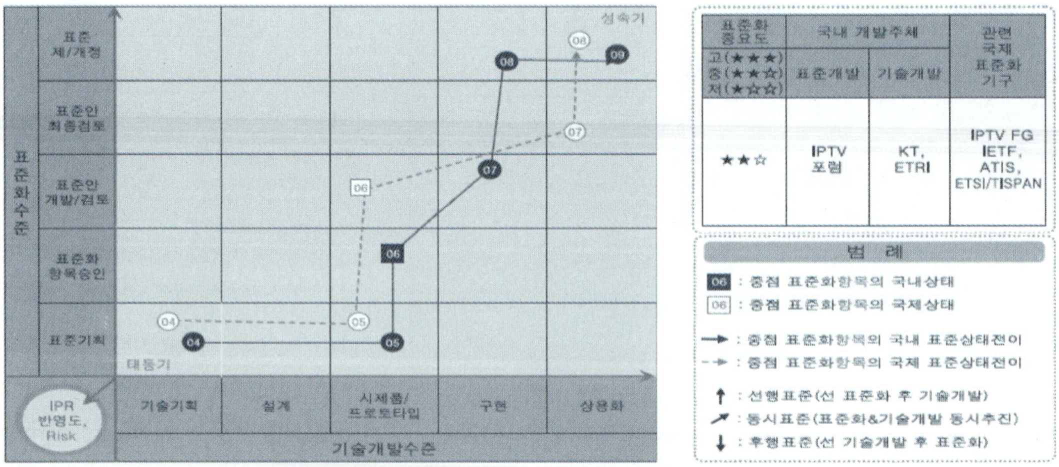

[그림 4-12] 표준상태전이도(표준화&기술개발 연계분석)

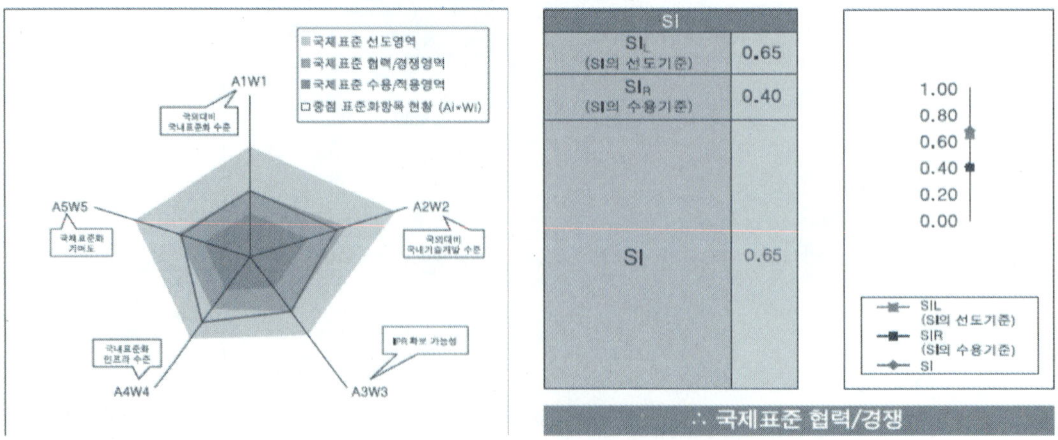

[그림 4-13] 국제표준화 전략목표 도출

세부전략(안)은 다음과 같다.

① IPTV 콘텐츠의 불법복제나 무단 사용을 제한하고, IPTV 서비스를 통한 적절한 비즈니스 모델을 운영하기 위해 AAA, DRM, CAS, CP 등 비즈니스 모델에 맞는 최적 보안 프로토콜을 개발한다.
② 무료 IPTV 서비스 및 유료 채널 서비스에 따라 적절한 인증 및 액세스 제어 절차를 연구한다.
③ 망 및 서비스 보안 구조 및 절차를 확정하도록 한다.
④ IPTV 국제표준화에 반영하고, 관련 프로토콜 규격 개발을 위하여 IETF 및 NGN-GSI 등에 표준화활동을 주도한다.

제 4 장

(5) IPTV STB 시스템 기술

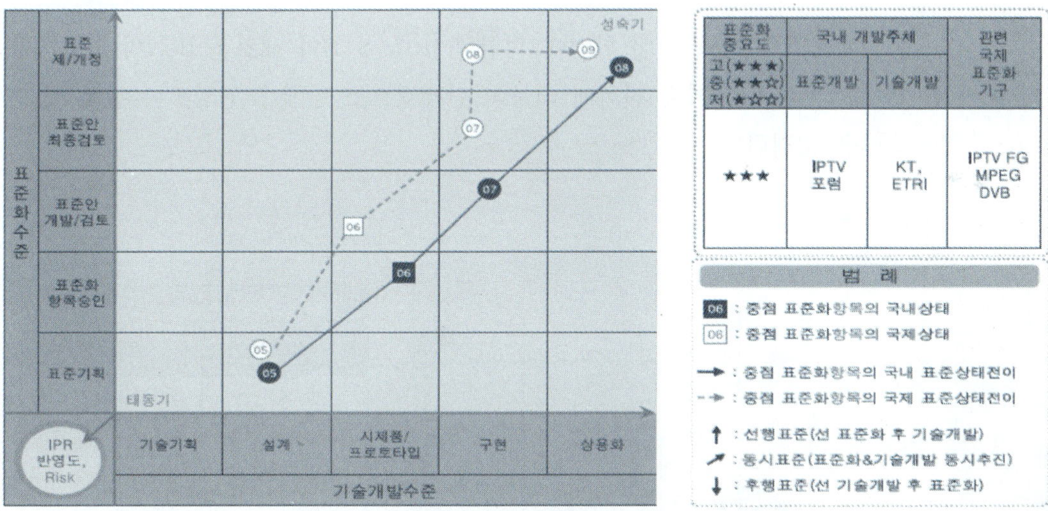

[그림 4-14] 표준상태전이도(표준화&기술개발 연계분석)

세부전략은 다음과 같다.

① 국내 Home Gateway 규격과 Cable STB 규격을 고려하고, 시장에 등장할 IPTV 서비스 유형별로 필요한 처리 및 저장 능력을 고려하여 망 환경에 따라 다양한 형태의 STB가 등장할 수 있도록 관련 표준을 개발한다.
② 또한, 국제적으로 통일된 표준 규격의 개발을 위하여 IPTV STB는 하드웨어 측면에서 국제 간 상호 호환성 문제가 생기지 않도록 Interoperability 문제를 가장 우선적으로 고려하여 표준화 작업을 진행한다.

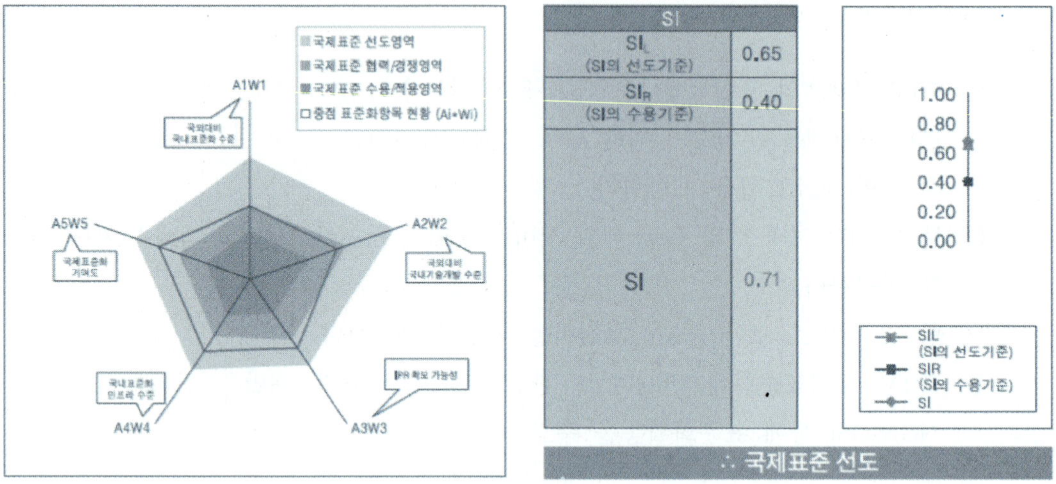

[그림 4-15] 국제표준화 전략목표 도출

③ 기존 케이블망 또는 인터넷 환경에 적합한 IPTV STB와 새로운 BcN망에도 적용 가능한 IPTV STB가 기술 진화에 더불어 단계적으로 망에 도입되도록 진화 및 연동 측면을 고려한다.

(6) IPTV STB 접속 기술

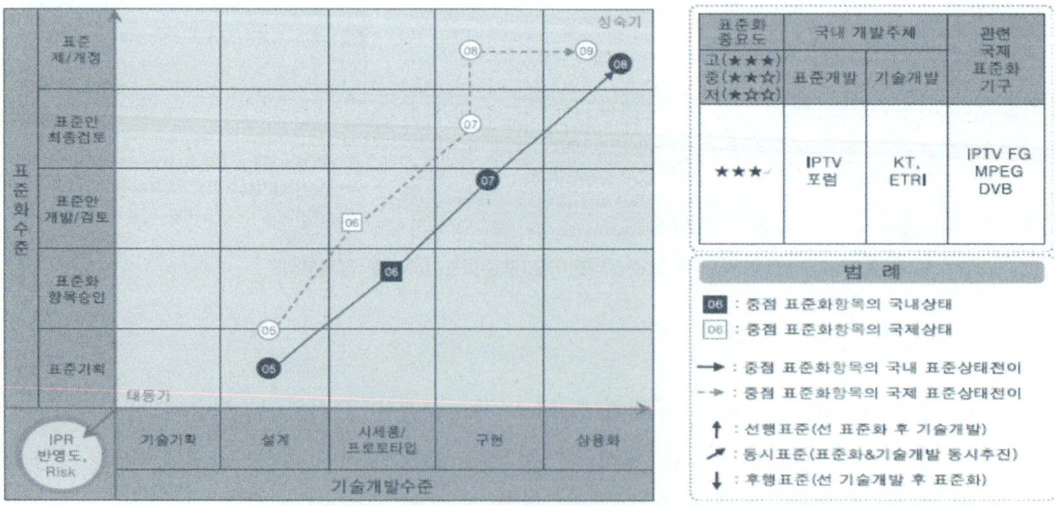

[그림 4-16] 표준상태전이도(표준화&기술개발 연계분석)

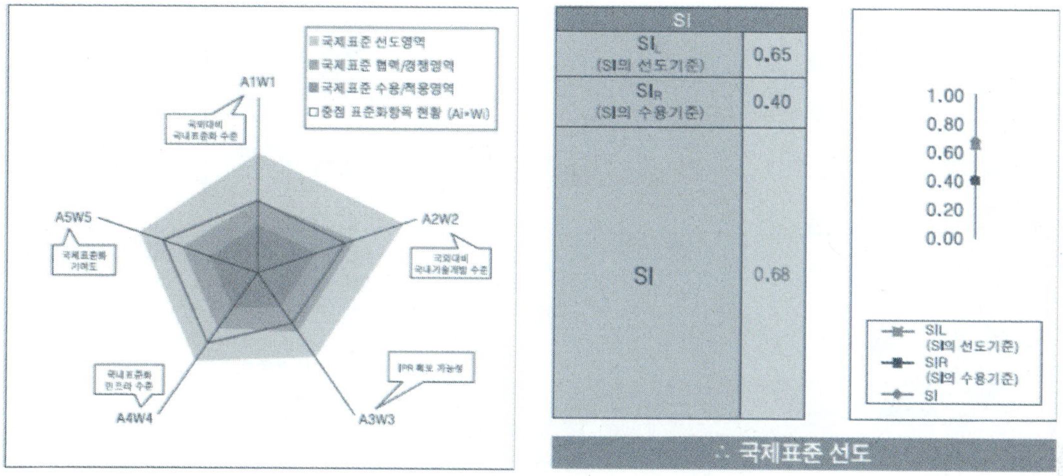

[그림 4-17] 국제표준화 전략목표 도출

세부전략은 다음과 같다.

① IPTV STB 시스템 전략과 기본적으로 동일하며 IPTV STB 접속 규격은 기존 유선 및 무선 인터넷망 접속 규격뿐만 아니라 Home Gateway 규격과 Cable STB 규격을 고려하고, 필요한 망 접속 및 내부 응용 접속 규격을 단순화시키며 망 환경에 따라 다양한 접속환경을 제공할 수 있도록 관련 표준을 개발한다.

② 또한, IPTV STB가 다양한 서비스 사업자 망 접속시 호환성 문제가 생기지 않도록 Interoperability 문제를 고려하여 표준화작업을 진행한다.

③ 특히, 기존 케이블망 또는 인터넷도 동시에 접속이 가능하도록 IPTV 단말 개발과 망 속도 증가를 고려하여 다양한 접속환경을 수용한다.

(7) IPTV EPG 기술

세부전략은 다음과 같다.

① 인터넷 기반으로 운영중인 VoD 형태의 콘텐츠 분배 서비스를 고려하고, 디지털 TV의 프로그램 안내 서비스를 검토하여 초기 단계인 TV Portal 및 Voice Portal 서비스를 수용할 수 있도록 IPTV EPG(Electric Program Guide) 서비스 표준안을 개발한다.

② EPG 환경에서 Web 검색 기능과 메타데이터 기반 TV 프로그램 및 VoD 콘텐츠 검색 기능을 포함하고, 개인화된 IPTV 메뉴환경 개발이 가능하도록 관련 표준안을 주도한다.

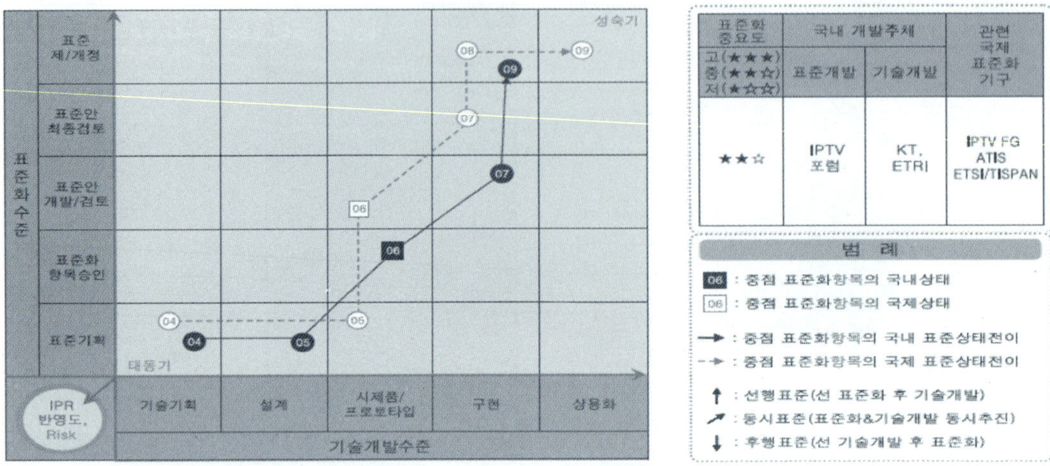

[그림 4-18] 표준상태전이도(표준화&기술개발 연계분석)

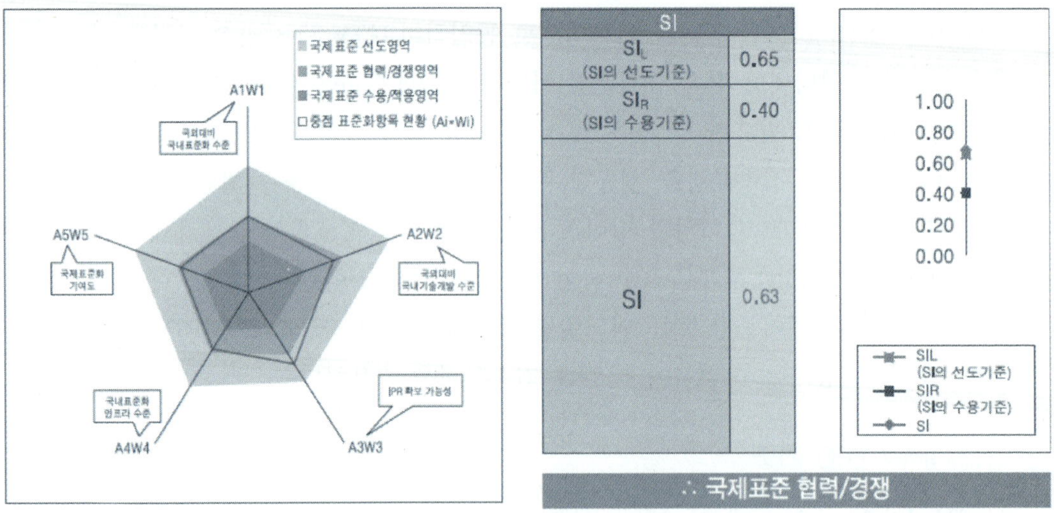

[그림 4-19] 국제표준화 전략목표 도출

③ 또한, 국내 응용 서비스 사업자 및 관련 산업체로 하여금 관련 국제 시장 경쟁력을 갖도록 표준화와 동시에 지적재산권을 확보할 수 있도록 노력한다.

④ 향후 PC의 윈도우 환경을 대체할 수 있는 EPG 환경을 개발하기 위해 대학 등 창의적인 사고를 갖는 집단으로 하여금 새로운 IPTV 서비스를 개발할 수 있도록 관련 R&D 수요를 공모한다.

(8) IPTV 미들웨어 플랫폼 기술

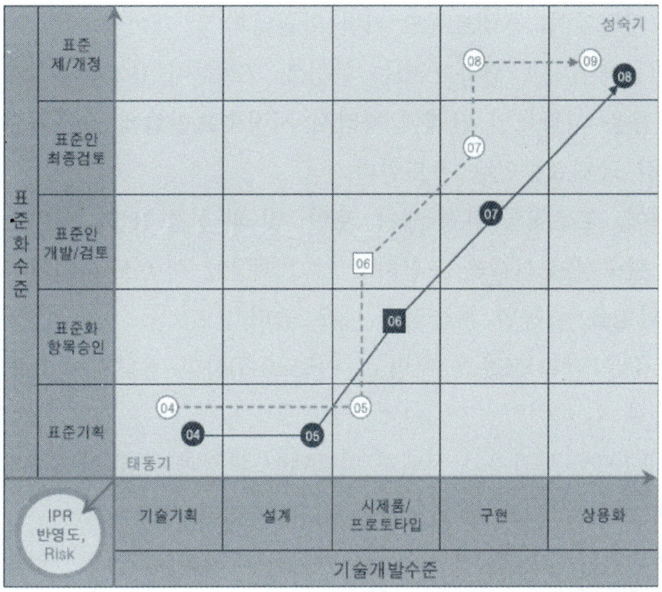

표준화 중요도 고(★★★) 중(★★☆) 저(★☆☆)	국내 개발주체		관련 국제 표준화 기구
	표준개발	기술개발	
★★☆	IPTV 포럼	KT, ETRI	IPTV FG ATIS ETSI/TISPAN

범 례

06 : 중점 표준화항목의 국내상태
06 : 중점 표준화항목의 국제상태
→ : 중점 표준화항목의 국내 표준상태전이
⇢ : 중점 표준화항목의 국제 표준상태전이
↑ : 선행표준(선 표준화 후 기술개발)
↗ : 동시표준(표준화&기술개발 동시추진)
↓ : 후행표준(선 기술개발 후 표준화)

[그림 4-20] 표준상태전이도(표준화&기술개발 연계분석)

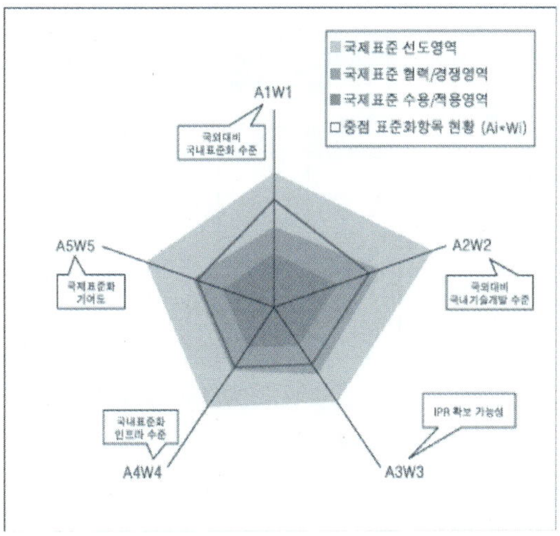

SI	
SI_L (SI의 선도기준)	0.65
SI_R (SI의 수용기준)	0.40
SI	0.64

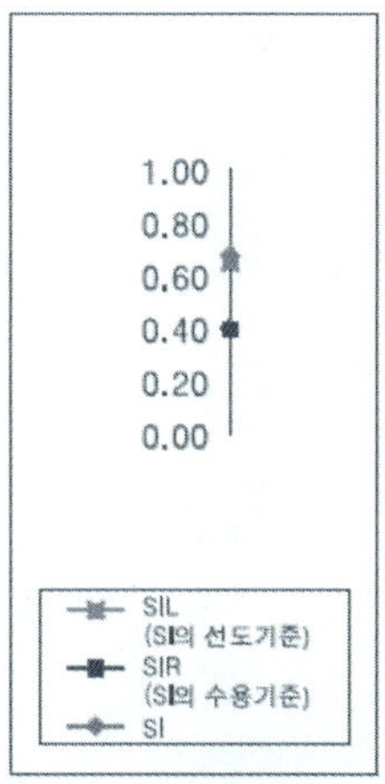

∴ 국제표준 협력/경쟁

[그림 4-21] 국제표준화 전략목표 도출

세부전략은 다음과 같다.

① 현재 유·무선 전화 기반 미들웨어, 홈네트워크 기반 미들웨어 및 케이블 기반 미들웨어 등 너무도 많은 미들웨어가 난립하고 있는 환경을 고려하여, IPTV 환경에서 필요한 미들웨어 플랫폼을 시장도입 단계에 따라서 시장수요변화에 효과적으로 대응할 수 있도록 관련 국제표준안을 주도한다.

② 특히, 미들웨어는 채널 제어, 프로세싱 환경 제어, 보안, 및 과금 등 IPTV 서비스 제어 및 비즈니스 환경에 필수적인 사항을 포함하고 있기 때문에 서비스 사업자마다 서로 다른 미들웨어 환경을 제공할 가능성이 매우 높다.

③ 따라서 IPTV 미들웨어 표준은 단일 표준은 어렵고, 기능 요구사항 정도에서 표준화가 될 것으로 예상된다.

④ 따라서, 국제표준안은 국내 IPTV 사업자가 선택한 미들웨어 환경과 국내 산업체에게 유리한 기술이 표준에 포함되도록 적극 노력할 필요가 있다.

⑤ 또한, 미들웨어에 포함되어 있는 수많은 지적재산권 현황을 파악하여 국내 산업을 보호하고, IPTV 시장을 급속히 확산시킬 수 있는 방안이 필요하다.

(9) Mobile IPTV 구조 및 시나리오 기술

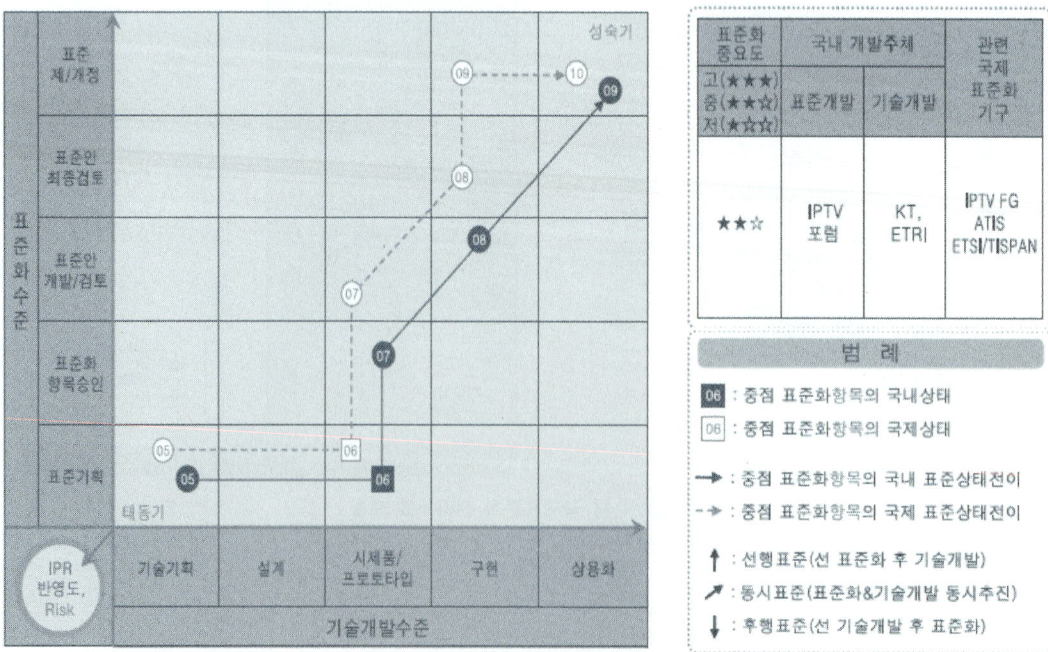

[그림 4-22] 표준상태전이도(표준화&기술개발 연계분석)

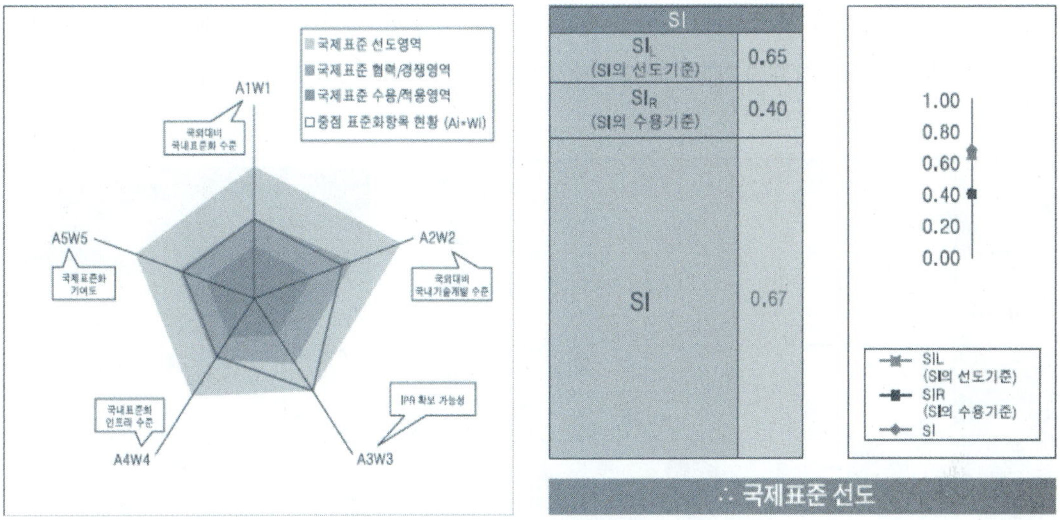

[그림 4-23] 국제표준화 전략목표 도출

세부전략은 다음과 같다.

① Mobile IPTV 표준은 아직 기술적으로 성숙되지 않았고, 사설 표준도 없는 상황에서 국제적으로 아직 많은 관심을 가지지 않고 있는 영역이나 향후 3년 이후에 고정형 IPTV 시장 이후 가장 많은 시장 창출이 예상되는 분야이며, DMB 및 WiBro 서비스가 세계에서 가장 먼저 보급하고 있는 우리나라 상황에서 Mobile IPTV 시장은 향후 세계 시장을 석권할 수 있는 분야이다. 따라서 Mobile IPTV 관련 표준은 초기부터 우리나라가 주도하여 관련 표준 규격과 함께 지적재산권 및 시장전개를 적극 유도할 필요가 있다.

② 특히, 새로운 Web 기반 Personalized IPTV 시장에 대비하여 관련 핵심기술개발, 특허권 확보, 시스템 개발 등에 산 · 학 · 연의 긴밀한 공조가 필요하다.

③ 현재 우리나라가 주도하고 있는 IPTV Focus Group을 통하여 국제적인 단일 표준을 주도할 수 있는 거의 유일한 분야이다.

(10) Mobile IPTV 멀티캐스트 핸드오버 기술

세부전략은 다음과 같다.

① Mobile IPTV 서비스를 전개하기 위해서는 기술적인 장애가 많이 있는데 가장 중요한 것이 이동중에 IPTV 서비스의 지속성이 유지되어야 한다.

② 이를 위해서는 핸드오버 환경에서 실시간 멀티캐스트 기술이 필요한데 핸드오버

후에 가입자 및 서비스의 재인증 및 필요한 QoS 제어 절차를 제공하기 위해서는 망 측면과 가입자 측면에서 많은 기술적 난제를 해결해야 한다.

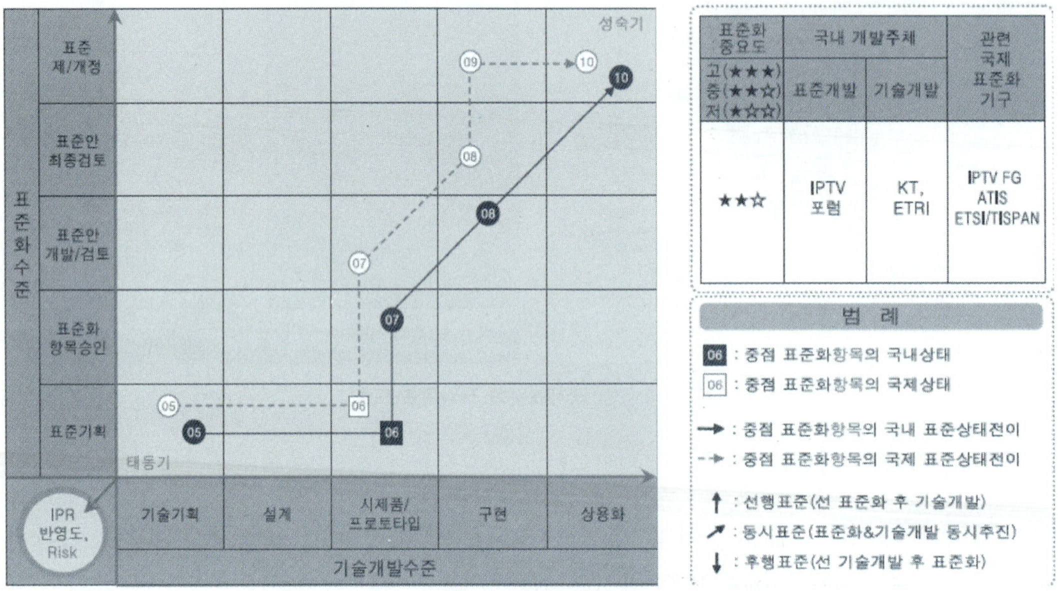

[그림 4-24] 표준상태전이도(표준화&기술개발 연계분석)

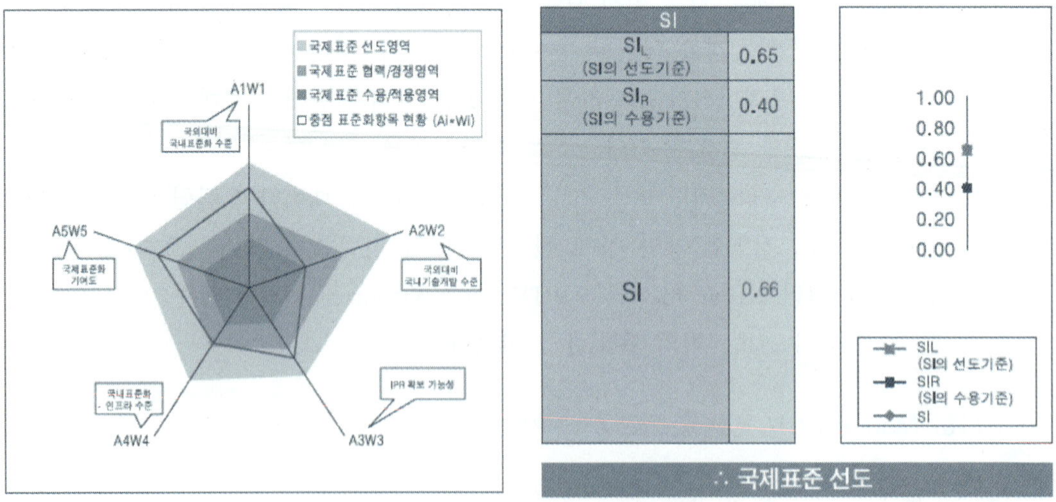

[그림 4-25] 국제표준화 전략목표 도출

③ 따라서 관련 표준 규격을 개발하기 위해서는 핵심기술의 연구와 실험 등이 수반되어야 한다. 이는 학문적인 연구가 많이 필요한 분야이며, 실질적인 네트워크에

서 실험을 통하여 점검 후에 표준안이 개발되어야 한다.

④ 관련된 핵심기술에 대한 표준과 더불어 지적재산권에 대한 확보가 필요하다.

4) 중장기 표준화로드맵

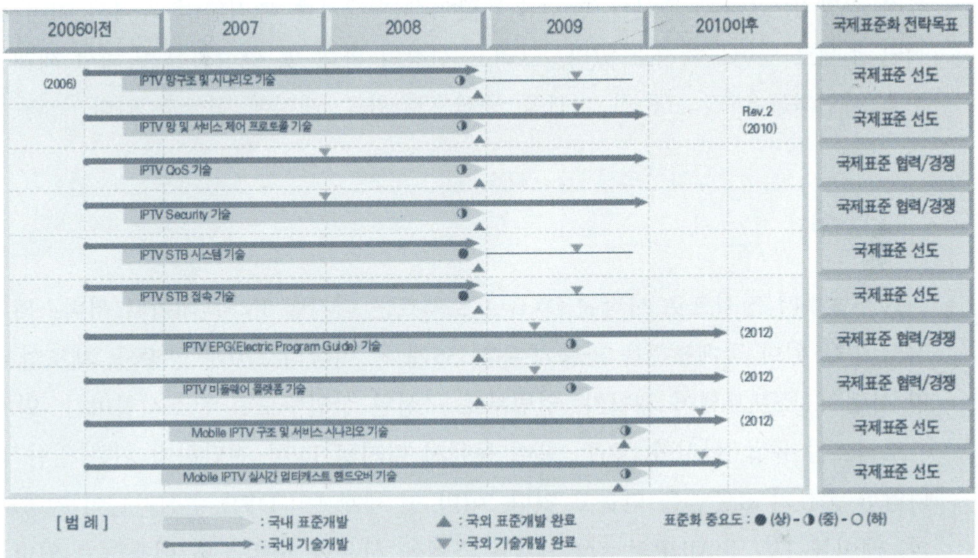

[그림 4-26] 중기(2007~2009) 표준화 로드맵

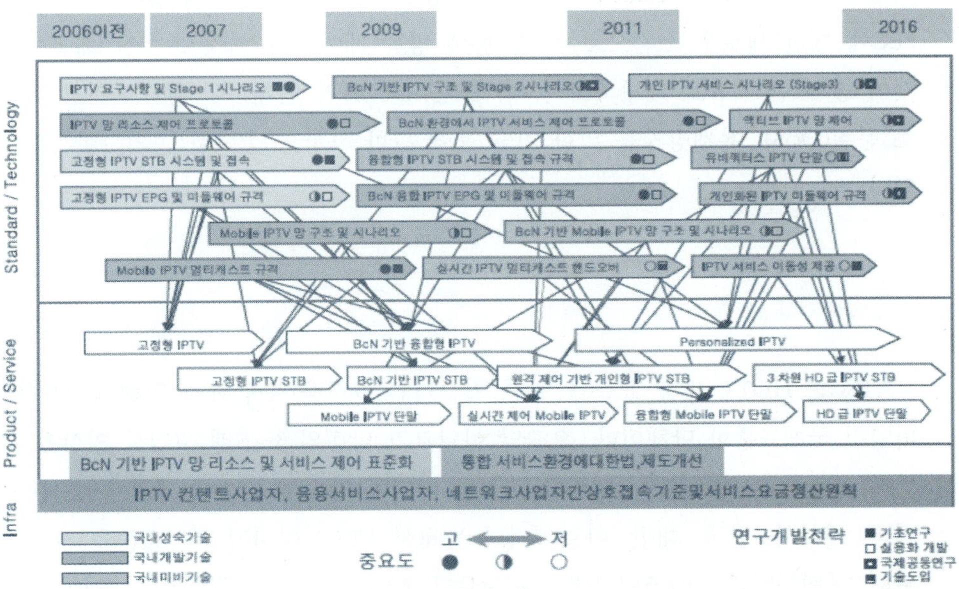

[그림 4-27] 장기표준화 로드맵(10년 기술 예측)

4-6 IPTV 표준화 기관 동향

IPTV 서비스는 초고속 인터넷망의 확산과 디지털화된 방송 프로그램 제작이라는 기술적 뒷받침, 그리고 통신과 방송의 융합이라는 새로운 패러다임 속에서 이미 전 세계적인 추세로 받아들여지고 있다. 그리고 시장의 확대 및 활성화를 위해서 세계 각국의 주요 사업자들은 각 표준화 기관을 중심으로 표준 제정에 힘쓰고 있다.

1. DVB

1993년부터 정식으로 시작된 DVB 프로젝트는 디지털 TV와 데이터 서비스의 범세계적 전송을 위한 국제표준을 만들기 위해 35개 국 이상의 270개 방송사, 제조업자, 전송망 사업자, 소프트웨어 개발자, 입법부로 구성된 산업주도형 컨소시엄이다. 현재 DVB 프로젝트는 유럽, 아시아, 호주, 북미 등에서 디지털 TV를 전달하기 위한 일반적이면서 다양한 종류의 표준들을 만들고 있다. 이미 전 세계 1억 DVB 수신자들이 지상파, 위성파, 케이블 TV 및 MHP와 같은 DVB 스펙을 사용한 서비스를 이용하고 있다.

가장 활발히 진행중인 분야는 2005년 3월에 Pro-MPEG 포럼에서 제안하고 있는 방송데이터의 IP 데이터 프로그램으로의 전달방법, 특히 패킷 손실을 줄이기 위해 IP 레벨의 FEC에 대한 새로운 스킴으로, 이를 통해 방송 데이터의 패킷 손실을 해결하려고 하는 것이 중 요한 이슈로 대두되고 있다. 또한, DLNA와 연계하여 홈네트워크 내에서 서비스 품질(QoS), 복제방지를 위한 기술 등에 관한 사항도 중요한 논의사항으로 자리잡고 있다.

2. ATSC

ATSC는 HDTV 방송 표준을 위한 기술적인 표준을 수립하기 위해 1982년에 창립된 비영리 국제표준화 단체이다. 오늘날 아날로그 방송의 3~5배 고감도 영상을 제공할 수 있다. 미국 내에서 이미 서비스를 시작한 디지털 방송에서 이미 정식으로 채택되었으며, 미국, 캐나다, 한국, 대만, 아르헨티나 등에서 ATSC 디지털 TV 표준을 지상파 방송을 위해 채택하였다. 2005년 9월, ATSC는 데이터 방송 표준으로 US케이블 산업계의

OCAP과 ATSC의 DASE를 통합하고 케이블, 위성, 지상파의 양방향(interactive) TV를 지원하도록 디자인된 ACAP 표준을 제안하였다. ACAP은 콘텐츠 제작자, 방송사, 케이블 사업자, 그리고 가전업체에게 상호 운영 가능한 서비스와 제품을 위해 필요한 세부 기술을 제공하여 소비자에게 향상된 양방향 서비스를 제공할 수 있게 해준다. 양방향 애플리케이션을 위한 미들웨어 스펙으로써 ACAP은 콘텐츠 제작자와 애플리케이션 개발자들이 만든 프로그램과 데이터가 모든 브랜드 및 모든 모델의 수신기에서 동일하게 수신되어 실행됨을 보장한다. ACAP 표준을 이용한 데이터 방송은 우리나라가 세계 최초로 상용화에 성공하였고, 2004년 6월 말부터 지상파 시험 방송을 시작하였다.

ATSC는 한국에서 2001년 ATSC 서비스를 시작한 이후 2005년 현재 80%의 점유율을 가지고 있는 것으로 예측하고 있다. 스카이라이프(주)에서 ATSC의 표준에 따라 서비스하고 있고, 지상파 및 위성 DMB도 이를 따를 것으로 예상된다. 이외에도 비영리적인 기구인 ETSI, 케이블랩스, OSGi 얼라이언스와 미국이 주도하는 ATIS IIF, 그리고 ITU SG13 회의에서 신규 표준화 아이템으로 채택된 ITU-T 등에서 표준화 활동을 활발하게 진행하고 있다.

4-7 IPTV 국내·외 표준화 동향

1. 국 외

IPTV 서비스를 제공하기 위해서는 필연적으로 정책 및 규제기관에 따라 조정이 필요한 것이 사실이지만 우선 시급히 해결되어야 할 부분은 표준화되지 않은 솔루션을 통해 IPTV 서비스를 제공한다는 것이다.

이미 전 세계적으로 IPTV 서비스를 제공하고 있고, 제공하려고 하는 업체들이 즐비한 상황이지만 각기 다른 접근 방법으로 서비스를 제공하려고 한다는 것이 문제점이다.

각 업체들이 직면하고 있는 문제점들은 대역폭의 낭비 없이 방송 데이터를 IP로 전송할 때 발생되는 문제점, 일정 수준의 전송품질을 요구하는 방송 서비스를 위한 QoS(Quality of Services) 및 네트워크 모델에 따라 추가로 필요로 하는 프로토콜 기술이다. 그리고 IPTV 서비스 자체가 새로운 기술을 발굴해 내는 것이 아니라 기존의 기술을 도입하여 IPTV 서비스를 제공하기 위해 기존 기술을 최적화하는 것이 목적이기 때문에 다른 표준화 단체와 연계하여 표준을 추진시키는 일도 중요하다.

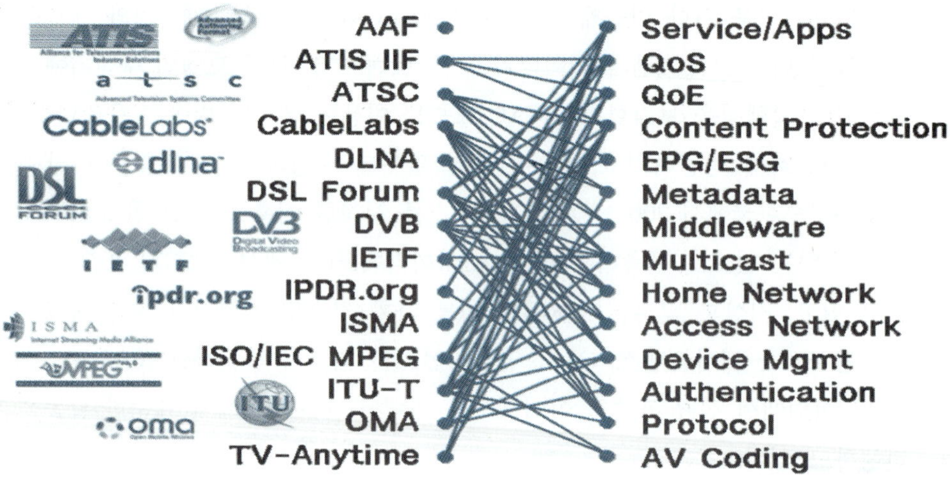

[그림 4-28] 국제적 활동 단체들

1) ITU-T IPTV 국제표준화 동향

ITU-T SG 산하 NGN Focus group은 작년 11월 활동을 종료하고, 2006년 1월 회의부터 NGN-GSI(Global Standard Initiative)를 결성하여 NGN 표준화 활동을 계속 하려고 하였으나 SG13, SG11 및 SG19로 나누어져 실질적인 비즈니스가 가능한 분야에 대한 집중적 표준화 활동을 하기는 어려웠다. 그리하여 표준화 작업의 비효율성을 극복하기 위해서 한국, 중국, 일본 대표는 NGN 표준 활성화안으로 긴급한 마켓 수요에 맞는 작업을 ITU-T director인 H.Zhao에게 제안하였다. 특히 한국 대표는 IPTV와 같이 시장 주도 형태의 실질적인 비즈니스가 가능한 분야에 대한 표준을 집중적으로 진행할 것을 제안하였다. 또한, ATIS가 ATIS/ITU-T 워크숍의 주요 주제로 IPTV를 정하였고 한국뿐 아니라 BT 및 중국도 비슷한 의견을 제안함에 따라 H.Zhao는 제안 의견을 받아들여 IPTV Focus Group를 결성하여 관련 표준화를 ITU 주도하에 추진하기로 결정하였다.

그리하여 ITU-TSB(Telecommunication Standardization Bureau)는 IPTV Focus Group 조직구성과 작업항목 및 방향에 대한 기본적인 사항을 결정하기 위해서 2006년

4월 4~5일 ITU-T의 본사인 제네바에서 준비회의를 개최하기로 하였다. 회의 주요 예상 안건은 국가적/지역적/세계적 차원에서의 IPTV 현황과 문제점, ATIS/IIF, TIA(the Telecommunications Industry Association)와 같은 표준개발기관에 의한 IPTV 서비스의 개발 및 활동현황, 기술 및 규제에 관한 이슈, IPTV 표준화와 관련하여 ITU-T의 역할과 기대사항 등이다. IPTV Focus Group은 2006년 7월 NGN-GSI 회의부터 활동을 시작하여 1년 이내에 기본적 요구사항, 서비스 시나리오, 정책 및 표준화 방향, IP망 기능구조, 시스템 운용 및 과금/인증, 응용 서비스 및 코덱, 구현방법과 QoS에 대한 실질적 작업을 마무리 할 계획이다.

IPTV 표준화 주요 현안 이슈로는 기존 NGN 표준화 활동의 연장선에서 논의되는 것으로 다음과 같다.

제 4 장

① IPTV 정의와 범위 및 확장성을 고려한 NGN에서의 IPTV 서비스에 관한 요구사항(Q.2/13)
② IPTV를 위한 단말, 에지 노드 및 서버 등의 표준 인터페이스 정의를 포함한 네트워크와 서비스 구조(Q.3/13)
③ ITU-T NGN 및 3GPP 기반의 IMS(Q.8/13), OCAP, CableLabs 기반의 Cable, IETF 기반의 Internet 등 각 프로토콜 절차와 관련한 서비스 시나리오
④ 셀룰라, 케이블 및 인터넷 기반 사업자의 전개 전략에 따른 NGN 기반의 IPTV 구축과 운용
⑤ NGN에서의 IPTV의 기능 구조적인 표준과 실질적인 구현 간의 관계를 규정할 수 있는 구현 영역
⑥ NGN에서 IPTV에 관한 보안 및 과금에 관한 방법

2) DVB IPTV 국제표준화 동향

유럽의 디지털 방송 표준인 DVB의 통방융합에 관한 표준화는 2000년부터 시작되어 2005년 3월에 IP망을 이용한 통신 및 방송 서비스에 관한 규정을 ETSI에 TS 102 034 문서로 공시한 후 계속 업데이트가 이루어지고 있다. DVB 내에서 IPTV와 관련된 표준화 그룹은 가전사, 시스템/서비스/네트워크 제공자 등을 중심으로 한 CM(Commercial Module) 서브그룹과 CM의 요구사항을 수용하여 기술적인 스펙과 관련 기준을 제공하는 TM(Technical Module) 그룹이 있다. 이 중 CM 계열의 CM-IPTV(sub-group on IP Television)와 TM 계열의 TM-IPI(IP Infrastructure)가 대표적인 IPTV 워킹그룹이다.

IPTV 기술은 기존의 기술들을 활용하여 IPTV 서비스에 맞는 표준기술을 규격화하는 것이기 때문에 IETF, DLNA(Digital Living Network Alliance), TVA(TV Anytime Forum), Pro-MPEG Forum 및 ATIS와 같은 단체와 동맹으로 표준화 작업이 이루어진다.

DVB-CM-IPTV 서브그룹의 17, 18차 최근 회의는 2006년 1월 17일과 3월 13~14일에 개최되었다. 주요 내용은 작년의 주요 주제였던 FEC, BCG data model, Home Network, AVC streaming over TS over IP 등을 정리한 것과 새롭게 논의된 콘텐츠 다운로드 시스템(CDS), 네트워크 서비스 제공자 애플리케이션(NSP application), 원격 관리 시스템(RMS) 등이다. CDS 부분에서는 비실시간 IP채널에 대해서도 지역 캐쉬가 이루어지고, Push 및 Pull 형태의 모델과 멀티캐스팅, 유니캐스팅 방식의 지원방법이 논의되었다. 또한, 스트림 전송과 서비스의 품질, 콘텐츠 보호와 관리가 오퍼레이터의 관리가 가능한 네트워크 상태에서 이루어져야 한다는 내용이 중요시 되었다. NSP application에서는 HTML 기반의 A/V 기능, 중앙처리방식, SD&S(Service Discovery and Selection) 및 BCG(Broadband Contents Guide)에 관한 지역 프로세싱 처리와 홈 네트워킹에서의 UI 표현 등이 논의되었다. RMS에서는 시스템 구성과 펌웨어 업그레이드 및 알람과 진단의 디바이스 관리에 관한 것이 주요 골자였다.

TM-IPI 서브그룹의 주요 표준안 내용은 CM-IPTV의 요구사항을 기술적으로 발전시킨 것으로 ETSI TS 102 034 문서를 토대로 Phase 1, 2로 업데이트되며 진행될 것이다. Phase 1은 MPEG2 및 H.264를 TS상에서 IP로 전송하는 방법을 다룬다. 구체적으로 IPI Phase1.1에서는 2004년 Q3 TM 승인된 것으로 MPEG2 TS over IP를 기반으로 기본적인 콘텐츠(CoD : Contents on Demand) 전송과 브로드캐스트 TV에 관한 내용을 논의하였다. IPI Phase1.2에서는 2006년 Q1까지 규정짓기로 한 BCG 메타데이터, 새로운 A/V 포맷 허용을 위한 SD&S의 업데이트 방법을 포함한다. IPI Phase 1.3에서는 지역 서버 및 단말기로의 다운로딩 방법, QoS, 네트워크 관리상에서 원격관리 및 안정성, 네트워크 서비스 제공자 애플리케이션에 관한 가입자 관리 및 과금 방식을 표준화한다. IPI Phase1.4에서는 DLNA와 연계하여 네트워크의 효율성을 높이면서 DVB-IPTV 서비스를 보장할 수 있는 DVB-HN(Home Network)의 연동에 관한 내용을 다룬다. Phase 2는 H.264를 TS 없이 IP로 바로 전송하는 것과 관련된다. IPI Phase2.1은 관리된 네트워크(Walled garden)에서 IETF와 연계하여 IPTV 콘텐츠 전달을 직접적으로 하는 방법을, IPI Phase2.2에서는 'open' Internet이 아닌 관리된 네트워크에서 DVB IPTV를 자유롭게 전송하는 방법을 논의한다. 특히, IPI SD&S 관련 그룹에서는 실시간 미디어 전송과 관련하여 TS full SI로는 DVB-SI를 사용하고 선택적 SI로는 PSI만을 TS에 넣는 방법을 논의한다. 또한, 홈네트워킹과 관련하여 HTTP를 사용하여 유니캐스트로 전송하는 "pull mode" 방법과 DVB STP를 이용하여 멀티캐스트 UDP로 전송하는 "push mode" 방법 및 XML 전송을 위한 Binary MPEG format의 적용방법을 다룬다. 그 외에도 TM-IPI는 ATIS IIF와 함께 IPTV 아키텍처, QoS, DRM, AL-FEC(Application Layer Forward Error Correction) 등에 대해 향후 논의할 계획이다.

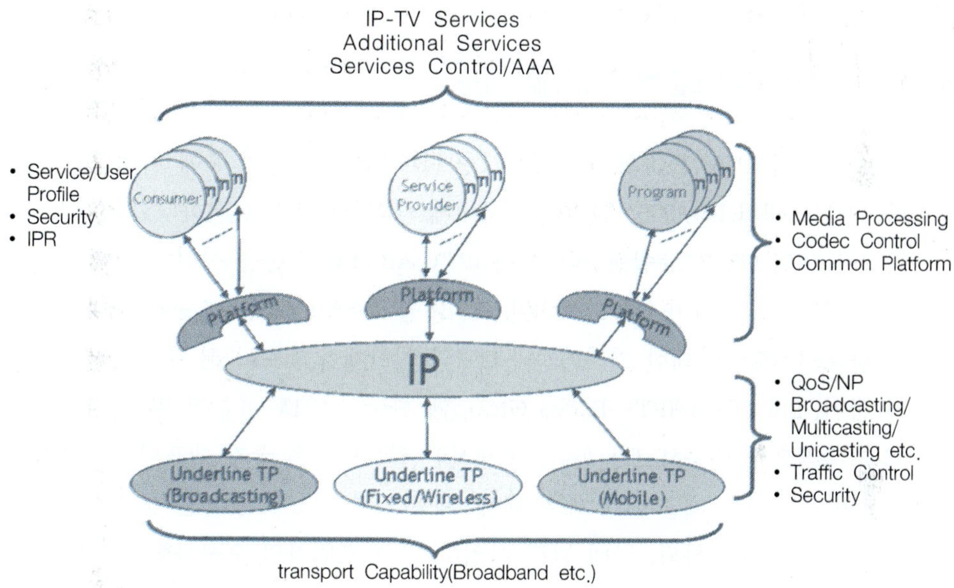

[그림 4-29] ITU-T의 IPTV 표준 구성

현재 DVB IPTV 규격은 표준문서가 공시된 상태이지만 아직 표준화로 정리된 기술이 안정화가 되었다고 볼 수 없으며 표준을 보완해야 할 기술도 각 표준화 단체 사이에 활발히 논의중이다.

대표적으로 MPEG-2 TS를 IP로 전송하기 위한 방법, 이 과정에서 발생하는 문제 중 패킷 손실을 복구하기 위한 FEC 기술, 구체적인 방법은 제시되지 않았지만 안건으로 제시되고 있는 H.264/AVC가 MPEG2-TS로 인코딩되어 IP로 전송하기 위한 방법, 이에 따라 추가적으로 PHASE1에서 보완되어야 할 SD&S 메커니즘, 홈네트워크에서의 QoS 문제 등도 앞으로 보완되어질 것으로 보이며 이것은 DLNA 및 UPnP 포럼과 연계하여 표준기술을 정립해 나갈 것으로 보인다.

또한, PHASE1에 대한 언급이 전무한 Security에 대한 부분으로 CAS(Conditional Access System)과 Copy Protection에 대한 부분도 향후 PHASE1와 PHASE2에서 추가

적으로 보완될 것으로 보인다.

전술한 바와 같이 DVB내에서 활발히 표준화 활동을 하고 있지만 그 내용 자체가 충실하지는 않지만 향후 지속적인 표준의 보완 및 수정을 통해 충실한 표준화 기술이 탄생할 것으로 예상된다.

2. 국 내

1) IPTV 국내표준화 동향 및 대응

현재 국내 IPTV 표준화 움직임은 1월 ITU-T SG13 회의 중에 디렉터인 Mr. H.Zhao가 IITU-T 내의 FG-IPTV 설립을 한국에게 제의함으로써 본격화되었다. TTA는 이에 따라 2월 10일 ITU-T 총괄반 회의에서 IPTV Ad-Hoc 그룹을 신설하여 대응 업무를 추진키로 의결하였고, 1차 ITUT 제네바 회의(4월 4~5일)에서는 조율된 국내 의견을 바탕으로 한국의 IPTV에 대한 지지의견과 ITU의 역할제안 및 표준화 추진전략 등을 논의하고자 하며, 2차 ITU-T IPTV Focus Group에 한국의 IPTV 표준화 방향 및 전략을 반영하여 지속적으로 대응하고자 한다. 구체적인 활동방향은 국가 대표단을 구성하여 국가적 차원의 기고서를 제출하며, 해외 단체 및 사업자 기고서 분석을 통해 대응방안을 모색하고 전략을 수립하되, 국내 관련 사업자 및 제조업자의 요구사항을 확인/반영하여 국제 표준의 적기 국내 수용 및 국내 표준제정 방향의 기준을 마련하는 것이다.

현재 검토중인 ITU-T IPTV 컨설팅 회의 대응 국가 기고서의 내용은 IPTV 세계 표준화를 위한 프로세스 및 절차, NGN(Next Generation Network)상의 IPTV를 위한 기술적 이슈, IPTV 서비스 지지의견, 국내 IPTV 표준화 추진 체계와 IPTV 서비스 표준화를 위한 요구사항 및 데이터 방송 고려사항, 콘텐츠 보안 및 통합 미들웨어 요구사항, H.264 AVC/SVC 활용방안, MPEG21의 메타데이터 애플리케이션 패러다임에 관한 것 그리고 품질 모니터링과 관련한 QoS 요구사항 등이다. 향후 ITU-T 워킹그룹이 형성되면 국내 IPTV 표준화 그룹은 이번 국가 기고서의 내용을 심화하는 것은 물론이고 추가로 셋톱박스, 서비스 가입자 과금/인증 및 고객관리 시스템, 단말의 기술 스펙, 서비스 포털 EPG 및 GUI 분야, IPTV Control Device의 조작 패널에 관한 내용 등도 추가 기고할 예정이다.

IPTV 관련 표준화 추진체계는 정보통신부 산하 ITU-T IPTV Ad-Hoc 그룹 및 TTA IPTV PG(Project Group)를 중심으로 구성될 예정이다. 특히, TTA 표준 총회산하에 신설되는 IPTV-PG는 국내 IPTV 관련 사업자, 제조업체, 학계 전문가들이 대거 참여할 계획이다. 그리하여 IPTV 서비스에 필요한 아키텍처 및 프레임워크를 논의하며, 비디오 및 오디오 코딩, 콘텐츠 보안, 전송 네트워크 프로토콜, 스트리밍 전송 등에 대한 표준 기술들을 분석할 것이다. 또한, 국내 · 외 표준화기구/포럼 등에서 채택가능한 표준을 평가/선정하고, 이들 표준기술을 상호 연계하여 IPTV의 상호운용성에 활용할 계획이다. 위원회 추진 기간은 2006년 4월부터 2007년 12월까지로 고려된다.

IPTV 표준화가 이루어지면 방송 콘텐츠 부문에서는 콘텐츠 보급확대에 따른 수익증대가 있을 것으로 예상되며, 단말 및 서버 부문에서는 셋톱박스뿐만 아니라 핸드폰, PDA 등의 확대로 수출경쟁력 증대 및 단말기 사업규모도 비약적으로 증대될 것이다. 네트워크 부문에서는 IPTV 서비스 보급확대와 더불어 광대역 통합망의 구축이 확산되어 FTTH, x-PON 등의 광대역 액세스망 관련 산업도 활성화될 것이며, 서비스 사용자 관점에서는 콘텐츠 선택의 폭이 넓어져 다양한 서비스를 누릴 수 있다.

제 5 장
모바일 IPTV의 구성

IPTV 서비스는 기존의 방송 서비스와 통신 서비스를 융합하는 새로운 차세대 서비스로 대두되고 있다. IPTV 서비스는 Open Internet 형태와 Managed Internet 형태로 추진되고 있으며 국내에서는 Managed Internet을 기반으로 상용화 중에 있다. IPTV 서비스를 위한 콘텐츠는 IP망을 통해 사용자에게 전달되는데, 이때 기존 TV를 시청하면서 경험한 사용자의 Quality of Service 및 Quality of Experience를 IP망에서 어느 수준까지 만족시킬 수 있는지는 여전히 기술적 숙제로 남아 있고, 특히 Open Internet의 경우 그 심각성은 더욱 크다. 또한, IPTV 서비스는 점차 무선 네트워크로 확대될 것으로 전망하고 있으나 여전히 QoS/QoE 측면에서 어떻게 무선 네트워크의 링크 특성 및 여러 가지 제약들을 극복할 것인지는 미지수로 남아 있다. 여기에서는 IPTV 서비스를 다양한 무선 네트워크로 확장하는 모바일 IPTV와 이를 위한 다양한 형태의 기술적 접근에 대해 설명한다. 동시에 현재 빠르게 진행되고 있는 국내외 관련 표준화 쟁점 및 주요 이슈사항들을 정리하여 모바일 IPTV에 대한 이해에 도움이 되도록 한다.

5-1 모바일 IPTV

디지털 TV에서 Take-Out TV인 모바일 TV(DMB, DVB, MediaFLO 등)로 TV는 계속 진화하고 있다. 또한, 2006년부터는 정보통신의 대표적 국제표준화단체인 ITU-T에서 새로이 IPTV Focus Group(이하 FG IPTV)이 설립되고 국내에서는 TTA 산하 PG219(IPTV Project Group) 및 IPTV 포럼코리아가 발족하는 등 TV는 또 다시 IPTV라는 새로운 형태로 빠르게 이동하고 있다. 또한, 최근 IPTV 서비스와 관련하여 방송영역과의 조율이 활발하게 진행됨에 따라 향후 IPTV 시장은 더욱 확산될 것으로 전망된다. 여기에서 다루는 모바일 IPTV [그림 5-1]은 기존 IPTV 기술에 무선기술과 이동성기술을 확장한 형태의 새로운 서비스를 가리키며, 여기서의 모바일 IPTV 서비스는 특정 무선기술상에서의 서비스에 국한되지 않는다.

현재 IPTV 관련 대부분의 표준화 및 관련 기술개발은 시급한 사업적 이유로 QoS가 지원되는 안정된 네트워크 환경에서 충분한 화면크기와 성능을 가진 고정형 ITPV를 통해 고화질(SD/HD급) 콘텐츠를 송수신하는 것에 중심을 두고 진행되고 있다. 하지만 가까운 미래에 많은 사람들은 IPTV 서비스를 이동단말을 통해 언제 어디서나 사용하고자 하는 요구가 증가할 것이며 이를 위해서는 무선기술과 이동성 기술에 대한 필요성이 커질 것으로 예상된다. 이에 대비해 국내에서는 PG219 산하 WG2193(Mobile IPTV 실무반)에서 관련 기술들을 선행 연구 중에 있으며 이를 통해 선점된 기술과 경쟁력을 바탕으로 모바일 IPTV 시장의 국제표준화를 선도하고자 노력하고 있다. 여기서는 모바일 IPTV와 관련된 기술적 이슈를 설명한다. 또한, 국내외 표준화 동향과 모바일 IPTV 서비스를 위해 현재 진행되고 있는 다양한 기술적 접근방법 등에 대해 설명한다.

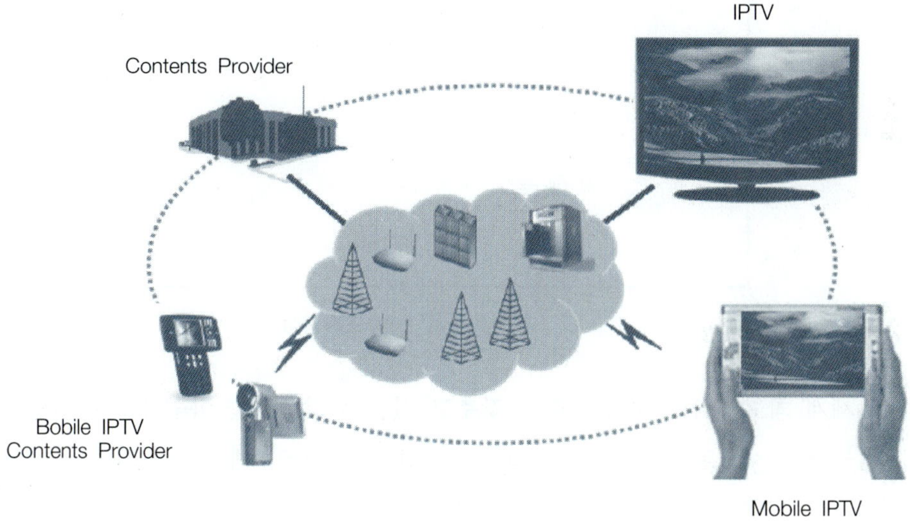

[그림 5-1] 모바일 IPTV 전체 구성도

5-2 모바일 IPTV의 의의

우리 산업계를 달구는 핫트렌드인 IPTV에 대한 논의가 수년째 뜨겁다. 이는 그 중요성이나 사업적 가치 그리고 앞으로 세계 시장에서의 우리의 위치를 고려해서 제자리걸음만 하고 있는 상황에서 이제는 더 이상 지체할 수 없다는 위기감마저 감도는 가운데 IPTV에 대한 논쟁이 이제는 법제화로 옮겨가 있다. TV의 미래는 IPTV, 특히 모바일 IPTV가 될 것이라는 전망이 우세한 가운데([그림 5-2] 참조) 기존의 방송시장에서 기득권을 가진 공중파, 케이블 방송사와 이제 새롭게 방송시장에 뛰어들 준비를 하고 있는 통신사들 간의 혈전은 어쩌면 당연한 일인지도 모르겠다.

모바일 IPTV란 유선 인터넷상에서 이루어지는 IPTV 서비스가 모바일에서 이루어지는 것을 말한다.

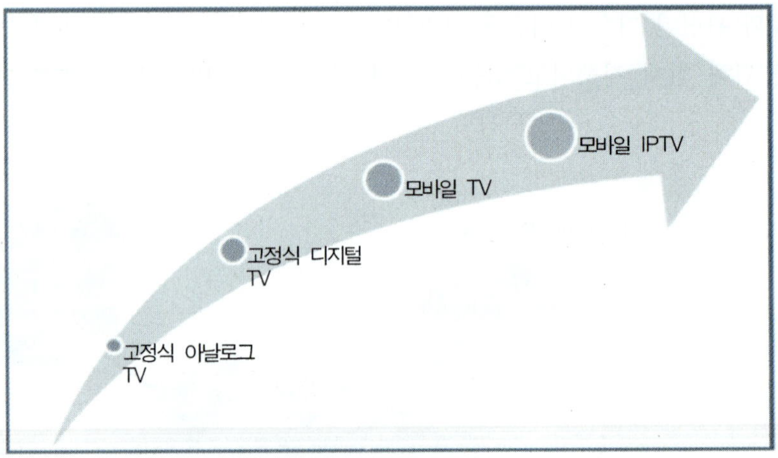

[그림 5-2] TV의 진화과정

세계 최고의 인터넷 인프라를 갖추고 있는 우리로서는 아쉽게도 디지털 시대에 맞지 않는 법·제도와 행정기관 간 갈등으로 IPTV 실행이 계속 늦춰지고 있는 가운데 세계의 기술발전 추세는 벌써 모바일 IPTV 표준화를 논의하는 단계에까지 이르고 있다. 업계에 따르면 국제전기통신연합(ITU)은 그 동안 안정된 환경에서 고화질(HD)급의 화면과 성능을 제공할 수 있는 IPTV와 관련한 연구에 중점을 둬왔지만 머지않은 장래에 이동단말에서의 IPTV 수요가 발생할 것으로 보고 모바일 IPTV 표준에 관심을 돌리고 있다.

향후 모바일 IPTV는 인터넷의 연결성과 양방향 서비스를 활용할 수 있는 IPTV의 특징과 이동성을 통한 사용자 편익증대를 동시에 만족시킬 수 있는 기술로 향후 무선환경에서 자유롭게 IPTV를 사용하려는 사용자들이 늘어나면서 수요가 계속 증가할 것으로 예측되고 있다. 해외에서는 이미 모바일 와이맥스를 기반으로 하는 IPTV 서비스를 제공하고 있으며, 홈네트워크 분야에서는 IPTV 서비스를 수신한 셋톱박스가 무선을 통해 가정 내 다른 무선단말에 서비스를 전달하는 형태로 적용범위를 확산하고 있다. 모바일 IPTV는 그러나 특성이 전혀 다른 무선 랜과 와이브로(휴대인터넷)망, 무선 랜과 CDMA(코드분할 다중접속)망 간의 이동처럼 서로 다른 무선망 간에 서비스의 연속성을 보장할 수 있는 다양한 기술적 뒷받침이 필요한 상태이다([그림 5-3] 참조). 이에 따라

지난 7월 제네바에서 열린 제1차 ITU-T IPTV 포커스 그룹회의에서는 모바일 IPTV 시나리오 구성을 기반으로 하는 제안서가 채택되어 내년 중순까지 관련 연구를 진행할 예정이다. 국내에서도 이 같은 국제적 움직임에 발맞춰 삼성전자 디지털 미디어 연구소 등 관련 연구단체를 중심으로 모바일 IPTV 표준화 연구를 선도하고 있지만 아직 유선 IPTV 조차 도입되지 않은 상황이어서 연구에 많은 애로를 겪고 있다.

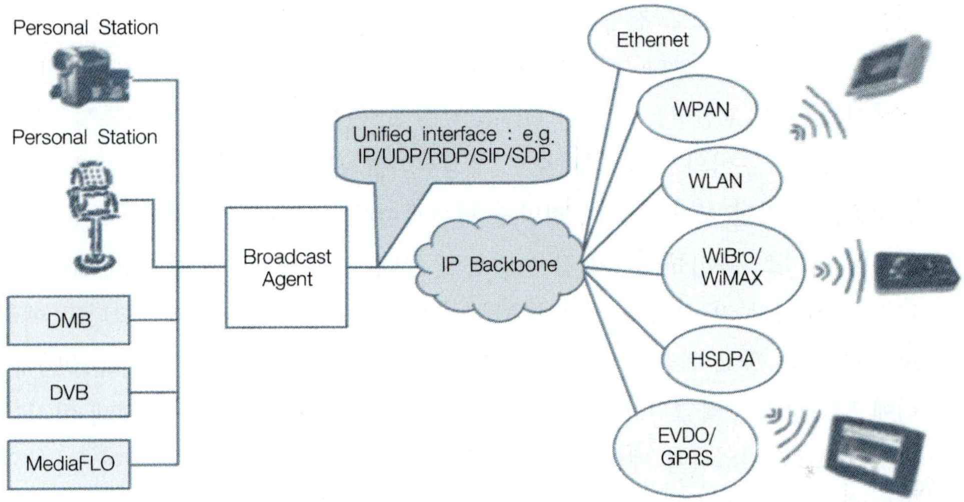

[그림 5-3] 다양한 무선접속을 통한 모바일 IPTV 구성도

5-3 모바일 IPTV의 장 · 단점

IPTV가 양방향성을 무기로 유비쿼터스형 미디어가 될 것이라는 데는 이견이 없다. 특히 [그림 5-2]에서 보듯 IPTV가 모바일로 옮겨갈 것이라는데도 의견을 같이 한다. 현재 DMB(디지털 미디어 방송)가 고정형 TV에서 이동형 TV 시대로 가는 촉매 역할을 하고 있듯 IPTV도 유비쿼터스 시대의 핵심 트렌드인 모빌리티와 동조해 이동형으로의 진화는 당연해 보인다. 이동공간인 지하철에서 TV를 볼 수 있듯 이제 지하철에서 원하는 동영상을 꺼내보고 공유하는 것이 보편화되는 것이다. 모바일 와이맥스를 기반으로 하는 IPTV 서비스가 '모바일 IPTV'의 기반이 되고 홈네트워크에서도 IPTV 서비스를 수

신한 셋톱박스가 무선을 통해 가정 내 다른 무선단말에 서비스를 전달하는 형태로 적용 범위가 확산될 수 있다([그림 5-3] 참조).

아이서플라이는 IPTV 서비스 매출이 올해부터 탄력을 받기 시작하면서 2011년에 263억 달러에 이를 것으로 내다봤다. 이는 2006년 7억 7,920만 달러와 비교하면 34배 이상 늘어난 수치이다. 여기에 광고수입과 부가 서비스 매출은 포함되지 않았다. 특히 통신 업체가 자꾸 떨어지는 음성매출을 보존하기 위해서 IPTV 사업에 주도적으로 나서면서 성장을 견인할 것으로 전망하고 있다. IPTV 콘텐츠 가운데 가장 관심을 끌 분야로는 동영상 서비스를 꼽았다. 이 때문에 기능과 서비스를 중심으로 시장 경쟁이 전개될 가능성이 높으며 고선명을 기반한 HD 프로그램, DVR 등과 결합한 주문형 비디오(VoD) 사업이 IPTV 분야의 핵심 사업으로 부상한다고 분석하였다. 동영상뿐만 아니라 IPTV 플랫폼을 기반한 부가 사업의 전망도 낙관적이다. IPTV가 디지털 음악과 주문형 게임, 데이터 서비스, 홈시큐리티와 같은 다양한 콘텐츠 상품을 제공하는 창구로 떠오르고 있다는 점이다. 부가 서비스 매출은 2010년에 10억 달러 이상을 기록한다고 예측하였다. IPTV를 통한 광고 매출도 지금은 초기 시장으로 수요가 거의 없지만 2010년에 10억 달러에 달한다고 덧붙였다. 아이서플라이 측은 "케이블 TV 시장과 비교해 아직은 규모는 작지만 IPTV 가입자와 매출은 괄목할 만한 성장세를 이어갈 것"이라며 "아직은 확실한 강자가 없지만 통신 · 케이블을 포함해 치열한 시장경쟁이 불가피할 것"으로 보고 있다. 이런 모바일 IPTV의 장 · 단점을 중심으로 살펴보면 〈표 5-1〉과 같다.

〈표 5-1〉 모바일 IPTV의 장 · 단점

장 점	단 점
• 시청 시간이 랜덤 • 이동성(핸드오버 : 장소, 공간 극복) • 접근성 • 공간적 제약 극복 • 모든 단말에 IPTV화 • UCC처럼 개인의 녹화자료도 IP망으로 전송 가능	• 사용 시간이 절대적으로 적음 • 모바일 콘텐츠 부족 • 소형 스크린 • 라이브 콘텐츠에 대한 요구 감소 • 성능 저하(모바일기기) • 이동성(계속 움직이기 때문에 문제 발생) • 대역폭 제한 • 성능 및 크기 등이 다른 단말이 존재 • 프로토콜 문제 및 패킷 손실 문제 • Convergence 문제 • 환경에 따른 문제 • 개발의 문제점

5-4 모바일 IPTV에서의 주요 이슈 사항

모바일 IPTV는 무선구간에서 이동성을 지원하여 언제, 어디서나 자유롭게 IPTV 서비스를 이용하도록 하는 서비스이다. 사용자는 무선접속이 가능한 구간에서 자유롭게 IPTV 서비스를 사용하며, 또한 다른 무선구간으로 이동하는 경우에도 핸드오버와 같은 이동성 지원기술을 통해 IPTV 서비스를 지속할 수 있다. 특히 특성이 서로 다른 무선구간을 이동하는 경우에는 매우 복잡한 기술적 이슈가 발생하게 되지만 이와 같은 기술들은 모바일 IPTV의 가용범위를 확대하는 효과를 가지므로 관련 표준화 단체들은 필요한 기술에 대한 연구범위를 넓히고 있다. 또한, NGN(Next Generation Network)에서의 이동성 연구는 ITU-T SG13과 이동통신 네트워크 표준을 담당하는 SG19가 공동으로 NGN-GSI(Global Standards Initiative)산하에 Mobility Management라는 그룹을 형성하여 표준화 작업을 진행하고 있으며 FMC(Fixed Mobile Convergence)와 같은 이슈들도 동시에 연구되고 있다.

앞서 설명한 바와 같이 현재의 IPTV 서비스는 콘텐츠를 최종적으로 수신하는 사용자가 SD/HD급 이상의 고화질 콘텐츠를 충분히 전달할 수 있는 안정된 네트워크와 이를 수신할 수 있는 성능 좋은 단말을 가지고 있으며, 또한 서비스를 송신하는 송신자로부터 사용자에 이르기까지의 데이터 경로도 유선으로 연결되어 비교적 안정적인 QoS를 지원한다는 전제를 가지고 있다. 하지만 이와 같은 전제들이 모바일 IPTV에서는 기술적으로 상당한 어려움이 있다. 즉 모바일 IPTV의 가장 큰 기술적 이슈는 데이터를 수신하는 최종 경로가 무선구간이며, 사용자가 사용할 수 있는 무선구간에서의 가용 대역폭은 상황에 따라 수시로 변경된다는 것이다. 즉 유선에 비해 서비스를 수신함에 있어서 안정적이지 않으며, 경우에 따라서는 연결이 끊길 수도 있다. 또한, 무선구간에서는 데이터 손실률 및 지연이 유선구간에 비해 크게 발생할 수 있으므로 사용자에게 IPTV 서비스가 원활하게 전달되지 못하는 경우도 종종 발생한다. 이와 같은 기술적 이슈는 무선망 간의 이동뿐만 아니라 이동하지 않는 무선환경에서도 발생한다. 즉 해당 무선구간에 얼마나 많은 사용자가 접속되어 있는지, 유선망접속점(AP, BS 등)에서 얼마나 멀리 떨어져 있는지, 또한 사용자의 위치 및 어떤 간섭이 주변에서 발생하고 있는지 등 다양한 형태로 사용자의 무선환경 특성이 변하기 때문이다. 또한, 모바일 IPTV 사용자는 자유롭게 이동하면서 서비스를 이용하고자 하므로 이와 같은 무선구간간의 이동에 대한 기술적 이슈도 발생한다.

또 하나의 기술적 이슈는 사용자가 수신하고 있는 모바일 IPTV 단말의 성능한계이다(CPU 성능, 메모리 성능, 지원가능 코덱, 화면 사이즈 등). 모바일 IPTV는 소형의 이동단말이 주를 이룰 것으로 전망되므로 성능의 한계는 필수적으로 극복해야 하는 기술적 이슈이다. 즉 대화면의 일반 가정용 IPTV 단말에서 수신할 수 있는 고화질의 콘텐츠를 사용하기에 매우 어렵고 또한 SD/HD급의 콘텐츠가 모바일 IPTV 단말에서 요구되지도 않는다. 물론 현재 Set-top을 중심으로 개발되고 있는 미들웨어들도 모바일 IPTV 단말에는 적합한 형태가 아니다. 따라서 모바일 IPTV 서비스를 위해선 다양한 기술적 이슈들이 해결되어야 한다.

5-5 모바일 IPTV 최근 동향

휴대성과 편의성을 갖춘 모바일 기기를 이용해 TV 방송을 시청할 수 있는 '모바일 TV'는 인터넷 이용자의 잠재적 욕구까지 충족시켜 줄 수 있는 기반을 갖고 있다. 공간적 제약 없이 이동중에 손쉽게 언제, 어디서나 TV를 시청할 수 있고(이동성) 불특정 다수를 대상으로 하지 않는 개인맞춤 방송이 가능하기(개인형 미디어) 때문이다. 또 다양한 콘텐츠를 수신하고 무선 인터넷 등을 이용할 수 있다(융합형 멀티미디어)는 점도 빼놓을 수 없다.

시장조사기관 가트너에 따르면 세계 모바일 TV 시장은 2007년 1,878만 대에서 2010년에는 1억 1,347만 대 규모로 성장할 것으로 예측하고 있다. 3년 만에 시장 규모가 6배로 커진다는 것이다. 또 2010년이 되면 모바일 TV폰이 세계 휴대전화 시장의 9%를 차지해 '10명 중 1명'은 모바일 TV를 즐기게 될 것으로 가트너 측은 예상하고 있다. 미국과 유럽은 이미 모바일 TV 시장을 장악하려는 시스템 기술 경쟁을 벌이고 있다. 핀란드의 노키아가 주축이 된 'DVB-H' 기술 진영에는 프랑스의 SFR, 독일의 보다폰, 네덜란드의 KPN, 스위스의 스위스컴 등이 참여하고 있다. DVB-H 진영은 올해 20여 개국에서 시범서비스 및 본 방송을 실시할 계획이다. 북미 시장에서는 퀄컴이 자사가 개발한 미디어플로(MediaFLO) 방식의 서비스를 본격화하려는 준비를 하고 있다. 하나 국내에서는 모바일은 고사하고 유선 IPTV조차 정식 서비스를 못하고 있는 실정이다. 급변하는 국제 정세 속에서 우리의 전략은 미흡하기만 하다. 국가의 미래 성장 동력과 경쟁력을 위해서라도 국내의 좁은 시장에서 헤게모니 쟁탈보다는 좀 더 넓은 시야로 글로벌 시장과 경쟁력을 목표로 정부와 산업계가 시야를 돌리는 전략과 정책이 필요하다 할 것이다.

1. 모바일 IPTV 국외 동향

우리나라 방송과 통신계가 최근 몇 년 동안 IPTV 서비스 도입을 놓고 논쟁을 벌이고 있는 동안 해외 통신업체들은 통신과 방송이 융합된 형태의 IPTV를 속속 내놓고 있다. 정부 규제나 서비스의 근거 법안 미정비로 인해 IPTV 서비스를 하지 못하고 있는 우리나라는 희귀한 경우이다. 그것도 기술과 서비스 능력면에서 최고이며 국제 표준까지 주도를 하는 마당에서 말이 안 되는 상황이 벌어지고 있는 것이다. 최근 미국·일본·영국·이탈리아·중국·홍콩 등 20여개 국가 280여개 업체가 IPTV 서비스를 시행 또는 추진하고 있다. 모바일 IPTV도 와이맥스를 기반으로 하는 서비스가 진행중에 있으며, 홈영역에서도 셋톱박스를 통한 IPTV를 수신해 각 무선단말로 서비스를 제공하는 형식으로 영역을 확대해 나가고 있는 실정이다. 그 중에서도 통신강국인 영국은 IPTV 서비스에서도 앞서 나가고 있다. 지난 2000년 영국의 통신업체 비디오 네트웍스는 세계 최초로 IPTV 서비스 '홈초이스'를 시작하였다. 이후 PCCW, 패스트웹 등 군소통신업체들을 중심으로 IPTV 서비스 제공이 확산되었다. IPTV 서비스가 가능하려면 일정한 품질 이상의 초고속 인터넷 네트워크가 구축되어 있어야 하는데 이들 군소업체들은 발빠르게 특정 지역에서 제한적으로 서비스에 들어간 것이다. 2005년 이후 분위기는 더욱 고조되었다. 전 세계적으로 초고속 인터넷 네트워크 구축이 붐을 이루면서 미국의 AT&T·버라이존, 영국의 BT, 독일의 DT 등 각국의 주요 통신업체들이 네트워크 구축과 동시에 부가 서비스 형태로 IPTV 서비스를 실시하기 시작하였다.

미국의 시장조사업체 아이서플라이에 따르면 IPTV는 2006년 이후 매년 92%의 높은 성장세를 기록, 오는 2010년에는 6,300만 가구가 IPTV 서비스에 가입할 것으로 전망되고 있다. 영국 공영방송사 '채널4(Channel 4)'를 중심으로 구성된 컨소시엄이 최근 이동휴대방송용 주파수를 확보, 지상파 DMB의 현지 본 방송 추진이 급물살을 타고 있다.

이에 따라 한국형 지상파 DMB의 유럽 진출에 가속도가 붙을 것으로 전망된다. 정보통신국제협력진흥원 런던사무소는 "지난달 말 채널4 등 4개사가 연합한 컨소시엄이 주파수(밴드3 대역)를 확보하고 우리 측에 추가 테스트를 요청하는 등 한동안 정체되었던 지상파 DMB의 영국 진출이 활기를 띠고 있다"고 하였다. 이어 "영국 채널4는 포드캐스팅(Podcasting) 같은 동영상 서비스, 낮은 동영상 전송비트율 개선 등 2가지에 관심을 보이고 있어 국내업체들이 다음달 네덜란드에서 열리는 국제방송장비전(IBC)에서 기술 시연을 하기로 했다"고 덧붙였다. 이에 더해 영국은 대만의 에이서와 공동으로 추진하던 자체 규격인 'DVB-IP' 방식의 서비스를 2008년 1월부로 중단키로 지난달 전격 결정, 한국 지상파 DMB 채택 가능성이 더욱 높아지게 되었다. 영국은 지난해 6월부터 7개월 동안 런던에서 지상파 DMB 실험방송을 실시한 후 단말기 부족 등 여러 문제에 봉착해 본 방송까지 잇지 못했다. 그러나 최근 전통적이고 보수적인 영국이 IT에 관심을 보이고 IT 서비스 및 제품 수용가 확산되면서 모바일 TV에 대한 관심도 부쩍 높아진 것으로 관측된다. 특히 영국 방송사들이 지상파 DMB에 관심을 보인 것은 유럽연합위원회(EU Commission)를 중심으로 통신 측인 노키아의 DVB-H 지지세력이 늘면서 이에 대한 견제 움직임으로도 해석된다.

유럽연합위원회는 지난달 17일 DVB-H를 디지털 TV의 휴대폰 전송을 위한 표준 신호로 공식 지지를 밝힌 바 있다. 비비안 레딩(Viviane Reding) 미디어 총괄 담당(커미셔너)이 특히 유럽의 GSM 기반 통신 시장에는 DVB-H가 적합하다고 주장하고 있는 것으로 알려졌다. 그러나 현지에서도 DVB-H 상용화에는 주파수(UHF 대역) 부족, 디지털 저작관리(DRM) 표준 미비, 언어장벽, 나라별로 다른 주파수 정책, 수익모델 부재 등에 대한 논란이 벌어지고 있어 유럽위원회의 DVB-H 지지선언이 반드시 DVB-H를 공식 도입하는 수순은 아닌 것으로 해석되고 있다. 이 규제 기관은 2007년 10월이나 11월에 경매 조건을 발표할 예정이었지만, 경매를 한 번 이상의 행사로 진행할 것인지, 그리고 2.6GHz의 주파수로 작동하는 대역을 패키지로 묶을 것인지를 현재 평가하고 있다. 하지만 이번 조치는 기존의 통신사업자들 사이에서 논쟁거리가 될 가능성이 있다.

모바일 와이맥스는 여러 가지 면에서 현재 사용중인 3G 셀룰러 네트워크를 계승할 4G의 자리를 빼앗을 가능성이 있는 서비스로, 통신사업자들이 이미 많은 돈을 쏟아 부은 와이파이 무선 기술의 경쟁 기술로 꼽히고 있다. 와이맥스는 데이터 트래픽에 맞추어진 장거리 고대역폭 무선 기술이지만 와이파이와는 달리 직선 공간, 즉 장애물이 없는 공간에서만 사용할 수 있다는 조건이 없다. 이 기술의 기초는 무선 대도시 네트워크를 위한 IEEE 802.16 계열 표준이며, 이 기술을 촉진시키고 공인된 제품을 호환성이 있는 것으로 인증하도록 2001년 6월에 설립된 산업단체인 와이맥스 포럼에서 와이맥스(Worldwide Interoperability for Microwave Access)라는 이름을 땄다. 반면에 모바일 와이맥스의 기초는 802.16e-2005 표준이며, 휴대폰과 같은 장치는 완전 모바일 방식으로 사용할 수 있고 랩탑과 같은 시스템은 사방으로 돌아다니면서 사용할 수 있다. 하지만, 모바일 와이맥스가 특별히 관심을 모을 것으로 예상되는 곳은 현재 유선 인프라가 제한된 수준으로만 구축되어 있는 개발도상국들이다. 이것은 기존의 셀룰러 타워를 보완하는 와이맥스 기지국을 설치하는 데 관련된 비용이 고정 통신선로를 처음부터 새로 설치하는 것에 비해 더 낮을 가능성이 있기 때문이다. 특히 지형이 평평하고 인구밀도는 낮은 지역에서 그러하다. 선진국에 속한 일부 이동통신사업자들도 모바일 와이맥스를 멀티미디어와 같은 데이터 중심형 애플리케이션을 위한 대역폭을 증가시키는 수단으로 추천하고 있다. 예를 들어 스프린트넥스텔은 2006년에 2.5GHz에서 작동하는 미국 와이맥스 네트워크를 구축하는 데 30억 달러(15억 파운드)를 사용할 것이라고 발표하였다. 이 네트워크는 2007년 말까지 가동을 시작할 것이며 2008년 말까지 최소한 1억 명 이상의 사람들에게 서비스를 제공할 것이다. 모바일 와이맥스로 인해 현재 이동통신 사업자가 아닌 사람이 이 영역으로 진입할 수 있는 기회가 생겼다.

2. 모바일 IPTV 국내 동향

현재 산업계를 비롯하여 국민들의 시선은 국회로 시선이 집중되어 있다. 국회에서 입법추진 중인 IPTV 관련법 통과여부인 것이다. 현재로서는 올 국회통과가 어려울 것이라는 전망이 지배적인 가운데 발의중인 IPTV 관련법안 가운데 무선 IPTV와 관련된 별도의 언급이 없다는 점이다.

그런 만큼 일부에서는 IPTV 사업자(유선)가 무선 IPTV 서비스도 할 수 있게 되는 것 아닌가 하는 우려가 DMB 업체 등 관련업체들의 우려가 나오고 있다.

무선 IPTV 경쟁업체가 될 것으로 보이는 DMB 업체들은 KT에 대한 규제조항이 논의되지 않는 상황에서 IPTV가 시행되면 선발 뉴미디어인 DMB는 존폐위기에 놓일 것이라는 게 DMB 업계의 입장이다.

업체들은 현재 유선 IPTV로 포장되어 있는 IPTV 사업은 일부 의원이 발의한 법안대로 갈 경우 무선사업도 할 수 있게 되는 엄청난 혜택을 담고 있다며, IPTV 사업은 반드시 유선과 무선이 분리되어야 한다고 요청을 하고 있는 상황이다.

실제로 서상기 의원이 발의안 '디지털미디어서비스사업법'의 경우 IPTV를 "미디어 서비스를 제공하기 위해 디지털미디어 콘텐츠 사업자로부터 콘텐츠를 공급받아 이를 이용자에게 제공하는 사업"으로 규정하고 있다.

유선과 무선의 구분을 두지 않고 있는 것이다. 지상파 DMB 방송사들의 연합체인 지상파 DMB 특별위원회는 "현재로서는 IPTV 법안이 통과되고 서비스가 시행되면 무선 및 모바일 IPTV가 다 가능해진다"며, "DMB가 어렵게 모바일 방송을 제공하고 있는데 거대 통신사가 아무 장벽 없이 시장에 진입하게 되면 DMB 사업자는 죽으라는 소리"라고 목소리를 높였다.

이에 업계는 IPTV 법안 논의에서 무선 IPTV 문제를 진지하게 논의해 줄 것을 정부 및 국회에 촉구하고 있다. "고정매체인 케이블과의 규제 형평성뿐만 아니라, 기존 이동방송인 DMB와의 경쟁상황도 심각히 고려해야 한다"는 것이 업계의 주장이다.

지상파 DMB 업계는 "거대 통신사가 무선으로 IPTV 서비스를 하게 되면 다양한 결합상품이 가능하다는 점에서 가뜩이나 어려운 DMB 업계는 존폐위기에 놓일 수밖에 없다"며, "IPTV 논의에서 토종 뉴미디어인 DMB에 미치는 영향이 충분히 논의되어 적절한 규제정책이 마련되어야 한다"고 촉구하였다.

한편, 현재 KT가 제공중인 와이브로 서비스에서는 고속 이동중 IP 네트워크로 모바일로 방송을 제공할 수 있는 모바일 IPTV가 사실상 개발되어 있어 현재와 같이 유·무선 구분없이 IPTV 법안이 논의될 경우 KT는 법이 통과되는 즉시 모바일 IPTV 서비스가 가능한 것으로 알려졌다. 이런 가운데 국내에서는 IPTV 서비스가 시작 전이기 때문에 여기서는 모바일 IPTV 및 유사 서비스를 중심으로 관련 기업들의 전략 및 동향을 살펴보고자 한다.

1) 삼성전자

삼성전자는 유럽을 중심으로 진행되는 DVB-H 기술과 미국 중심의 미디어플로 기술 등 지역별로 차별화된 모바일 TV 기술을 모두 확보하고, 신속하게 상용화 제품을 만들어 시장경쟁력을 강화하고 있다. 양 시장을 모두 노리는 전략인 셈이다.

삼성전자는 2005년 2월 노키아에 이어 세계 2번째로 'DVB-H' 폰을 개발하였다. 2006년 1월에는 미국에서 열리는 세계 최대의 전자 가전 전시회인 'CES'에서 미디어플로 기술을 시연하기도 했다.

삼성전자는 휴대전화뿐만 아니라 노트북, 내비게이션, 휴대용 DMB TV 등 다양한 제품을 통해 모바일 TV 시장을 주도해 나갈 전략이다.

2) LG전자

LG전자도 DVB-H폰과 미디어플로폰, 그리고 3세개(G) 이동통신 서비스인 '광대역 부호분할다중접속(WCDMA)' 방식의 DMB폰을 모두 개발해 모바일 TV 시장 공략에 나서고 있다. 특히 일반 디지털 TV에만 적용해 온 광시야각 액정표시장치(LCD) 구현 기능을 휴대전화에 최초로 채택해 상하 좌우의 170도 옆에서도 선명한 시청이 가능하게 하였다. LG전자의 대표적 모바일 TV폰인 'LG-VX9400'은 북미 모바일 TV 시장에서 큰 인기를 끌고 있다.

3) SK텔레콤

SK텔레콤이 모바일 TV 시장 공략에 나선다. SK텔레콤은 지난 7일부터 네덜란드 암스테르담에서 열린 방송전시회 'IBC 2007'에서 독일 방송 솔루션 업체 T-시스템즈와 양해각서(MOU)를 맺고 모바일 TV 시장에 함께 진출키로 하였다.

두 회사는 유럽과 아시아를 포함한 글로벌 모바일 TV 시장에 공동 진출키로 합의하였다. 또 유럽의 모바일 TV 표준인 DVB-H를 포함해 지상파 DMB, DVB-T 등 다양한 모바일 TV 기술개발에 협력하기로 하였다.

2002년 11월 3G 프리미엄 멀티미디어 서비스인 '준(June)'을 선보인 SK텔레콤은 최근 들어 WCDMA 서비스가 활성화되면서 모바일 TV 관련 기능을 다양화하는 데 주력하고 있다.

특히 국내 · 외 드라마 보기에 상당한 경쟁력을 갖췄다는 평가를 받는다. '드라마 먼저 보기' 기능은 지상파 TV의 인기드라마를 10분 정도로 짧게 편집해 실제 방영일보다 며칠 먼저 볼 수 있게 해준다. 이 회사 관계자는 "연말에는 실시간 TV 프로그램을 중간부터 보게 되면 처음으로 다시 돌아갈 수 있는 기능도 제공할 예정"이라고 말했다.

4) KT

KT는 최근 하나의 플랫폼에서 개발됨 IT 신규 서비스를 홈네트워크, 텔레매틱스, 스마트폰, PDA, 휴대폰, 산업자동화, 백색가전, 로봇 미들웨어 등에 손쉽게 적용할 수 있는 KOSP(KT OSGi Service Platform) 개발을 완료하였다. KT는 KOSP에 대해 개방형 서비스 게이트웨이(OSGi) 표준화 단체로부터 규격 적합성 인증을 획득한 데 이어 성능 검증이 끝나는 대로 상용화 준비에 나선다는 방침이다.

이러한 기술이 상용화될 경우 와이브로용으로 개발된 서비스를 u-시티 및 홈네트워크나 로봇 등에도 손쉽게 적용할 수 있다. 따라서 언제, 어디서나 어떠한 단말을 이용해서도 IT 서비스를 이용할 수 있는 유비쿼터스 환경 구현에 한 걸음 더 다가설 수 있게 되었다. 이에 따라 현재 물리적 결합 없이 서비스 결합상품을 내놓고 있는 통신사업자의 서비스 구현에도 일대 혁신이 일어날 전망이다. 방윤학 KT 기술연구소장은 "이번

KOSP에 대한 인증은 KT 솔루션의 우수성을 보여주는 쾌거"라며 "향후 와이브로, u-시티, 홈네트워크, 로봇 등 다양한 신성장 사업에 통합 서비스 플랫폼으로 적용 가능하다"고 말했다. 서비스 업체가 KOSP를 적용할 경우 홈네트워크용으로 개발한 서비스를 텔레매틱스나 모바일 등 다른 영역에도 쉽게 적용하고 관리할 수 있는 것으로 평가를 받고 있다. 그 동안 OSGi에서는 각종 통신단말에 적용되는 소프트웨어 애플리케이션을 원격지에서 재부팅 없이 설치 · 시작 · 정지 · 업데이트 · 제거할 수 있는 관리 프레임워크와 정보기기 · 휴대 단말 · 보안 시스템과 같은 인터넷 장비의 표준 연결 규격 등을 개발해 왔다. 성승학 KT 기술연구소 부장은 "KOSP를 이용할 경우 기존에 각기 별개의 서비스로 이용했던 IPTV, VoIP, 홈네트워크 서비스도 손쉽게 융합 서비스로 구현이 가능하다"며 "기술개발이 완료된 만큼 성능 검증을 거쳐 2008년 정도에는 상용 서비스 구현이 가능하도록 만들 것"이라고 전했다. 현재까지 OSGi 프레임워크 R4 표준에 대한 인증을 통과한 업체는 5개 업체로, 해외에서는 이클립스의 Equinox를 비롯해 3개 업체, 국내에는 KT와 삼성이 유일하다. 현재 국내에서는 KT · 삼성전자 · ETRI 등 11개 업체가 '한국 OSGi 사용자 포럼'을 창립해 활동중이며, 최근에 텔레매틱스, 홈네트워크 등 OSGi의 적용분야가 늘어나고 있어 KT의 이번 OSGi 솔루션 확보 발표가 관련 산업의 활성화에 크게 기여할 것으로 예상된다. KTF는 3G 서비스인 '쇼(SHOW)'의 출범과 함께 초당 화면수를 10프레임에서 12프레임으로 늘리는 등 모바일 TV의 영상품질을 크게 향상시켰다. 이 회사는 현재 KBS MBC SBS를 포함해 38개 채널을 실시간으로 제공하고 있다. 또 영화, 스포츠, 교육, 종교, 손수제작물(UCC) 등의 동영상 콘텐츠 3만여 건도 KTF의 '모바일 TV'를 통해 볼 수 있다.

5) LG텔레콤

LG텔레콤은 올 1월부터 휴대전화에서 방송 시간 및 프로그램 정보를 제공하는 'DMB 방송가이드'를 실시해 좋은 반응을 얻고 있다 .이 DMB 방송 가이드를 이용하면 채널 검색 및 이동에 드는 시간을 대폭 줄일 수 있고 방송을 보면서 다음 프로그램에 대한 상세정보를 동시에 확인할 수도 있다. 무선 IPTV도 시간 문제인 만큼 무선까지 포함하는 방송법 개정안을 내놓겠다고 말했다. 전문가들은 PMP나 UMPC 같은 멀티미디어 단말기가 집에서는 IPTV 셋톱 기능을 하고, 집밖에서는 무선 인터넷을 이용한 IPTV 시청기능을 하게 될 것으로 보고 있다. 초기 제품이나 다음이 선보인 '다음고 타비'도 비슷하다. 집안에서는 인터넷선을 직접 단말기에 연결하면 되고, 실외에서도 무선 인터넷(와이파이)용 중계기(AP)가 설치된 지역에서 수신기를 단말기에 꽂아 무선 인터넷으로 시청하는 모델이다.

5-6 모바일 IPTV 국내 표준화 동향

ITU-T에서의 IPTV 활동을 대응하기 위해 TTA에서는 2006년 PG219를 신설하였다. 동시에 국내에서는 초기부터 모바일 IPTV의 중요성을 인식하고 ITU-T에서 본격적으로 논의되기 전에 국제표준을 선행 준비하고자 WG2193(Mobile IPTV 실무반)을 설립하였다. 초기 ITU-T에서는 시급한 유선망에서의 IPTV 서비스를 중심으로 표준화가 진행되었지만 WG2193에서는 IPTV가 향후 무선망으로 점차 확대될 것을 예상하여 이에 필요한 국내규격작업을 개발하였다.

〈표 5-2〉 TTA WG2193에서 작성된 IPTV에서의 이동성 지원기술 목차

요구사항	상세항목
서비스 요구사항	Multimedia Contents
	High Layer Protocol
	Middleware
	Mobility
단말 요구사항	무선구간에서의 링크 특성 검출기술
	수신단말 Capability
	Multi-Interface 지원기술
네트워크 요구사항	서버
	Middlebox Traversal
	Contents Delivery Network
	무선 링크 Adaptation
서비스 품질보장(QoS/QoE)	Network QoS 적응기술
	End-To-End Signaling
	품질보장 기능측정을 위한 단말/라우터 간 기능
	Media QoS/QoE
보안 요구사항	서비스 보안
	콘텐츠 보안
	단말 보안
	사용자 보안

WG2193에서는 2006년도 "IPTV에서의 이동성 지원기술" 작업을 수행하여 ITUT에서 논의되고 있지 않은 Mobile IPTV를 위한 기술적 요구사항들을 자체적으로 표준 개발하였다. 이렇게 개발된 요구사항들 중 시급하게 ITU-T FG IPTV에 반영되어야 하는 기술들은 지속적으로 FG회의를 통해 해당 기술을 반영하였다.

또한 WG2193에서는 Mobile IPTV 관련 국제표준화에 대응하고자 국내표준안의 영문 작업을 동시에 수행함으로써 향후 국제표준화에 대비하였다. 현재 WG2193에서는 아직 국제적으로도 개발되지 않은 Mobile IPTV 기술 표준규격을 주도하기 위해 "Mobile IPTV Specification" 개발을 관련 회원사들과 함께 준비중이며 이를 위해 현재 모바일 IPTV와 관련된 모든 국제표준기술들을 분석하고 시장에서 필요로 하는 모바일 IPTV 시나리오들을 분석하는 Gap Analysis 작업을 진행중이다.

〈표 5-2〉는 현재 WG2193에서 완료된 "IPTV에서의 이동성 지원기술" 규격초안이며 향후 TTA내 관련 PG 및 전문가들을 통해 지속적으로 내용을 보완해 나갈 계획이다.

5-7 모바일 IPTV 국제 표준화 동향

모바일 IPTV 서비스를 위해 다양한 표준기술들이 개발되고 있다. 국내 DMB와 해외 DVB/MediaFLO로 대표되는 단방향성 모바일 TV는 IP기술을 기반으로 개발되지 않았다. 하지만 IP를 기반으로 하는 인터넷상의 무수히 많은 콘텐츠 및 다양한 장점들을 기술적으로 수용하기 위해 IP기술을 결합하는 확장 표준화를 진행중에 있다([그림5-4]의 좌측 기술접근방식). 또한, IPTV 국제표준화를 담당하고 있는 ITU-T FG IPTV에서는 현재 NGN을 기반으로 하는 고정형 IPTV에 많은 비중을 두고 있다. 물론 ITU-T FG IPTV관련 워킹그룹에서 모바일 IPTV를 위한 기본적인 기술적 요구사항들이 최근 추가되고는 있지만 여전히 시장에서의 시급한 기술표준은 고정형의 IPTV 서비스이다. 이와 같이 기존 IPTV 기술을 무선 네트워크에서 가능하도록 확장한 형태도 모바일 IPTV 서비스의 기술이다([그림 5-4]의 우측 기술 접근방식).

또 하나의 방식은 이동통신영역에서의 모바일 IPTV 서비스 지원기술이다. 이와 관련하여 OMA(Open Mobile Alliance)에서의 BCAST가 매우 중요한 기술로 간주되고 있다.

여기에서는 모바일 IPTV를 위한 세 가지의 방식에 대해 간략히 살펴본다.

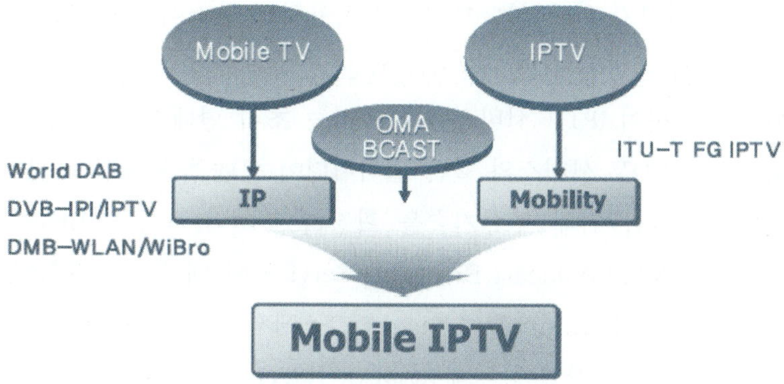

[그림 5-4] 모바일 IPTV 서비스를 위한 다양한 기술적 접근

1. 모바일 TV와 IP를 결합한 형태의 모바일 IPTV 서비스

이와 같은 형태의 모바일 IPTV는 전형적인 디지털 방송 네트워크를 사용하여 IP 기반의 오디오, 비디오 및 다양한 콘텐츠들을 사용자에게 전달하는 방식이며 방송과 통신 융합의 가장 대표적인 형태다. 모바일 TV는 단방향 형태로 안정된 무선방송 전송방식을 사용하므로 서비스가 안정적이며 양방향 서비스로의 확장을 위해 리턴채널을 결합하는 형태로 개발중이다. 가장 대표적인 표준화는 현재 DVB-CBMS이며 DVB-IPTV Commercial Module을 통해 IPTV에 필요한 구조 및 요구사항들을 연구한 후 DVB-IPI Technical Module을 통해 모바일 IPTV를 위한 표준 초안을 개발하였다.

DVB의 경우 유럽지역의 표준이며 유럽전역에 서비스가 가능한 3GPP 기술을 주로 리턴채널로 사용하여 양방향 모바일 IPTV를 연구하고 있다. 국내에서는 모바일 TV기술로 DMB가 널리 사용되고 있으며 최근 리턴채널을 위한 기술로 WiBro를 접목한 양방향 형태의 모바일 IPTV 기술을 초기 개발하고 있다.

2. 고정형 IPTV에 모바일 기능을 결합한 형태의 모바일 IPTV 서비스

IPTV는 다양한 표준단체에서 개발되고 있으며 2006년부터는 ITU-T에서 FG IPTV를 통해 국가 간의 통일된 표준화 규격을 작업중이다. 특히 미국에서는 ATIS를 중심으로 기존 통신사업자들이 NGN 기반의 IPTV 관련 장비들을 개발하고 있다. 현재 대부분의 IPTV 표준화는 NGN을 기반으로 하는 안정된 유선망을 중심으로 하고 있다. 기존 IPTV는 IP 기반의 다양한 콘텐츠를 IP망을 통해 사용자에게 전송하는 방식이므로 이를 모바일 IPTV로 확장하기 위해서는 사용자가 사용하는 환경이 무선이어야 한다. 무선기술들은 특정 기술에 국한되지 않지만 최근에는 광대역 무선접속기술인 WiMAX(국내에서는 WiBro)를 이용하여 IPTV 서비스를 제공하는 초기 형태의 모바일 IPTV 기술이 개발되고 있다. 또한, IPTV 서비스와 같은 멀티미디어 콘텐츠를 해당 무선기술상에서 보다 효율적으로 전달하기 위해 무선기술을 확장하고 있다. 즉, WiBro의 기반기술인 IEEE 802.16e에서는 MBS(Multicast Broadcast Service)에 대한 전송방식에 대한 표준이 완료되었으며, WiMAX Forum에서는 Release 1.5에서 MBS에서 대한 요구사항을 정의하였고 이를 위한 표준화 작업에 현재 WiMAX NWG에서 진행중이다. IPTV의 DeFecto 표준기구 중 하나인 OMA(Open Mobile Alliance)에서도 IMS를 기반으로 하는 모바일 IPTV 서비스를 2008년부터 본격적으로 개발할 계획이다.

3. 이동통신 영역에서의 모바일 IPTV 서비스

현재 국내에서 이동통신상의 멀티미디어 서비스는 이동통신 사업자들을 통해 이루어지고 있다. 물론 법적 이슈로 아직 실시간 방송이 서비스되고 있지는 않지만 이런 형태의 서비스 또한 초기 모바일 IPTV 서비스라 할 수 있다. 이동통신 영역에서 IPTV 서비스를 보다 원활하게 제공하기 위해 연구되고 있는 가장 대표적인 표준화는 OMA BCAST(BroadCAST)이다. 이는 다양한 이동통신 단말들이 IPTV와 같은 형태의 서비스들을 원활하게 수신할 수 있도록 Enabler라는 기능을 표준화한다. 3GPP와 3GPP2기반에서의 IPTV 서비스에 대한 연구는 각 표준단체에서 활발하게 진행중이며 특히 3GPP에서의 MBMS(Multimedia Broadcast/Multicast Service) 표준이 Release 6에서 정의되었으며, 현재 Release-7 및 Release-8 3G LTE(Long Term Evolution)망에서 방송 서비스의 전송효율을 높이기 위한 기능 확장을 포함하는 진보된 eMBMS(Evolved MBMS) 규격 개발이 진행중이다.

5-8 IPTV 향후 전망 및 시장 동향

1. 향후 전망

IPTV 서비스는 2000년 초부터 유선부문에서 논의가 시작되었고 2005년부터는 도입 논의가 활발하게 진행되었으나, 방향을 잡지 못하다가 2006년 7월 방송통신융합추진위 발족으로 큰 기대를 모으기도 하였다. 그러나 기대와는 달리 IPTV 서비스 법제화가 지연되고 있고 올 정기국회에서도 법안 통과가 어려울 것으로 전망되고 있어 아쉬움과 함께 우리가 주도를 할 수 있는 신성장 산업에서 실기를 하여 글로벌 시장에서의 기회를 놓치는 것 같아서 아쉬움이 많다. IPTV는 우리나라 IT 산업의 위기탈피와 성장동력으로서의 중요한 촉매제라 할 수 있다. 최근 IT분야의 활력이 일부 대기업 중심으로만 이루어지고 있어 우려감이 높은 가운데 IPTV 등장은 그야말로 우리 정보기술(IT)을 새롭게 변모시킬 중요한 실마리가 되리라고 기대를 모으고 있다.

IPTV와 관련된 네트워크, 방송·콘텐츠 업체 등은 기대감 속에 서둘러 투자를 하였고 2000년부터 2007년까지 세계 IPTV 관련 특허 102건 중 40건의 특허를 출원하는 쾌거를 이루기도 하였다. 특히 국제전기통신연합(ITU-T)에 반영된 770건의 표준 가운데 한국 IPTV 기술이 차지하는 비중이 18%로 국제표준을 주도할 입지도 확보하고 있다.

IPTV가 상용화하지 않는 상황에서 일구어낸 성과이기에 가치는 더욱 크다. 그러나 국내의 상황은 전략과 정책의 부재로 이런 호기를 상실할 위기에 처해 있기 때문이다. 관련 기업들은 투자가 회수되지 않아 80여 중소기업과 대기업들이 어려움을 겪고 있다. 연구보고서에 의하면 IPTV 지연으로 연 1조 원 가량의 기회비용을 포함한 경제적 손실을 입고 있다고 한다. 2000년 초반부터 각 국가에서 IPTV 상용 서비스를 시작하였고 현재 30여 국가에서 상용 서비스를 제공하고 있다.

한국정보산업연합회가 전망한 것처럼 IPTV는 통신·방송업계는 물론 컴퓨팅·콘텐츠 업계에 새로운 시장을 창출해 나갈 것으로 기대를 모으고 있다. 그리고 유비쿼터스화가 진전되면서 이동성과 편의성을 아우르는 모바일로의 발전이 급속히 일어날 것으로 보인다. 따라서 앞서 보았듯이 모바일 IPTV의 개인과 산업적 활용도도 다양하게 확대되어 나갈 것으로 보인다. 이는 단순한 새로운 서비스의 확대를 떠나 기존 산업경쟁력을 높이고 다양한 비즈니스 서비스 모델(IPTV가 사내 전사자원관리(ERP)와 통합 등 대규모 시스템으로 확장이 용이하기 때문에 고화질 광고방송뿐 아니라 정보교류, 사내교육, 대외홍보, 고객관계관리(CRM), 지식경영(KM)에 활용할 수 있다.)들을 창출해 나아감으로써 산업에 활력과 파급력면에서도 기대가 되는 산업이다. 따라서 국가적 차원에서 몇 안 되는 국제경쟁력을 갖춘 부문에서의 산업적 활성화를 위해 노력해야 할 것이다.

2. 시장 동향

아이서플라이는 IPTV 서비스 매출이 올해부터 탄력을 받기 시작하면서 2011년에 263억 달러에 이를 것으로 내다봤다. 이는 2006년 7억 7,920만 달러와 비교하면 34배 이상 늘어난 수치이다. 여기에는 광고 수입과 부가 서비스 매출은 포함되지 않았다.

특히 통신업체가 떨어지는 음성 매출을 보존하기 위해서 IPTV 사업에 주도적으로 나서면서 성장을 견인할 것으로 전망하고 있다. IPTV 콘텐츠 가운데 가장 관심을 끄는 분야로는 동영상 서비스이다. 이 때문에 기능과 서비스를 중심으로 시장 경쟁이 전개될 가능성이 높으며 고선명을 기반한 HD 프로그램, DVR 등과 결합한 주문형 비디오(VoD) 사업이 IPTV 분야의 핵심 사업으로 부상한다고 분석하였다. 동영상뿐만 아니라 IPTV 플랫폼을 기반한 부가 사업의 전망도 낙관적이다. IPTV가 디지털 음악과 주문형 게임, 데이터 서비스, 홈시큐리티와 같은 다양한 콘텐츠 상품을 제공하는 창구로 떠오르고 있다는 점이다.

부가 서비스와 IPTV를 통한 광고 매출은 2010년에 10억 달러 이상을 기록할 것으로 예측하였다. IPTV 가입자와 매출은 괄목할 만한 성장세를 이어갈 것으로 예측되면서 통신·케이블을 포함해 치열한 시장 경쟁이 불가피할 것으로 보고 있다.

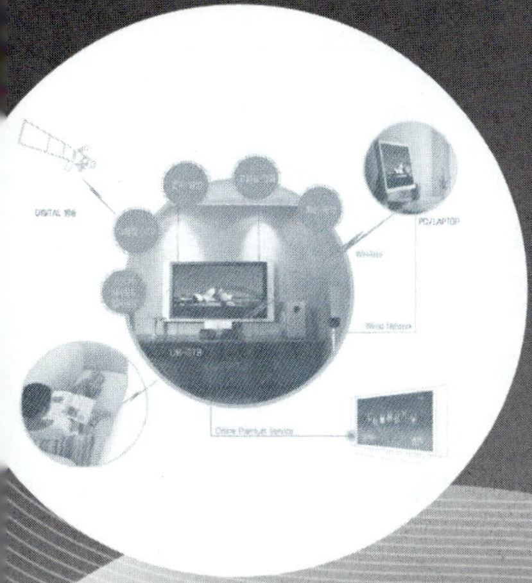

제 6 장
차세대 IPTV의 구성

6-1 차세대 IPTV 개요

IPTV는 인터넷과 TV 기능을 넘어 다양한 멀티미디어를 제공할 수 있는 확장 가능성이 큰 통방융합 서비스로 인식되고 있으며, 진보된 응용 서비스와 콘텐츠를 바탕으로 다양한 미래 비즈니스들을 생성할 수 있는 차세대 융합 기술로서 주목받고 있다.

IPTV는 음성, 데이터 및 방송이라는 세 가지 미디어의 결합을 의미하는 TPS(Triple Play Service)에 이동성 지원 서비스를 추가하는 QPS(Quadruple Play Service)로 진화하고 있다. 또한, 개인적이면서 공유와 참여를 추구하는 이용자들의 복합적인 욕구 변화를 지원하여, 누구나 새로운 정보와 서비스를 자유롭게 창조하고 정보매체와 자원을 공유하는 일반화된 플랫폼으로 진화될 것으로 예상된다.

IPTV 서비스의 진화방향 및 이를 실현하는 데 필요한 기술개발 이슈 및 동향들에 대해 설명해 보고자 한다.

6-2 차세대 IPTV 서비스 발전 전망

1. IPTV 서비스 발전 전망

현재 IPTV는 기존의 통신기술과 방송기술의 결합을 통해 방송 서비스, VoD, 기본적인 양방향 TV 서비스들을 유선 인터넷을 통해 제공하는 사업자 중심의 폐쇄형 서비스 구조에 바탕하고 있으나, 2세대 IPTV는 유 · 무선 통합망을 기반으로 방송, 통신 및 웹이 결합되고, 제3사업자 및 이용자가 참여할 수 있는 개방형 서비스 구조로 진화할 것으로 예상된다. 또한, 이용자는 휴대폰이나 PDA 등의 다양한 휴대단말을 이용하여 언제 어디서나 원하는 방송 서비스 및 콘텐츠를 최적의 품질로 소비 및 생성할 수 있을 것이다.

궁극적으로는 시간 및 공간상의 제약이 없이 3차원 입체(3D) 및 UD급 멀티미디어 기반의 개인맞춤형 실감 현실 IPTV 서비스(Tele-Presence)를 제공할 수 있는 3세대 지능형 IPTV로 진화할 것으로 예상된다.

이러한 3세대 IPTV에서는 70인치 이상 디스플레이에서 실감 미디어를 제공하는 UD

급 방송·통신융합 환경을 통해서 개인 멀티미디어 융합 서비스뿐만 아니라 실감 교육, 실감 의료, 교통/관광, 안내/홍보 및 원격감시 등 유비쿼터스 환경에 맞는 실감형 개인 콘텐츠를 실시간 시청은 물론이고 제작 및 공유가 가능할 것이다.

IPTV 서비스 및 관련 시장의 확대에 따라 기존의 통신, 방송, 케이블 및 인터넷 업체들은 보유하고 있는 인프라를 바탕으로 IPTV 기술을 접목하는 방식으로 IPTV 서비스를 도입하고 있다. IPTV 서비스 제공자들은 기본적으로 Walled Garden을 전제로 하여 IPTV 기반의 다양한 융합 및 부가 서비스를 도입하지만, 점차 BcN 구조를 수용하면서 개방형 인터페이스를 통해 인터넷상의 다양한 콘텐츠 및 응용들을 수용하는 방향으로 진화할 것으로 예상된다.

〈표 6-1〉 IPTV 기술 발전 단계별 서비스 및 주요 기술

	현재 IPTV	2세대 IPTV	3세대 IPTV
서비스	• 유선 기반 양방향 IPTV 서비스	• 이동성을 지원하는 고품질 IPTV 서비스	• 실감영상 수준의 입체화 • 초고품질화 IPTV 서비스
주요 기술	• 사업자별 독자 서비스 플랫폼 • 고정형 단말(고해상도 TV + STB, PC) • 양질의 다양한 양방향 콘텐츠 • 특정 디바이스에 종속된 콘텐츠 보호 • xDSL/Ethernet/FTTH 등 유선 액세스 기술 • 기본적인 멀티캐스트 및 QoS 제공 기술	• 개방형 서비스 플랫폼 • 고정형 및 휴대단말 • 서비스 이동성 제공 기술 • 맞춤형, 개인형, 창조형 콘텐츠 생성 및 처리 • 이동성 지원 보안·광대역 유무선 통합망 • IMS 기반 서비스 제어기술 • 웹 기반 개방형 미들웨어 • 환경적응형 미디어 처리 및 전송 기술	• 실감 미디어 융합 플랫폼 기술 • 고정형 및 이동형 UD/3D 단말 • 상황인식형 및 지능형 콘텐츠 생성 및 처리 • 다수준 객체형 UD/3D 실감영상 미디어 기술 • 초광대역 유·무선 및 위성 융합 액세스 기술 • 이용자 환경인식형 미디어 기술

2. 주요 IPTV 서비스 및 관련 기술

IPTV의 대표적인 서비스로서 양방향 서비스, 이동형 서비스, 웹 기반 서비스, 세션 기반 서비스 등을 들 수 있다.

1) 양방향 서비스

단방향의 정보 전달에 그친 방송 서비스에 통신의 양방향성을 결합함으로써 IPTV는 다양한 서비스를 제공할 수 있다.

제 6 장

〈표 6-2〉는 양방향성이 가미된 IPTV 서비스 분류이다. 양방향 서비스에는 기존의 인터넷에서 접할 수 있는 다양한 콘텐츠를 IPTV를 통하여 사용할 수 있게 하는 생활정보, 교육, 웹 포털 등이 포함된다. 또한, SMS, 영상전화 등 기존의 전화 서비스를 IPTV에서 구현한 통신형 서비스가 있다.

앞으로 사용자의 다양한 욕구충족을 위하여 단기간 내에 많은 종류의 융복합 양방향성 서비스 개발에 대한 필요가 증대될 것이며, 이에 따라 양방향 서비스제어 기술과 서비스 플랫폼(SDP : Service Delivery Platform) 기술이 IPTV 서비스에서 갖는 중요성이 증대될 것이다.

〈표 6-2〉 IPTV 서비스 분류

서비스 분류	대표 서비스
통신 서비스(T-Communication)	SMS, TV-메신저, TV-mail, 영상전화
상업형 서비스(T-Commerce)	양방향 광고, T-Shopping, T-Banking, 증권
정보형 서비스(T-Interactive)	생활정보(날씨, 교통, 뉴스, 문화, 요리 등)
오락형 서비스(T-Entertainment)	Game, 노래방, 배팅
참여형 서비스	설문, 여론조사
교육형 서비스	유아, 중등, 어학, 자격증, 세미나, e-learning
웹 기반 서비스(TV Portal)	풀브라우징, Push 서비스

2) 이동형 서비스

무선랜, WiBro, 3G+ 등 광대역 무선통신 서비스의 보편화와 이동형 개인 휴대기기의 증가는 이동성 지원을 통한 사용자 편의 증대를 만족시킬 뿐 아니라, 이동환경에 적합한 다양한 서비스들을 기반으로 하는 패러다임 변화를 요구하고 있다.

이동형 서비스는 현재의 단말 이동성 지원 위주에서 향후 단말기기 간의 사용자 이동성(Personal Mobility) 및 서비스, 콘텐츠 등이 사용자를 따라 이동하는 서비스 이동성(Service Mobility)까지 지원하는 형태로 진화할 것으로 보인다. 신뢰성 있는 고속의 이동성 서비스는 차세대 IPTV의 핵심적인 요소가 될 전망이며, 이종망 간 핸드오버 발생 시에 지속적인 통신품질을 보장해 주는 품질보장형 이동성 기술 또한 향후 주요 이슈로 대두될 것으로 예상된다. 이동형 IPTV 서비스는 양방향 서비스 및 웹 서비스와의 융합 형태로 진화되어 IP이동성 기술, 서비스 제어기술, 네트워크 자원관리기술 등이 복합적으로 요구될 것으로 전망된다.

〈표 6-3〉 이동형 IPTV 서비스 분류

이동성 분류	정의 및 서비스 예
단말 이동성 (Terminal Mobility)	통신 서비스를 이용중인 단말 이동하거나, 또는 상이한 위치에서 동일 단말이 사용될 수 있도록 지원하는 단말 및 네트워크의 기능 ㉥ 휴대단말로 방송 시청 도중 기지국 간 핸드오버
사용자 이동성 (Personal Mobility)	사용자가 단일 Personal ID를 기반으로 어떠한 단말을 이용해서든지 통신 서비스에 접속할 수 있는 기능 ㉥ SIM Card를 이용해 휴대폰 단말을 변경 후 계속 방송 시청
서비스 이동성 (Service Mobility)	사용자 및 단말의 위치와 무관하게 특정(가입된) 서비스를 이용할 수 있도록 지원하는 서비스의 기능 ㉥ 사용자 위치기반 광고 서비스

3) 웹 2.0 기반 서비스

차세대 IPTV에서 요구되는 참여성 및 개방성을 충족하기 위해서 웹 기반의 서비스 플랫폼을 활용하는 IPTV 프레임워크의 필요성이 대두되고 있는 실정이며, 웹 2.0은 이러한 흐름에 적합한 요소 기술을 제공하고 있다.

〈표 6-4〉 IPTV 서비스를 위한 웹 2.0 요소 기술

IPTV 서비스 요소 기술	IPTV 서비스 특징	웹2.0 요소 기술	
		주요 특징	관련 기술
콘텐츠	개인화, 대화형	Metadata Delivery	EPG, RSS, RIA, Tagging
플랫폼	개방형, 분산형	Service Buildup	Mashup, REST, Open API
네트워크	개방형		Web Service
단말	융합형, 유비쿼터스	Rich User Interface	UCC, AJAX

개인화, 참여, 개방 및 공유의 웹 2.0 개념의 IPTV 서비스로의 적용은 다양한 IPTV 서비스 개념으로의 발전을 가져올 수 있다. 최근 웹 포털의 IPTV 서비스 진출로 시작하여 웹 2.0 트렌드의 IPTV 서비스로의 확장 가능성이 이슈로 등장하고 있다.

〈표 6-4〉는 현재의 웹 2.0의 요소 기술과 IPTV 서비스 요소 기술에 대한 서비스 특징 간의 관계를 보여준다.

웹 2.0기술은 그 다양성으로 인하여 하드웨어로부터 서비스 생성, 전달 플랫폼, 사용자 서비스까지 IPTV 서비스의 도약에 큰 기여를 할 것으로 전망된다.

4) 세션 기반 서비스

현재의 IPTV 서비스를 위한 Best-effort 인터넷망은 세션 제어 개념을 내재하고 있지 않으므로, 다양한 세션 기반 서비스들을 수용하기 어려운 구조이다.

IMS는 IP 프로토콜을 기반으로 패킷 기반의 음성, 오디오, 비디오 및 데이터 등의 다양한 멀티미디어 서비스를 위한 세션 제어 기능을 제공한다.

IMS의 존재가치와 미래는 단순히 세션 기반 서비스를 지원한다는 의미보다는 서비스 제어 및 수행을 위한 부가 정보를 전송 계층의 정보와 함께 망에서 통합 관리하여 제공할 수 있다는 점을 들 수 있다.

더 나아가 IMS 인프라를 이용하여 IPTV 등 융합 미디어 서비스를 위한 플랫폼을 구축함으로써 다양한 응용 서비스를 제공할 수 있다.

IMS는 기본적인 IPTV · 음성 · 모바일 서비스를 뛰어넘는 융합 서비스를 제어할 수 있는 형태로 진화중에 있으며, 단순한 음성, 영상, 데이터 서비스의 번들링 제공에 그치지 않고 위치기반 서비스(LBS : Location-Based Service), 멀티미디어 공유 및 저장, 모바일 자동 전송 서비스, 화상전화 등의 진화된 서비스들을 수용할 수 있을 것이다.

5) 디지털 STB 기반 서비스

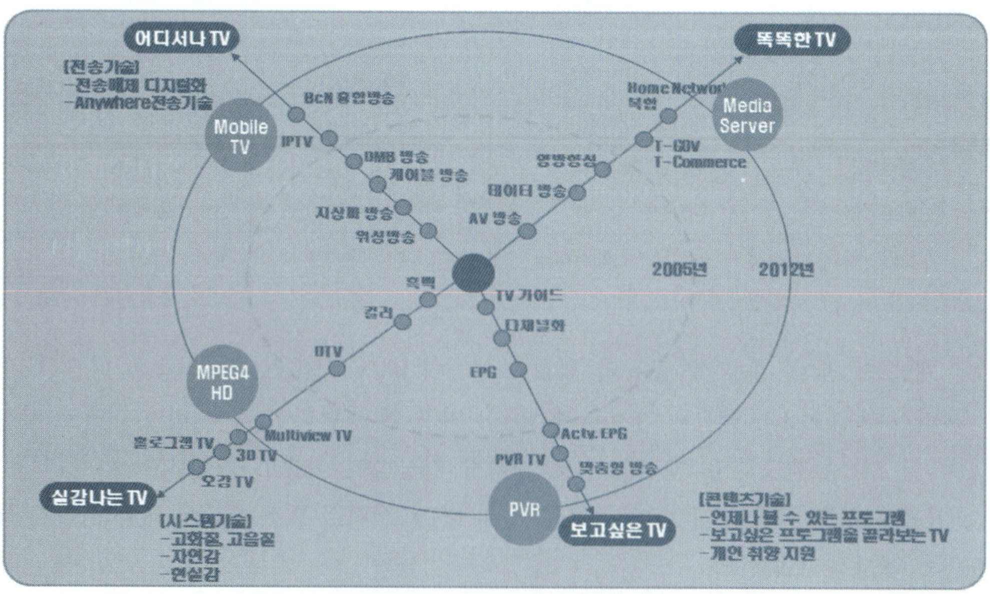

[그림 6-1] 디지털 STB의 진화과정

① 언제서나 TV는 전송기술의 발달로 전송매체의 디지털화 및 anywhere 전송기술로 완성될 수 있는 모바일 TV이다.
② 똑똑한 TV는 홈네트워크의 복합으로써 미디어서버를 말한다.
③ 실감나는 TV는 시스템 기술로써 고화질, 고음질, 자연감, 현실감나는 TV기술로써 MPEG4 HD기술을 바탕으로 이루어지는 기술이다.
④ 보고싶은 TV는 콘텐츠 기술로써 언제나 볼 수 있는 프로그램으로써 보고싶은 프로그램을 골라보는 TV 및 개인 취향을 지원하는 TV를 말한다.

6-3 차세대 IPTV 기술개발 동향

이 장에서는 차세대 IPTV 서비스 실현을 목표로 진행되고 있는 IPTV 기술개발 동향에 대하여 설명한다.

1. 품질보장형 4A 네트워킹 기술개발

차세대 IPTV에서 추구하는 언제, 어디서나 끊김없는 고품질의 융합 멀티미디어 서비스를 위해서는 이동형 서비스 사용자에 대한 원활한 이동성 지원 및 다양한 유·무선 액세스 환경에서도 지속적으로 유지되는 품질관리 기능이 필수적이라 할 수 있다.

최근 이동성 분야의 주요 추세로는 제어 기능을 망에 집중함으로써 단말의 추가적인 요구사항을 최소화하는 망 기반 방식에 더불어 L2/L3 계층 간의 연동을 통해 핸드오버 처리 절차를 고속화/최적화하는 형태로 발전하고 있다. 대표적인 망 기반 이동성 제어 기술로 IETF의 PMIP(Proxy MIP)를 들 수 있으며, L2/L3 계층 간의 연동을 위해서는 IEEE 802.21 MIH(Media Independent Handover) 표준 기술과 이를 이용한 유·무선 통합 액세스 제어 및 고속 핸드오버 기술들이 연구되고 있다.

국내의 망 기반 이동성 제어 기술로는 한국전자통신연구원(ETRI)에서 개발중인 AIMS(Access Independent Mobile Service) 시스템을 들 수 있는데, 이 시스템은 PMIP가 갖고 있는 망 기반 제어 방식의 장점과 더불어서, [그림 6-2]와 같이 NGN 등 대규모 망에 적용할 수 있는 확장성을 제공한다.

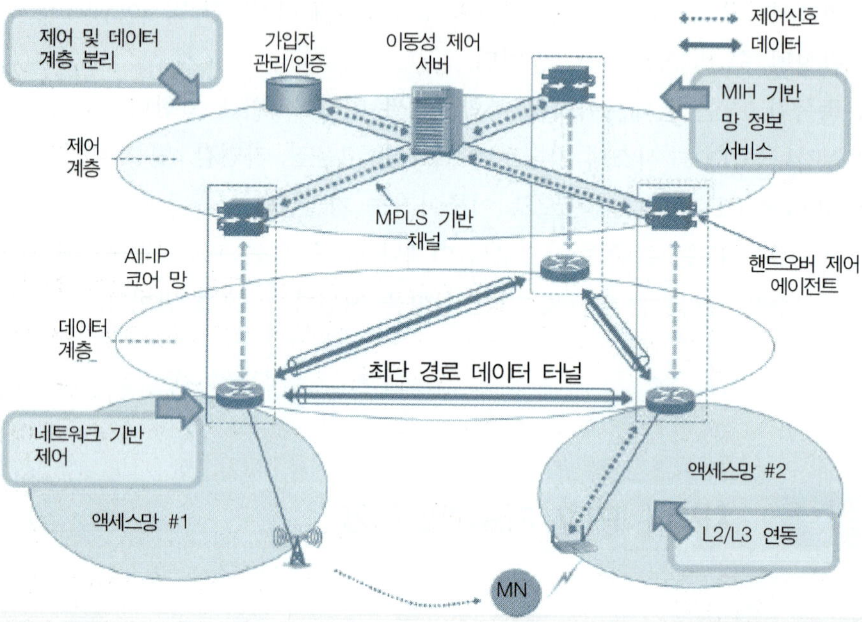

[그림 6-2] 차세대 IPTV를 위한 AIMS 시스템 개요

또한 MPLS(Multi-Protocol Label Switching) 기반으로 코어 망 내의 전송 계층과 제어 계층을 분리하여 신속하고 안정적으로 제어 메시지를 교환하는 구조를 가지며, L2/L3 계층 간 연동을 통해 핸드오버 처리 절차를 고속화한다. 그리고 사용자 선호 및 망 상태 정보 등을 고려하는 품질 지향의 액세스망 접속제어를 가능하게 한다.

최적화된 IPTV 서비스 제공을 위해 응용 계층의 통신품질 요구사항에 따라 망 자원 사전예약 등을 통해 이종망 간의 품질 저하를 최소화하는 기술 및 SVC(Scalable Video Coding) 등과 같이 통신 환경에 적응하는 미디어 기술과의 효과적인 연계 기술 등이 연구개발중에 있다.

2. 융합 서비스 제공을 위한 IPTV 플랫폼 기술개발

개방, 공유, 참여를 표방하는 웹 2.0 서비스들이 IPTV 서비스로 접목되며, 다양한 양방향성 서비스들의 개발이 요구됨에 따라 수많은 서비스들이 단기간에 개발되어 적용될 필요성이 제기되고 있으나 현재의 서비스 개발환경은 몇몇 통신기업이 자신들의 망 자원 내에서 한정된 개발을 하고 있는 실정이다.

즉 현재의 서비스 전개 방식은 서비스의 수요가 생길 때마다 개개의 서비스가 수직적 구조로 개발되는 형태로 이루어져 서비스 복잡성, 자원의 집약성 및 관리비용 증대를 야기시킨다. 이러한 문제점을 해결하고 차세대 IPTV 서비스 도입을 용이하게 하기 위해 ETRI를 중심으로 산학연이 연계하여 IPTV 플랫폼 기술개발을 진행중이다. 본 프로젝트는 기존 폐쇄형 IPTV 사업자의 다양한 융합 서비스 생성 및 도입을 지원하고, IPTV 기반의 원격회의, 원격교육, 원격의료, 공공 등의 실감형 융합 서비스 및 다양한 정보가전 기기들 간의 IPTV 콘텐츠 분배 · 공유를 가능하게 하는 것을 목표로 하고 있다.

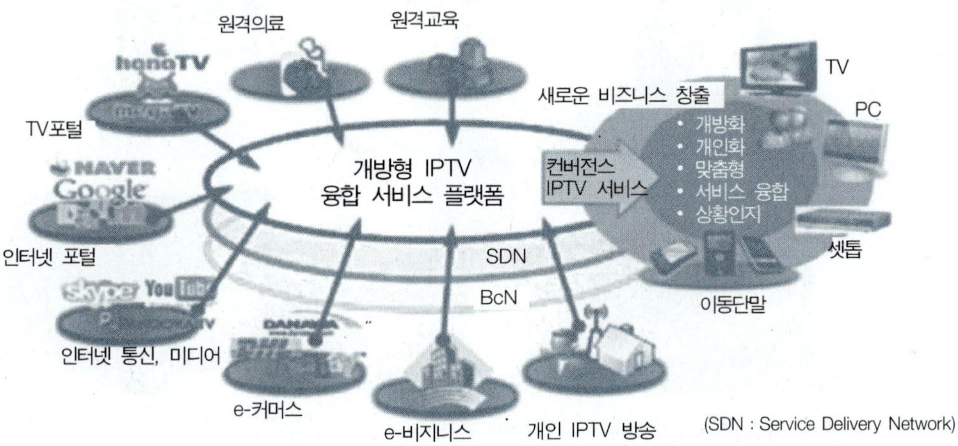

[그림 6-3] 융합 서비스 제공을 위한 차세대 IPTV 플랫폼

3. IPTV 적응형 미디어 기술개발

가입자에게 고품질 맞춤형 서비스를 지원하기 위한 주요 콘텐츠/미디어 기술로 통신환경 적응형 미디어(Adaptive Media) 기술이 대두되고 있다. ETRI에서 개발중인 적응형 미디어 기술(SVC)은 하나의 비디오 스트림으로 다양한 전송 네트워크와 다양한 수신 단말에 적응적 서비스가 가능한 비디오 부호화, 복호화 방법을 제공한다. 이는 유무선 통합망 환경에서 이기종 단말에 대해 대역폭(Bandwidth), 단말 성능, QoS 요구사항 등을 고려한 계층적 미디어 스트림을 동적으로 전송할 수 있게 한다. SVC 미디어의 적응성(Scalability)은 공간적(Spatial), 시간적(Temporal), 품질적(Quality)인 측면에서 차별화되며, 단말 및 스트리밍 서버는 네트워크 상태정보, 단말 특성정보, 사용자 선호도 등의 정보를 교환함으로써 환경에 맞는 최적의 미디어 전송률을 결정할 수 있다.

또한 가입자가 느끼는 미디어의 체감품질(QoE)의 변화를 동적으로 네트워크의 QoS 관리 및 SVC 스트리밍 제어에 반영하는 연구에 대한 필요성이 대두되고 있다. 현재 QoE/QoS 매핑 기술 및 SVC 등 적응형 미디어 지원을 위한 네트워크에서의 인터페이스 기술 등은 구체적인 표준 프레임워크 및 시그널링 규격이 정해지지 않은 상황이다. 하지만 지금까지의 기술 발전 추세로 볼 때, 응용 계층의 품질 및 서비스 특성과 연계하는 기능이 향후 네트워킹 기술 진화의 주요 요소가 될 것으로 예상된다.

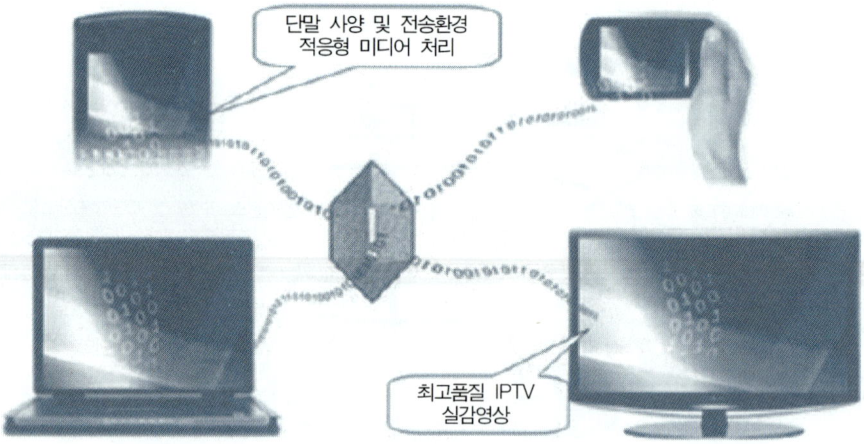

[그림 6-4] 적응형 미디어 처리 기술

4. IPTV 단말 고도화 기술개발

현재의 IPTV 단말은 서비스 사업자별로 특화된 고정형·폐쇄형 구조로서 향후 이동성 지원, 여러 디바이스들과의 융합, 다양한 IPTV 콘텐츠 소비 및 생성에 대한 요구를 수용하기 어렵다. 또한, 유·무선 통합, IPTV와 인터넷의 융합이 더욱 가속화되는 차세대 IPTV 환경에서 더욱 다양한 IPTV 융합 콘텐츠를 이용할 수 있도록 차세대 IPTV 융합단말로의 고도화가 요구되고 있다.

더불어 현재 셋톱박스 내에 사용되는 멀티미디어 프로세서의 대부분 외산 제품들로 기술적으로 차별화되는 차세대 IPTV에서 다기능화 및 원칩화된 메인칩 개발을 통해 국내·외 시장 진출 기회 모색이 필요하다. ETRI에서는 대용량 IPTV 융합 콘텐츠, 개인방송 등을 지원하는 IPTV용 고성능·저전력 멀티미디어 프로세서(SoC) 기술개발, 보드

표준설계 및 외부 기기들과의 인터페이스 개발 등을 통해 IPTV 단말장치 고도화를 진행중에 있다. 이러한 기술 개발을 통해 향후 이동성 지원, 여러 디바이스들과의 융합, 다양한 IPTV 콘텐츠 소비 및 생성 기능을 제공하는 차세대 IPTV 단말로 활용 가능할 것으로 예상된다.

5. 능동적 IPTV 사업자 선택 기술개발

현재 IPTV 사업자들은 독자적인 수신제한 시스템을 채택하고 있어 사업자별 별도의 IPTV 단말을 설치해야 하며, 이용자의 서비스 이용제약 및 IPTV 사업자의 수신제한 기술 종속 문제 등을 야기하고 있다. 이를 해소하기 위해서는 다운로드 가능한 수신제한 시스템(CAS/DRM) 및 능동적 IPTV 사업자 선택지원 기술개발이 필요하다.

ETRI를 중심으로 소프트웨어 기반의 IP 최적화된 다운로드 가능한 방송 수신제한 기술 및 관련 서버 시스템 기술개발이 진행중이다. 이 프로젝트에서는 또한 사용자의 선호에 따라 자유로운 IPTV 사업자 선택을 가능하게 하는 IPTV 사업자 선택지원 기술 및 다운로드 가능한 미들웨어 기술개발을 수행하고 있다.

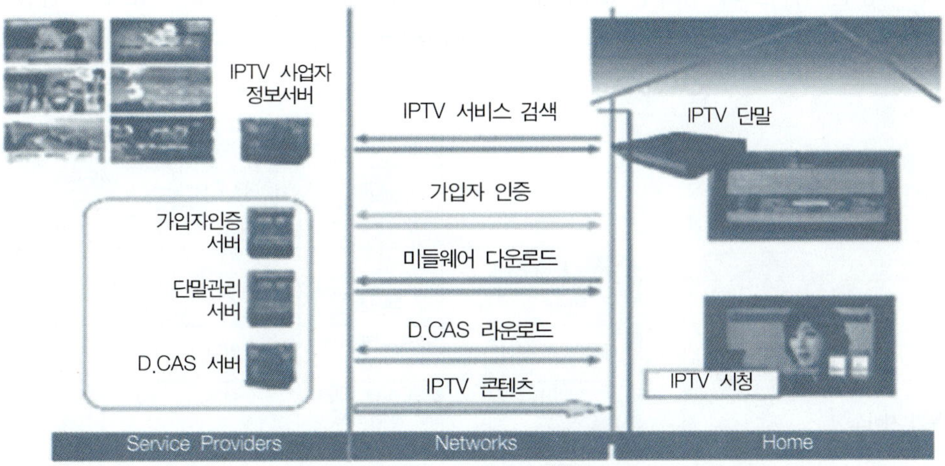

[그림 6-5] 능동적 IPTV 사업자 선택 기술

이를 통해 개방형 서비스 구조를 지향하여 특정 산업체에 종속되지 않으며, 새로운 서비스 연계 기술이 용이해질 수 있으며, IPTV 서비스 기반의 융합 콘텐츠 및 개방형 플랫폼 기술을 위한 서비스 기술로 활용이 가능할 것으로 예상된다. 또한, IPTV 단말기의 표준 접속 기술을 제공하여, 소매 시장에서 단말기를 구입하고 네트워크에 접속하여 서비스를 받을 수 있게 되며, IPTV 서비스를 위한 콘텐츠 보호 기술을 일반 콘텐츠로 적용 확대하여 유료, 고가의 콘텐츠 산업을 활성화시킬 수 있을 것으로 예상된다.

6-4 IPTV 서비스의 진화 방향

IPTV 서비스의 분류와 국 · 내외 IPTV 사업자의 최근 동향을 통해 [그림 6-6]처럼 IPTV 서비스의 진화 방향을 예측해 볼 수 있다. 즉, 결합상품을 위한 번들링 단계, 콘텐츠 및 애플리케이션 다양화 단계, 그리고 '커뮤니케이션 TV', '커뮤니티 TV', '퍼스널 TV'의 단계로 진화할 것이다.

통신 서비스와 접목된 IPTV가 '커뮤니케이션 TV'이며, 웹 2.0 요소가 결합되어 유저들의 참여를 가능하게 하는 것이 '커뮤니티TV'이다.

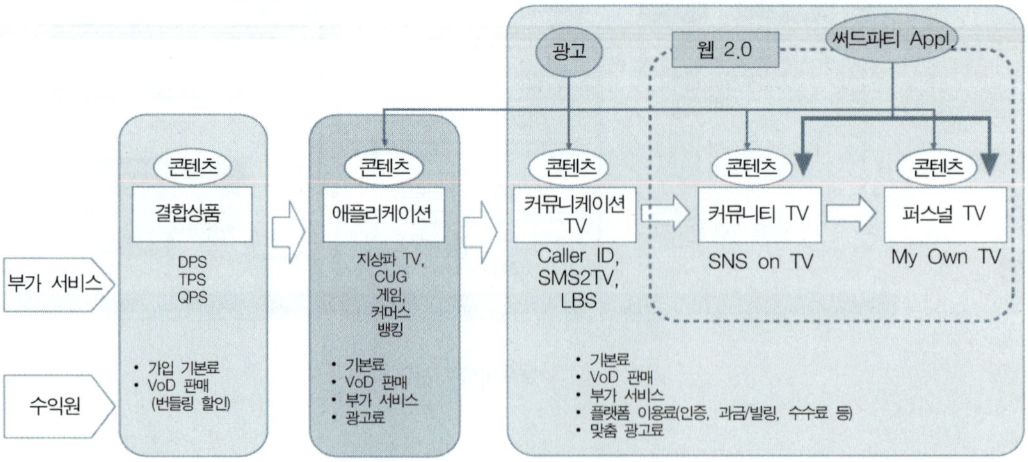

[그림 6-6] IPTV 서비스의 진화 방향

써드파티(Third party)가 개발한 다양한 위젯 등을 셋톱박스에 다운로드해 양방향 서비스 구성 자체를 유저가 결정하고, 사용자 제작 콘텐츠를 방송 채널을 통해 공급하는 등의 개인화 서비스가 가능한 것이 '퍼스널 TV'이다.

현 국내시장은 번들링과 애플리케이션 다양화 단계를 거치고 있다고 볼 수 있다.

이 단계에서의 유저들은 IPTV 사업자들이 제공하는 콘텐츠 및 애플리케이션만 이용할 수 있다. 양방향 서비스가 일부 제공되긴 하지만, 이 역시 기능이 한정적인 서비스가 주를 이룬다. 따라서 이 단계에서는 저렴한 패키지 요금과 보다 많은 콘텐츠 확보가 경쟁우위를 결정하는 요소라 할 수 있다.

그러나 커뮤니티 TV와 웹(Web)2.0과 결합되는 퍼스널 TV 단계에 이르면 관련 생태계가 가장 중요한 경쟁요소로 떠오르게 된다. 이 단계의 서비스들은 IPTV 사업자 혼자만의 노력으로는 원활한 서비스 공급이 어려울 수 있다.

따라서 써드파티 개발업체를 포함한 다양한 플레이어들이 참여하는 생태계 조성을 통해 신규 서비스 개발 및 확산의 선순환 구조를 이룰 수 있도록 해야 한다. 한편, 추가적인 양방향 서비스들은 기존 서비스처럼 별도의 가입비나 이용료를 부과하는 형태로 제공될 수 있다. 그러나 가입자의 충성도를 높이고 양방향 서비스의 활용도를 높이기 위해서는 대부분 광고 기반의 무료 서비스로 제공되는 것이 바람직하다.

물론 이 같은 IPTV 서비스 진화에서는 전 단계가 마무리되어야 다음 단계로 넘어가는, 즉 순차적인 흐름을 보이는 것은 아니라 각 단계가 동시 또는 오버래핑하면서 진행될 수 있다. 또한, 커뮤니케이션, 커뮤니티, 퍼스널 TV 단계에서도 콘텐츠와 애플리케이션의 지속적인 확충은 수반되어야 한다.

6-5 유저 경험이 왕이다

IPTV의 서비스 진화 모습은 IPTV, 케이블 TV, 더 나아가 지상파 방송사까지 포함한 국내 TV 서비스의 현 경쟁 모습에 많은 시사점을 줄 수 있다.

'유저 경험이 왕이다(Contents is King)'이라는 말이 있다. 유저가 방송 서비스를 통해 얻을 수 있는 가치가 콘텐츠를 통해 실현되기에 방송 콘텐츠를 최대한 많이 확보하는 것이 경쟁에서 승리할 수 있는 방안이라는 것을 의미하는 말이다. 그러나 이 말은 방송

사업자가 유저에게 일방적으로 콘텐츠를 제공하는 '단방향적' 환경에서만 적용될 수 있는 말이다.

이제 'User Experience is King'의 시대로 접어들고 있다. 유저 경험에는 콘텐츠와 애플리케이션, 전송품질(QoS), UI(User Interface) 등이 모두 포함된다. 즉, 양방향성이 강조되는 환경으로 변화하면서 유저 경험의 품질을 끌어올리려는 방향으로 서비스가 진화하고 있으며, 경쟁 이슈 또한 이를 바탕으로 전개될 것이다.

그러나 아직까지 국내 방통업계는 User Experience가 아닌 콘텐츠에 집중하는 경쟁 모습을 보이고 있다. 물론 IPTV 사업자들은 안정적인 초기 가입자 기반을 확보하기 위해 콘텐츠 수급에 집중적으로 투자를 하고 있으며, 케이블 사업자들 또한 이에 대응할 추가 콘텐츠 확보에 열을 올릴 수밖에 없는 상황이다.

여기에다 콘텐츠에서 가장 큰 비중을 차지하고 있는 지상파 TV 또한 배타적 입지 상실의 우려 때문에 타 플랫폼에 대한 콘텐츠 공급을 자제하고 유통을 직접 통제하려는 모습을 보이고 있다. 이 같이 콘텐츠에만 초점이 맞추어진 경쟁으로 인해 각 사업자들 간의 갈등을 조장하고 있으며, 결국 콘텐츠 소싱 비용 증가를 유발하고 있기에 조만간 한계에 직면하게 될 것이다.

이제 소모적인 콘텐츠 경쟁에서 벗어나 User Experience를 최대화하는 경쟁으로 옮겨가야 한다. 이를 통해 추가 ARPU를 확보할 수 있으며, 생태계 조성을 통해 파급효과를 가져와 방통산업 전체의 파이를 키울 수 있다. 통신사업자들은 양방향 통신환경에서는 이미 오랜 경험을 보유한 만큼 케이블 사업자들보다는 더 빨리, 더 효율적으로 서비스를 제공할 수 있는 장점을 가지고 있다. 즉, 방통산업 전체의 활성화와 체질 변화를 위해 IPTV 사업자가 먼저 움직여야 할 필요성이 있다.

한편, 이에 맞서 DOCSIS3.0과 EBIF 등의 기술 채용을 통해 양방향 서비스 도입을 서두르고 있는 케이블 TV 업체 또한 소모적인 콘텐츠 확보 경쟁은 지양해야 한다. 케이블업계는 IPTV가 선보이는 다양한 서비스를 철저히 벤치마킹하고, 거기에 '지역기반'이라는 강점을 조합시킴으로써 IPTV와는 차별화할 필요가 있다.

6-6 IPTV Phase 2 표준화 현황

1. IPTV 서비스 요구사항 2.0 및 구조

이 표준은 ITU-T IPTV 요구사항 문서 Y.1901 권고안을 기반으로 국내 환경에 맞도록 요구사항 2.0 문서를 작성하고 있으며, 총 700항목의 요구사항을 검토하고 있다. 이 요구사항 문서에는 IPTV 콘텐츠 사업자, 서비스 사업자, 네트워크 사업자, 단말 시스템 등이 지원해야 할 모든 요구사항을 담고 있다. 현재 단말 및 보안 분야에 대한 요구사항을 검토중에 있다. 또한, IPTV 구조에 대해서는 ITU-T IPTV 기능 구조문서 Y.1910 권고안을 기반으로 검토할 예정이다.

2. IPTV 서비스 시그널링 및 메타데이터

본 표준은 Phase 1에서 복수로 규정한 DVB-SI 규격과 DVB SD&S 규격 중 단일 규격을 도출하는 것으로 DVB-SI 중심으로 실시간 서비스 표준 규격을 도출하고 비실시간 다운로드 앤 플레이에 해당되는 VoD 서비스를 위한 규격은 실시간 표준 규격을 확정한 후 단계적으로 추진키로 하였고, 그동안 사업자 별로 정의하여 사용되던 파라미터 및 옵션 필드 등에 대한 통일된 규격화 작업이 예상된다.

3. IPTV 미들웨어

이 표준은 기존의 JAVA 기반 미들웨어를 확장하고 새로 IPTV 환경에 맞는 브라우저 기반 미들웨어를 추가하는 것으로 두 개의 표준화 업무로 나누어 검토를 진행중이며 표준 내용이 정리되면 강제 사항 또는 선택 사항을 추후 논의하여 확정키로 하였다. 현재 JAVA 기반 API로 논의중인 API로는 다음과 같다.

- PBP 1.1 및 PBP 1.0 API 537개(60개 PBP 1.1 only API 추가 고려)
- JSSE 1.0.2 API 24개(암호화 관련 국내 알고리즘 Seed API 추가)
- JMF 1.0 API 64개

- Java TV 1.0 API 97개(DVB-SI 사용시 추가 API 필요 예상)
- DAVIC 1.4.1p9 API 67개
- MHP1.0.3 API 118개(DVB-SI 사용시 추가 API 필요 예상)
- HAVi 1.1 Level 2 UI API 115개
- OCAP 1.0.0 API 13개(자막 및 저장장치 관리 관련)
- Conformance Test API 1개(IPTV Only)
- MHP1.2 API 14개(Optional, IPTV Only)
- MHP/OCAP DVR API(Option)

또한 브라우저 기반 API는 CEA-2014 및 OIPF의 DAE 기반 API들 중에서 IPTV 서비스에 적용 가능한 API들을 중심으로 정리하고 있으며, 각 사업자별로 정의하여 사용하고 있는 API들을 모두 공개하여 단일 표준으로 정리하는 방향으로 의견이 모아져 작업 중이다.

4. IPTV 보안

1) IPTV의 프라이버시 침해 위험성 연구

(1) 프라이버시 보호대상

① 가입자 정보 : 식별정보, 과금정보, 성향정보, 신용정보 등

기존 정보통신 서비스 제공자(통신사, 인터넷쇼핑몰 등)는 서비스 가입이나 회원가입 등을 통해 개인정보를 계속 수집해왔으나 방송사업자는 새롭게 개인정보를 수집하게 된다.

※ 기존 방송사업자는 일방향 서비스를 제공하고 비과금이라는 특성 때문에 개인정보 수집 및 축적이 불필요하다.

② 콘텐츠 정보 : 방송 프로그램 내 개인 동영상, 통신내용 등

방송 프로그램은 기본적으로 출연자의 영상 · 음성 등 개인에 대한 직접적이고 총체적인 정보를 포함하고 있으며, 방송의 경우 1 : 1로 전송되는 것이 아니라 다수의 수신자에게 동시 노출되는 특성을 지닌다.

(2) 새로운 프라이버시 위험요인

① 초상권 침해

사업자가 아닌 개인도 자체 방송 서비스를 제공할 수 있는 환경이 조성됨에 따라 무분별하게 타인의 동의없이 사생활을 촬영 · 방송하여 초상권을 침해하는 사례 증가 우려된다.

※ 최근 인터넷을 통해 연예인 사생활 동영상이 유포되어 문제가 되었는데, 이와 유사한 침해가 IPTV를 통해 확대될 수 있다.

※ 방송사 및 방송제작자가 개인화될수록 윤리의식이 취약해질 가능성이 높은데다 방송망에 비해 통신망의 규제가 어렵다는 점을 악용하여 방송위원회의 심의 등을 회피하는 사례가 증가할 것으로 예상된다.

② 개인정보 목적 외 사용

유료방송 서비스가 제공되면서 방송사까지 가입자의 성향정보나 신용정보 등을 수집 · 축적하게 됨에 따라 사업자에 의한 원하지 않는 마케팅, DB거래 등 오 · 남용 우려

③ 스 팸

화상전화, SMS, E-mail, 실시간 채팅 등 기존 PC 기반의 인터넷 통신 서비스가 TV 수상기를 통해 가능한 점을 악용하여 각종 화상 기반의 스팸이 발생할 가능성이 높다.

④ 해 킹

리모컨으로 주문시 신용카드번호 등의 개인정보가 제3자의 해킹에 의해 노출될 우려가 있다.

※ PC기반 인터넷뱅킹에서 키보드 보안이 필요한 것과 동일하다.

(3) 보호방안

최근 통방융합의 산물로 탄생한 IPTV 서비스의 규제 방법 및 주체에 대해 논란이 제기되고 있다.

IPTV를 인터넷으로 유통되는 다채널 실시간 방송에 더해진 부가통신 서비스라고 규정하며 이를 위해 '광대역융합서비스사업법'이란 특별법을 만들어야 한다.

IPTV는 텔레비전과 오디오, 데이터 방송이 더해진 멀티미디어 방송 서비스이며, 방송법 개정을 통해 멀티미디어 방송사업을 신설해야 한다고 주장한다.

IPTV 보안 관련 3개의 과제를 추진중에 있다.

① IPTV 보안 기술로써 IPTV 서비스를 위한 보안 서비스 구조에 대해 기술하고, 각 컴포넌트에 존재하는 보안 위협 가능성에 대해 상세히 기술한다.
  각각의 보안 위협은 이를 해결하기 위한 요구사항으로 반영하여 IPTV 서비스를 안전하게 제공하기 위한 보안 서비스 구조를 포함하는 표준기술을 정의하는 것이다.

② IPTV HW 보안 기술로써 IPTV 서비스 사업자에 따라서 변경하지 않고 바로 적용할 수 있는 USB 기반의 보안 표준 기술개발하는 것이다.
  단, 본 표준은 새로운 기술개발을 포함하지 않고 현존하는 하드웨어 제작 기술을 바탕으로 개발하는 것을 목표로 한다.

③ IPTV SW 보안 기술로써 차세대 IPTV 서비스를 위한 보안 기술 표준안 개발을 목표로 향후 서비스 가능한 다양한 분야의 보안 요구사항을 반영하여, 다운로드가 가능하고 상황에 따라서 기능이 변경 가능한 보안 서비스 기술의 표준을 개발하는 것이다.

그동안 2008년도에는 실험실에서 구현하여 확인한 내용을 기반으로 2009년도에는 상용화가 가능한 방식들을 제안하여 구체적인 논의가 시작되었다. 특히 IPTV 사업자가 모두 SW 기반 다운로드 CAS의 적용을 원하고 있고, 2009년 말까지 표준 제정이 완료되어야 1년 정도의 안정화 및 필드 확인 기간이 필요함을 고려하여 시급성이 요구되어 SW 기반 다운로드 방식에 대한 논의가 활발히 진행되고 있다.

5. IPTV QoS

IPTV QoS 관련 표준화 과제는 총 3개를 연구하고 있다.

① End-user가 제공받는 IPTV 서비스의 품질과 만족도 및 성능에 대한 요구사항을 정의하는 IPTV QoS 기술 과제로써 ITU-T 권고안 G.1080 “Quality of experience requirements for IPTV services”을 기반으로 한다. 현재 H.264 HD급 서비스 품질을 보장하기 위해 최소 비트율 10Mbps를 보장해야 한다는 ITU-T 권고에 대한

국내 표준 적용을 어떻게 할 것인가가 현안 이슈이다.

② IPTV 품질 모니터링 과제로써 IPTV 성능 모니터링을 위한 지점, 각 모니터링 지점에서 측정할 수 있는 성능 지표, 성능 모니터링에 필요한 파라미터 등을 정의하고 품질 측정 방법을 정하는 것이다.

현 과제는 현재 개발중인 ITU 국제 표준안 G.1081, G.IPTV-PMPD, G.IPTV-PMMM에 따라 "IPTV 성능 모니터링 지점", "IPTV 성능 모니터링－파라미터 정의", "IPTV 성능 모니터링－품질 측정 방법"의 세 가지 표준을 준용하여 개발하고 있다.

③ IPTV 트래픽 관리로써 ITU-T SG13에서 개발중인 Y.IPTV-TM 표준을 기반으로 연구중에 있다.

차세대 IPTV 기술을 통하여 사용자가 언제, 어디서나 고품질의 콘텐츠를 생성하고 원하는 콘텐츠를 실시간으로 이용할 수 있는 환경을 제공함에 따라 사용자 자체가 다양화, 개인화, 고품질화된 미디어 네트워크의 일부가 되는 새로운 패러다임을 창출할 것으로 기대된다.

IPTV 관련 핵심 기술개발 및 조속한 상용화를 유도함으로써 국내 시장의 외국 기술에 의한 기술 잠식을 방지하고, 상대적으로 기술료 수입이 확대될 수 있을 것이다. 또한, IPTV는 고부가가치 창출이 가능하고 전·후방 연관 산업에 파급효과가 큰 국가의 주력 기간산업으로서, 제조 분야는 통신망 고도화 투자에 의한 네트워크 장비, 단말 등 장비수요 증가가 예상되고, 콘텐츠 분야는 '원 소스 멀티 유즈'가 가능해져 수익 다변화 등 IPTV에 특화된 인터렉티브 콘텐츠 제작과 유통 부문에 일자리 창출효과 등이 기대된다.

제 7 장
IPTV의 정책과 규제

2007년 12월 28일 '인터넷 멀티미디어 방송사업법(안)'이 국회 본회의를 통과함으로써 2008년 4월 18일 동법이 효력을 발휘하게 되었다. IPTV 상용화를 위한 기본 틀이 정해짐에 따라 시행령과 허가지침 등의 제정을 통해 2008년 6월경에는 본격적인 IPTV 서비스가 제공될 것으로 보인다. 미디어 규제정책이나 IPTV의 성장에 비해 시장에서 뒤늦게 출발하기는 하였지만 IPTV를 시작으로 하는 우리나라 미디어 융합시장은 크게 발전할 것으로 전망된다. 분석결과에 따르면 낙관적인 관점에서 볼 때 2008년부터 2012년까지 IPTV 가입자는 496만 가구, 매출액은 1조 2,876억 원, 생산유발효과는 10조 1,750억 원, 고용효과는 5만 6천 여 명이 될 것으로 보인다. 지금까지는 IPTV가 미디어 융합을 주도하였지만, 향후에는 보다 새로운 서비스가 미디어 융합을 촉진·발전시킬 것이다. 4G와 NGN 기반의 신규 서비스, 웹 2.0 TV 기반의 창의적인 비즈니스 모델, 임베디드 미디어 서비스 등 향후 나타나게 될 새로운 미디어 서비스의 발전을 위해 미래지향적인 미디어 정책과 규제 프레임을 갖추어 나가는 것이 무엇보다 중요한 시점이 되고 있다.

7-1 IPTV와 미디어 융합

1990년대 말부터 본격적인 논의가 시작되었던 미디어 분야에서의 융합(Convergence)은 2002년 EU의 신통신규제 패키지(New telecom regulatory package)를 시작으로 제도적으로 정립되기 시작하여 이미 27개 EU 회원국이 신통신규제 패키지를 국내법화하여 집행하고 있다. 미국은 1996년 통신법 개정을 통해 방송과 통신의 상호진입을 허용하였을 뿐만 아니라 제10조의 규제면제 조항, 제11조의 규제개혁 조항을 통해 미디어 환경변화에 신축성 있는 제도 개선을 가능하게 한 바 있으며, 미디어 시장의 변화에 대응해 면허제도(지역 프랜차이즈)와 면허부여 절차를 합리적으로 개선하려는 노력도 기울이고 있다.

일본 역시 기존의 신규 미디어가 등장할 때 마다 개별법을 제정하여 접근하던 방식에서 벗어나 미디어 서비스의 기반이 되는 네트워크의 All IP화에 대응해 미디어 전반에 걸친 새로운 경쟁규칙 정립을 위한 로드맵인 '신경쟁 촉진 프로그램 2010'을 제정하였고, 최근에는 방송과 통신관련 법령을 통합하여 '정보통신법(가칭)'을 제정하기 위한 실천방향을 모색하고 있다.

이러한 미디어 융합의 중심에는 IPTV가 있다. 방송과 통신과 관련된 네트워크, 단말기, 서비스, 콘텐츠 통합의 산물이라고 볼 수 있는 IPTV는 이미 전세계로 확산되고 있으며, 미디어 시장의 발전을 주도하고 있다.

우리나라에서도 2004년 IPTV가 BcN(Broadband convergence Network)의 시범서비스로 선정된 이후 미디어 융합의 핵이 되어 시장과 정책의 변화를 주도해 왔으나, 방송과 통신에 대한 기본 규제철학의 차이, 역사적인 분리발전 배경, 고착화된 이해관계, 급변하는 정치환경 등으로 인해 제도화는 그리 쉽지 않았다.

EU, 미국, 일본 등에서 초기 정립된 미디어 융합정책의 집행결과를 분석하여 재개선하고, 서유럽뿐만 아니라 동유럽을 비롯한 유럽 전역, 미국과 캐나다 등의 북미, 중국, 인도, 싱가포르 등 아시아 전반으로 IPTV의 보급이 확산되고 있는 가운데, 우리나라는 2008년 1월 17일 임시적인 성격을 가진 '인터넷 멀티미디어 방송사업법'이 제정 · 공포됨으로써 부족하지만 미디어 시장의 발전을 위한 초석을 마련하게 되었다.

그럼에도 이 법은 4년 여를 끌어온 IPTV 논쟁에 종지부를 찍었다는 의미에서 미디어 융합정책에 의미하는 바가 크다. 앞으로는 IPTV를 포함한 좀더 포괄적인 방송과 통신의 융합을 위한 규제 프레임워크를 논의할 수 있는 장이 시작되었기 때문이다.

이런 의미에서 지금까지 논의되었던 IPTV 제도형성 과정을 정리하고, 향후 시장의 발전을 전망함으로써 좀더 미래지향적인 미디어 융합으로 관심을 전환시키는 계기를 마련하고자 한다.

7-2 IPTV 정책의 성립과 과제

1. IPTV 법률의 제정

IPTV 서비스의 상용화 근거를 마련하기 위한 법률제정을 둘러싸고 4년 여 동안 논란을 거듭했던 IPTV 법안이 '인터넷 멀티미디어 방송사업법(안)' (일명 IPTV 법률)의 이름으로 2007년 12월 28일 국회 본회의를 통과하게 되었다. 동 법안이 성립되기까지 많은 과정들이 있었지만, 제도권으로 주도권이 넘어온 시점을 중심으로 살펴보면 다음과 같다(〈표 7-1〉 참조).

〈표 7-1〉 의원발의 IPTV 법안 추진 과정

일 정	주요 내용
2005.10.26	· 유승희 의원 정보미디어사업법안 발의
2005.12.1	· 김재홍 의원 방송법 개정안 발의
2007.4.	· 방송통신융합추진위원회, IPTV 법안 다수안, 소수안 확정
2007.6.	· 홍창선·손봉숙·서상기 등 의원 IPTV 법안 발의
2007.7.	· 이광철 의원, 지병문 의원 IPTV 법안 발의 · 국회 방송통신특별위원회, IPTV 법안심사 개시
2007.11.15	· 국회 방송통신특별위원회 법안심사 소위 IPTV 쟁점 합의
2007.11.28	· 국회 방송통신특별위원회 인터넷멀티미디어 방송사업법안(가칭) 의결
2007.12.28	· 국회 본회의 의결

2. IPTV 법률의 주요 내용

방송통신특별위원회 대체안으로 성립된 '인터넷멀티미디어 방송사업법(안)'은 세계적으로 IPTV가 활성화되고 있음에도 불구하고, 우리나라에서는 IPTV의 도입이 지연되고 있는 상황에서 법률적으로 도입기반을 마련하여 사업의 신속한 시행과 적정한 운영을 통해 이용자의 권익을 보호하고 관련 기술 및 서비스 개발을 선도할 수 있는 기회를 확보하기 위해 제안되었다.

또한 7개의 관련 법률을 방송통신특별위원회가 하나의 법률로 하여 성립된 것이기도 하다. 법안의 주요 내용을 살펴보면 다음과 같다.

① 유선전기통신회선설비를 이용하여 양방향성을 가진 인터넷 프로토콜 방식으로 텔레비전 수상기 등을 통하여 이용자에게 실시간 방송 프로그램을 포함한 콘텐츠를 복합적으로 제공하는 방송을 "인터넷멀티미디어 방송"으로 정의한다.

② 인터넷멀티미디어 방송 제공 사업을 하고자 하는 자는 방송위원회의 추천을 받아 정부의 허가를 받아야 한다.

③ 인터넷멀티미디어 방송 제공 사업은 전국을 하나의 사업권역으로 하고, 필수적인 설비를 보유한 기간통신 사업자와 사업규모 및 시장점유율 등이 일정한 기준을 충족하는 기간통신 사업자는 일정한 기간 이내에 방송위원회가 고시한 모든 방송구역에서 서비스를 개시해야 한다.

④ 일간신문·뉴스통신, 외국자본 등의 인터넷멀티미디어 방송사업에 대한 소유를 제한하고, 인터넷멀티미디어 방송 사업자의 방송채널사업 겸영을 제한한다.

⑤ 인터넷멀티미디어 방송 제공 사업의 공정 경쟁체제 구축과 이용자 보호를 위한 공정경쟁 환경조성, 시장점유율 제한, 전기통신설비의 제공, 이용자 보호, 사업자의 금지행위 등을 규정한다.
⑥ '방송법'에 따른 방송사업자, '전기통신사업법'에 따른 통신사업자 및 다른 법률의 규정에 따른 콘텐츠의 제작 · 공급 사업을 하는 자는 방송위원회에 신고 또는 등록하고 인터넷멀티미디어 방송용 콘텐츠를 인터넷멀티미디어 방송 제공사업자에게 공급할 수 있도록 하며, 보도 또는 상품소개와 판매를 전문으로 하거나 종합 편성한 콘텐츠를 제공하고자 하는 자는 방송위원회의 승인을 얻도록 한다.
⑦ 정부는 인터넷멀티미디어 방송 콘텐츠 사업의 공정경쟁과 진흥을 위한 시책을 수립 · 시행하도록 한다.
⑧ 방송위원회는 인터넷멀티미디어 방송 콘텐츠 사업자가 제공하는 방송 프로그램이 일정기준에 해당하는 경우에는 이를 고시하고 해당 방송 프로그램을 제공한 인터넷멀티미디어 방송 콘텐츠 사업자는 일반국민이 이를 시청할 수 있도록 다른 전송사업자에게 합리적인 가격으로 제공하여야 한다.
⑨ 인터넷멀티미디어 방송 중 실시간 방송 프로그램에 대하여는 '방송법'의 채널 구성에 관한 규정을 준용한다.
⑩ 인터넷멀티미디어 방송사업의 진흥 및 이용자의 복지증진을 위한 사업에 사용하기 위하여 방송위원회와 정보통신부장관이 인터넷멀티미디어 방송 제공사업자로부터 출연금을 징수할 수 있도록 한다.
⑪ 법집행의 실효성을 확보하기 위하여 사업정지, 등록 또는 승인의 취소, 과징금 처분, 시정명령, 벌칙, 과태료 등을 규정한다.
⑫ 마지막으로 이 법에 따른 방송위원회와 정부의 권한은 방송과 통신을 통합한 기구가 출범할 때까지 존속한다.

3. IPTV 규제 과제

한국의 경우 IPTV에 대한 규제의 정도를 놓고 논의중이고 IPTV에 대한 진입 규제를 하지 않고 내용을 규제할 것으로 예측된다. 그리고 IPTV의 활성화를 위해서는 IPTV 서비스 사업자가 콘텐츠를 원활하게 수급할 수 있도록 공정거래 기반과 저작권 보호체계의 확립이 필요하다.

인터넷멀티미디어 방송 사업법이 2008년 4월 18일부터 효력을 발하기 위해서는 그

전에 동법시행령과 인터넷멀티미디어 방송 사업 허가지침 등이 제정되어야 한다.

현재 관계기관의 실무급에서 시행령과 허가지침에 대한 준비를 진행중에 있으나, 정부조직개편과 맞물려 순조롭지 못한 상황이다. 시행령과 허가지침의 제정과 관련하여 현재 이슈화되고 있는 것을 살펴보면 다음과 같다.

① 인터넷멀티미디어 방송 제공 사업의 허가 추천 및 허가와 관련하여 필요한 절차, 심사기준에 대한 배점 등을 정해야 하는데, 이를 위해서는 관련 유료방송 시장 전체와의 조화, 심사기준, 허가사업자수 등에 대한 논의가 필수적이다.

② 다른 사업에서의 지배력이 인터넷 멀티미디어 방송 제공 사업으로 부당하게 전이되지 않도록 하기 위한 구체적인 방법과 경쟁상황평가를 위한 평가기준, 절차, 방법 등을 정해야 한다.

그런데 IPTV 법률에 이미 시장점유율 규제를 포함시켰고, 또한 독점규제 및 공정거래에 관한 법률을 통해 이미 관련 규제가 정립되어 있는 상황에서 무엇을 어떻게 할 것인가? 그리고 인터넷멀티미디어 방송사업 진입 초기에 경쟁상황평가를 고려하는 것이 무슨 의미가 있을 것인가 하는 것들을 고민해야 한다.

③ 인터넷멀티미디어 방송 제공사업자는 인터넷멀티미디어 방송 서비스의 제공에 필수적인 전기통신설비를 다른 인터넷멀티미디어 방송 제공사업자에게 제공해야 하는데, 이를 둘러싸고 설비보유 사업자와 설비 미보유 사업자간에 전기통신설비의 범위, 설비제공 거절 및 중단 사유, 설비제공 방법과 절차, 이용대가 등에 대한 합의가 쉽지 않다는 것이다. 이 외에도 금지행위에 대한 구체적인 유형과 기준, 콘텐츠 동등접근의 실효성을 확보하기 위한 방법 등에 대해서도 충분한 논의가 필요하다.

7-3 IPTV 시장 현황

1. 세계 IPTV 시장 현황

MRG가 IPTV Global Forecast에서 발표한 바에 따르면 전세계 IPTV 가입자는 2007년 1,430만 명에서 2011년 6,360만 명으로 증가하여 연평균 45% 수준으로 성장할 전망이다.

2011년까지는 유럽이 IPTV를 선도할 것으로 보인다. 프랑스의 Free, Orange, Neuf Cegetel 등이 유럽뿐만 아니라 세계적으로 선두를 달리고 있는데, Free는 2007년 상반기에 파리에서 FTTH 기반의 TPS 서비스를 기존 DSL과 동일한 월 29.99유로에 제공하기 시작하여 2007년 6월 말 262만 명의 가입자를 확보하였으며, Orange TV는 2007년 12월 말 114만 9천 명의 가입자를 확보했다.

Neuf Cegetel은 3개의 HD 채널을 포함하여 69개 채널을 통해 VoD를 추가하였으며, 2007년 12월말 75만 명의 가입자를 확보하였다. 2006년 말에 서비스를 개시한 DT는 2007년 12월 말 116,000명의 가입자를 확보하였으며, 2007년 말까지 IPTV가 가능한 DSL 서비스 커버리지를 1700만 가구로 확대한다는 계획을 밝힌 바 있다. 이 외에도 BT Vision, Telefonica, Telecom Austria, Swisscom, TeliaSonera 등의 사업자들과 Croatia, Czech Republic, Estonia, Poland, Slovakia, Slovenia 등 의 동유럽 국가들이 IPTV 서비스를 제공하고 있다.

아시아에서는 IPTV가 향후 크게 발전할 가능성을 보여주고 있다. 중국은 차이나 텔레콤(China Telecom)과 차이나 네트콤(China Netcom)에 수십만 명이 가입하였으며, 다른 사업자도 서비스 시험을 거쳐 제공을 서두르고 있다. 인도는 브로드밴드 보급률이 180만 가구로 작아 IPTV 보급에 장해가 되고 있지만 잠재력은 높다는 평가를 받고 있다. 반면 세계 제2 IPTV 사업자인 홍콩의 PCCW는 시장 포화로 성장률이 감소하고 있으나, 일본은 IP 멀티캐스에 의한 디지털 지상파 재전송과 저작권 등 규제문제가 해결되어 NTT 계열 사업자와 Softbank Yahoo가 본격적으로 서비스를 확대하기 시작하였으며, 우리나라 역시 IPTV 법률 제정으로 2008년에 본격적인 상용화가 예정되어 있다. 이 외에도 아시아 지역에서는 싱가포르, 태국, 말레이시아 등에서 2007년에 IPTV가 상당히 진전되었다.

미국은 Verizon의 FTTP FiOS System이 예상보다 빠르게 구축되어 시장 확대를 촉진하고 있으며, 적어도 가입자 5,000명을 확보하고 있는 독립계 통신사업자들(SureWest, Consolidated Communications, Pioneer Telephone, Iowa Network Services 등 약 14개 사업자)이 IPTV 서비스 제공을 지속적으로 확대하고 있다. 캐나다는 SaskTel Manitoba Telecom Services가 2007년 초까지 약 17만 5천 명 정도의 가입자를 확보하였으며, Telus가 2006년 말에 서비스를 개시하여 약 1만 여 명의 가입자를 확보하였다.

또한 Bell Canada는 VDSL 기반의 IPTV 서비스를 통해 Toronto에서 약 1만 8천 명 정도의 가입자를 확보하였다(〈표 7-2〉 참조).

〈표 7-2〉 세계 주요 사업자의 가입자수 현황

지역	사업자	서비스명	가입자	비 고
미국	Verizon	FiOSTV	94만 명	2007년 12월 말
	AT & T	U-Verse TV	23만 명	2007년 12월 말
	MTS	MTS TV	159,549명	2007년 6월 말
유럽	FT	Orange TV	114만 9천 명	2007년 12월 말
	Free	Free	262만 명	2007년 6월 말
	Neuf Cegetel	Neuf TV	75만명	2007년 12월 말
	Fastweb	Fastweb TV	16만명	2007년 3월 말
	BT	BT Vision		2007년 12월 말
	DT	T-Home	11만 6천 명	2007년 12월 말
	Telecom Italia	Alice HomeTV	3만 1천 명	2006년 12월 말
	Swisscom	Bluewin TV	6만 명	2007년 9월 말
	Telefonica	Imagenio	50만 명	2007년 12월 말
	Telefonica(체코)	O2 TV	8만 명	2007년 12월 말
	Belgacom	BelgacomTV	191,348명	2007년 6월 말
아시아	On Demand TV	On Demand TV	10만 명	2007년 9월 말
	ChungHwaTelecom	MOD	35만 명	2007년 9월 말
	PCCW	Now TV	81만 8천 명	2007년 6월 말
	China		84만 6천 명	2007년 12월 말

MRG의 분석에 따르면 유럽은 2011년까지 가입자수 측면에서 여전히 제1의 IPTV 시장이 될 것이지만, 아시아가 빠르게 따라오고 있어 2012~2013년이면 가입자수에 있어서 아시아가 유럽을 넘어설 것으로 전망된다.

2. 국내 IPTV 시장 현황

국내에서는 2006년 7월에 하나로 텔레콤이 VoD 중심의 TV 포털서비스인 '하나TV'를 출시하면서 실시간 방송을 제외한 pre-IPTV 서비스가 선보이기 시작했다. '하나TV'는 7만여 편 이상의 영화, 드라마, 교육, 생활 등 VoD 콘텐츠를 제공하면서

2007년 12월 말 현재 80만 가입자를 유치하면서 성공적인 서비스로 평가되고 있다. 최근 하나로텔레콤은 '하나TV 2.0'을 발표하여 개인화된 서비스를 강화하고 있으며, 다양한 콘텐츠 수급을 위하여 월트디즈니 TV를 비롯, 소니픽처스, 내셔널지오그래픽 등

세계 주요 영화제작사 및 방송제작사와의 제휴도 강화하고 있다. 하나로텔레콤은 2008년까지 130만 명의 가입자를 확보한다는 계획이다.

KT도 2007년 9월에 '메가TV'라는 pre-IPTV 서비스를 출시하여 2007년 말 현재 32만 5천 명의 가입자를 확보한 상태이다. KT는 '메가TV'를 통해 영화 VoD, TV 다시보기, 유아/어린이 서비스 영역에서 지상파 방송을 비롯하여 HD 방송, 영화, 스포츠, 애니메이션, PS3 등 다양한 콘텐츠와 게임 등을 제공하고 있으며 생활정보, 엔터테인먼트, 금융 등의 기타 부가 서비스를 포함하여 약 2만 여 편의 콘텐츠를 제공하고 있다. KT는 2008년에 약 150만 명을 확보하겠다는 목표를 수립하고 있다.

LG데이콤은 12월 10일에 'MY LGtv'로 pre-IPTV 시장에 가세하였다. LG데이콤은 LG파워콤과 함께 2008년까지 20만 명의 가입자 유치를 목표로 하고, LG텔레콤 · 데이콤 · 파워콤 등 3개사가 공조한 TPS 사업부를 신설하여 IPTV의 경쟁력 강화를 위한 전략을 수립하고 있다. 또한, LG데이콤은 우선 3천 여 편에 불과한 IPTV 콘텐츠를 2008년 상반기 까지 2만 여 편 정도로 확대한 다음 HD급 고화질 영화 및 다큐멘터리의 다수 확보로 명품 서비스를 추구한다는 계획이다.

특히 LG데이콤은 무작위적인 콘텐츠 확보가 아닌 실제 시청자들이 보고 싶어하는 콘텐츠를 확보하고자 고객평가단을 운영하여 프로그램을 요청받고 있다(〈표 7-3〉 참조).

〈표 7-3〉 국내 IPTV 시장 현황

	KT	Hanaro Telecom	LG Dacom
IPTV 브랜드	MegaTV	HanaTV	My LGtv
IPTV 제공 시기	2007.9	2006.7	2007.12
IPTV 가입자(2007.12)	325,000	800,000	–

이러한 pre-IPTV에 대응하여 SK텔레콤이 삼성전자, LG전자, CJ인터넷, 조인스닷컴, 판도라 TV 등과 함께 365°C라는 DTV 포털을 결성하여 IPTV 시장의 진출을 모색하고 있다. 365°C는 모든 서비스 콘텐츠 업체들이 스스로 참여할 수 있는 개방형 플랫폼을 지향하고 있는데, 365°C는 VoD 서비스, 멜론의 TV 버전인 T멜론, 채팅 워칭룸의 T커뮤니티, 영상전화 회의, 메신저, SMS 전송, 전화번호부로 구성된 T커뮤니케이션 등으로 구성되며, 가입비와 기본료 없이 일부 유료 콘텐츠와 광고를 수익모델로 삼고 있다. 또한, SK텔레콤은 통신방송융합 시장에서의 경쟁력 강화를 위해 12월 1일을 기준으로 기존 최대주주인 AIG-뉴브리지-TVG 컨소시엄의 지분 9,140만 6,249주(38.89%)를 총 1조

877억 원(주당 1만1900원)에 인수했으며, 공정거래위원회의 지분인수 심사와 정부 인가 절차를 마쳤다.

한국의 경우 초고속 인터넷의 높은 보급률로 인해서 IPTV 사업을 하기 좋은 조건을 갖추고 있다. 그리고 정부가 BcN망을 조기에 구축하려는 계획을 입안하여 진행하고 있다. BcN은 현재 통신사업자들이 보유한 가입자 선로를 그대로 두고 속도를 올리자는 계획인데, 이러한 계획은 근본적으로 한계가 있으므로 멀티미디어 서비스를 위해서는 궁극적으로 광가입자망(FTTH)이 구성되어야 한다.

한편 한국의 경우 1,600만 가구 중에서 1,200만 가구에 케이블 TV에 가입하여 75%의 높은 가입률을 보이고 있다. 한국은 유료방송의 가입률이 높다는 측면에서 IPTV의 전망이 밝다고 할 수 없다. 그리고 케이블 TV 사업자들도 디지털화를 진행하고 있고, 디지털화된 HFC망을 통해서 VoIP는 물론이고 IPTV를 제공할 수도 있다.

한편 통신사업자들만이 동영상이 포함됨 인터넷 서비스를 TV에 구현하려고 준비하고 있지는 않다. 삼성전자와 LG전자와 같은 가전업체는 TV포털 사업을 진행 중이거나 계획을 발표하였고, NHN, 다음커뮤니케이션 등 포털업체들도 TV포털을 준비하고 있다. TV포털은 TV에 인터넷을 연결해서 다양한 콘텐츠를 검색하고 활용할 수 있게 하는 사업으로 인터넷 망의 성능망 받쳐주면 기존의 TV급 화질을 제공받을 수 있다. 가전업체과 포털 업체의 TV포털과 통신사업자(또는 SO)의 IPTV는 서로 경쟁하는 가운데 발전할 것으로 예상된다. 가입자를 TV포털과 IPTV 중 가입자를 선점한 사업자가 타 영역의 서비스가 구현될 수 있도록 시스템을 설계하여 서로 상생할 것이다. 만약 그렇지 않고 서로 배타적인 입장을 취할 경우에 TV포털과 IPTV의 미래는 어두울 것이다.

3. IPTV의 파급효과

1) 방송통신 융합 서비스의 상용화로 인한 관련 시장재편 불가피

(1) 방송통신 시장 재편

IPTV가 활성화됨에 따라 관련 및 유사 서비스를 제공하고 있는 통신사업체, 케이블사업체, 위성통신업체, 방송업체들 간의 경쟁이 불가피해져 이들 업체 간의 시장 재편이 일어날 것으로 전망된다.

(2) 관련 산업의 활성화 기여

네트워크, 단말, DVD, 게임, 캐릭터, 광고 등 관련 산업 활성화에 기여한다.

IPTV의 초기 정착 및 활성화를 위해 필수적인 다양하면서 고품질의 콘텐츠 제공에 힘입어 콘텐츠 시장이 급격히 확대될 것으로 예상된다.

2) IPTV 부가 서비스를 통한 사회, 경제, 문화적 가치창출 기능

(1) 사회적 가치창출

IPTV를 통한 교육방송 서비스 제공으로 가계에 큰 부담을 주는 사교육비의 획기적인 절감, 도서 및 산간 지역에 교육방송 서비스의 제공을 통한 모든 국민에게 균등한 교육 기회 제공을 통한 문맹률 감소 등에 기여한다.

사용의 어려움 등으로 인해 인터넷 등 다른 매체를 통해 정보를 얻지 못하던 컴맹자, 신체장애자 등에 서비스 제공이 가능하여 정보격차 해소에 일익을 담당한다.

(2) 경제적 가치창출

영상회의를 통해 이동경비 절감, 교통혼잡 감소, 이산화탄소 배출 감소 등 경제적 가치를 창출한다. 세계 최고 수준의 초고속 인터넷에 기반한 IPTV 기술 및 서비스 그리고 특허 건수 등을 기반으로 세계시장에 진출함으로써 자원외교, 외화획득 및 한류 확대 등에 기여한다. IPTV로 인한 국민경제적 파급효과를 산정하기 위하여 한국은행의 404개의 기본분류표를 IPTV 사업을 중심으로 ① 농림수산광산품, ② 비정보통신 제조업, ③ 전기 및 전자기기, ④ 통신 및 방송기기(IPTV 기기), ⑤ 전력/가스/수도/건설, ⑥ 도소매/음식점/숙박/운수/보관, ⑦ 통신 및 방송(IPTV 서비스), ⑧ 금융/보험/부동산, ⑨ 정보 서비스, ⑩ 문화오락 서비스, ⑪ 공공행정/국방/교육/보건/사회 등의 11개 산업으로 재분류하여 서비스 시장과 장비시장에 대해 각각 생산유발계수, 부가가치유발계수 및 고용유발계수를 산정하였다.

낙관적으로는 2008~2012년의 5년간 IPTV로 인한 생산유발효과는 10조 1,750억 원, 고용효과는 5만 6천 명이며, 보수적으로는 생산유발효과는 6조 8천억 원, 고용효과는 3만 7천 명 정도로 전망된다.

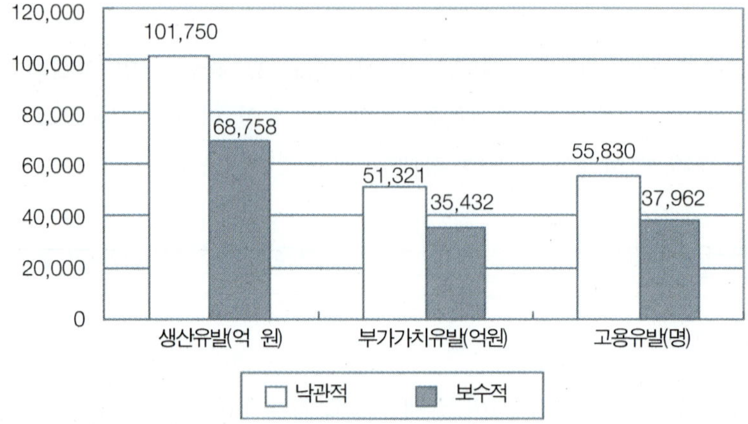

[그림 7-1] IPTV의 국민경제적 파급효과

(3) 문화적 격차 해소에 기여

IP기반 네트워크 환경의 특성으로 인해 지역이나 국가에 관계없이 동질의 서비스를 받을 수 있는 환경 구현으로 지역 및 국가 간의 문화격차 해소에 일익을 담당한다.

3) 능동적 소비형로의 변환에 따른 사회적 파급효과 초래

(1) 수동적 소비형태에서 능동적 소비형태로의 전환

정보제공자(예를 들어 방송국)가 일방적으로 제공하는 정보(예를 들어 방송 드라마)를 개개의 소비자에 한정되어 소비되던 수동적 소비행태에서 IPTV의 양방향 서비스를 통해 소비자가 콘텐츠 제공자 및 다른 소비자들과 직접 상호작용하는 능동적인 소비행태로 전환한다.

(2) 양방향 서비스에 의한 미지의 사회적 파급효과

전국적, 글로벌적인 연동이 가능한 IPTV의 기능과 양방향 서비스에 의한 콘텐츠 제공자나 다른 소비자들과의 상호작용을 통해 전혀 새로운 형태의 사회적, 문화적 변혁이 초래될 것으로 예상된다.

향후 도래할 미지의 현상에 대한 올바른 분석 및 대응이 선행되어야 IPTV의 건전한 활성화가 가능하므로 이에 대한 상호작용 기반 및 사회 전체기반의 종합적인 연구가 필요하다.

제 8 장
IPTV 시스템/셋톱박스 구성 및 개발환경

8-1 IPTV STB의 개요 및 기능

1. IPTV 셋톱박스의 개요

디지털 홈 내 IPTV 서비스에 있어서 사용자와의 직접적인 인터페이스 수단이 되는 IP 셋톱박스는 방송과 통신을 융합하는 IPTV 서비스 실현을 위한 핵심요소이다. 기존의 방송 서비스와 좀 더 차별화된 양방향성, 개인화, 보안 등 서비스의 제공을 가능하도록 하기 위해 다양한 요구사항이 발생하고 있으며, 국내외 활발한 표준화 작업이 전개되고 있다.

2. IPTV 셋톱박스의 기능

IPTV의 응용단말기는 크게 디지털 TV와 IPTV 셋톱박스(STB)로 나눌 수 있다. IPTV STB는 최종 단말기인 디지털 TV에서 IPTV가 구현되도록 네트워크 프로토콜 처리, 디지털 신호처리 등의 기능을 수행하는 인터페이스 역할을 수행한다.

IPTV STB의 기능은 다음과 같다.

- 네트워크를 통해 전송받은 압축된 형태의 오디오/비디오 스트리밍 수신
- 수신된 데이터의 Decapsulation
- 수신된 데이터 압축해제
- 오디오/비디오 데이터의 동기화 및 최종 출력

인터넷망을 통해 전송된 멀티미디어 스트리밍 데이터는 전송대역폭의 관점에서 효율적인 전송을 위해 압축된 형태의 포맷으로 초고속 인터넷망을 통해 IP 셋톱박스로 전송된다. 이 과정에서 IPTV 셋톱박스는 수신신호를 정확하게 복원하기 위한 복조기술을 필요로 한다. IPTV 데이터 패킷은 IP 패킷의 형태로 전송받기 때문에 IP 헤더를 제거하기 위한 IP Decapsulation 과정과 UDP 헤더를 제거하기 위한 UDP Decapsulation 과정을 수행하게 된다. MPEG 형태의 압축방식을 통해 압축된 데이터는 셋톱박스에서 압축이 해제되고 이용자의 제어에 따라 채널의 데이터를 동영상 또는 오디오의 형태로 출력된다.

위의 기능들을 지원하는 IPTV 셋톱박스 설계시 고려해야 할 주요 항목들은 다음과 같다.

- 멀티캐스팅
- 네트워크에서 처리할 수 있는 최대 정보량의 사이즈
- 네트워크 혼잡에 따른 전송지연이나 링크 단절과 같은 네트워크상의 문제
- 사용자 주문형 인터페이스 환경
- 네트워크를 통한 자동 업그레이드 시스템

추가적으로 IPTV 셋톱박스에는 VoIP 서비스를 위한 디지털 신호처리 시스템 기능이 추가되어야 하며, 장기적으로 볼 때는 홈네트워크에 필요한 기능들이 추가되어 홈네트워크의 Gateway 서버의 일부 기능을 담당할 수 있다.

3. IPTV 셋톱박스의 특징

IPTV 셋톱박스의 요구되는 특징에 대해서 살펴보도록 하겠다.

1) IPTV 셋톱박스의 확장성 요구

초기 시장의 정착과정 및 이후에도 IPTV 서비스의 발전에 따라 서비스 제공자는 새로운 서비스의 확장을 해나갈 수 있으므로 IPTV 셋톱박스의 설계구조에서 확장성 또한 중요한 요인이다. 기술적 측면의 요인으로 수신기가 비용적 측면에서 효율적으로 확장 업그레이드되는 기술적 방안이 필요한 것은 물론이고, 각 서비스 제공자의 네트워크가 속한 지역 규제 정책 등이 상이한 경우에도 수신기는 항상 유연하게 확장 변경되어 동작 및 서비스 제공을 할 수 있는 구조가 필요하다.

또한, 서비스 제공자 및 각 지역별로 OS, 미디어 압축 기술, 미들웨어, CAS, DRM, 실시간 인코더 및 VoD 기술에 대한 요구 사항이 다양할 수 있다는 점, 그리고 타 기술 및 이기종 기기와의 상호 연결 및 작동이 가능하기 위해서는 수신기 구조 설계의 기본 구성 요소들이 유연할 필요가 있다.

2) IPTV 서비스의 개인화에 따른 IPTV 셋톱박스의 기능

확장 가능한 하드웨어, 소프트웨어 구조를 가진 IPTV 셋톱박스를 통해 서비스 제공자는 새로운 서비스와 애플리케이션을 제공할 수 있고 사용자 기반의 서비스를 확보할 수

있는데 그 주요한 예 중의 하나로 개인화된 서비스를 들 수 있다. 시장이 성장할수록 IPTV를 통해 제공되는 콘텐츠는 증가될 것이며, 그에 따라 IPTV 셋톱박스는 시청자 개개인의 기호 및 선호도에 맞춰진 채널 및 서비스도 가능하게 될 것이다.

3) IPTV 셋톱박스의 양방향성

기존 서비스에 차별화된 IPTV 셋톱박스 제공 서비스의 다른 예로써 양방향성을 들 수 있다. 디지털 방송망에서 가능해진 양방향 데이터 방송의 실현에 더하여 IPTV 서비스의 기반이 되는 IP 네트워크의 장점으로 더욱 다양하고 확장된 게임, 전자상거래, 멀티미디어를 이용한 커뮤니케이션 등이 가능해질 것이며, 또한 이러한 네트워크의 양방향성과 비디오폰, TV폰 등도 사용자의 기대를 받고 있다. 이러한 양방향 서비스 및 데이터 서비스의 상호 운용성, 재사용성을 위한 수신기의 구성요소로서 데이터 방송 미들웨어 및 표준화된 애플리케이션 구동환경도 중요한 요소가 되고 있다.

8-2 IPTV 셋톱박스의 구성

일반적인 위성 지상파 DMB 및 IPTV 등의 디지털 TV의 구현을 위해 필요한 기능은 서비스 제공과정인 비디오/오디오 신호의 압축 및 인코딩, 전송과정을 역으로 수행해 비디오, 오디오, 데이터를 재생해내는 기능들이다.

[그림 8-1]은 IPTV 셋톱박스를 구성하는 시스템 블록 다이어그램이다. IPTV 셋톱박스는 시스템 온 칩(SoC)인 프로세서와 외부기기 간에 그림과 같은 인터페이스를 가지게 되며, 이에 따라 다음과 같은 주요 블록들이 구현된다.

- 프로세서 : CPU 및 메모리 관리 등
- 메모리 : 비디오/오디오 및 CPU를 위한 SDRAM 인터페이스
- 트랜스포트 : 트랜스포트 스트림 및 패킷의 수신, 역다중화(비디오, 오디오, 데이터 분리)
- 비디오 디코더 : MPEG2, MPEG4, H.264 비디오 디코딩
- 오디오 디코더 : AC-3 오디오 디코딩, MPEG1/2 오디오 디코딩

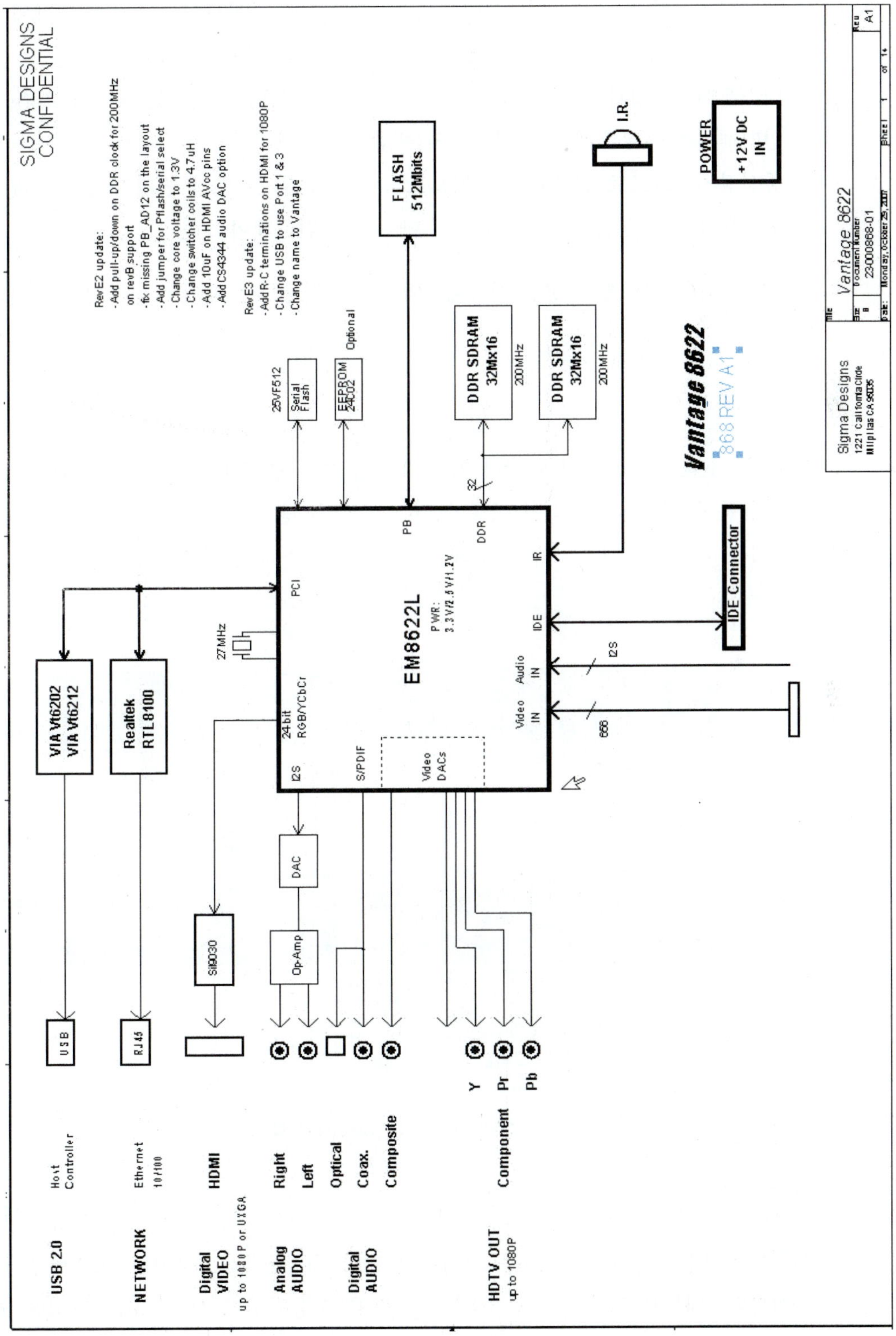

[그림 8-1] IPTV 셋톱박스 시스템 블록 다이어그램

- 그래픽 : 자막방송, 사용자 인터페이스, 프로그램 가이드 등을 위한 그래픽
- 비디오 및 오디오 입력 : 아날로그 디지털 변환을 거친 입력들의 수신
- 디스플레이 : 횡과 종의 비디오 축소 확대를 포함하는 비디오 포맷의 전환 및 인터레이스/프로그레시브 비디오의 변환
- 통신장치 : 리모트 컨트롤이나 키보드의 입력을 위한 IR, 주변기기 통신을 위한 IIC, RS232 통신을 위한 UART, 스마트카드 인터페이스 등

다음은 IPTV 셋톱박스를 구성한 하드웨어와 드라이버 소프트웨어로 나누어 설명한다.

1. 하드웨어

하드웨어는 소프트웨어 구성에 있어 가장 중요한 부분 중 하나이다. 소프트웨어 작성은 하드웨어 동작에 대한 대략적인 이해만으로도 큰 어려움 없이 가능하겠지만 효율적인 시스템 구현을 위한 직관력을 키우기 위해서는 하드웨어에 대한 정확한 이해가 필요하다.

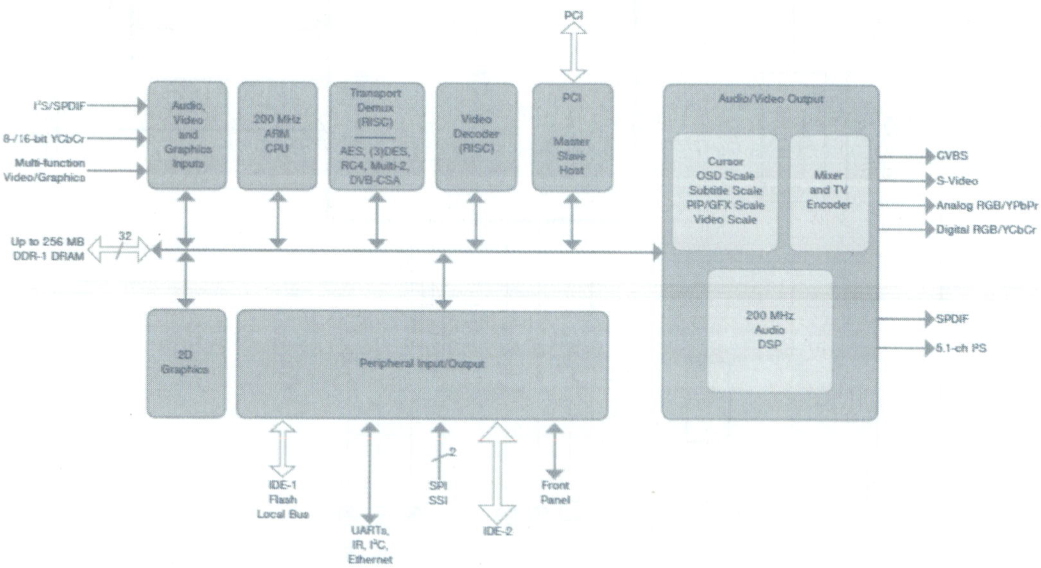

[그림 8-2] IPTV SoC 내부 블록도

1) 프로세스 블록

최근에는 원가절감을 위해서 외부 기기 컨트롤이 내장된 SoC 구현된 프로세서들이 대세를 이룬다. 대부분 32비트 또는 64비트 CPU를 사용하고 있으며, ARM, MIPS, SH

등의 코어를 사용하며, 필요에 따라서는 비디오 및 오디오 처리를 위한 DSP를 포함하는 CPU들도 있다. [그림 8-2]는 EM8623L의 내부 블록도이다.

2) 메모리 블록

메모리 블록은 CPU 블록과 내부 주변기기, 외부 메모리인 SDRAM 등의 인터페이스를 위한 메모리 관리를 포함하고 있다. 대부분 IPTV 셋톱박스 프로세서들은 우선순위에 기반을 두는 메모리 관리를 하고 있으며, 이는 비디오나 오디오 등의 디코딩과 화면에 디스플레이될 메모리 버퍼간의 이동 등에 중요한 요소가 된다.

3) 트랜스포트

트랜스포트(Transport), 역다중화와 암호 신호의 복호화를 동시에 수행하는 부분이다. 직렬 또는 병렬로 된 트랜스포트 스트림 수신을 위한 프런트엔드, 트랜스포트 스트림의 역다중화와 원하는 PID 패킷의 필터링을 위한 부분, 외부 CAS 카드 등 선택사양의 역 암호화 기기 등을 위한 공통 인터페이스를 포함한다. 트랜스포트는 오류를 포함하고 있는 패킷의 검출 및 정도에 따른 선택, 시간정보의 추출 등도 담당하게 된다. 대부분 전용 마이크로컨트롤러를 이용해 마이크로 코드를 사용하여 구현한다.

4) 비디오 디코딩

비디오 디코더는 MPEG 1, 2, 4 및 WMV, ASF, AVI, DVD, H.264 등의 디코딩이 가능해야 한다. 구현 방식에 따라 소프트웨어가 많이 연관되어 동작하는 경우도 있고, 하드웨어에 의존해 필요한 정보만 얻을 수도 있다. 하드웨어로 구현된 경우 제어가 간단하므로 애플리케이션 작성이나 드라이버 작성에 용이하지만, 필요한 정보가 하드웨어에서 제공되지 않으면 디코더 설계를 변경해야 하는 경우가 생길 수 있다. 대부분 비디오는 스케일러를 거쳐서 그래픽과 합쳐져 화면에 디스플레이된다.

5) 오디오 디코딩

오디오 디코더는 돌비 AC3, MPEG1/2 layer 1/2/3, 돌비 프로로직 등을 디코드할 수 있으며 모노, 스테레오, 5.1 모드 입력 등을 처리할 수 있다. 대부분 로직으로 구현되거나 오디오 전용 DSP를 포함하기도 하며 소프트웨어만으로 구현되는 경우도 있다. 입력은 대개 트랜스포트 부분에서 전달되는 PES 패킷이나 I2S를 입력으로 받게 되고, I2S나 SPDIF를 출력해 오디오 디지털 아날로그 변환기를 거쳐 스피커로 출력하거나 외부의 오디오 수신기(Receiver)를 사용하게 된다.

6) 그래픽

전통적인 TV에서는 주로 OSD(On Screen Display)라고 불리는 부분으로 배경, 그래픽층, 비디오층, 커서층 등의 여러 계층을 두며 화면 위의 우선순위에 따라 제일 위 계층부터 화면에 보이게 된다. 대부분의 하드웨어는 DMA(Direct Memory Access) 등의 기능을 가진 Blit 엔진과 Alpha Blend를 지원한다.

Blit 엔진은 OSD 계층의 확대 축소도 지원한다. 가끔 비디오층의 이미지도 이 확대 축소를 사용할 수 있으나 나오는 이미지의 질과 추후 필터의 성능에 따라 사용하기에 부적합할 수도 있다. 저가 프로세서의 경우 축소 확대를 포함하지 않는 경우도 있다.

7) 비디오 및 오디오 입력

디지털 MPEG 스트림 데이터가 트랜스포트를 거쳐서 입력되어 디코딩되는 반면, NTSC나 컴포넌트 아날로그 비디오들은 아날로그 디지털 변환기를 거쳐서 8비트나 16비트로 입력된다. 각각의 비디오 입력에 대응하는 오디오도 디지털로 변환되어 I2S 등으로 입력된다. 많이 접하는 HDMI는 새로운 표준으로 비디오만 포함하고 있던 DVI와는 다르게 디지털화된 비디오와 오디오를 포함하고 있다. 대부분 HDMI 모드인지 DVI 모드인지를 쉽게 구별할 수 있다. 디지털 신호를 아날로그로 변환시 프로세스 내부에 아날로그 디지털 변환기를 포함한 경우도 있으나, 대개 외부장치를 사용하게 되므로 외부장치와 내부 비디오 입력처리장치 사이의 궁합도 잘 고려해야 한다.

8) 디스플레이

예전에는 다양한 포맷의 디스플레이 장치를 가지고 있었으나, 이제는 점점 고선명(HD) 포맷으로 가고 있다. CRT는 예전의 480i나 1080i 등을 주출력으로 원하고 PDP나 LCD는 프로그레시브 출력을 원한다. 정확한 포맷은 생산지의 표준에 따라 조금씩 다르다. 따라서 셋톱에서 프로세서의 출력은 720p나 1080p로 하고 추후 디스플레이 디바이스 입력 전 화질 개선과 디스플레이 포맷 보정을 하는 추세이다. 다양한 입력 영상의 포맷을 출력 영상의 포맷에 맞춰 변경시켜야 하며, 화면 크기에 맞춰 출력되는 것이 아니고 PIP 같은 작은 화면이나 화면 비율에 따라서 4 : 3 화면 부분만 출력되기도 한다. 이에 따른 다양한 변환과 보정 필터 계수가 지원되어야 한다.

저가의 시스템은 고정된 포맷 간의 변환과 그에 따른 필터 계수만 지원해 다른 변환이 어렵다. 또 여러 내부 디바이스에서 나눠 처리하기 때문에 가끔 제대로 동작하지 않는 조합이 나오기도 한다. 이러한 부분은 소프트웨어에서 하드웨어 사용 조합을 지정해 정확하게 처리해야 한다.

9) 통신장치

셋톱의 통신장치는 일단 주변장치를 제어하기 위한 IIC 버스 서버와 슬레이브가 구현되며, 직렬 RS232 인터페이스와 모뎀 인터페이스를 위한 MAFE 인터페이스도 많이 사용한다. 그 이외 스마트카드를 위한 인터페이스나 HDD 지원을 위한 IDE 인터페이스도 있다. 특히 데이터의 경우 PCI 버스를 이용해 PC 카드처럼 인터페이스되도록 하고 있다.

다음에는 하드웨어를 제어하기 위한 소프트웨어 및 드라이버에 대해 살펴볼 것이다.

2. 소프트웨어

프로세스의 내부의 블록들이나 외부에 있는 블록들을 운용할 드라이버와 이를 이용해 사용자가 IPTV 셋톱박스에서 사용할 애플리케이션을 만드는 소프트웨어에 대해서 살펴보자.

[그림 8-3]은 IPTV 셋톱박스의 소프트웨어 구조도이다. 하드웨어계층을 제외한 다음의 3계층으로 나눌 수 있다.

- 시스템 및 OS 계층(OS 커널)
- 드라이버 계층
- 애플리케이션 계층

위와 같이 3개의 계층으로 분류해 다루는 편이 이해도 쉽고 구현시에도 비슷한 부분을 처리하게 되어 개발시에 좋은 방법이다. 그러면 위의 각각의 계층에 대해서 설명하도록 하겠다.

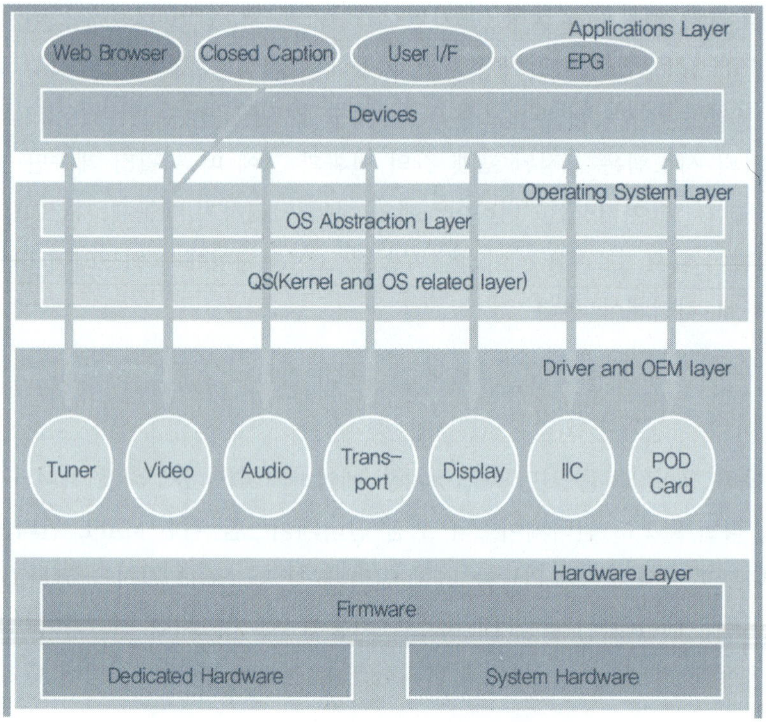

[그림 8-3] IPTV 셋톱박스의 소프트웨어 구조도

1) 하드웨어 계층

하드웨어 계층에는 위의 [그림 8-1], [그림 8-2]의 IPTV 셋톱박스의 시스템 구성 블록에서 비디오/오디오 디코더, 트랜스포트, DEMUX 등의 IPTV 셋톱박스 관련 하드웨어와 CPU 타이머, 메모리 인터페이스 통신 인터페이스 외부 입출력 단자 등으로 구분된다. 하드웨어 위에 필요에 따라 펌웨어로 작성하여 하드웨어 제어에 필요한 마이크로 코드 등이 구현된다.

2) 드라이버 계층

드라이버는 펌웨어를 제외한 가장 낮은 계층으로 아래 계층의 하드웨어를 제어하고 펌웨어와 인터페이스한다. 드라이버는 솔루션 제공업체의 기본적인 소프트웨어가 제공되며, 하드웨어는 OS와 문제없이 동작되도록 연결시키면 동작된다. 특별 부품이나 솔루션 업체의 드라이버와 다른 디바이스를 원할 경우 디바이스 드라이버를 직접 작성하거나 수정이 필요하다. 솔루션 제공업체의 드라이버와 OS가 다른 경우에는 OS에 따라 수정하거나 다시 작성해야 한다.

3) 시스템 및 OS 계층

드라이버층 위에는 OS층이 놓여지며, OS가 결정되면 대부분의 애플리케이션이나 소프트웨어 스택의 인터페이스를 위해 OS 추상화(abstraction)층이 구현된다. OS를 변경해도 OS 추상화층만 변경하면 다른 OS 위에서 애플리케이션이나 드라이버가 문제없이 동작할 것으로 예측할 수 있다. 그러나 현실에서는 리얼타임 동작기능에 따라 조정이 필요한 경우도 있으며, 이러한 조정은 드라이버 등의 리얼타임 기능을 필요로 하는 부분에서 발생하기 쉬워 드라이버를 각별히 신경써야 한다.

4) 애플리케이션 계층

디바이스 드라이버와 인터페이스를 하는 디바이스 부분 애플리케이션과 GUI, 개인 맞춤형 서비스, 양방향 데이터 서비스를 위한 소프트웨어가 놓여진다.

3. OS 선택시 고려사항

IP 셋톱박스 개발시 리눅스를 포함한 Window CE 및 VxWorks 등 다양한 OS를 사용할 수 있다. 따라서 OS 선택시 고려해야할 사항들을 살펴보자.

1) 멀티프로세스, 멀티스레드

자신이 쓰려고 하는 OS가 멀티 프로세스인지 멀티스레드 모델인지 확실히 알 필요가 있다. 각 OS마다 장·단점이 있으며, 디버깅할 경우에 처리할 수 있는 기능도 차이가 있다.

VxWorks 같은 OS들은 대부분 멀티스레드로, 한 프로세스 스페이스를 이용해 각 스레드 간의 통신이나 메모리 공유가 용이한 반면, 메모리 접근이 잘못될 확률도 높다. 리눅스나 윈도우 등의 PC OS에서 파생된 OS들은 대부분 멀티프로세스의 범주에 든다. 주의해야 할 점은 리눅스의 경우 새로 나온 2.6 커널을 다른 리얼타임 확장 없이 사용할 경우 CPU와 스케줄러, Pthread 모델 등과의 연결 프로토콜을 잘 살펴봐야 한다.

2) 드라이버 동작 모델

드라이버의 동작 모델도 다양한 형태로 제공된다. 특히 인터럽트 처리는 각 OS의 드라이버 모델마다 조금씩 달라질 수 있다. 대부분 리얼타임 OS의 경우, 드라이버는 다른 스레드이므로 인터럽트를 받을 경우 메시지나 이벤트를 보내는 형태로 처리된다.

멀티프로세스 OS인 윈도우 시스템의 경우, 드라이버가 유저모드에서 동작하므로 커널 레벨의 인터럽트를 이용해 유저모드의 인터럽트 스레드를 깨우는 형태로 동작한다. 리눅스의 경우에는 커널 레벨에서 드라이버가 동작하므로 인터럽트 핸들러를 등록해 커널 레벨에서 동작시킨다. 특히, IPTV 셋톱박스와 같은 리얼타임 동작이 필요한 임베디드 시스템의 경우 드라이버에서 인터럽트의 빠른 응답도 선택요인의 중요한 요소가 될 것이다. 리눅스에서는 블록 드라이버, 문자 드라이버 등의 분류가 있어 이를 어떻게 구성할 것인지도 숙제가 된다.

3) 리얼타임 동작 성능

리얼타임 동작은 스케줄러와 인터럽트 등의 기능과 관련이 있다. 얼마나 세밀한 시간 슬라이스와 많은 리얼타임 우선순위를 제공하는지, 인터럽트의 응답속도가 얼마나 되는지는 고려대상이 될 수 있다.

위에서 살펴본 몇 가지 사항들과 라이선스, 로열티 등에 들어가는 비용들을 따져 OS를 선택하게 된다. 그러나 많은 솔루션들이 이미 지원하는 OS들이 정해져 있고, 특히 솔루션 제공업체가 실험을 많이 한 OS에서 프로젝트를 수행한다면 많은 문제점을 덜고 출발한다고 생각해도 될 것이다.

4. 시스템 및 OS 계층

소프트웨어 엔지니어는 어떤 OS에서든 문제없이 기존에 개발된 애플리케이션 소프트웨어나 드라이버 코드를 동작시키고자 한다. 그러나 이 부분은 상당히 한계가 있고 OS에 종속적일 수밖에 없다.

다음은 OS 및 OS에 종속적인 시스템에 대해 설명하겠다.

1) OS층

OS는 프로세스의 관리를 위한 스케줄러를 가지고 있다. 스케줄러는 프로세스가 CPU를 공평하게 사용할 수 있도록 각각의 프로세스에 시간을 할당한다. OS는 프로세스간의 통신을 위해 시그널 파이프, 소켓은 물론 공유 메모리, 메시지 큐, 세마포어와 같은 IPC 메커니즘을 제공하다. OS는 메모리 관리자를 통해 하드웨어 메모리 자원에 대한 접근을 제어하는 책임을 맡고 있으며, HAL(Hardware Abstraction Layer)을 통해 프로세서, 캐시, 메모리 맵 설정, 예외와 인터럽트 처리, DMA, 타이머, 버스 관리 및 전원관리 등과 같은 하드웨어 요소를 지원한다.

2) 부트로더

부트로더는 시스템을 초기화하고 임베디드 운영체제를 탑재하고 실행하기 위해서 시스템 초기화 코드, 하드웨어 제어 프로그램, 네트워크, 일부 파일시스템 관리 등 각각의 OS에 따라서 시스템 시작을 위한 기본 설정을 하는 역할을 한다.

3) 파일시스템

파일시스템은 플래시 메모리 등에 저장을 위해서 필요한 것으로, 직접 메모리에 접근해 저장하고 읽어내는 동작을 하는 대신 파일시스템을 이용해 메모리에 접근하게 된다. 프로그램도 파일시스템에 저장하여 동작시킬 수 있으며, 각기 시스템 구성에 따라서 RAM 디스크 파일시스템이나 CRAM 파일시스템, Romfs 시스템 등을 사용할 수 있으며 디버깅 등을 위한 디버그 버전은 네트워크 파일시스템에서 동작시킬 수도 있다.

5. 드라이버 계층

[그림 8-1] [그림 8-2]의 IPTV 셋톱박스의 시스템 구성을 블록으로 나눈다.

소프트웨어는 이들 블록을 운영하는 것이므로 블록의 동작에 따라 드라이버를 구성하면 된다. 같은 블록의 같은 기능을 하는 드라이버라도 OS에 따라서 드라이버의 형태가 상당히 다른 구현과 처리 방식을 가지고 있다.

먼저 비디오, 오디오, 트랜스포트 역다중화기 등 IPTV 셋톱박스 및 미디어 처리 기능을 담당하는 프로세서 내부에 존재하는 드라이버들에 대해 먼저 설명하겠다.

제 8 장

1) 비디오 드라이버

비디오 드라이버는 MPEG2 비디오 디코더 동작을 처리하는 드라이버로써 IPTV 셋톱박스의 가장 핵심적인 부분 중 하나가 될 것이다. 비디오 드라이버는 트랜스포트 역다중화기에서 TS 패킷을 받아 비디오 디코더를 거쳐 디지털 비디오를 처리하는 부분이며 디지털 비디오의 경우 대부분 MPEG 비디오 디코드용 엔진이 들어 있고, 필요에 따라서 마이크로 코드를 동작시키는 마이크로컨트롤러를 포함시켜 기본적인 디코드 동작을 제어하게 된다. 드라이버에서 하는 기본 동작들은 디코드하기 위한 비디오 채널 버퍼, 디코드한 비디오용 프레임 버퍼, 등을 비디오 입력 타입에 따라 설정하고 필요에 따라서 디스플레이 드라이버 전단의 비디오 스케일러용 버퍼 및 필터 계수를 설정하고 비디오 디코딩 동작을 시작시키게 된다. 또한, 대부분 비디오 드라이버가 비디오 프레임 버퍼의 설정 및 스케일러의 필터 계수를 설정하기 위해 MPEG 헤더 정보를 얻을 수 있게 지원하고, 이 정보에 변화가 생길 경우 드라이버가 찾아서 다시 재설정할 수 있도록 이벤트를 발생시킨다. 디지털 비디오의 경우 모두 오디오와의 동기화가 필요하고, 화면 비율 보정이 필요하다.

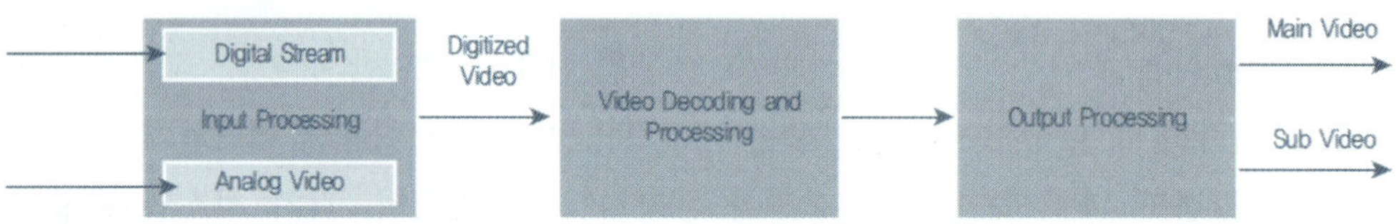

[그림 8-4] 비디오 드라이버 처리 과정

2) 디스플레이 드라이버

디스플레이 드라이버는 IPTV 셋톱박스의 출력을 결정해 주는 부분으로서 HD, SD 출력 등을 생성하는 드라이버로써 원하는 출력 타이밍 생성과 원하는 274M, 296M 등의 컬러 매트릭스 조정 등의 과정을 포함하게 되는 IP 셋톱박스의 중요한 부분 중 하나이다. 이 드라이버의 주요 동작을 나누어 보면 입력되는 영상과 그래픽을 화면 위에 매핑하기 위한 입력 뷰포트, CRT나 LCD, DLP 등으로 출력하기 위한 비디오 출력 타이밍 및 이에 따른 영상 및 그래픽 신호의 조정부, 그리고 더 나은 영상처리를 위한 디인터레이서나 화질개선 처리용 영상개선 처리부 등이 포함된다.

특히, 출력용 타이밍을 처리하는 경우 출력을 다시 NTSC나 PAL 등의 아날로그 비디오 스탠더드로 출력하는 경우, 뒷단의 출력장치에 따라서 타이밍을 미세하게 조정해 주어야 하는 경우도 있으므로 이러한 기능을 갖는지 확인하는 것도 중요하다.

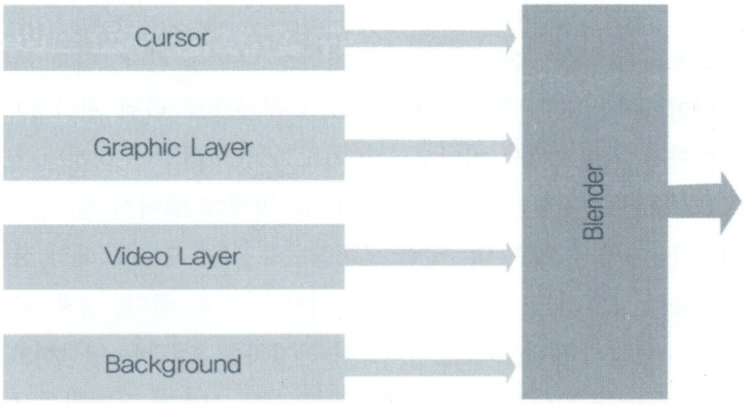

[그림 8-5] 디스플레이 드라이버 입력 뷰포트 구성

3) 트랜스포트 역다중화 드라이버

하드웨어 블록에서 다루었듯이 이 부분은 트랜스포트 스트림의 역다중화와 암호화된 신호의 복호화를 수행하는 부분으로 나눈다.

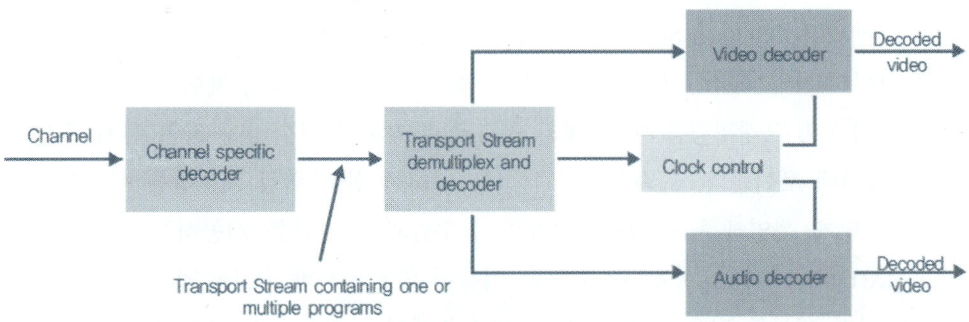

[그림 8-6] 트랜스포트 역다중화 및 디코딩 예

[그림 8-6]은 트랜스포트 역다중화 및 디코딩에 대한 블록도로서 MPEG2 시스템에 나와 있는 그림이다. 기본적으로 비디오와 오디오 패킷들로 분리해 비디오 디코더와 오디오 디코더의 비트 버퍼에 넣어준다. 또한, 프로그램에 대한 정보를 추출하여 메모리 스

택에 보내줌으로써 애플리케이션에서 EPG를 구축하거나 CA 정보를 추출할 수 있도록 정보를 제공한다.

4) 오디오 드라이버

오디오 드라이버 음성신호와 관련된 처리를 다루게 된다. 쉽게 예측할 수 있듯이 비디오 드라이버처럼 디지털 부분과 아날로그 부분으로 나눠 처리하게 된다. TS 패킷을 버퍼에 받아서 디코드해서 비디오와 동기화하여 들려주는 디지털 스트림 입력 부분과 아날로그 신호를 디지털 신호로 변경해 PCM 버퍼에 넣어진 신호를 재생시키는 부분으로 나눠진다. 따라서 대부분의 입력 선택함수와 입력 오디오 타입 선택함수들로 입력을 설정하고 출력 포트의 설정을 한 후에 오디오를 시작, 중단, 정지, 뮤트 등의 동작을 위한 부분을 구현하게 된다. 특히, 비디오와 동기화를 할 경우 영상신호를 주 신호로 하여 동기화할 경우에는 비디오 신호가 존재해 오디오 신호가 동기화를 시작한 후에 오디오를 재생하는 등의 처리를 해 줄 필요가 있다. 그리고 IPTV 셋톱박스로 디스플레이 드라이버에서 화상 개선처리를 할 경우에는 개선처리에 발생하는 딜레이를 계산하여 오디오의 입력 또는 출력 버퍼를 조정해 오디오에도 딜레이를 줄 필요가 있으므로 버퍼의 크기를 잘 계산해서 산출해야 한다.

5) 그래픽

그래픽은 OSD(On Screen Display)라고 불리는 부분이다. 그래픽 부분은 디스플레이 드라이버층 중 배경, 그래픽, 마우스 등을 위한 커서층 등의 제어를 위한 층으로 소프트웨어적으로 그래픽층을 여러 개의 창으로 분리하여 구현하여 화면 위에 우선순위에 따라 화면에 보여준다. 드라이버의 역할은 이러한 창을 위한 버퍼들을 설정하고, OS의 설정에 맞게 운영해주고, OS의 그래픽 함수들과의 연결을 제공하는 것이다. 이를 위해 DMA(Direct Memory Access) 등을 이용한 Blit 엔진과 Alpha Blend를 위한 픽셀 값이나, 컬러 테이블 값을 조정해 준다. 디스플레이 드라이버의 최종 화면에 맵핑되기 전에 스케일러를 지원하는 경우는 이 스케일러를 설정해 주어야 한다. 소프트웨어적으로는 윈도우 드라이버의 경우나 리눅스 드라이버의 경우, 이 드라이버를 비디오 드라이버나 디스플레이 드라이버라고 부르며 나름대로 표준이 있으므로 여기에 맞춰 동작을 시켜주어야 OS에 포함된 폰트 라이브러리나 텍스트 함수들을 사용할 수 있다.

또한 DirectX나 DirectFB를 이용해 비디오 버퍼가 그래픽 드라이버로 투명하게 연결

될 수 있도록 연결해주는 것도 다른 오픈 소프트웨어의 사용을 위해서 좋은 선택이 될 것이다. 이렇게 OS에 드라이버로 연결해주면 OS에서 그 드라이버를 써서 구현한 소프트웨어를 문제없이 동작시킬 수 있다.

6) 통신 블록용 드라이버

통신 블록으로 사용되는 코프로세서들은 UART(Universal Asynchronous Receiver Transmitter), IR(Infrared Remote) 입/출력 포트, I2C 인터페이스, 스마트 카드 인터페이스 등이 있다. 많은 운영체제들은 UART 드라이버를 같이 제공하고 있으므로 필요할 때 수정해 사용하면 되므로 구현에 큰 어려움은 없을 것이다. 대부분이 제품의 업데이트나 부트 정보를 보는 등의 용도로써 직렬연결을 사용하므로, 아마도 가장 먼저 다루게 되는 블록이 이 통신용 블록이 되지 않을까 싶다. 따라서 각 운영체제의 드라이버 모델들도 대부분 이 부분을 구현하면서 익히게 될 것으로 생각된다. I2C를 통한 인터페이스 방법이 나온 이후 TV의 간단한 주변기기들이 대부분 I2C 인터페이스로 통신하도록 제작되므로 가장 많이 사용할 드라이버 중 하나가 I2C 드라이버일 것이다. 상당수가 동작 주파수를 정의하게 되어 있으며 100kHz나 400kHz 상에서 동작 가능하게 제작된다. 또한, 자신의 대부분의 IP 셋톱박스 플랫폼들이 IR을 이용한 데이터의 직렬 통신을 구현할 수 있도록 통신 블록을 대부분 제공하고 있으며 이 블록을 통해 리모컨과의 통신도 구현된다. 스마트카드의 인터페이스도 대부분의 IP 셋톱박스 플랫폼들이 제공하는 통신 기능 중에 하나이다. 한편 솔루션에 따라서는 SPI나 다른 블록이 들어 있기도 하다. 이 외에도 PCI나 외부 버스 인터페이스를 제공하고 있으므로 외부 기기와의 통신은 이러한 통신 블록의 드라이버를 구현함으로써 얻을 수 있다. 이러한 통신용 기능 이외에 기본이 되는 GPIO 드라이버도 다루기로 한다. 이 드라이버는 스위칭을 비롯해 여러 기능에 유용하게 사용되는 각 핀을 제어한다. 다른 함수와 공용으로 사용될 경우가 많으므로 보드의 설계시, 사용할 기능의 핀과 겹치지 않은 일반 목적의 입출력 핀들을 사용할 수 있도록 디자인해야 할 것이다.

7) HDMI

디지털 처리된 신호의 입력을 위해서 DVI(Digital Visual Interface)나 HDMI(High Definition Multimedia Interface)를 사용하고 있으며 HDMI 입력은 가전업체의 표준으로 자리를 잡아가는 중이다. 또한, HDMI는 이름처럼 아날로그/디지털 비디오 신호뿐만 아니라 음성 신호와 HDCP(High bandwidth Digital Contents Protection) 신호까지 포함하고 있으며, 이 또한 이 블록에서 처리하여 비디오 드라이버로 보내진다.

8) IEEE1394 또는 USB

고속으로 비디오나 오디오 신호를 전송하거나 양방향으로 통신할 필요가 있을 경우는 IEEE1394를 주로 사용한다. 디지털 비디오의 과도한 정보량을 소화하기에는 기존의 통신 방법의 대역폭이 좁아서 IPTV 셋톱박스의 MPEG2 비디오를 전달할 수 없기 때문이다. 하지만 IEEE1394를 이용할 경우 외부의 비디오 디바이스와 고속으로 통신할 수 있어 대부분 MPEG2 트랜스포트 스트림을 IEEE1394로 전달하게 된다. 이러한 방법으로 외부의 디지털 VCR이나 DVR 같은 장비와 통신할 수 있고 또한 표준화된 방법으로 제어까지 가능하다. 따라서 이러한 기능을 제공할 디바이스 드라이버가 필요하게 된다 양방향으로 동시에 전송과 수신을 위해 전송 FIFO와 수신 FIFO가 존재한다. 최근에는 USB가 비교적 저렴한 가격으로 상당히 높은 대역폭의 자료 전송이 가능해 USB를 이용한 디지털 이미지의 전송 등을 지원하려 하고 있으며, 아마도 표준화된 비디오의 전송까지도 지원되는 날이 올 듯하다.

6. 애플리케이션 계층

애플리케이션 계층은 드라이버와 운영체제 시스템 위에 동작하는 소프트웨어로서 확장성은 거의 무한대라고 할 수 있을 것이다. 다음은 IPTV 셋톱박스의 기능을 사용하기에 필요한 애플리케이션에 대해서 알아보자.

1) 사용자 인터페이스

IPTV 셋톱박스의 사용자가 소프트웨어로서 직관적으로 접하게 되는 것은 아무래도 사용자 인터페이스일 것이다. 점점 하드웨어가 복잡해지고 기능이 강화됨에 따라 사용자 인터페이스 이론이 발전하고 있고 이를 바탕으로 사용자 인터페이스는 유려한 모습과 잘 정리된 메뉴들을 갖추게 됐다. 그러나 이러한 발전을 능가하는 새로운 기능 및 복잡한 기능이 앞으로도 계속적으로 추가될 것이므로 사용자는 점점 더 복잡함을 느낄 것이다. 따라서 사용자가 기능들을 쉽게 파악하고 사용하기 위한 노력과 함께 복잡한 기능을 간단히 사용자 인터페이스에 포함시키기 위한 툴들이 개발되고 있다. 사용자 인터페이스를 화면에 그리는 방법들은 대개 운영체제에 따라 달라지는데, Windows CE를 사용시는 Windows 프로그램에 사용 가능한 GDI 인터페이스나 또는 직접 드라이버에 인터페이스하는 DirectX 기능들을 사용할 수 있다. 물론 Linux의 경우도 DirectFB 같은 드라이버와 그 위에 Xwindow의 기본적인 것을 제공하는 소프트웨어를 사용하여 간단 Windows 프로그램을 할 수 있는 툴들이 존재한다. 또한, Java 소프트웨어의 경우 포함된 사용자 인터페이스용 패키지 중에서 자신의 툴에 적합한 패키지를 찾아본다면 어렵지 않게 많은 기능을 사용할 수 있을 것이다.

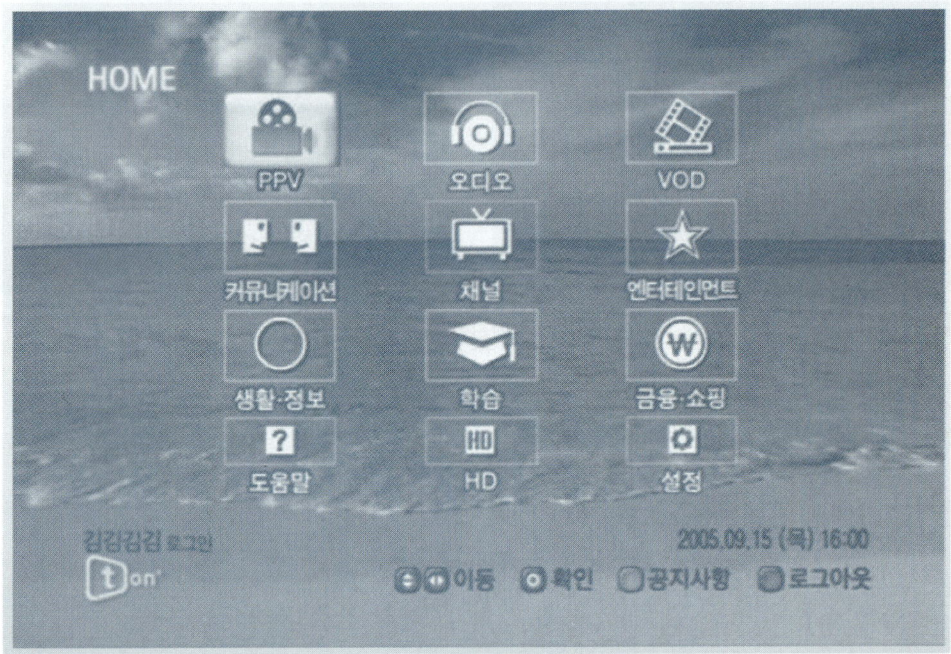

[그림 8-7] IPTV 메인메뉴의 예

2) EPG

프로그램 데이터를 바탕으로 사용 가능한 프로그램에 대한 시간과 정보를 보여주는 역할을 한다. 물론 채널 검색 등을 통해서 각 채널과 거기에 속한 프로그램, 그리고 가상의 채널 번호이용 등을 위한 데이터베이스의 구축도 이 부분이 담당한다고 생각하고 살펴보자. 데이터베이스에 어떤 정보를 저장하고 사용해서 채널 전환시간을 단축하거나 사용자에게 무슨 기능을 제공할지는 다분히 IPTV 셋톱박스의 구현 소프트웨어의 역할이다.

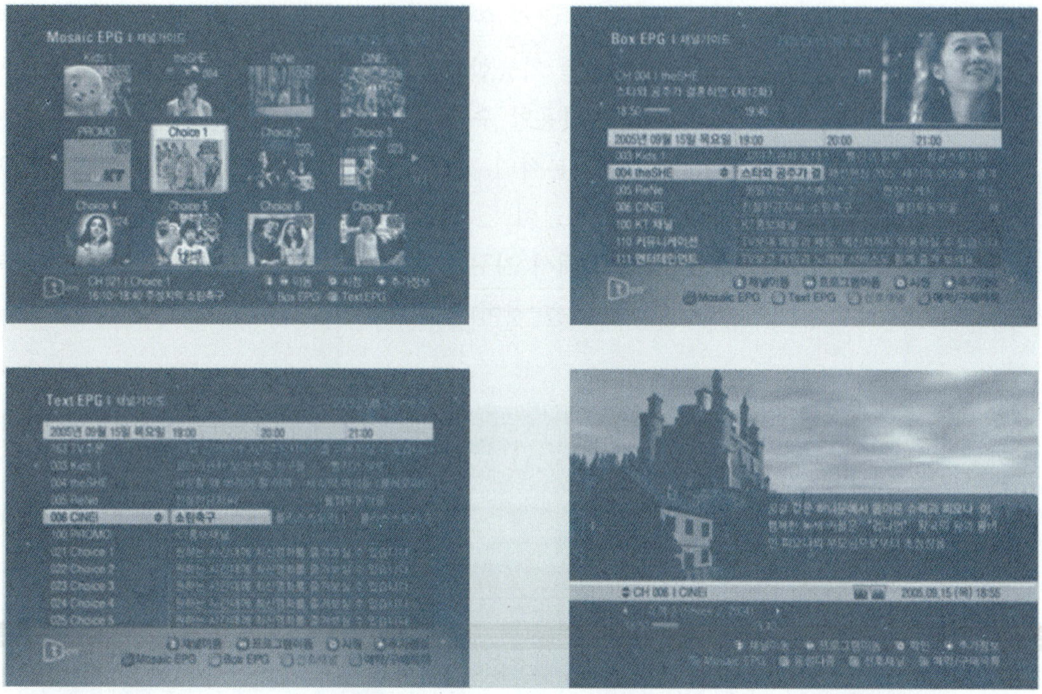

[그림 8-8] 다양한 형태의 EPG 서비스

3) 수신제한 시스템

초창기의 프로그램 등급에 따른 간단한 수신제한 시스템(CAS : Conditional Access System)이 점점 복잡해짐에 따라 스마트 카드나 케이블 카드 인터페이스를 이용한 수신제한 시스템이 최근 폭넓게 사용되고 있다. 특히 암호화 키 등을 교환하여 키가 올바른지를 확인하고 처리하는 부분은 좀 더 신경써서 다뤄야 나중에 문제가 되는 부분을 막을 수 있을 것이다.

8-3 IPTV 시스템의 하드웨어 구성 및 설계

1. IPTV 시스템 기능

IPTV 시스템은 IPTV 셋톱박스, 미디어 플레이어 개발, 멀티미디어 디지털 방송 시스템에 대한 응용과 실습을 동시에 경험할 수 있는 최상의 솔루션이다. 네트워크에 연동되는 IPTV 셋톱박스의 개발과정뿐만 아니라 디지털 미디어 서비스에 대한 이해와 개발을 할 수 있으며 하드웨어, 소프트웨어 사양 등을 이해하고자 한다.

필수기능 및 개발항목은 다음과 같다.

- 강력한 멀티미디어 기능을 제공하는 고성능 마이크로프로세서 사용
- IP 셋톱박스 및 미디어 플레이어 개발
- 리눅스 커널 및 드라이버 포팅
- IPTV 셋톱박스를 이용한 디지털 TV 애플리케이션 개발
- MPEG-1, MPEG-2, MPEG-4, H.264와 WMV, MP3 등 다양한 미디어 코덱 지원 및 미디어 처리
- SD/HD 디지털 방송 서비스를 구현할 수 있는 Demux API 설계
- 강력한 멀티미디어 기능을 바탕으로 완벽한 디지털 방송 시스템을 지원하는 솔루션

2. IPTV 시스템 사양

1) 구성품

(1) 제품 구성

- IPTV 시스템 보드 : 1EA
- TFT LCD 6.4"
- 리모컨
- 2.5" 80G HDD

- 부속품(케이블, CD, 교재)

(2) 부속품

- 케이블(Power, Serial, Closs Ethernet) : 1set
- CD(프로그램 소스, 회로도) : 1EA

2) 외부 구조

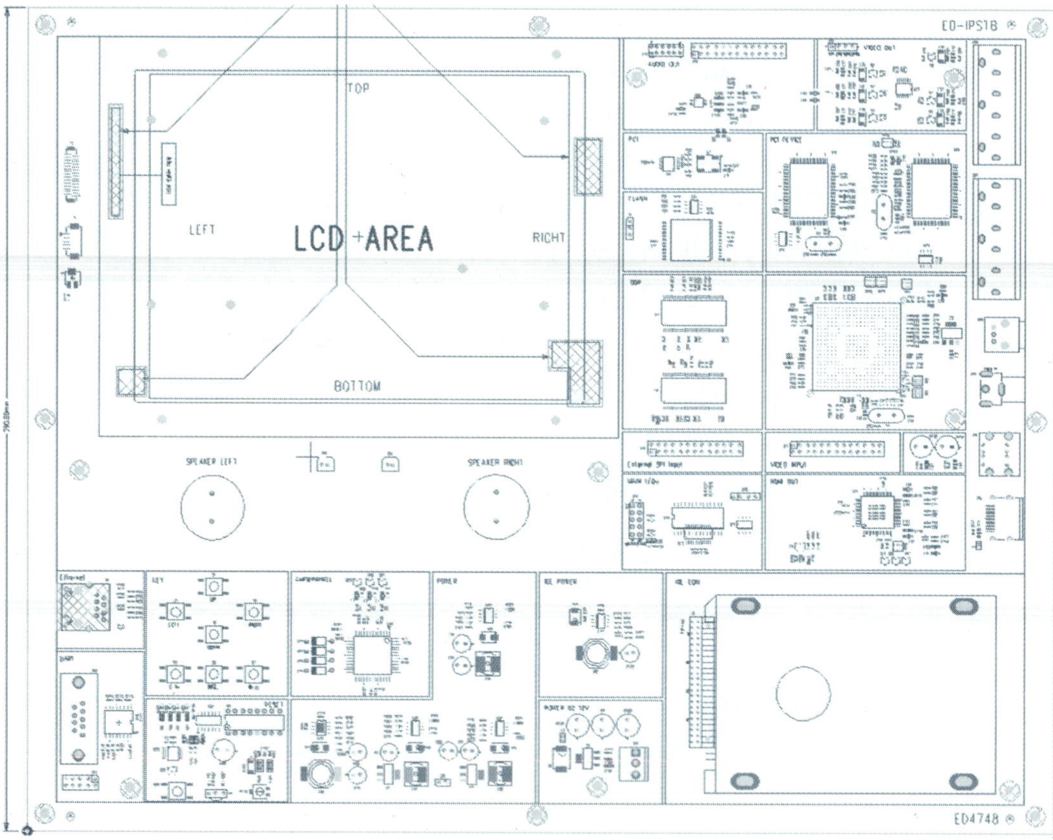

[그림 8-9] IPTV 시스템

3. IPTV 구성 사양

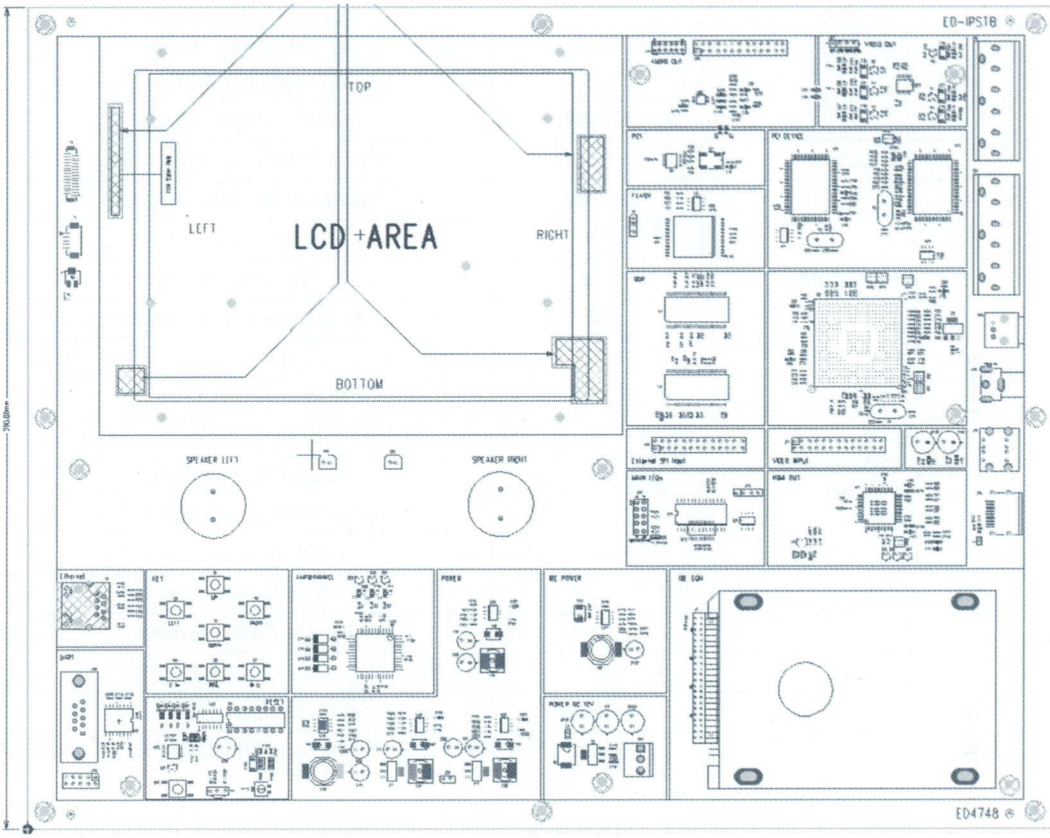

[그림 8-10] 부품 배치도

1) 하드웨어

〈표 8-1〉 하드웨어 사양표

CPU	CPU	SIGMA Vantage 8623L
메모리	FLASH	32MByte(8bits Access)
	SDRAM	128MByte(32bits Access)
디스플레이	TFT LCD	6.4inch, 16bits color, 640x480
인터페이스	Ethernet	10/100 BaseT Ethernet(RJ45)
	UART	RS-232 Serial Port
	USB	USB2.0 high speed
	IDE	IDE connector(40-pin header)
	LED	status LED
Audio/Video 인터페이스	AUDIO I/O	Stereo Analog Audio
		SPDIF Optical and RCA digital audio
	VIDEO I/O	NTSC/PAL composiite
		Analog YPbPr Component Video
		HDMI v1.1 with Audio
확장	VFD	Front panel Button
	IR Reciver	Remote Control receiver
디버그	UART	RS-232 Serial Port
일반 사양	입력전원	12V 3.5A DC
	외형크기	490(W)x160(H)x320(D)mm

2) 소프트웨어

〈표 8-2〉 소프트웨어 사양표

운영체제	development kit	armutils 2.5.102, MRUA Sigma tool kit
	OS	uclinux-2.4.22
	File System	Romfs: image Source
소프트웨어	응용	다양한 응용 소프트웨어
	드라이버	Video/Audio decording driver source
		display driver source
		graphic driver source
		Transport/demux driver source
		USB driver source
		Smart card driver source
		Network device driver source

3) IPTV 전체 블록도

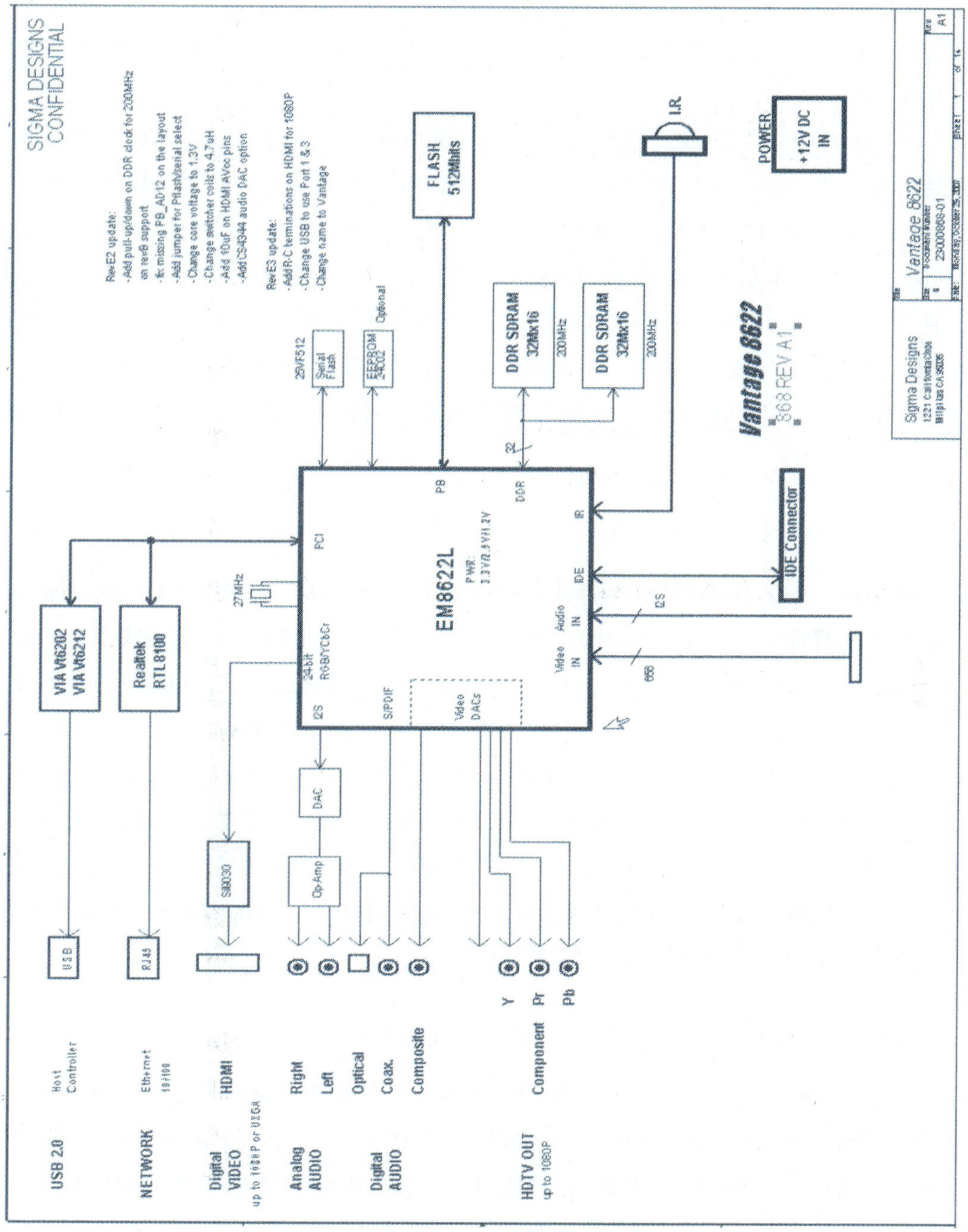

[그림 8-11] IPTV 시스템 전체 블록도

(1) USB 2.0

USB는 범용 직렬 버스(Universal Serial Bus)의 약자이고, 컴퓨터와 주변 기기를 연결하는데 쓰이는 입출력 표준 가운데 하나이다. 대표적인 버전으로는 USB 1.0, 1.1, 2.0 등이 있다.

USB의 가장 윗부분에는 주컨트롤러(Host controller)가 있다. 주컨트롤러는 루트 허브를 통해 두 개의 USB 단자를 제공한다. 보통 이 단자에 주변 기기를 연결해 사용하며, 포트가 부족하면 허브를 연결하여 더 많은 포트를 마련할 수 있다. 하나의 주컨트롤러에는 나뭇가지 모양으로 주변 기기를 127개까지 연결할 수 있다. USB 방식으로 연결된 주변 기기는 대부분 핫 플러그(또는 핫 스왑 사용 도중 아무 때나 주변장치를 연결하거나 제거할 수 있는 기능)를 지원한다. USB 방식으로 연결된 주변 기기에는 약간의 전력이 함께 공급된다. 따라서 보통은 외부 전원을 이용하지 않고도 쉽게 주변 기기를 사용할 수 있다.

(2) Ethernet

이더넷은 가장 광범위하게 설치된 근거리통신망 기술이다. 이제는 IEEE 802.3에 표준으로 정의되어 있지만, 이더넷은 원래 제록스에 의해 개발되었으며, 제록스와 DEC 그리고 인텔 등에 의해 발전되었다. 이더넷 랜은 일반적으로 동축케이블을 사용한다.

가장 보편적으로 설치된 이더넷 시스템은 10BASE-T이라고 불리며, 10Mbps의 전송속도를 제공한다. 모든 장치들은 케이블에 접속되며, CSMA/CD 프로토콜을 이용하여 경쟁적으로 액세스한다. 고속 이더넷이나 100BASE-T 등은 전송속도가 최고 100Mbps까지 제공되며, 일반적으로 10BASE-T 카드가 장착된 워크스테이션들을 지원하기 위한 근거리통신망의 백본으로 많이 사용된다. 기가비트 이더넷은 1,000Mbps 정도로서 보다 높은 수준의 백본 속도를 지원한다.

(3) HDMI(High Definition Multimedia Interface)

압축되지 않은 풀 디지털 오디오와 비디오 신호를 통합 전송할 수 있는 초고속 멀티미디어 인터페이스로 기존의 컴포지트, 슈퍼비디오 컴포넌트 비디오 등 아날로그 인터페이스를 대체하는 규격이다. 새로 개발되는 DVD 플레이어, 고선명 텔레비전(HDTV), 셋톱박스 등에 주로 적용되고 있다. 5Gbps급의 디지털 비디오와 오디오를 압축하지 않고 그대로 처리함으로써 회로가 간단하고, 품질의 열화가 발생하지 않으며, HDCP(High-bandwidth Digital Content Protection)에 의한 콘텐츠 저작의 보호가 지원되고, 단일 케이블 연결로 사용이 간편한 장점이 있다.

(4) SPDIF(Sony/Philips Digital Interface)

S/PDIF는 오디오 전송 파일의 표준 형식이다. 이것은 대체로 DAT 장치나 오디오 처리장치 등과 같은 디지털 오디오 장치들에서 많이 사용되며, 신호품질을 떨어뜨릴 수 있는 아날로그 형식으로 변환하지 않고서도 오디오 파일을 옮길 수 있게 해준다.

S/PDIF 인터페이스와 함께 사용되는 가장 보편적인 커넥터는 일반 소비자용 오디오 제품에 사용되는 것과 똑같은 RCA 커넥터이다. 그러나 간혹 광학 커넥터도 사용된다.

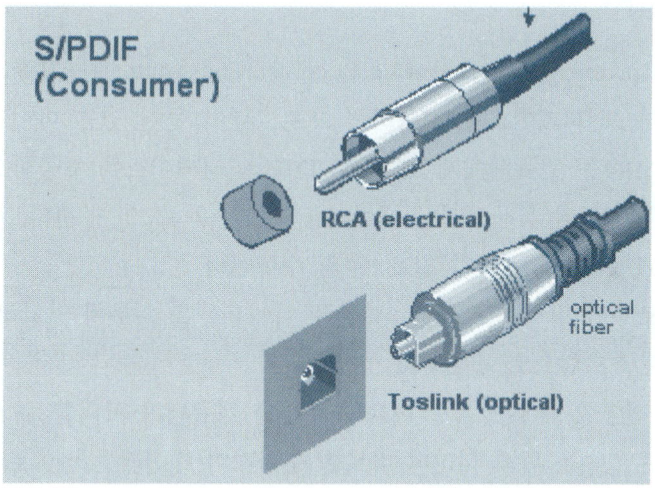

[그림 8-12] SPDIF의 RCA or Optical 단자

(5) 컴퍼넌트(Component)

영상신호를 휘도(Y), 색차(Cb, Cr)의 세 가지 성분(Component)으로 각각 분리하여 이를 3개의 선으로 보낸다. 화질이 가장 좋다.

(6) 컴퍼지트(Composite) Video, Audio

3개의 영상신호를 합성하여 노란색인 하나의 선에 전송한다. 색을 분리하지 않고 합성하여 하나의 선으로 전송하기 때문에 화질이 가장 나쁘다. 흰색은 왼쪽 오디오, 빨간색은 오른쪽 오디오를 나타낸다.

영상신호는 세 개의 독립적인 아날로그 [RGB(Red, Green, Blue)] 신호 또는 디지털 신호로서 하나의 Luma 신호(Y : 휘도 : 밝기신호)와 두 개의 다른 Chroma 색 신호(Cb, Cr : 색차 신호)를 말한다.

Y : Luminance 휘도 → Y : 밝기신호
C : Chrominance 색도 → Cb, Cr : 색차신호

Cb/Cr과 Pb/Pr의 차이는 NTSC(480i)레벨의 신호단자를 [Y/Cb/Cr]로 표시하고, NTSC(480i)레벨 이상의 영상 포맷(HDTV 720p, 1080i)을 사용할 수 있는 단자를 [Y/Pb/Pr]로 표시한다.

(7) UART

UART(Universal Asynchronous Receiver/Transmitter)는 컴퓨터에 부착된 직렬장치들로 향하는 인터페이스를 제어하는 프로그램이 들어 있는 마이크로칩이다. 명확하게 말하면, UART는 컴퓨터에게 RS-232C DTE 인터페이스를 제공함으로써 모뎀이나 기타 다른 직렬장치들과 통신하거나 데이터를 주고받을 수 있게 한다. 이 인터페이스의 일부로서 UART는 또한 다음과 같은 일을 수행한다.

컴퓨터로부터 병렬 회로를 통해 받은 바이트들을 외부에 전달하기 위해 하나의 단일 직렬 비트 스트림으로 변환한다.

내부로 전송할 때에는 직렬 비트 스트림을 컴퓨터가 처리할 수 있도록 바이트로 변환한다. 외부 전송을 위해 패리티 비트를 추가하며 수신되는 바이트들의 패리티를 확인하고, 패리티 비트를 제거한다.

데이터를 외부로 내보낼 때에는 시작 비트와 정지 비트를 추가하고, 수신되는 데이터에서는 그것들을 제거한다. 키보드나 마우스로부터 들어오는 인터럽트를 처리한다.

다른 종류의 인터럽트 처리와 컴퓨터의 동작속도를 장치의 속도와 동등하게 맞추도록 요구하는 장치를 관리할 수 있다.

(8) IR

IR(Infrared Radiation)은 TV 리모컨, 데스크톱 컴퓨터와 휴대용 컴퓨터간의 데이터 교환, 무선랜 등의 목적으로 사용되는 기술로서 적외선 통신 링크에 사용되는 하드웨어와 소프트웨어에 대한 국제 표준은 IrDA에 의해서 만들어졌다. 무선 전송의 특별한 형태인 적외선 통신에서는 테라 헤르츠 또는 트릴리온 헤르츠에서 측정되는 적외선 주파

수 스펙트럼 내에 모아진 광선이 정보로 변조되어 송신기로부터 비교적 짧은 거리 내에 있는 수신기로 보내어진다. 적외선 방사는 리모컨으로 TV를 제어하는데 사용되는 것과 같은 기술이다.

4. IPTV 시스템(EM8623L)의 프로세서

1) ARM 개요

ARM은 임베디드 시스템용 프로세서 중 가장 큰 비율을 차지하는 RISC 프로세스다. ARM사는 저전력 고성능의 RISC 프로세서 코어를 제공하고 인텔, 삼성, GE, Sharp, TI 등 반도체 제조사들은 이들 코어의 라이센스를 받아 각 프로세서를 제조하고 있다. 특히 인텔의 StrongARM, XSacle(PXA255), Bulberde(PXA270) PXA320 및 삼성의 S3c2410, S3C2440, 2450. 2460 등이 대표적이다.

ARM은 내부버스, 레지스터, 연산장치 등이 32비트로 구성되어 한 번에 32비트 단위로 데이터를 처리할 수 있는 32비트 아키텍처이며, RISC(Reduced Instruction Set Computer)에 기초하고 있다. RISC는 명령어 구조가 간단하고, 그 수가 적어 명령어 디코딩이 CISC(Complex Instruction Set Computer)보다 빨리 이루어질 수 있어 보다 빠르고 효율적인 처리가 가능하다.

명령어, 레지스트 구조, 처리되는 데이터 크기 등과 같은 ARM의 기본 구성 IC 동작 원리를 ARM 아키텍처라 한다. 우리가 잘 알고 있는 ARM 아키텍처에는 v4T, v5TE, v5TEJ, v6 등이 있다. ARM 코어 또는 ARM 프로세서 코어는 ARM 아키텍처의 기본 원리를 이용하여 구현한 프로세서의 핵심 부분을 말하며, ARM 프로세서는 ARM 코어에 캐시, MMU, 쓰기 버퍼, TCM, BIU와 같은 주변 회로를 포함하는 독립된 형체를 말한다. ARM 코어에는 ARM7TDMI 코어, ARM9TDMI 코어, ARM9E 코어, ARM11 코어가 있고, ARM 프로세서로는 ARM920T, ARM940T, ARM946E-S, ARM1136JF-S 등이 있다.

〈표 8-3〉 ARM 아키텍처와 ARM 프로세서

아키텍처	프로세서
v4	TARM7TDMI, ARM720T, ARM940T, ARM920T, ARM922T
v5TE	ARM946E-S, ARM926E-S, XScale
v5TEJ	ARM926EJ-S
v6	ARM1136JF-S

제 8 장

〈표 8-3〉에서 아키텍처 또는 프로세스 이름에 T는 16비트 Thumb 명령을 지원, E는 DSP 기능 확장, J는 JAVA 지원을 의미한다.

2) EM8623L 프로세서의 특징

EM8622는 비디오와 오디오 디코딩을 위한 SoC 칩이며 HDTV, IPTV, DVD, MPEG-4.10, H.264 그리고 WMV9/ VC-1 디코딩을 지원한다. 유연하고 진보한 오디오와 비디오 프로세싱을 통해 저비용으로 디지털 미디어 플레이어, IP 셋톱박스, DVD 플레이어, 디지털 TV 등의 제품에 적용가능하다.

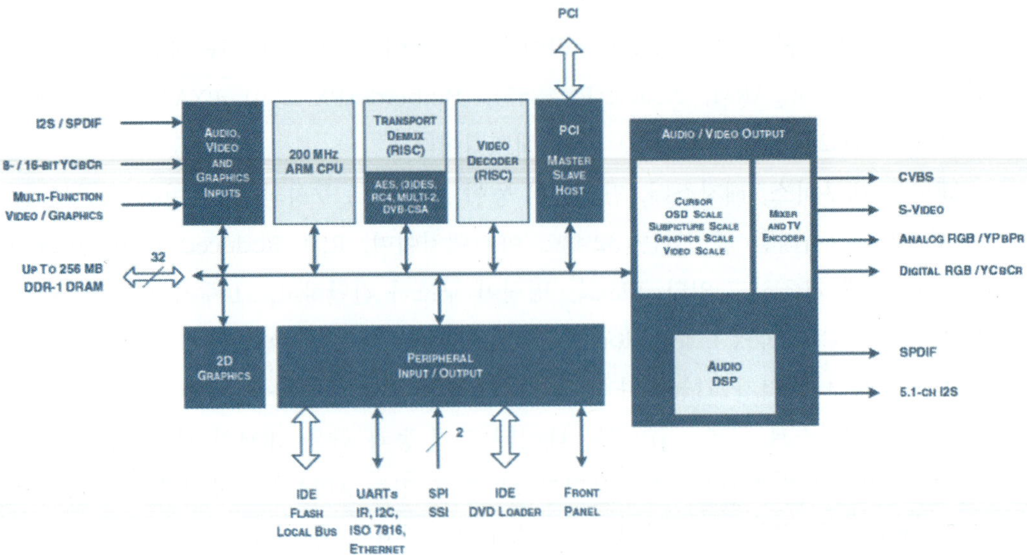

[그림 8-13] EM8623L의 블록도

EM8623의 구조는 각 모듈 간에 빠른 데이터 버스를 제공하여 몇몇의 하드웨어 유닛과 프로세서 모듈로 구성되어 있다. 다음의 설명을 통해 EM8623L의 주요 모듈들에 대해서 설명하겠다.

(1) Host CPU Block

EM8623L의 Host CPU Block은 200MHz의 ARM(version 4)의 RISC Core를 포함하고 있으며 애플리케이션 및 미들웨어 임베디드 OS을 지원하기 위해 Data 캐시를 포함하고 있다. EM8623L은 Uclinux를 OS로 지원한다. MMU를 포함하지 않기 때문에 Window

CE와 리눅스를 지원하지 않는다. Host CPU Block은 8KB의 로컬 메모리, 2개의 인터럽트 컨트롤러, 2개의 타임머와 두 개의 UARTs를 포함하고 있다.

(2) DRAM Controller

EM8623L은 Double Data Rrate Synchromous DRAM(DDR SDRAM) 컨트롤러를 가지고 있다. 따라서 한 클록당 두 개배의 전송량을 자랑한다. 32Bit 인터페이스를 사용할 때 초당 1.6GB의 전송량을 가질 정도로 탁월하다. DRAM 컨트롤러는 16bit, 32bit의 데이터 버스에 128MB를 지원한다.

(3) 시스템 블록

EM8623L의 시스템 블록은 GPIO(General Purpose I/O) 컨트롤러와 I2C 마스터 or 슬레이브 하나의 클록 제너레이터를 포함하고 있다.

또한, Front Panel Interface(FIP) 컨트롤러와 Pulse Width Modulator(PWM)과 Infrared(IR) Decoder를 포함하고 있다.

FIP 컨트롤러는 NEC uPD16311, NEC uPD16312, PTC PT6311, PTC PT6312 칩들을 지원하고 다른 FIP 컨트롤러로는 UART와 GPIO를 사용한다. IR 입력으로는 NEC/Philips RC5/RC6 IR 포맷을 지원한다. 클록 제너레이터는 오디오 클록, 두개의 비디오 클록, 시스템 클록 및 CPU 클록을 포함한다. 클록 제너레이터는 200MHz의 클록 속도를 제공한다.

(4) 호스트 인터페이스

호스트 인터페이스는 G-Bus와 M-Bus 등의 버스 간에 인터페이스를 제공하며 또한 PCI, Peripheral bus, 스마트카드 인터페이스, 시리얼 플래시, IDE 인터페이스를 제공한다.

(5) Video Decoder Subsystem

EM8623L 비디오 디코더 서브시스템은 비디오 디코더 알고리즘을 내부에서 실행한다. 이것은 하드웨어 프로세서와 하드웨어 로직으로 결합된 구조를 가지고 있다. 비디오 디코더 엔진은 16bit RISC CPU로 구성되어 있다.

(6) Video Processing Subsystem

EM8623L의 비디오 프로세싱 엔진은 탁월한 디스플레이 프로세싱과 포맷, 출력 능력을 제공한다. VPD(Video Processing and Display unit)은 비디오 이미지와 그래픽 이미지를 메모리로부터 찾는 능력, 이미지를 필요에 따라 포맷팅하는 능력, 이미지를 Mixing하는 능력 그리고 요구되는 포맷으로 비디오 이미지를 재생하는 능력 등이 탁월하다. 또한, VPD는 2D 그래픽 엑셀레이터와 비디오 입력을 위한 여분의 포트 등을 가지고 있다. 비디오 출력은 아날로그와 디지털 모두를 지원하고 디지털 출력으로는 8, 6, 24bit 출력과 RGB 또는 YPbPr 데이터 포맷 등을 지원한다. 아날로그 출력으로는 컴포넌트 RGB, YPbPr, S-Video, 컴포지트 비디오 등을 지원한다.

(7) Audio Processing Subsystem

EM8623L은 32bit DIP(Digital Signal Processor)을 오디오 서브시스템으로 포함하고 있다. 오디오 알고리즘이 DSP 내부에 구현되어 있으며 미래에 개발될 오디오 포맷과 특별히 제작된 오디오 포맷을 지원하기 쉽게 하기 위해서 펌웨어 레벨의 접근 방식을 채택하고 있다. 오디오 유닛은 3개의 I2C 출력 채널과 S/PDIF 출력 채널 I2개의 I2C or S/PDIF 오디오 입력 채널을 가지고 있다.

(8) Transprot Demultiplexer

EM8622L은 Transprot Demultiplexerd(TDMX) Unit을 RISC 프로세스로 On-Chip화 하여 구현하였다. Transprot Demultiplexer는 각각 40Mbps의 속도로 두 개의 Multi - Program bitstreams을 처리할 수 있는 능력을 가지고 있으며, 두 스트림을 동시에 60Mbps로 처리할 수 있다.

3) IP 셋톱박스를 위한 EM8623L

EM8623L은 더 이상의 외부의 확장 로직 지원없이 다음의 특징을 지원함으로써 IPTV 셋톱박스 및 미디어 플레이어의 개발을 용이하게 하고 저비용의 제품을 개발할 수 있다.

- MPEG-1, MPEG-2, MPEG-4, H.264와 WMV, MP3 코덱을 지원하는 콘텐츠를 재생
- 2D 그래픽 OSD를 지원

- 아날로그 YPbPr과 RGB 비디오 아웃 지원
- NTSC/PAL 컴포지트와 S-video 아웃 지원
- 5.1-channel과 S/PDIF 오디오 지원
- 리눅스 OS 및 미들웨어, 애플리케이션 지원을 위한 ARM core 채택

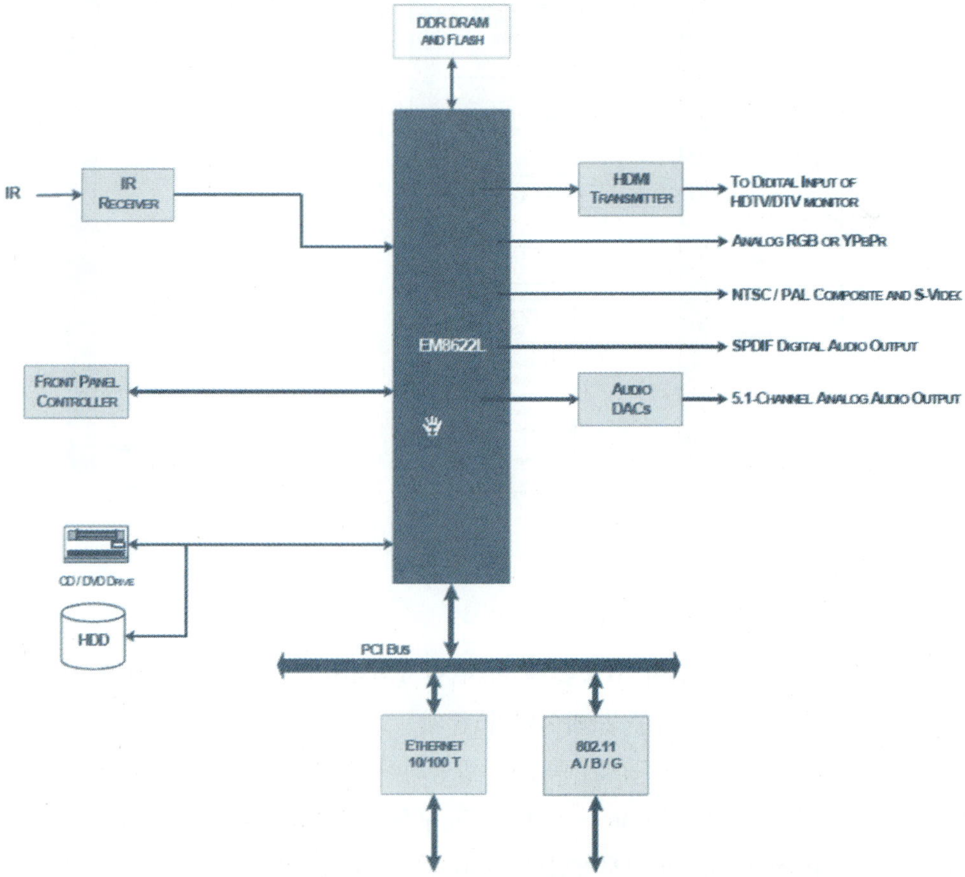

[그림 8-14] EM8623L을 사용한 IP 셋톱박스 및 미디어 플레이어 모델

4) 메모리 맵

EM8623L은 최소 64MB DRAM 최대 128MB DRAM을 지원한다. 아래의 블록 다이어그램은 EM8623L이 사용하는 메모리 맵을 보여준다.

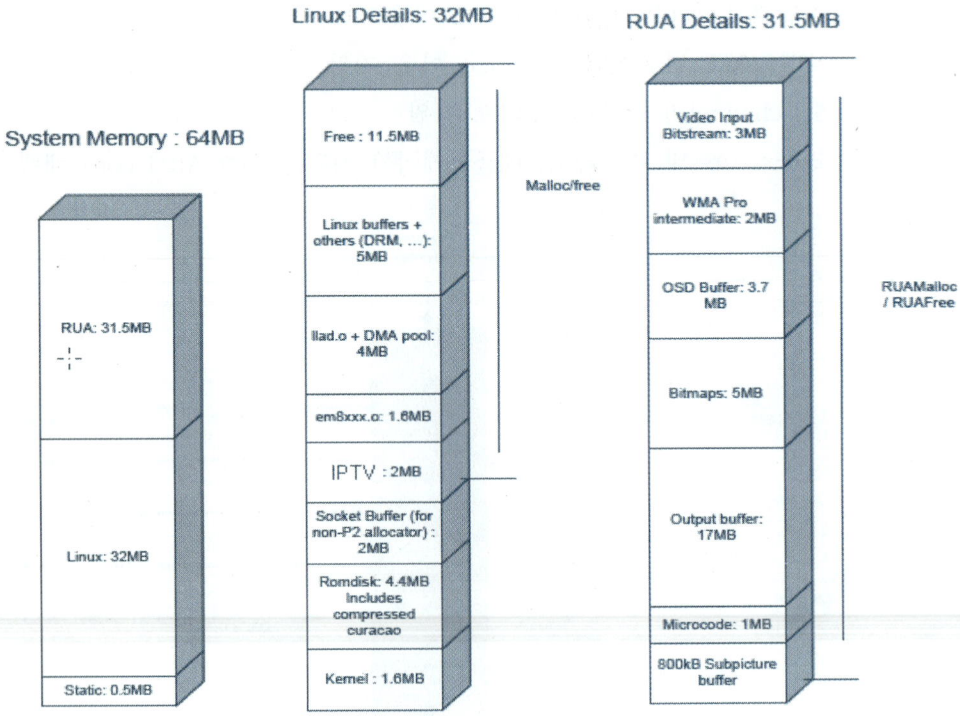

[그림 8-15] 메모리 맵

(1) 리눅스 메모리

- Kernel : 커널이 압축을 풀기 위한 1.6MB의 공간이 할당되어 리눅스 이더넷 및 USB 등 각종 드라이버가 존재
- Socket Buffer : 2MB 공간이 할당되어 커널의 Sigma Design의 패치가 존재하며 메모리 Allocator 및 Free를 구현하기 위해 메모리를 할당
- RAM Disk : 파일시스템의 /tmp 디렉토리를 마운트하여 쓰기와 지우기 파티션으로 사용한다.
- Linux Buffer : 리눅스 커널을 위해서 사용되어지는 공간
- em8xxx.o : EM8623L 칩 관련 리눅스 드라이버를 위한 공간
- llad.o : EM8623L의 DMA와 버스를 위한 드라이버
- Free Zone : 사용자 애플리케이션을 위한 공간

(2) RUA 메모리

- Microcode : 비디오와 오디오뿐만 아니라 인터페이스를 Microcode를 위한 공

간 할당

- Out Buffer : 비디오 데이터와 오디오 데이터의 저장을 위해 할당된 공간
- Video Input Bitstream : 압축된 비디오 데이터를 저장하는 공간으로 압축효율은 사용 코덱에 의해서 결정된다.
- OSD Buffer : 응용 프로그램의 그래픽 인터페이스를 위한 공간

8-4 IPTV 시스템 개발환경

1. 교차 개발환경 구성

IPTV 시스템의 개발환경은 일반적인 임베디드 시스템 개발과 동일하며 크게 3가지로 나눌 수 있다. 이는 호스트 시스템, 타깃시스템, 그리고 이들 간에 통신을 담당하는 네트워크 환경 등으로 구성된다.

교차개발이란 무엇인가. 우리의 목적은 타깃시스템인 ARM7 코어를 사용하는 SIGMA EM8623L 칩을 이용하여 IPTV 셋톱박스를 개발하는 데 있다. 그러나 일반적으로 우리가 사용하는 개발환경은 IBM 호환의 인텔 코어 CPU 갖는 호스트 PC를 사용한다. 따라서 타깃보드의 CPU가 인식할 수 있는 이미지 파일을 생성하기 위해선 호스트 PC에 교차 컴파일러(Closs Compiler)를 설치하고 이미지 파일(Binary file)을 컴파일한 후 통신을 통해 타깃시스템으로 다운로드하는 과정이 필요하다. 따라서 이번 절에서는 호스트 PC 환경과 타깃시스템 환경을 구성하고 시스템 간에 통신포트를 연결하여 임베디드 개발환경을 꾸미도록 하겠다.

1) 호스트 PC

임베디드 시스템 개발방법은 호스트 PC에서 개발된 커널, 드라이버, 응용 프로그램을 타깃시스템에 퓨징하는 단계를 거친다. 호스트 PC에는 개발에 필요한 VI Editor 및 IDE 개발 툴과 통신에 필요한 minicom 및 터미널 프로그램 등 풍부한 컴퓨팅 환경을 제공한다. 우선 우리는 호스트 PC에 설치된 minicom을 설정할 것이고 이를 통해 콘솔 모드에서 타깃보드와 통신을 할 것이다. 다음으로 호스트 PC에 툴체인을 설치하고 컴파일된 실행파

일을 타깃보드에서 실행하여 결과를 볼 것이다. 마지막으로 호스트 PC에 NFS 시스템을 구축하여 타깃시스템에서 호스트 PC의 파일시스템 자원을 직접 사용하도록 할 것이다.

2) 타깃시스템

IPTV 시스템은 우리가 목적하는 시스템이고 우리는 이를 타깃시스템이라 부른다. 타깃시스템에는 부트로더, UCLinux 커널, 드라이버, IPTV 응용 프로그램 등이 호스트 PC에서 개발된 실행파일이 설치될 것이고 개발된 프로그램들을 테스트하고 구동하여 IPTV 시스템을 완성할 것이다.

3) 네트워크 환경

호스트 PC와 타깃시스템 간에 통신을 위해 RS232 시리얼 통신과 이더넷 통신을 사용한다. 시리얼 통신을 이용하여 호스트 PC로부터 이미지 실행 파일을 다운로드하여 설치할 것이며 minicom을 이용하여 타깃시스템에 명령을 내리거나 시스템의 상태를 모니터링할 것이다. 이더넷 통신을 이용하여 NFS 시스템을 구축하거나 용량이 큰 실행파일들을 다운로드하는 기능을 담당할 것이다. 호스트 PC와 타깃시스템 간에 통신 케이블을 연결하는 방법은 [그림 8-16]과 같다.

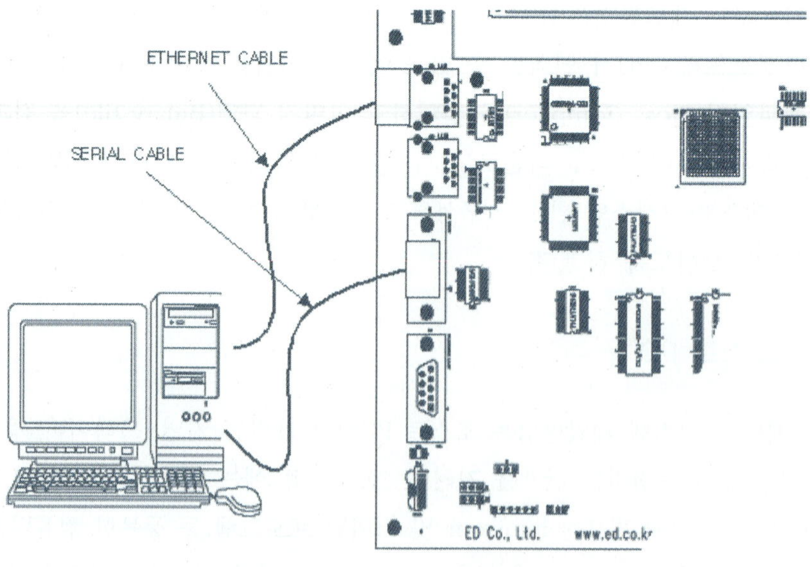

[그림 8-16] 직접 호스트 PC에 연결하는 방법

2. IPTV 개발환경 설정 및 구현

1) minicom 설정

미니컴(minicom)이란 리눅스에서 사용하는 통신용 콘솔 프로그램으로 타깃시스템에 데이터를 전송하고 메시지 출력을 통해 모니터링하는 프로그램이다. 이와 유사한 프로그램은 윈도우의 하이퍼 터미널이 있다.

앞장에서는 호스트 PC와 타깃시스템을 네트워크로 연결하였다. 이 장에선 호스트PC와 타깃시스템 간에 시리얼 통신을 통해 타깃시스템의 메시지 출력을 확인하고 타깃시스템에 명령을 내려 보겠다.

2) 미니컴 환경설정 방법

리눅스에서 미니컴을 실행하여 시스템 간에 통신을 시작하기 전에 호스트 PC와 타깃시스템 간의 전송속도 및 데이터 사이즈 등을 설정해야 한다.

다음에 설정할 파라미터 값들은 다음과 같다.

- Serial Device : com1 : /dev/ttyS0
  com2 : /dev/ttyS1
  USB Serial : /dev/ttyUSB0
- Boudrate : 38400
- Parity : 8
- Stop bits : 1
- Hardware flow Control : NO
- Software flow Control : NO

① 터미널에서 다음의 명령 "Minicom -S"를 입력하며 [그림 8-17]과 같이 나타난다.

```
[root@localhost ~]#minicom -s
```

-s 옵션은 minicom의 환경설정을 위한 옵션이다.

제 8 장

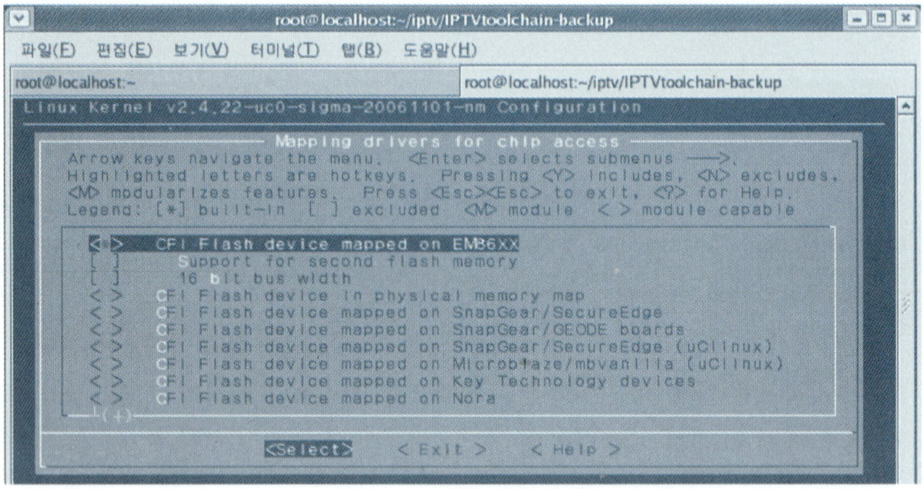

[그림 8-17] minicom 초기 설정 메뉴

② [그림 8-17]의 Minicom 초기 메뉴에서 "Serial Port Setup"을 선택하여 [그림 8-18]이 나타나면 위의 파라미터 값을 참조해서 [그림 8-18]과 같이 정확하게 입력한다. 한 번 Serial Device를 입력해 보자 우선 "A"키를 누르면 커서가 깜박거림을 알 수 있다. 다음 대소문자를 구별해서 정확하게 "/dev/ttyS0"를 입력한다. 리눅스는 대소문자 구별이 정확하므로 주의하자 입력 후 상위 메뉴로 이동시 Enter키를 누르면 된다.

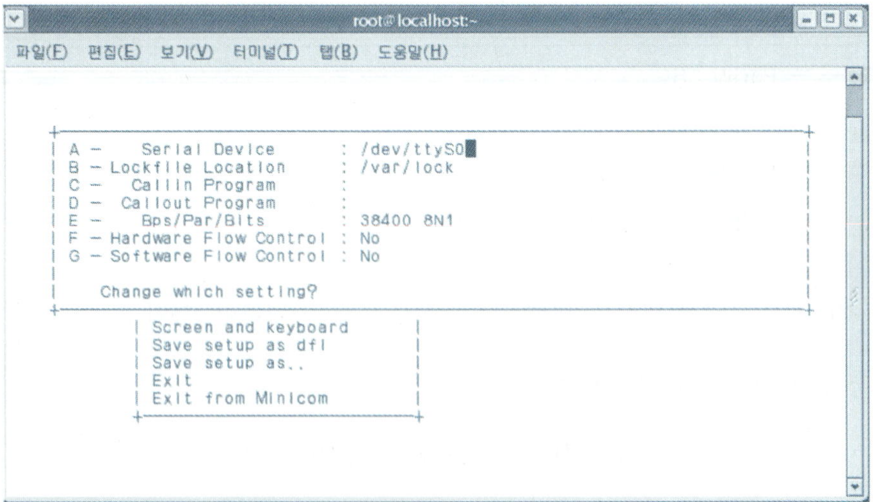

[그림 8-18] Serial Port Setup 메뉴

③ 모든 설정 값들을 입력 후 [그림 8-18]로 이동한 후 "Save Setup as df1"을 선택한다. 선택 저장하면 설정 값들이 df1 프로파일로 저장되고 앞으로 minicom 사용시 이 프로파일을 사용하여 프로그램이 시작된다.

④ 터미널에 "minicom"을 입력

```
[root@localhost ~]#minicom
```

minicom이 시작되면 시리얼 콘솔 모드의 미니컴 창이 보인다. 타깃보드에 전원을 ON하면 부트로더 및 커널의 부팅상태를 확인할 수 있다.

⑤ 미니컴의 종료는 "Ctrl key - a", "q" Leave without reset 메시지 창에서 "yes"를 차례로 입력하면 된다.

Minicom의 각종 Function을 보고 싶다면 "Ctrl key - a", "z"를 차례로 입력하면 된다.

3) 교차 컴파일러 설치

타깃시스템에서 동작될 부트로더 및 커널, 드라이버, 응용 프로그램을 컴파일하기 위한 교차 컴파일러를 설치할 것이며, "Hello world"라는 프로그램을 컴파일하여 실행파일을 타깃시스템에서 동작시킴으로써 교차 컴파일러를 테스트할 수 있다.

(1) 크로스컴파일러(Closs Compiler)란

임베디드 시스템 개발의 호스트 컴퓨터로 보통은 IBM x86계열의 컴퓨터를 사용할 것이다. 따라서 호스트 컴퓨터의 컴파일러를 가지고 작업을 한다면 실행파일 또한 x86 기반에서 동작 가능한 파일이 생성될 것이다.

그러나 타깃보드인 EM8623L 기반의 IPTV 셋톱박스 보드에서 동작할 실행 파일을 생성하기 위해선 호스트 컴퓨터(개인용 개발 PC)에 EM8623L을 위한 컴파일러가 설치되어야 하며 우리는 이를 크로스컴파일러(Closs Complier)라고 한다.

즉, 개발하려는 보드의 CPU의 타입에 따라 서로 다른 종류의 컴파일러를 설치해야 하며 CPU 타입에 맞는 이미지 파일만이 타깃시스템에서 정상적으로 동작할 수 있음을 기억하기 바란다.

따라서 개발을 시작하기에 앞서 자신의 PC에 크로스컴파일러를 설치하는 것이 매우 중요하다. 앞으로 우리가 개발할 IPTV 셋톱박스의 커널, 드라이버, 응용 프로그램 등은 모드 크로스컴파일러를 이용하여 이미지 파일을 생성할 것이다. 대부분의 개발자들은 자신이 직접 소스 레벨 컴파일러 소스를 웹을 통해 다운받아 직접 설치를 하지 않는다. 그 이유는 그만큼 자신이 설치를 했다면 자신도 모르는 컴파일러의 버그나 컴파일 설치 시 옵션들의 조합 등에서 문제를 일으킬 수가 있기 때문이다. 이미 검증되어 인터넷에 배포된 것이나 칩 제조사에서 제공하는 크로스컴파일러를 다운받아 사용하면 된다. 이처럼 크로스컴파일러를 구성하기 위해 각종 유틸리티 및 라이브러리들이 포함되는데 기본적으로 어셈블러, 링커(Linker), C컴파일러, C라이브러리 등을 묶어서 툴 체인(Tool Chain)이라고 한다.

(2) 크로스컴파일러 설치

Sigma사에서 제공하는 EM8623L용 크로스컴파일러를 CD에서 복사하여 컴파일러를 설치하고 환경을 설정하겠다.

크로스컴파일러를 호스트 컴퓨터에 설치해보자.

① 작업 디렉토리 /root/iptv을 만든 후 크로스컴파일러를 Copy하고 압축을 푼다.

```
[root@localhost ~]#mkdir iptv
[root@localhost ~]#cd iptv
[root@localhost iptv]cp /media/cdrecorder1/install/armutils_2.5.151.0.tar.gz ./
[root@localhost iptv]# ls
armutils_2.5.151.0.tar.gz
[root@localhost iptv]# tar xvfz armutils_2.5.151.0.tar.gz
[root@localhost iptv]# ls
armutils_2.5.151.0   armutils_2.5.151.0.tar.gz
[root@localhost iptv]# mv armutils_2.5.151.0 /IPTVtoolchain
```

윈도우에서 zip 파일을 사용하는 것과 마찬가지로 리눅스에는 tar를 유틸리티를 사용해서 파일을 압축하고 푼다. 이후의 모든 작업은 /root/iptv에서 할 것이다. 디렉토리를 지우지 않도록 조심하자.

② /IPTVtoolchain 디렉토리에 들어가서 “Make” 명령을 실행해보자.

```
[root@localhost iptv]# cd IPTVtoolchain/
[root@localhost IPTVtoolchain]# ls
COPYING     Makefile     config     gnet     make          sources
Changelog   README       config.in  kernel   peripherals   thirdparties
[root@localhost IPTVtoolchain]# make
cp .default-config .config

  SDK              : EM8620L generic2
  kernel version   : 2.4.22-em86xx
  linux config     : envision-EM8620L-romfs
  rootfs targets   : busybox

  make config      : configure toolchain and system options
  make download : download the open source packages to 'source/dl'
  make toolchain   : build and install the toolchain in /root/iptv/IPTVtoolchain/toolchain
  make linux-config : change the Linux kernel options
  make linux : build the Linux kernel image kernel-2.4.22-envision-EM8620L-romfs.bin
  make rootfs : build and generate the root file system rootfs-envision-EM8620L-romfs.ext2
  make romfs : build and generate the ROM file system romfs-envision-EM8620L-romfs.bin
  make isofs  : build and generate the ISO file system isofs-envision-EM8620L-romfs.iso

    All generated images are located under '/root/iptv/IPTVtoolchain/bin'
```

“make” 명령을 실행하면 앞으로 크로스컴파일러를 설치하기 위해서 어떤 명령을 차례로 실행해야 할지 타깃옵션과 명령에 대한 정보가 출력된다. 우선 우리는 make config와 make toolchain을 사용하여 크로스컴파일러를 설치할 것이다. 나머지 명령어는 커널을 컴파일하거나 파일시스템을 만드는 명령어의 나열이다.

③ “make config” 명령을 환경변수 셋팅해야 한다.

```
[root@localhost ~]#mkdir iptv
[root@localhost IPTVtoolchain]#cp /media/cdrom/config/config₩ sdk/config.sdk ./
[root@localhost IPTVtoolchain]# vi config.sdk
[root@localhost IPTVtoolchain]# make config
[root@localhost IPTVtoolchain]# make toolchain
```

제8장

- 환경변수가 셋팅되어 있는 config.sdk 파일을 copy하여 /IPTVtoolchain/밑에 복사하자.
- vi 에디터를 사용하여 config.sdk를 편집하여 자신의 타깃보드의 IP 주소를 다음과 같이 고친다.

```
CONFIG_SDK_NET=y
CONFIG_SDK_NET_MODULE="8139too"
CONFIG_SDK_NET_DEVICE="eth0"
CONFIG_SDK_IP_ADDRESS="192.168.1.234"
CONFIG_SDK_NETMASK="255.255.255.0"
```

④ make config 명령을 터미널에 입력하면 [그림 8-19]와 같은 화면이 나타난다.

```
[root@localhost IPTVtoolchain]# make config
```

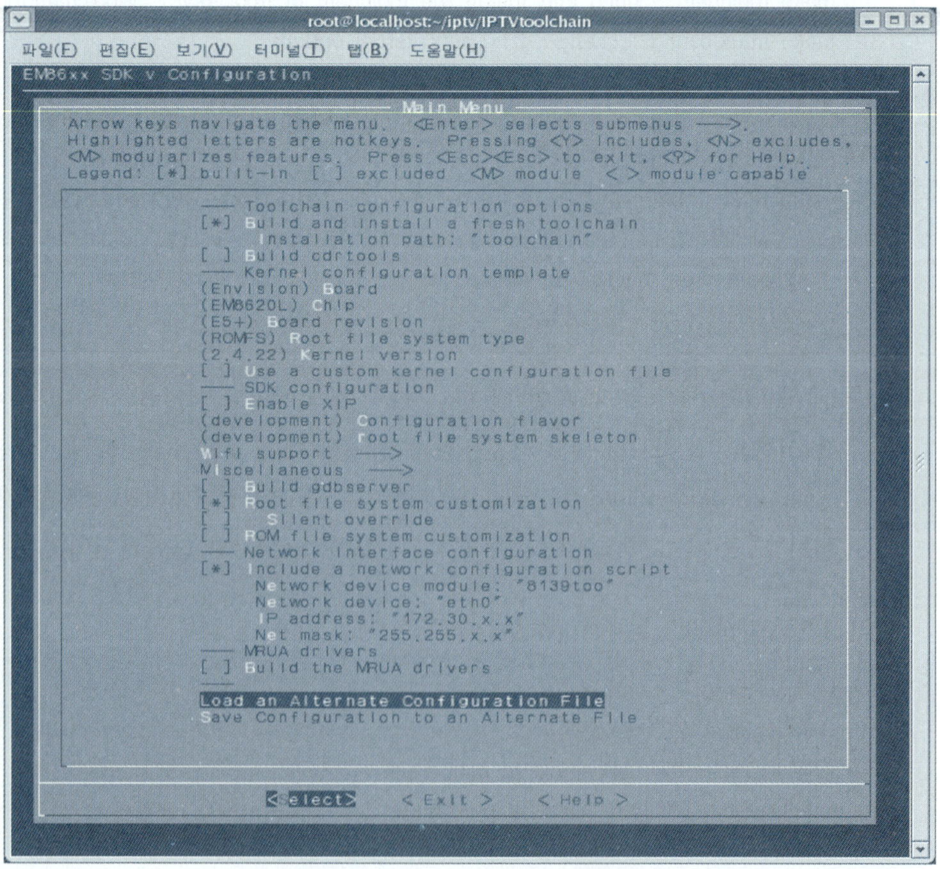

[그림 8-19] Toolchain config 화면

Load an Alternate configuration File을 선택한다.

⑤ [그림 8-20] 화면이 나타나면 환경 셋팅 파일인 "config.sdk"을 정확하게 입력한다.

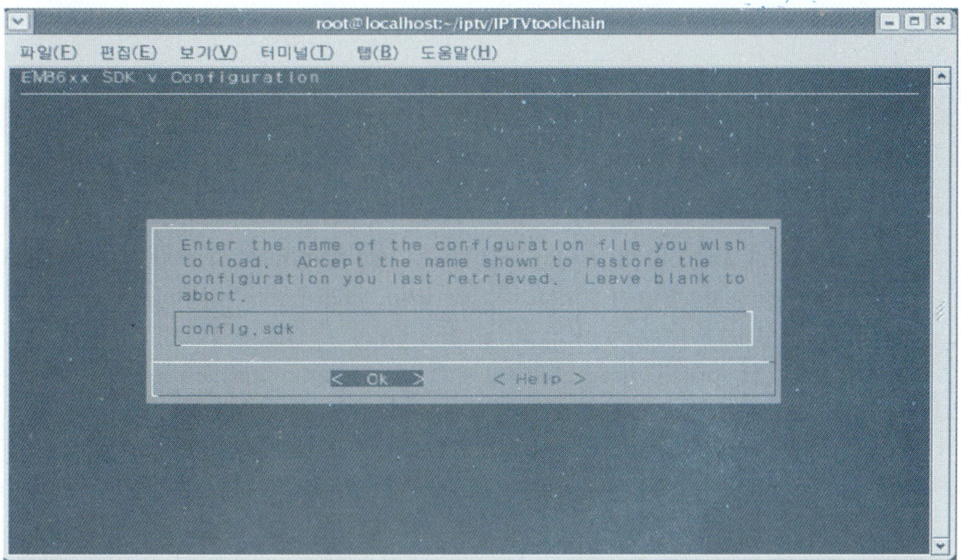

[그림 8-20] config.sdk 입력화면

⑥ [그림 8-20]과 같이 입력 후 "Ok"을 선택한 후 [그림 8-21] 화면이 보이면 ESC 키를 눌러 Configuration 화면을 종료한다. [그림 8-21]과 같은 화면이 보이면 "Yes"를 선택한다.

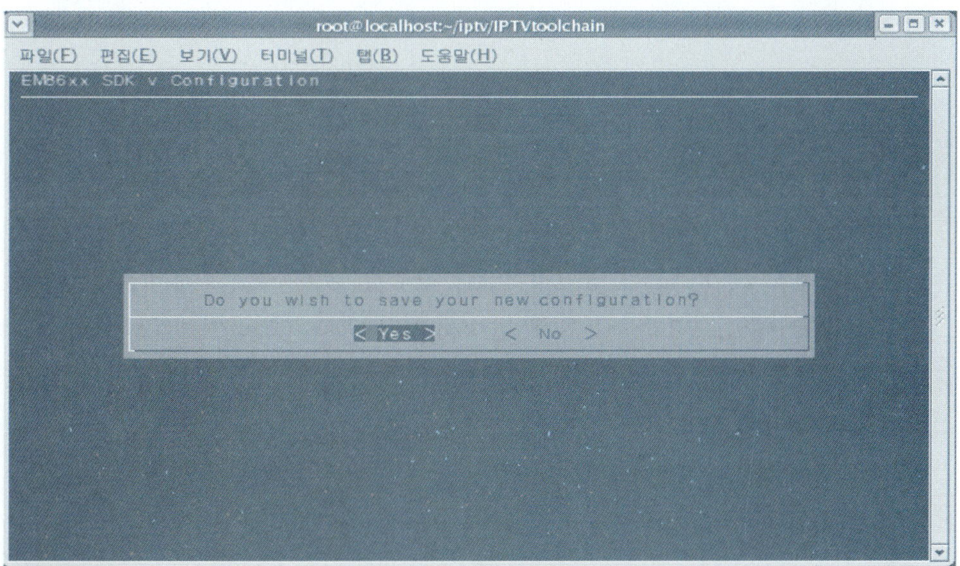

[그림 8-21] 환경변수 저장하기

⑦ 터미널에 "Next, you likely want to run make toolchain"이 보일 것이다. "make toolchain"을 입력한다. toolchain이 컴파일되기 시작할 것이다.

```
[root@localhost IPTVtoolchain]# make toolchain
```

중간에 컴파일이 멈추면 Enter를 친다. 10분 이상 컴파일이 진행될 것이니 기다리기 바란다.

```
    Next, you want to do 'source path.sh' so that your new compiler is in the path,
    and 'source kernelpath.sh' so that the linux build works smoothly.

    After that, 'make linux-config' will let you tweak the template configuration
    for the kernel and 'make linux' will build the kernel.

[root@localhost IPTVtoolchain]#
```

위와 같이 터미널에 출력되면 툴체인이 완벽하게 컴파일된 것이다. 컴파일이 완료된 후 /IPTVtoolchain 아래 전에 없던 디렉토리와 파일들이 자동 생성된 것을 확인할 수 있다.

⑧ 컴파일이 완료된 후 다음의 명령을 실행해야 툴체인의 환경변수를 시스템에 적용한다.

```
[root@localhost IPTVtoolchain]# source path.sh
[root@localhost IPTVtoolchain]# source kernelpath.sh
```

㉠ path.sh는 툴체인의 유틸리티들을 환경에 등록하는 쉘 스크립트이다.
PATH라는 환경변수를 통해 /root/iptv/IPTVtoolchain/toolchain/bin 아래의 툴체인 유틸리티들을 시스템에 등록하였다. export는 PATH 변수를 환경변수로 등록하겠다는 의미이다.

[Souce 8-1] path.sh(/root/iptv/IPTVtoolchain/)

```
#!/bin/sh
# source this script to put your new compiler in the PATH

CCACHE_DIR=/root/iptv/IPTVtoolchain/cache
PATH=/root/iptv/IPTVtoolchain/toolchain/ccache:/root/iptv/IPTVtoolchain/toolchain/bin:$PAT
H
export CCACHE_DIR
```

ⓛ kernelpath.sh는 IP 셋톱박스에 사용될 Uclinux의 커널 소스가 위치한 디렉토리를 등록하는 쉘 스크립트이다. 커널 소스는 커널 모듈을 컴파일하기 위해서 필요하다.

[Souce 8-2] kernelpath.sh(/root/iptv/IPTVtoolchain/)

```
#!/bin/sh
# Source this script to compile your kernel modules
# with the correct kernel header files.
UCLINUX_KERNEL=/root/iptv/IPTVtoolchain/build_arm/linux-2.4.22-em86xx
export UCLINUX_KERNEL
```


ⓒ PATH 환경변수에 등록된 유틸리티를 찾아보자. /IPTVtoolchain/toolchain/bin/ 아래에 다음과 같은 크로스컴파일러 툴들이 있다. 우리는 이들을 사용해서 소스들을 컴파일할 것이다.

```
[root@localhost IPTVtoolchain]# cd toolchain/bin/
[root@localhost bin]# ls
arm-elf-addr2line   arm-elf-flthdr    arm-elf-nm        arm-elf-strip
arm-elf-ar          arm-elf-g++       arm-elf-objcopy   bootparm
arm-elf-as          arm-elf-gasp      arm-elf-objdump   genext2fs
arm-elf-c++         arm-elf-gcc       arm-elf-ranlib    genromfs
arm-elf-c++filt     arm-elf-gdb       arm-elf-readelf
arm-elf-cpp         arm-elf-ld        arm-elf-size
arm-elf-elf2flt     arm-elf-ld.real   arm-elf-strings
```

타깃보드의 네트워크와 NFS 구축하여 iptv 디렉토리를 네트워크 공유할 수 있도록 할 것이고 컴파일러가 제대로 동작하는지 테스트하기 위해서 hello world 프로그램을 컴파일하여 프로그램을 실행해 볼 것이다.

3. 타깃시스템 이더넷 네트워크 연결

타깃보드에서 이더넷을 통해 네트워크 통신을 할 수 있도록 네트워크 모듈을 커널에 적재하고 타깃보드에 IP 주소를 할당하는 스크립트를 작성하여 타깃보드가 부팅시 네트워크에 연결되도록 하겠다.

IPTV 셋톱박스 개발에서 이더넷 네트워크는 멀티미디어 서비스의 주역할을 담당할 뿐만 아니라 개발 과정중에 사용이 빈번하므로 사전에 이더넷 네트워크로 꼭 셋팅해야 한다.

1) Network 관련 명령어

리눅스에서 네트워크 디바이스는 ifconfig 명령으로 네트워크 디바이스를 활성화시켜 커널과 연결하거나 비활성화시켜서 연결을 끊는다.

ifconfig, route ping 명령어를 통해 네트워크 인터페이스 디바이스의 여러 기능을 수행하고 eth0라는 이더넷 디바이스의 주소설정을 적용시킬 수 있다.

```
ifconfig -a
ifconfig eth0 up/down          // 장치 활성화/비활성화
ifconfig eth0 192.168.1.234    // ip를 변경
ifconfig eth0 netmask 255.255.255.0

route // 현재 설정된 routing table
route add default gw 192.168.1.1 // gateway 정보 추가
route del default gw 192.168.1.1  // gateway 정보 삭제

ping localhost          // 자신의 이더넷 동작 상태
ping 상대IP 주소        // 상대와의 통신 확인
```

2) 타깃보드에 이더넷 네트워크 셋팅

앞의 네트워크 명령을 이용하여 /mnt/hd/demo/net-config.sh 쉘 스크립트를 작성한다. 부팅시 자동으로 쉘 스크립트가 실행되어 이더넷이 동작할 수 있도록 할 것이다. 타깃보드에 네트워크를 셋팅하자.

```
em86xx[/]# cd /mnt/hd/demo/
em86xx[demo]# vi net_config.sh
```

[Souce 8-3] net_config.sh(/mnt/hd/demo/)

```
#! /bin/sh
modprobe 8139too
ifconfig eth0 192.168.1.234 netmask 255.255.255.0
route add default gw 192.168.1.1 dev eth0
```

net-config.sh 스크립트는 modprobe 커널 적제 명령을 통해 8139too 네트워크 장치 드라이버를 커널에 적재하였다. 그리고 위의 네트워크 명령을 통해 eth0(8139too 랜카드)에 IP주소와 넷마스크 게이트웨이를 셋팅하였다. ping 명령으로 타깃보드에서 게이트웨이까지 통신이 가능한지 확인할 수 있다.

```
em86xx[demo]# ping 192.168.1.1
```

간혹 편집한 스크립트 파일이 제대로 저장되지 않을 수 있으므로 reboot 명령을 통해 정상적으로 재부팅한다.

```
em86xx[demo]# reboot
```

4. NFS 시스템 구축

호스트 시스템과 타깃시스템 간에 NFS(Network File System)이라는 원격호출 서비스를 구축할 것이다. 클라이언트가 서버에 있는 파일시스템을 공유하여 호스트 컴퓨터에 있는 파일을 자신의 타깃시스템에 있는 것처럼 사용할 수 있다. 이는 개발의 효율을 높일 수 있는 방법이다.

1) NFS란

NFS(Network File System)란 TCP/IP 네트워크로 다른 컴퓨터에 있는 파일시스템을 Mount해서 서버의 파일을 공유할 수 있게 해주는 시스템으로, Linux 운영체제 간에 파일을 공유하기 위해 사용되는 프로토콜로써 개발되었다.

임베디드 시스템에서 개발 중인 디바이스 드라이버와 응용 프로그램을 타깃시스템에서 실행시키려할 때 매번 FTP나 TFTP를 이용해서 파일을 다운로드하며 사용하는 것은 비효율적이다. 따라서 이런 번거로운 작업 없이 직접 시스템 간에 파일을 공유해서 사용하는 것은 개발시간을 단축하는데 매우 유용하다.

2) NFS 서버 시스템 구축

GNOME Window 시스템을 이용하여 간단히 NFS 서버 시스템을 구축하겠다.
호스트 컴퓨터에 Window를 사용하여 NFS 서버를 구축해보자.

① 프로그램 → 시스템 설정 → 서버 설정 → 서비스를 선택하면 [그림 8-22] 화면이 나타난다. 왼쪽 체크리스트 박스에서 nfs 선택한 후 "재시작" 클릭하여 nfs 서비스를 시작한다.

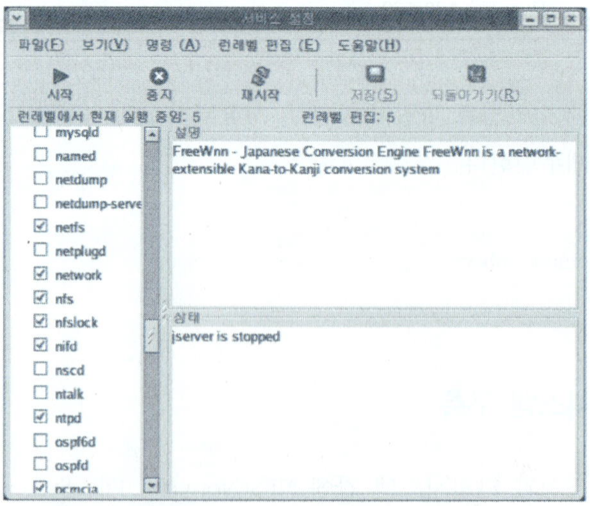

[그림 8-22] nfs 서비스 시작

② 프로그램 → 시스템 설정 → 서버 설정 → nfs를 선택한 후 추가를 선택하여 [그림 8-23]과 같이 셋팅한다.

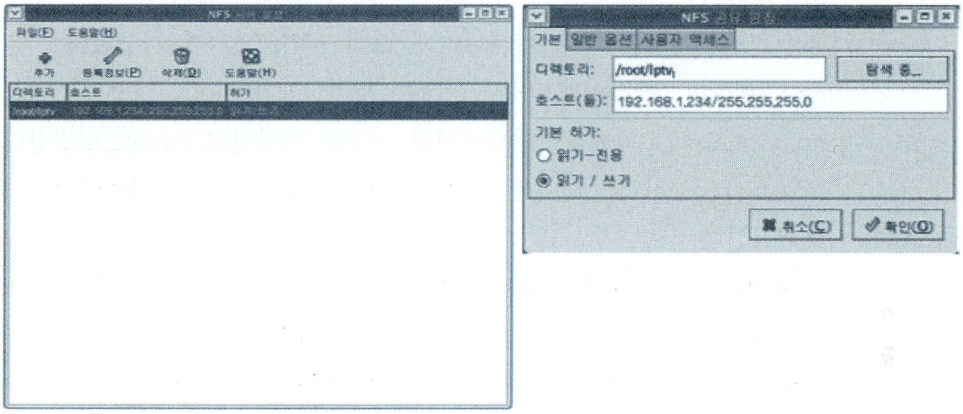

[그림 8-23] NFS 설정

- 디렉토리 : /root/iptv(프로젝트를 위한 절대주소를 입력)
- 호스트 : 192.168.1.234/255.255.255.0 / 자신의 타깃보드의 IP/서브넷 마스크
- 클라이언트에서 파일을 읽기/쓰기할 수 있도록 셋팅

호스트 컴퓨터에서 터미널을 사용하여 NFS 서버를 구축해보자.

① vi를 이용하여 /etc/exports 파일을 아래와 같이 편집한다.

```
[root@localhost iptv]# vi /etc/exports
```

```
/root/iptv                192.168.1.234(rw,no_root_squash,no_all_squash)
```

NFS 서버의 환경 파일인 exports 서버의 형식은 아래와 같고 옵션 권한 설정으로 sync(NFS 쓰기동작시 디스크 동기화) ,no_root_squash(NFS 서버의 root 권한 접근 허용)을 사용할 수 있다.

```
[공유할 디렉토리] [타깃보드의 IP/서브넷마스크(rw(읽기/쓰기),옵션 권한)]
```

옵션(접근 권한 설정)

- sync : NFS간에 지속적으로 싱크를 맞춤
- ro : 클라이언트는 공유 디렉토리에 대해 읽기만 가능하다.
- rw : 클라이언트는 공유 디렉토리에 대해 읽기, 쓰기가 가능하다.
- root_squsah : 클라이언트에서 root를 서버상에 nobody 사용자로 매핑한다.
- no_root_squash : 클라이언트에서의 root를 서버상에 root로 매핑한다.
- No_subtree_check : 공유된 디렉토리 내에 있는 서브 디렉토리들을 공유에서 제외시킨다.
  - –noaccess : 지정된 디렉토리의 접근을 금지한다.
  - –insecure : 인증되지 않은 접근도 가능하도록 한다.
  - –link_relative : 심볼릭 링크를 상대 심볼릭 링크로 바꿀 때 사용한다.
- root_squash, no_root_squash : NFS 서버에도 root 사용자가 있을 것이고, NFS 클라이언트에도 root가 있을 것이다. 그러나 두 root가 같은 root가 될 순 없다. NFS 클라이언트의 root가 NFS 서버의 root 권한을 가질 수 없다. 따라서 기본값은 root_squash로 클라이언트 root는 nobody와 같은 사용자로 매핑되어 버린다. 서버와 클라이언트의 root 사용자를 일치하도록 하려면 no_root_squash라고 적으면 된다.
- all_squash, no_all_squash : 기본값은 no_all_squash로서 root를 제외한 일반 사용자 ID에 대해서는 서버와 클라이언트 UID가 동일한 사용자이며 동일한 권한을 갖는다고 생각한다. 이는 root에 대한 기본 처리값과 반대이다. 그러나 all_squash를 해버리면 모든 UID, GID를 무조건 익명 사용자 ID로 매핑해 버린다.

② nfs 데몬을 시작하는 명령은 두 가지가 있다. 둘 중 하나를 사용하여 NFS 재시작하자.

```
[root@localhost iptv]# /etc/init.d/nfs restart
```

```
[root@localhost iptv]# service nfs restart
```

3) 타깃시스템 NFS 셋팅

호스트 컴퓨터의 NFS 서버가 구축되어 있다면 타깃보드에서는 서버의 공유한 디렉토리를 사용할 수 있다. 윈도우의 네트워크 공유와 같은 방법이다.

타깃시스템에서 호스트 컴퓨터의 공유 디렉토리를 이용해보자.

① vi 에디터를 사용하여 nfs_config.sh 파일을 아래와 같이 편집한다.

```
em86xx[/]# cd /mnt/hd/demo/
em86xx[demo]# vi net_config.sh
```

```
#!/bin/sh
modprobe nfs
mount -o nolock 192.168.1.237:/root/iptv /mnt/nfs_iptv
```

② 재부팅을 통해 타깃보드에서 호스트 컴퓨터의 공유 디렉토리를 사용할 수 있다.

```
em86xx[demo]# reboot
```

③ 재부팅 후에 NFS를 통한 디렉토리 공유가 정상적으로 되었는지 확인해보자. 호스트 컴퓨터의 /root/iptv/ 아래의 파일들이 타깃보드에서도 보이는 것을 확인할 수 있다.

```
em86xx[/]# cd /mnt/nfs_iptv
em86xx[nfs_iptv]#ls
```

4) Hello

지금까지 개발환경 구축이 정상적으로 되었는지 확인하기 위해 “Hello world” 예제 소스를 컴파일하여 타깃보드에서 실행해 볼 것이다. 개발 중에 있는 애플리케이션 소스를 컴파일하고 타깃보드에서 실행하는 일련의 과정은 개발자가 반복적으로 행하는 작업이다. 간단한 예제 프로그램을 실행하여 개발과정을 잊히자.

(1) Hello world 예제를 작성하고 호스트 컴퓨터에서 컴파일하자.

① /root/iptv/에서 모든 작업을 한다.

```
[root@localhost ~]# cd /root/iptv
[root@localhost iptv]# mkdir hello
[root@localhost iptv]# ls
IPTVtoolchain hello
[root@localhost iptv]# cd hello/
```

② vi 에디터를 이용하여 hello.c 파일을 아래와 같이 작성한다.

```
[root@localhost hello]# vi hello.c
```

[Souce 8-4] hello.c(/root/iptv/hello/)

```
#include <stdio.h>

int main()
{
        printf("hello world₩n");
        return 0;
}
```

③ hello.c 를 arm-elf-gcc arm용 컴파일러를 사용하여 컴파일하자.

```
[root@localhost hello]# arm-elf-gcc hello.c  -Wl,-elf2flt="-s32768" -o hello-bflt
```

주의 : 크로스컴파일러 설치를 통해 크로스컴파일러의 환경 스크립트 파일이 항상 터미널에 적용되어 있어야 함을 명심하자. 새로운 터미널에서도 역시 매번 환경 스크립트 파일을 적용해야 한다.

④ 컴파일 후 다음과 같은 "hello-bflt", "hello.gdb" 파일이 만들어진다. chmod 명령을 통해 모든 사용자에게 hello-bflt 파일을 읽기/쓰기/실행하기가 가능하도록 퍼미션 777을 준다. 이렇게 해야만 네트워크에 있는 타깃시스템에서 실행 가능한 파일이 된다.

```
[root@localhost hello]# ls
hello-bflt  hello.c  hello.gdb
[root@localhost hello]# chmod 777  hello-bflt
```

(2) Hello 실행 파일을 타깃보드에서 실행하기

① minicom에서 /mnt/nfs_iptv/hello 디렉토리로 이동하자.

```
em86xx[/]# cd mnt/nfs_iptv/hello/
```

위의 NFS 시스템 구축에 따라 타깃보드 /mnt/nfs_iptv/의 모든 파일과 디렉토리는 호스트 컴퓨터의 공유 디렉토리와 연결되었다.

따라서 위에서 만들어진 호스트 컴퓨터의 hello 실행 파일을 타깃시스템에서 실행시킬 수 있다. 타깃시스템에서 Mount된 호스트의 공유 파일 및 디렉토리 자원을 그대로 사용할 수 있는 것이다. 개발시 NFS는 무척 중요하다.

② 타깃시스템에서 hello-bflt 실행

```
em86xx[hello]# ./hello-bflt
hello world
```

호스트 컴퓨터의 hello-bflt가 타깃시스템에서 실행되었다.

③ 호스트 컴퓨터에서 다음 명령으로 hello.c를 컴파일하고 타깃시스템에서 다시 실행해보자. 실행이 되지 않을 것이다. 타깃시스템은 EM8623 arm7코어 CPU을 사용하고 arm-elf-gcc 크로스컴파일러를 사용한다는 것을 명심하자.

```
[root@localhost hello]# gcc hello.c -o hello-elf
[root@localhost hello]# chmod 777 hello-elf
[root@localhost hello]# ./hello-bflt
bash: ./hello-bflt: cannot execute binary file
[root@localhost hello]# ./hello-elf
hello world
```

(3) intel x86 CPU와 EM8623 arm7 코어 실행 파일의 차이를 살펴보자

① file 명령을 통해 hello-bflt와 hello-elffile 실행 파일의 정보를 보자.

```
[root@localhost hello]# file hello-bflt
hello-bflt: BFLT executable - version 4 ram
[root@localhost hello]# file hello-elf
hello-elf: ELF 32-bit LSB executable, Intel 80386, version 1 (SYSV), for GNU/Linux 2.2.5,
dynamically linked (uses shared libs), not stripped
```

hello-bflt uClinux에서 사용되는 파일 형식은 위에서 보이듯 bFLT(binary FLAT) 형식이다. 크기가 작고 메모리 효율적으로 사용하기 위해서 uClinux는 새로운 파일 포맷을 정의하였고, uClinux 커널은 bFLT 헤더를 해석할 수 있는 새로운 로더를 갖고 있다.

hello-elf는 일반적으로 리눅스의 실행 파일인 elf 형식이다. 위의 메시지를 해석하면 "hello-elf는 Inter 80386 CPU에서 동작하는 32bit의 Little Endian 방식(32-bit LSB executable)의 실행 파일이고 GNU 라이센스를 갖는 동적 라이브러리를 사용하는 Linux용 gcc 컴파일러로 hello-elf을 컴파일하였다"로 해석된다.

8-5 IPTV 시스템의 부트로더

이번에서는 부트로더란 무엇이며 시스템에서 어떤 역할을 담당하는지 살펴볼 것이며, 부트로더의 설치방법과 사용방법에 대해서 알아보겠다.

1. 리눅스 시스템의 부팅 과정

리눅스 부팅 과정은 시스템에 전원이 들어온 순간부터 사용자의 콘솔에 로그인 프롬프트가 나타나기까지의 과정을 말한다. 부팅 과정을 이해하는 것은 개발 사이클을 이해하고 계획을 세우는데 필수적이며 부트로더, 리눅스 커널, 루트 파일시스템 등에 대해서 이해하는 데 중요하다.

1) PC 기반의 리눅스 부팅 과정

기존 PC에서 리눅스 커널이 동작하는 방식을 살펴봄으로써 리눅스 커널이 동작하는 소프트웨어 환경조건에 대해 이해할 수 있다. 커널은 기본적으로 PC 기반에서 만들어진 것이다. PC 기반의 리눅스 동작과정은 다음과 같다.

① PC 부팅 시작
② 바이오스 루틴 수행
③ 하드디스크 부팅
④ 압축된 리눅스 커널 이미지를 하드디스크에서 램으로 복사
⑤ 압축된 리눅스 커널 이미지 풀기
⑥ 리눅스 커널 동작
⑦ 하드디스크 루트 디렉토리에 마운트
⑧ 실제 운영체제를 위한 응용 프로그램 수행

리눅스 커널이 동작하기 전에 바이오스라는 또 다른 소프트웨어가 동작하는 것을 볼 수 있다.

2) 임베디드 시스템에서 리눅스 부팅 과정

임베디드 시스템에서 리눅스 부팅 과정은 다음과 같은 세 가지 단계로 나뉜다.

(1) 부트로더 단계

일반적으로 부트로더 단계는 하드웨어 초기화와 테스트를 수행한 후 커널 이미지를 메모리에 로드하고 제어를 커널로 넘기는 일을 한다.

(2) 커널 초기화 단계

이 단계에서는 플랫폼에 종속적인 초기화 과정이 이루어지고, 커널 서브시스템 시작, 멀티태스킹 시작, 루트 파일시스템 마운트 과정을 거쳐 사용자 공간으로 이동한다.

(3) 사용자 공간 초기화 단계

일반적으로 이 단계에서는 여러 서비스를 실행시키고 네트워크 초기화 과정을 거쳐 로그인 프롬프트를 보여준다.

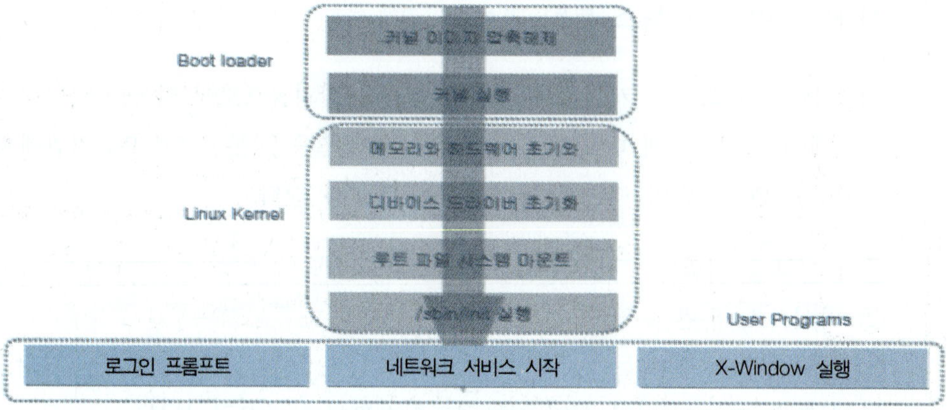

[그림 8-24] 리눅스 커널 부팅 단계

다음은 위의 세 단계를 알기 쉽게 간단한 동작들로 설명하였다.

① 보드 부팅 시작
② 부트로더 수행
③ 압축된 리눅스 커널 이미지를 롬에서 램으로 복사
④ 압축된 파일시스템 이미지를 롬에서 램으로 복사
⑤ 압축된 리눅스 커널 이미지 풀기
⑥ 리눅스 커널 동작
⑦ 압축된 파일시스템 이미지를 풀고 루트 디렉토리에 마운트
⑧ 실제 운영체제를 위한 응용 프로그램 수행

2. 부트로더의 정의 및 기능

1) 부트로더의 정의

부트로더(boot loader)란 시스템에 전원이 ON되면 가장 먼저 동작하여 리눅스 커널의 CPU의 동작속도, 메모리설정, 기본 하드웨어를 초기화한 뒤 리눅스 커널 이미지를 램으로 복사하여 제어권을 리눅스의 시작점으로 넘기는 역할을 한다. 즉 시스템의 초기 동작을 수행한 후에 실제 운영체제를 동작시켜 주는 프로그램을 부트로더라고 한다.

리눅스를 사용하는 임베디드 시스템에서 부트로더 외에 리눅스 커널, 루트 파일시스템, 응용 프로그램, 시스템 유틸리티 프로그램이 필요하다.

2) 부트로더의 기능

(1) 하드웨어 초기화

하드웨어 초기화 단계를 통해 CPU 속도설정, 메모리 초기화(레지스터 설정, 메모리 초기화, 보드상의 메모리 크기 확인), 캐시 활성화, 부트 콘솔을 위해 직렬 포트 설정, 하드웨어 진단 혹은 테스트 실행 등을 실행한다.

(2) 커널 이미지와 파일시스템 다운로드

부트로더는 시스템의 플래시 저장장치로부터 커널 이미지를 메모리로 로드한다. 이미지가 압축되어 있을 경우 압축을 풀어 이미지를 복원한다. 만약 파일시스템이 있는 경우라면 부트로더는 initrd 이미지도 함께 로드한다. 부트로더는 커널 이미지의 ELF 헤더를 읽은 후 커널 이미지가 로드될 메모리 주소를 결정한다.

(3) 부트 옵션의 설정

커널은 부팅시에 시스템 관련된 옵션들을 커널로 넘길 수 있는 기능을 지원한다. 일반적으로 부트로더는 부트 옵션들을 위한 메모리 영역을 설정하고 이를 커널이 이해할 수 있는 자료구조로 초기화한다.

(4) 커널 진입점으로 점프

커널 진입점은 커널을 빌드할 때 링커 스크립트에 의해 결정된다. 부트로더가 커널 진입점으로 점프하게 되면 부트로더의 역할은 끝난다. 부트로더가 사용한 메모리 영역은 커널에서 회수한다.

3) 부트로더의 수행 과정

[그림 8-25]는 부트로더의 수행 과정을 나타낸다.

(1) 부 팅

대부분의 부트로더는 플래시에서 시작되며 제일 먼저 캐시 및 기본 레지스터의 설정, RAM 확인 등 기본적인 프로세서 초기화 과정을 수행한다. 그리고 메모리, 플래시, 버스 등 부팅 과정에 필요한 하드웨어들을 검증하는 테스트 루틴을 실행한다.

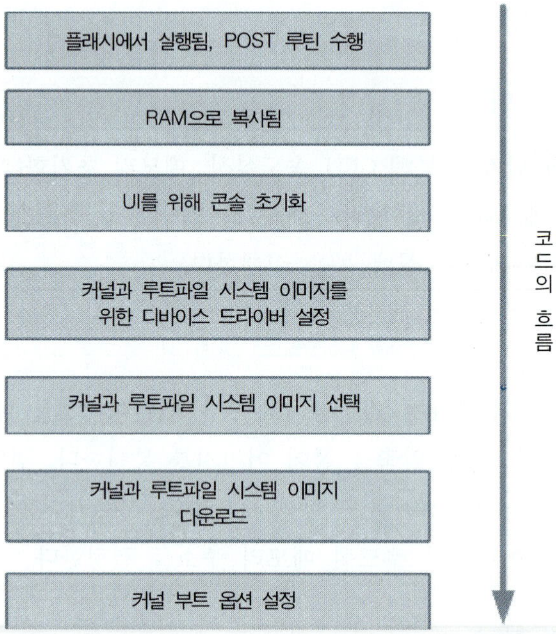

[그림 8-25] 부트로더의 수행 과정

(2) 재배치

부트로더는 빠른 수행을 위해 자기 자신을 플래시에서 RAM으로 복사(재배치)한다. 이러한 복사 과정은 부트로더가 저장 공간의 절약을 위해 압축되어 있는 경우에 압축을 해제하는 루틴도 포함한다.

(3) 장치 초기화

다음으로 부트로더는 사용자와 인터페이스하기 위한 기존 장치들을 초기화한다. 이것은 보통 UI를 띄우기 위해 콘솔을 초기화하는 과정을 의미한다. 또한, 커널과 루트파일시스템을 로드하기 위해 필요한 플래시, 네트워크 카드, USB 등의 장치들도 초기화한다.

(4) UI

다음으로 사용자가 원하는 커널 이미지를 선택할 수 있도록 UI를 띄운다. 이 단계에서 시간제한을 두어서 사용자가 시간 내에 아무것도 선택하지 않으면 기본적으로 지정된 이미지를 다운로드하도록 할 수 있다.

(5) 이미지 다운로드

커널 이미지를 메모리로 다운로드한다. 사용자가 루트 파일시스템을 다운로드하도록 선택한 경우 파일시스템 이미지도 함께 다운로드한다.

(6) 커널 부트를 위한 준비

다음으로 커널로 넘겨질 부트 옵션이 존재하는 경우 부트 옵션 인수들을 리눅스 커널에 정해진 특정 위치로 복사한다.

(7) 커널 부팅시키기

마지막으로 제어를 커널로 넘긴다. 리눅스 커널이 일단 시작되면 부트로더는 사용되지 않는다. 부트로더가 사용하던 메모리 영역은 보통 커널이 회수하게 되면 메모리 맵은 이 영역을 고려하여 설정된다.

4) 부트로더의 종류

부트로더는 개발자가 직접 작성하거나 기존에 개발된 부트로더를 사용할 수 있다. 우리의 타깃보드 EM8623L을 지원하는 부트로더로써 칩 개발사인 Sigma 칩에서 직접 제공하였다. 임베디드 시스템을 개발하다보면 다양한 칩을 경험할 수 있는데 보통은 칩 개발사에서 직접 부트로더 및 OS를 제공하는 것이 일반적이다. 그러나 자신의 시스템에 맞게 수정해서 사용할 수 있는 능력이 필요하다.

〈표 8-4〉 부트로더의 종류

x86계열	GRUB	GRUB(Grand Unified Bootloader)는 GNU 프로젝트의 부트로더이다. GRUB은 TFTP와 함께 Bootp 또는 DHCP를 사용한 네트워크 부팅도 가능하다.
	LILO	LILO(Linux Loader)는 x86기반의 컴퓨터 기반의 리눅스에서 오래 전부터 사용되고 있는 부트로더이다.
ARM 계열	Blob	ARM 계열의 부트로더이다. 초기 ARM 계열에서는 너무도 유명한 부트로더이다. 최근에는 이더넷 통신까지 지원하는데 모든 ARM 계열의 프로세스를 지원하는 것은 아니다.
	Angel	ARM 계열의 프로세서를 지원한다기보다는 스트롱암과 XScale 등 인텔 고유의 ARM 계열 프로세서를 위한 부트로더이다. 각 프로세서마다 Angel이라는 패키지 형태로 되어 있다.
PowerPC 계열	ppcboot	PowerPC 계열의 프로세서를 지원하는 부트로더이다. 이 부트로더 역시 오랜 역사와 전통을 가진 부트로더로 다른 부트로더에 막대한 영향을 미쳤다.
통합 부트로더	RedBoot	eCos라는 프로젝트의 한 부분으로 파생된 것으로 다양한 프로세서를 지원한다. 기능도 막강하다. 그러나 초보자가 파악하기에는 너무 어렵다는 단점이 있다.
	U-Boot	매우 다양한 프로세서를 지원한다. 구조 또한 간단하면서도 막강한 기능을 구현하고 있다.

3. 부트로더 설치하기

부트로더 포팅 및 컴파일 과정은 임베디드 시스템 개발에서 매우 중요하고 어려운 과정이다. 그러나 부트로더의 소스코드가 Sigma design의 자산이므로 공개하지 못하는 점이 아쉽다. 이번 절에서는 이미 컴파일된 부트로더 이미지를 타깃보드에 설치하는 과정을 해보자.

| 실습 8-1_ 타깃보드에 부트로더를 설치하자.

① 타깃보드가 부팅시 SPACE Bar를 누르면 부트로더 모드로 전환되며 "boot〉" 명령 프롬프트가 뜬다. 부트로더 모드에서 "help" 명령을 내려 보자. 다음과 같이 명령어 리스트가 출력될 것이다.

```
boot〉 help
TANGO15 boot loader 0.12.24
Copyright (C) 2002-2005 by Sigma Designs, Inc

Command List :
  help : shows list of commands
  help 〈command〉 : help on command
  boot 〈target〉 : boots kernel
  config 〈conf〉 [options] : configures boot loader
  download 〈media〉 〈target〉 [gz] [address] [size] : downloads image via variousa
  dump [option] [addr] [len] : dumps memory area
  flash 〈command〉 [args...] : flash commands
  ide 〈cmd〉 [args...] : IDE commands
  info 〈class〉 : shows information on specified class
  mem 〈op〉 [args] : reads from or writes to memory
  sflash 〈command〉 [args...] : sflash operation
```

② 부트로더를 이용한 다운로드를 위해서 시리얼의 전송속도(baudrate)를 115200로 조정한다. 다음의 "config" 명령을 내려 보자.

```
boot〉 config serial 115200
Setup UART baud rate: 115....
```

③ ②번의 명령 후 minicom의 시리얼 전송속도를 재셋팅해야 한다. 보드의 전송속도와 호스트 컴퓨터의 전송속도를 동일하게 하기 위해서다. "Ctrl key - a", "z"를 누르면 [그림 8-26]처럼 출력된다.

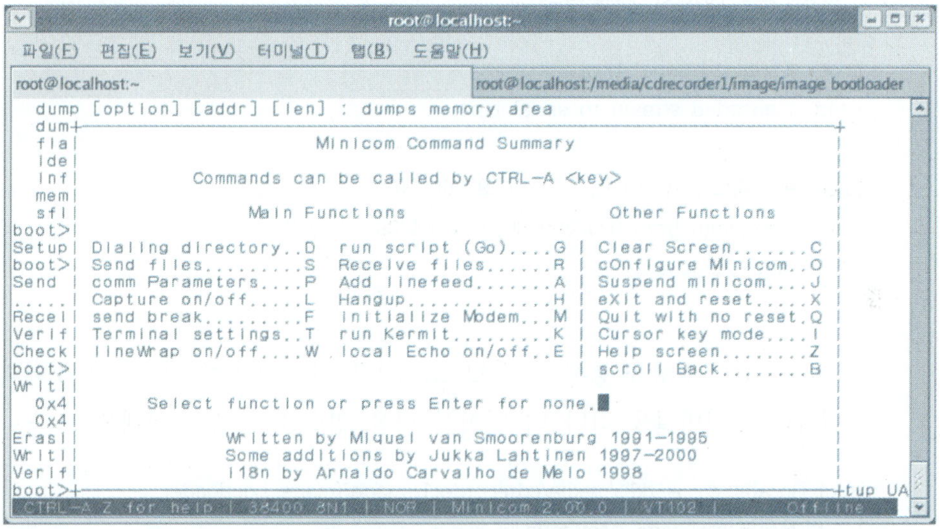

[그림 8-26] minicom 명령어 리스트

④ "Comm Parameters"를 선택하기 위해 "p"를 누른다. [그림 8-27]과 같이 출력될 것이다. 전송속도 115200(bps)를 선택하기 위해 "i"를 누른다. 위의 Current 115200 8N1을 확인한 후 Enter이다. 호스트 컴퓨터의 시리얼 포트의 속도가 변경되었다.

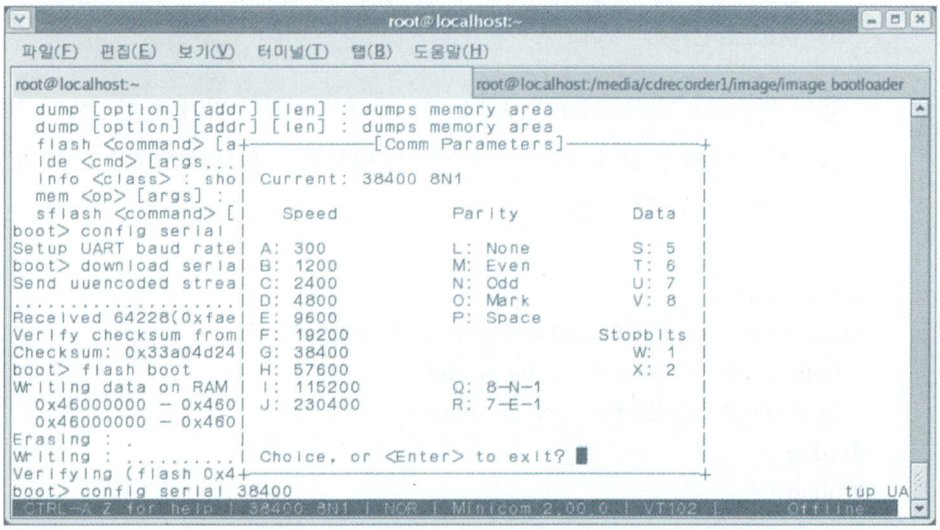

[그림 8-27] 시리얼 포트 속도 설정

⑤ 타깃보드를 위해 컴파일된 부트로더 이미지 "loader-flash.bin" 파일을 다운로드하기 위해 다음과 같은 "download" 명령을 내린다. "Send uuencoded stream to serial port" 호스트의 시리얼을 통해 "loader-flash.bin" 파일을 타깃보드로 다운로드하라는 메시지가 출력된다.

```
boot> download serial boot
Send uuencoded stream to serial port
.......................
Received 64228(0xfae4) bytes @ 0x93800000
Verify checksum from 0x93800000, size 64228 (0xfae4).
Checksum: 0x33a04d24
```

⑥ "uuencode" 명령을 통해 타깃보드로 부트로더 이미지를 업로드할 것이다. 호스트 컴퓨터의 터미널을 하나 더 열어서 다음 명령을 차례로 실행해 보자.

```
[root@localhost ~]# cd /media/cdrecorder1/image/image bootloader
[root@localhost image bootloader]# ls
   loader-flash.bin   loader-sflash.bin
[root@localhost image bootloader]# uuencode loader-flash.bin x >/dev/ttyS0
```

▶ uuencode : Uuencode[유유 인코드]는 네트워크상에서 사용자들이나 시스템들 간에 교환된 파일들을 인코딩하고 디코딩하는 유틸리티이다. (Uuencode는 "UNIX-to-UNIX encoding"의 줄임 말이다). 기본적으로 Uuencode가 하는 일은 파일이나 전자우편의 첨부물을 자체 바이너리 또는 비트 스트림 표현의 7비트 아스키 텍스트로 변환하는 것이다.

⑦ 램에 다운로드된 "loader-flash.bin"을 플래시롬에 구워야 한다. 아직 부트로더의 설치가 끝나지 않았다. 다음의 "flash" 명령으로 부트로더 이미지는 비휘발성 플래시 ROM에 구워질 것이다.

```
boot> flash boot
Writing data on RAM 0x93800000 to flash 0x46000000
  0x46000000 - 0x4600ffff will be erased
  0x46000000 - 0x4600fae3 will be written
Erasing : .
Writing : ...............
Verifying (flash 0x46000000, RAM 0x93800000, size 64228) : OK.
```

부트로더가 라이팅된 시작번지(0x46000000)와 사이즈 64228byte가 출력되었고 "OK"는 라이팅이 성공함을 나타낸다.

⑧ 다운로드가 완료되었다. 타깃보드의 시리얼 전송속도와 호스트 컴퓨터의 전송속도를 38400으로 다시 셋팅하자. 아래의 명령과 과정 ③, ④를 동일하게 수행한다. minicom을 통해 메시지 및 상태를 확인하기 위한 전송속도이다.

```
boot> config serial 38400
Setup UART baud rate: 38400
```

8-6 IPTV 시스템의 리눅스 커널

1. 임베디드 시스템과 리눅스

임베디드 시스템에서 사용되는 운영체제는 매우 다양하다. 이러한 다양한 운영체제들 중에서 개발하는 시스템의 사양에 맞는 한 가지를 선택하여 사용하면 된다. 우리의 EM8623L은 MMU가 없는 CPU로 리눅스 계열에 MMU가 없는 CPU를 지원하는 uClinux를 IP 셋톱박스를 위한 OS로 선택하였다.

임베디드 리눅스는 공개된 리눅스 커널과 각종 응용 프로그램 소스를 임베디드 시스템에서 동작하도록 최적화하여 사용하며 임베디드 리눅스는 컴퓨터 시스템에서 사용되는 범용 리눅스와 달리 적은 메모리를 사용해야 하고, 느린 프로세서에서 동작하며 대부분 특정한 목적의 응용 프로그램을 탑재하여 사용되도록 구성된다.

1) 임베디드 리눅스의 장점

(1) 공개된 소프트웨어

임베디드 리눅스는 GPL을 따르는 공개 소프트웨어로 누구나 비용부담 없이 쉽게 사용할 수 있다. 따라서 다른 운영체제와 달리 많은 초기 투자비용 없이 소규모 회사에서 쉽게 제품 개발에 사용할 수 있다. 이와 같은 이유로 이미 전 세계적으로 많은 개발자들이 임베디드 리눅스를 사용하고 있고, 계속하여 새로운 소프트웨어 개발이 이루어지고 있으며, 이미 오랜 기간 동안 사용되다 보니 상당히 안정적인 운영체제가 되었다.

(2) 모듈 지원

임베디드 리눅스에는 모듈이라는 기능을 지원한다. 이 기능은 시스템이 기동된 이후에도 새롭게 디바이스 드라이버나 커널 기능을 탑재하여 사용할 수 있고, 불필요한 기능은 쉽게 제거하여 운영체제를 유연하고 빠르게 사용할 수 있도록 한다.

(3) POSIX 기반 운영체제

임베디드 리눅스는 유닉스와 유사한 POSIX 기반의 운영체제 시스템이다. 따라서 전통적으로 많은 개발자들이 사용하여 익숙한 POSIX 기반의 독립적인 프로그램 개발이 가능하고 기존에 개발된 응용 프로그램을 쉽게 적용하여 사용할 수 있다.

(4) 다양한 플랫폼 지원

임베디드 리눅스는 우리의 타깃시스템인 EM8623L 프로세서를 비롯한 ARM, PPC, MIPS SH 등 다양한 임베디드 프로세서뿐만 아니라 x86과 같은 개인용 컴퓨터에 사용되는 프로세서나 메인 프레임급 대형 컴퓨터에 이르기까지 다양한 플랫폼을 지원한다.

(5) 그 밖의 장점

리눅스는 멀티태스킹을 지원하여 여러 응용 프로그램을 동시에 실행할 수 있고, 가상 메모리를 사용하여 물리적인 메모리 공간을 확장할 수 있고, 다양한 네트워킹 기능을 제공한다.

2) 임베디드 리눅스의 단점

(1) 까다로운 개발환경

임베디드 리눅스는 여러 장점에도 불구하고, 몇몇 임베디드 시스템에서는 적용하기 힘들고, 또는 많은 개발자들이 쉽게 접근하지 못하고 있다. 이것은 임베디드 리눅스는 다른 상용의 운영체제와 달리 개발환경 설정이 까다롭기 때문이다. 대부분 상용 운영체제의 경우 공급 회사에서 개발환경을 비롯해 개발에 필요한 대부분을 제공해주는 것과 달리 임베디드 리눅스는 모든 개발환경을 개발자 스스로 구축하고 개발에 필요한 정보 역시 스스로 얻어야 한다.

(2) 실시간성

임베디드 리눅스는 실시간 운영체제(RTOS : Real Time Operating System)가 아니다. 따라서 실시간 처리를 요구하는 임베디드 시스템에는 적용이 불가능지만 근래 리눅스 커널 2.6 버전에서는 실시간성을 지원하고 있다.

(3) 자원사용

임베디드 리눅스는 컴퓨터에서 사용되는 운영체제를 임베디드 시스템에 적용한 것으로 다른 RTOS에 비해 메모리 사용량이 많다.

(4) 윈도우 시스템의 부족

근래 많은 시스템에서는 윈도우 시스템을 필요로 한다. 리눅스는 다양한 윈도우 시스템을 제공하고 있으나, 덩치가 크고 대부분 안정화 작업이 필요한 경우가 많다.

2. 커널이란

리눅스 커널은 리눅스 운영체제(OS : Operating System)에서 가장 중요한 핵심 역할을 수행한다. 프로세서와 시스템 메모리에 상주하면서 디바이스나 메모리 같은 하드웨

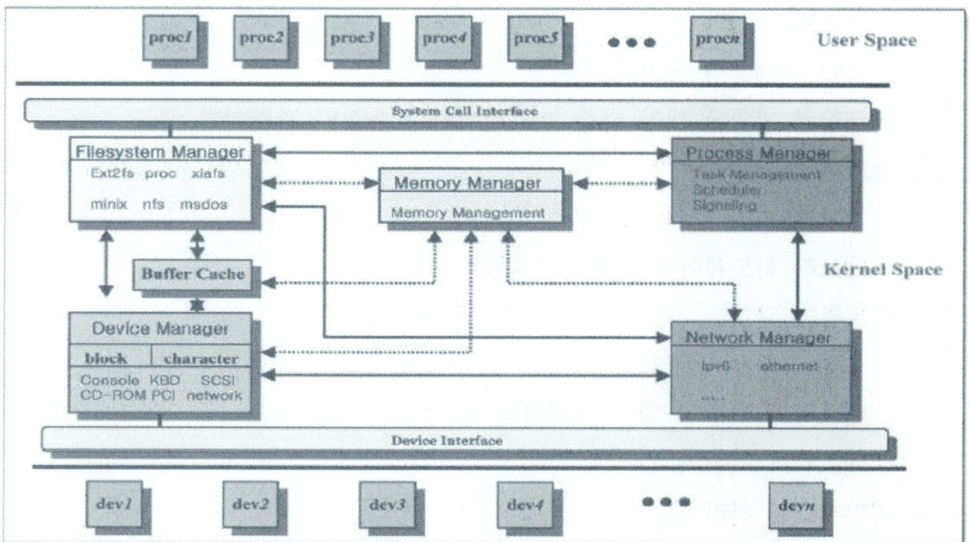

[그림 8-28] 리눅스의 구조

어 자원을 관리하고 프로세스의 스케줄을 관리하여 다중 프로세스를 구현하며 시스템에 연결된 입출력을 처리한다.

운영체제의 커널은 크게 마이크로 커널(Micro kernel)과 모놀리딕 커널(Monolithic kernel)로 분류된다. 마이크로 커널은 커널의 핵심 기능만 가지고 있는 방식으로 커널의 기능을 최소화하여 매우 간단한 스케줄러와 프로세스 간 통신방식만을 제공한다. 모놀리딕 커널은 마이크로 커널과 달리 커널이 운영체제의 대부분의 서비스를 가지는 방식으로 프로그램의 모든 실행을 제어하며 데이터와 파일 관리까지 담당한다. 유닉스, 리눅스 시스템은 모놀리딕 커널의 대표적인 예이다.

[그림 8-28]의 프로세스 관리는 CPU를 여러 프로세스가 공평하게 사용할 수 있도록 하고, 여러 개의 프로세스가 주메모리를 안전하게 공유해서 사용할 수 있도록 메모리 관리 기능이며 프로세스간 통신 기능을 제공한다. 커널은 리눅스의 여러 종류의 파일시스템을 동일한 방식으로 접근할 수 있도록 가상 파일시스템(VFS)이라는 표준 인터페이스를 제공하고 있으며, 하드웨어 장치 역시 파일시스템으로 관리된다. 커널은 다양한 네트워크 프로토콜과 디바이스 드라이버를 제공하고 오랜 기간 동안 서버나 여러 장비에서 검증된 안정된 네트워크 기능을 제공한다.

[그림 8-28]의 리눅스 구성요소에 대해서 간단히 설명하였다.

① 프로세스 관리
- 프로세스의 생성 및 소멸
- 프로세스 간의 통신
- CPU 스케줄링 동기화
- 제한된 자원에 대한 다중 프로세서의 효율적인 관리기법 제공

② 메모리 관리
- 가상 메모리 관리기법 제공
- 메모리 하드웨어의 효율적인 관리

③ 네트워크 관리
- 통신 프로토콜 구현
- 네트워크 라우팅 및 주소지정
- 네트워크 제어기 관리

④ 파일시스템 관리
- 가상 파일시스템에 의한 여러 파일시스템 타입 지원

- 디스크의 물리적 구조를 논리적 구조로 표현하는 기법
- 파일(정규 파일, 장치 파일, 파이프), 디렉토리 관리
- 블록 입출력을 위한 버퍼 캐시 관리기법 제공

⑤ 디바이스 관리

- 입출력 요청 검증
- 입출력 요청 작업의 스케줄링
- 주변 장치와 메모리 간의 자료 전송
- 입출력 제어기 관리
- 인터럽트 요청 및 처리

3. 커널 컴파일 과정

일반적인 커널 컴파일 과정에 대해서 알아보자.

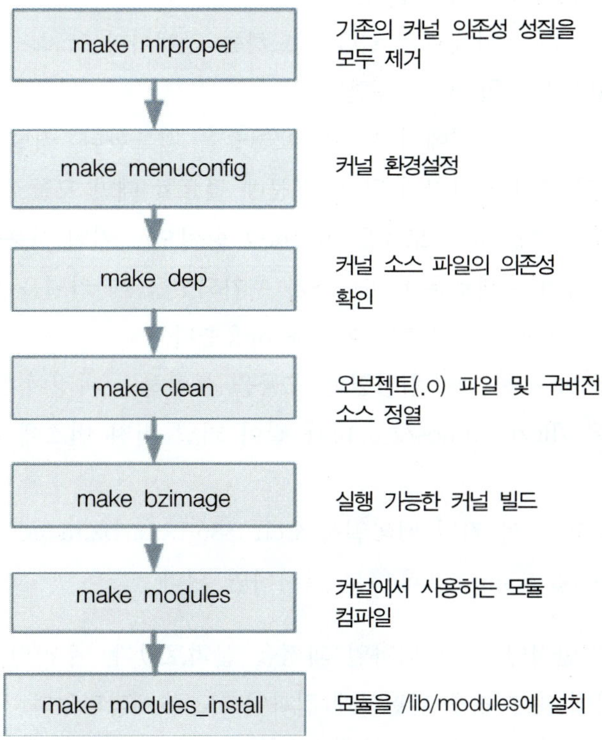

[그림 8-29] 커널 컴파일

① make mrproper : Proper는 설거지할 때 사용하는 스펀지 블록을 일컫는 말이다. 커널 소스를 처음 가져왔을 때나 커널을 여러 번 컴파일했을 때 기존에 설정되어 있던 모든 의존관계를 제거하는 역할을 한다.

② make menuconfig : 말 그대로 메뉴 형식으로 되어 있는 커널 환경설정을 시작하기 위한 명령이다. 커널에서 사용하는 menuconfig 외에 질의 응답식 make config, x-windows 기반의 GUI 환경 make xconfig, GTK GUI 기반의 make gconfig 등 여러 명령이 존재한다.

③ make dep : 커널에 사용된 내용에 따라 소스 코드의 파일들을 확인하고, 필요한 링크들을 생성하는 것과 같은 의존성 설정 작업을 한다. 이렇게 의존성을 확인해서 커널 컴파일에 필요한 파일들의 목록만 각 디렉토리에 .deppend 파일로 저장한다.

④ make clean : 이전 컴파일 작업으로 생성된 오브젝트 파일(*.o) 등을 모두 삭제한다. 이전 커널 빌드에서 남아있던 파일들이 문제가 되어 커널 컴파일이 실행하는 경우에 이 단계를 수행한다.

⑤ make bzImage : 실제로 커널을 빌드하는 단계이다. make zImage는 압축되지 않은 커널을 빌드할 때 사용한다.

⑥ make modules : 커널에서 사용할 모듈들을 빌드한다. 커널에 모든 기능을 넣어두면 커널의 크기가 커지게 된다. 때문에 필요할 때만 모듈로 기능을 추가해서 사용하고, 필요 없을 때는 모듈을 제거하는 방식으로 커널 사용을 효율화하기 위해 사용한다. 장점은 새로운 디바이스가 추가되었을 때 커널을 다시 빌드하지 않고 모듈을 추가하는 것으로 디바이스를 사용한다.

⑦ make modules_install : 컴파일된 모듈을 설치하는 과정이다.
모듈들은 /lib/modules/2.6.14과 같이 커널 버전 번호에 따라 설치된다.

마지막으로 PC에서 커널 컴파일시 arch/i386/boot/bzImage 라는 파일로 생성된다. 이 커널을 /boot/vmlinuz-2.6.14로 복사하면 된다.

지금까지 일반적인 커널 컴파일 과정을 살펴보았다. 우리의 toolchain에서 커널은 Sigma 제작사에 의해 매우 간편하게 컴파일되도록 제작되었다. "make linux-config" 와 "make linux" 명령으로 커널을 컴파일할 수 있다. 이것은 제작사가 개발자를 돕기 위해 Makefile에 스크립트 명령을 추가해서 제작했기 때문이다. 그러나 이번 개발뿐만 아니라 다른 시스템 개발에서도 커널 컴파일은 매우 중요하기 때문에 일반적인 방법을 익히기 위해 커널 컴파일 과정을 정리하였다.

4. 커널 부팅 과정

임베디드 시스템에서는 플래시 메모리에 탑재되어 있던 운영체제가 부팅 과정에서 주 메모리(DRAM)에 탑재하여 압축을 풀고 실행된다. 따라서 부트로더에서는 플래시 메모리에 있는 운영체제를 DRAM에 복사하고 제어권을 운영체제의 시작점으로 넘겨준다. 임베디드 리눅스에서의 부팅 단계는 어셈블리 언어가 실행되는 낮은 단계의 초기화에서부터 리눅스의 C코드가 실행되는 높은 단계의 초기화로 나눌 수 있다.

1) 낮은 단계의 초기화

낮은 단계의 초기화는 (KernelTop)/arch/armnommu/kernel/head-armv.S 파일에 의하여 이루어지며 다음 기능을 수행한다.

- 초기 시작 위치(entry Point)정의
- 예외 처리 벡터(exception vector) 설정
- 메모리 초기화
- 주요한 I/O 소자 초기화
- 인터럽트 처리에 필요한 RAM 변수 초기화
- 상위 C함수에서 필요한 메모리 초기화
- 프로세서 및 장치 타입 설정
- 상위 C함수 호출

(1) 초기 시작 위치(Entry point) 정의

리눅스가 시작될 때 메모리 배치는 다음의 /arch/armnommu/vmlinux.lds 링커 스크립트 파일에 지정되어 있다.

[Souce 8-5] vmlinux.lds((KernelTop)/arch/armnommu/)

```
OUTPUT_ARCH(arm)
ENTRY(stext)
SECTIONS
{
        . = 0x90090000;
        .init : {          /* Init code and data       */
                _stext = .;
                __init_begin = .;
                        *(.text.init)
....생략
}
```

우선 code start address가 0x90090000으로 되어 있는 것을 알 수 있다.

위의 링커 스크립트 파일을 보면 커널을 메모리에 배치할 때 stext 함수를 맨 앞에 배치하고 있다. 따라서 커널이 시작되면 맨 먼저 stext에서부터 실행된다.

우리의 커널은 (KernelTop)/arch/armnommu/kernel/head-armv.S 어셈블리 파일이 다음을 초기 시작 위치로 지정하였다.

[Souce 8-6] head-armv.S((KernelTop)/arch/armnommu/kernel/)

```
ENTRY(stext)
                mov     r12, r0
```

ENTRY( ) 함수는 /linux/include/linkage.h에 선언되어 있는 프리프로세서 매크로로 라벨 심볼을 외부에서 사용할 수 있도록 해준다.

[Souce 8-7] linkage.h((KernelTop)/linux/include/)

```
#define ENTRY(name) ₩
  .globl SYMBOL_NAME(name); ₩
  ALIGN; ₩
  SYMBOL_NAME_LABEL(name)
```

(2) 상위 C함수 호출

[Souce 8-8] head-armv.S ((KernelTop)/arch/armnommu/kernel/)

```
1:      cmp r5, sp
        strcc r4, [r5], #4
        bcc 1b
#endif
        /*  Pretend we know what our processor code is (for arm_id)    */

@@@     ldr         r2, =0x41000000
@@@     orr         r2, r2, #0x7000         @ FIXME --> 0x41007000

        ldr         r2, L_AT91_SF_CIDR
        ldr         r2, [r2]                @ read processor id

        str         r2, [r6]
        mov         r2, #MACH_TYPE_ATMEL
        str         r2, [r9]

        mov fp, #0
        b           start_kernel
```

C코드로 작성된 init/main.c 파일에 위치한 start_kernel() 함수로 분기되면서 낮은 단계의 초기화는 끝나게 된다.

2) 높은 단계의 초기화

[Souce 8-9] main.c((KernelTop)/mian.c)

```
{
        char * command_line;
        extern char saved_command_line[];
/*
 * Interrupts are still disabled. Do necessary setups, then
 * enable them
 */
        lock_kernel();
        printk(linux_banner);
        setup_arch(&command_line);
```

```
	printk("Kernel command line: %s₩n", saved_command_line);
	parse_options(command_line);
	trap_init();
	init_IRQ();
	sched_init();
	softirq_init();
	time_init();

	/*
	 * HACK ALERT! This is early. We're enabling the console before
	 * we've done PCI setups etc, and console_init() must be aware of
	 * this. But we do want output early, in case something goes wrong.
	 */
	console_init();
#ifdef CONFIG_MODULES
	init_modules();
#endif
	if (prof_shift) {
		unsigned int size;
		/* only text is profiled */
		prof_len = (unsigned long) &_etext - (unsigned long) &_stext;
		prof_len >>= prof_shift;

		size = prof_len * sizeof(unsigned int) + PAGE_SIZE-1;
		prof_buffer = (unsigned int *) alloc_bootmem(size);
	}

	kmem_cache_init();
	sti();
	calibrate_delay();
#ifdef CONFIG_BLK_DEV_INITRD
	if (initrd_start && !initrd_below_start_ok &&
			initrd_start < min_low_pfn << PAGE_SHIFT) {
		printk(KERN_CRIT "initrd overwritten (0x%08lx < 0x%08lx) - "
		    "disabling it.₩n",initrd_start,min_low_pfn << PAGE_SHIFT);
		initrd_start = 0;
	}
#endif
	mem_init();
	kmem_cache_sizes_init();
```

```
        pgtable_cache_init();

        /*
         * For architectures that have highmem, num_mappedpages represents
         * the amount of memory the kernel can use. For other architectures
         * it's the same as the total pages. We need both numbers because
         * some subsystems need to initialize based on how much memory the
         * kernel can use.
         */
        if (num_mappedpages == 0)
                num_mappedpages = num_physpages;

        fork_init(num_mappedpages);
        proc_caches_init();
        vfs_caches_init(num_physpages);
        buffer_init(num_physpages);
        page_cache_init(num_physpages);
#if defined(CONFIG_ARCH_S390)
        ccwcache_init();
#endif
        signals_init();
#ifdef CONFIG_PROC_FS
        proc_root_init();
#endif
#if defined(CONFIG_SYSVIPC)
        ipc_init();
#endif
        check_bugs();
        printk("POSIX conformance testing by UNIFIX₩n");

        /*
         *      We count on the initial thread going ok
         *      Like idlers init is an unlocked kernel thread, which will
         *      make syscalls (and thus be locked).
         */
        smp_init();
        rest_init();
}
```

높은 단계의 초기화는 init/main.c 파일에 위치한 start_kernel()로부터 시작된다. 이 함수에서는 리눅스 커널의 모든 초기화 동작을 호출하는 역할을 담당한다. start_kernel()에 의해서 호출되는 초기화 동작은 다음과 같다.

- Printk를 이용하여 리눅스 커널의 배너를 콘솔에 프린트 printk(linux_banner);
- 프로세서와 하드웨어에 대한 정보를 설정 setup_arch(&command_line);
- 부트 명령에 대한 옵션을 실행 parse_options(command_line);
- 트랩 초기화 trap_init();
- 인터럽트 초기화 init_IRQ();
- 스케줄 초기화 sched_init();
- 소프트웨어 인터럽트 초기화 softirq_init();
- 타임 및 타이머 초기화 time_init();
- 시리얼 콘솔 초기화 console_init();
- 모듈 초기화 init_modules();
- 커널 메모리 캐시 초기화 kmem_cache_sizes_init();
- 인터럽트 허가 sti();
- 입출력 버스, 소켓, 장치 드라이버 초기화 init()->do_basic_setup()
- 시스템 init을 실행
  execve("/sbin/init",argv_init,envp_init);
  execve("/etc/init",argv_init,envp_init);
  execve("/bin/init",argv_init,envp_init);
  execve("/bin/sh",argv_init,envp_init);

3) 사용자 공간으로 이동하기

리눅스 커널의 초기화 과정을 진행하는 start_kernel() 함수의 마지막에서 rest_init()를 호출한다. rest_init() 함수에서는 init 스레드를 시작한다. PID가 0번인 /sbin/init 프로세서가 실행된다.

init 프로세스는 /init/main.c의 init() 함수에 의해서 구현되어 있다. 앞서 초기화 과정을 거친 후에 init 프로세스는 루트 파일시스템의 몇몇 폴더에서 init 애플리케이션을 찾아서 실행한다.

[Souce 8-10] main.c((KernelTop)/mian.c)

```
static void rest_init(void)
{
        kernel_thread(init, NULL, CLONE_FS | CLONE_FILES | CLONE_SIGNAL);
//kernel_thread 함수를 통해 init()함수를 실행
        unlock_kernel();
        current->need_resched = 1;
        cpu_idle();
}
```

만약 루트 파일시스템에서 init 애플리케이션을 찾지 못하면 커널을 여기서 멈춘다. init 애플리케이션은 시스템 동작에 필요한 로그인 화면을 출력하고 네트워크 서버 동작을 위한 inetd 데몬 프로그램 등을 실행하는 등 사용자 공간으로 이동한다. 다음 장 파일시스템에서 더 자세한 내용을 살펴보도록 하겠다.

5. 커널 포팅 과정

1) 커널 환경설정

(1) 커널 컴파일

"make toolchain" 과정을 통해 Sigma design에서 제공하는 EM8623L chip 패치와 Board 관련 패치가 수행되었다. 대부분의 Chip Provider들은 이처럼 자신의 제품에 대한 리눅스 패치를 제공하므로 우리는 쉽게 커널을 포팅하여 사용할 수 있다. 이번 절에서는 제공된 toolchain에 포함된 uClinux 커널을 컴파일하여 커널 이미지를 생성하고 보드에 설치하여 보자.

(2) 커널 환경설정 후 커널 컴파일

| **실습 8-2_** 커널의 환경을 설정한 후 컴파일하여 커널 이미지를 생성하자.

① 커널 환경설정을 위해 미리 환경설정 파일을 작성해 두었다.
/IPTVtoolchain/build_arm/linux-2.4.22-em86xx/ uClinux 커널 소스 아래에 /config/config linux/linux-config.cfg.64M 파일을 복사하여 넣는다.

```
[root@localhost IPTVtoolchain]# cd build_arm/linux-2.4.22-em86xx/
[root@localhost linux-2.4.22-em86xx]#cp /media/cdrecorder1/config/config linux/
linux-config.cfg.64M  ./
```

② "make linux-config" 명령을 통해 커널 환경을 셋팅해 보자. 일반적인 리눅스 환경에선 "make menuconfig"이다.

```
[root@localhost IPTVtoolchain]# source path.sh
[root@localhost IPTVtoolchain]# source kernelpath.sh
[root@localhost IPTVtoolchain]# make linux-config
```

③ 리눅스의 커널 환경설정 "main menu" 화면이 [그림 8-30]과 같이 보이면 "Load an Alternate Configuration File"을 선택한다.

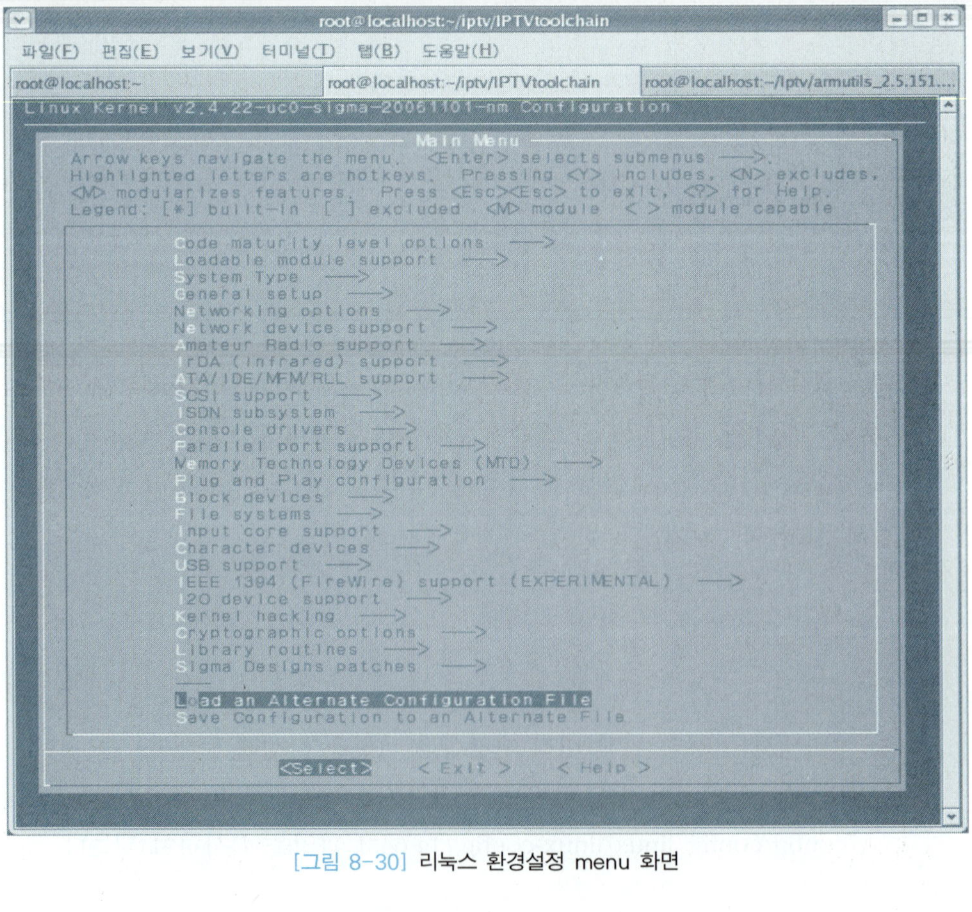

[그림 8-30] 리눅스 환경설정 menu 화면

④ 다음 [그림 8-31]과 같은 화면이 나타날 것이다. "linux-config.cfg.64M " 정확하게 입력화면 화면이 전환될 것이다.

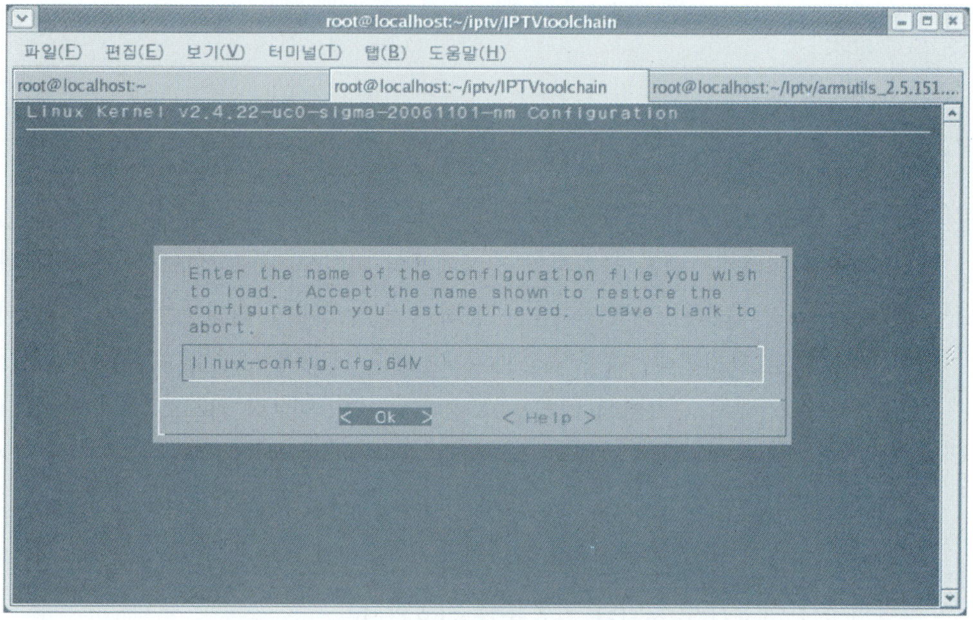

[그림 8-31] linux-config.cfg.64M 파일 로드 화면

⑤ ESC key를 눌러 "main menu"에서 빠져나오면 "Do you wish to save you new kernel configuration?" 묻는 화면과 함께 "YES"를 선택하여 환경설정을 저장하면 된다.

⑥ 아래의 메시지가 출력되면 다음과 같은 "make linux" 명령을 실행한다. 커널 컴파일이 시작될 것이다.

```
Next step is to build the kernel by running 'make linux'............done.
```

```
[root@localhost IPTVtoolchain]# make linux
```

⑦ 커널 컴파일이 끝나면 /IPTVtoolchain/bin 디렉토리에 kernel-2.4.22-envision-EM8620L-romfs.bin의 커널 이미지가 만들어질 것이다.

8-7 IPTV 시스템의 파일시스템

1. 파일시스템

1) 파일시스템이란

리눅스의 파일시스템은 물리적인 저장매체의 파티션 안에 정보를 저장하고 관리하는 방법으로 가상 파일시스템(VFS)을 사용하여 리눅스에서 지원하는 모든 파일시스템을 공통의 모델로 관리한다. 리눅스의 파일시스템은 계층적 구조로 되어 있고, 한 개의 루트 디렉토리(/)에서 시작하여 디렉토리 또는 파일은 부모와 자식의 관계를 가지며 이런 파일시스템을 우린 "루트 파일시스템"이라 부른다. 루트 파일시스템은 디바이스 파일, 공유 라이브러리와 시스템 초기화 파일 등을 포함한 파일시스템이다. 시스템 초기화 과정에서는 반드시 루트 파일시스템을 마운트해야 하며 루트 파일시스템은 블록 디바이스 드라이버가 작성되어 있어야 마운트가 가능하다.

2) 파일시스템 종류

〈표 8-5〉 파일시스템의 종류

파일시스템	특 징
ext	Extended File System. 255자의 파일 이름과 2GB의 파티션 지원
ext2	Second Extended File System. 255자의 파일 이름 지원과 4TB의 파티션을 허용하며 파일 크기는 2G까지 사용 가능
FAT	File Allocation Table. 도스에서 사용된 파일시스템으로 2GB의 파티션 및 8자의 파일 이름 지원
FAT32	File Allocation Table 32. 윈도우에서 사용된 파일시스템으로 최대 2TB의 파티션을 지원
NFS	Network file System. 네트워크를 통해 원격의 파일시스템을 로컬에 있는 것같이 사용
cramfs/romfs	임베디드 시스템에서 많이 사용되는 파일시스템으로 단순한 구조로 되어 있다. 읽기 전용 파일시스템으로 최대 파일 크기가 16MB이다.
ramfs	RAM DISK 파일시스템. 속도가 빠르지만 휘발성으로 전원 공급이 중단되면 내용을 상실
jffs	Journalling Flash File System MTD(Momory Technology Device)에 의해 플래시 메모리에서 구현되는 파일시스템으로 리눅스 커널 2.0에서 구동, 압축 기능과 하드 링크 지원이 안 되고 빈공간 활용을 위한 가비지 콜렉션에 많이 시간이 소요
jffs2	jffs를 보완하여 레드햇에서 개발되어 리눅스 커널 2.4에서부터 구동, 불량 섹터를 기록하는 기능을 가지고 있어 NAND 플래시의 사용에 적합

3) 루트 파일시스템의 동작

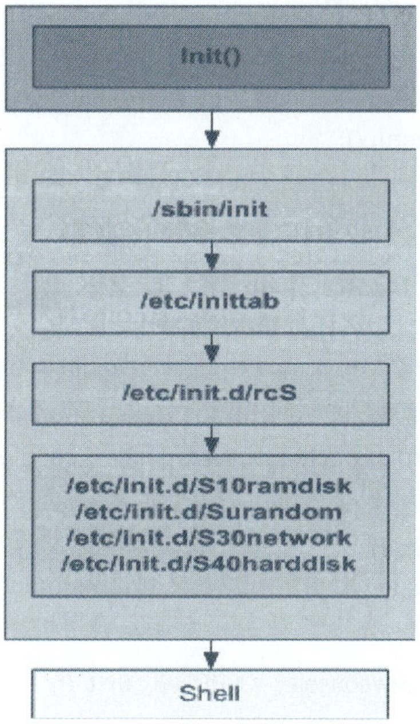

[그림 8-32] 루트 파일시스템 시작

① 1단계 : 커널의 init()함수를 통해 /sbin/init 실행된다.

```
em86xx[init.d]# ps -aux
    1  root          SW    init
    2  root          SW    [keventd]
    3  root          SWN   [ksoftirqd_CPU0]
    4  root          RW    [kswapd]
    5  root          SW    [bdflush]
    6  root          SW    [kupdated]
    7  root          SW    [mtdblockd]
   46  root          SW    -msh
   78  root          SW    [rpciod]
   93  root          RW    ps -aux
```

init 프로세스는 PID 가 1번으로 모든 프로세스의 부모 프로세스가 되며 파일시스템의 구조를 검사하고, 파일시스템을 마운트하고, 서버 데몬을 띄우고, 사용자 로그인을 기다리고, 사용자를 위한 쉘을 띄우는 일을 한다.

[Souce 8-11] 〈Kernel top〉/init/main.c

```
static int init(void * unused)
{
        lock_kernel();
        do_basic_setup();

        prepare_namespace();

        /*
         * Ok, we have completed the initial bootup, and
         * we're essentially up and running. Get rid of the
         * initmem segments and start the user-mode stuff..
         */
        free_initmem();
        unlock_kernel();

        if (open("/dev/console", O_RDWR, 0) < 0)
                printk("Warning: unable to open an initial console.₩n");

        (void) dup(0);
        (void) dup(0);

        /*
         * We try each of these until one succeeds.
         *
         * The Bourne shell can be used instead of init if we are
         * trying to recover a really broken machine.
         */

        if (execute_command)
                execve(execute_command,argv_init,envp_init);
        execve("/sbin/init",argv_init,envp_init);
        execve("/etc/init",argv_init,envp_init);
        execve("/bin/init",argv_init,envp_init);
        execve("/bin/sh",argv_init,envp_init);
        panic("No init found.  Try passing init= option to kernel.");
}
```

② 2단계 : /etc/inittab 실행

inittab 스크립트 파일은 /sbin/init 프로세스가 수행해야 할 일들을 서술해 놓은 파일이다.

[Souce 8-12] /etc/inittab

```
# Format for each entry: <id>:<runlevels>:<action>:<process>
#
# id          == tty to run on, or empty for /dev/console
# runlevels == ignored
# action      == one of sysinit, respawn, askfirst, wait, and once
# process     == program to run
```

위는 inittab 파일의 형식이다. 위의 형식으로 작성된 스크립트들이 아래와 같이 동작한다.

- id : 해당 상태를 구분하기 위한 레이블
- runlevels : 실행 수준을 나타내는 것으로 생략하면 모든 실행 수준에서 실행
- action : 실행될 프로세스에 대한 동작 조건
- process : 타깃이 되는 프로세스

[Souce 8-13] /etc/inittab

```
null::sysinit:/bin/mount -t proc proc /proc
#null::sysinit:/bin/mount -a
null::sysinit:/bin/hostname -F /etc/hostname
null::sysinit:/sbin/ifconfig lo 127.0.0.1 up
null::sysinit:/sbin/route add -net 127.0.0.0 netmask 255.0.0.0 lo
# now run any rc scripts
#end of setup
::sysinit:/etc/init.d/rcS
...............
ttyAM0::askfirst:-/bin/msh
```

③ 3단계 : ::sysinit:/etc/init.d/rcS 실행하여 S** 시작하는 모든 스크립트 파일 실행

제 8 장

④ 4단계 : ttyAM0::askfirst:-/bin/msh 시리얼 라인 터미널을 위해 사용하고 msh 쉘을 시작한다.

2. 파일시스템 작성

1) 타깃시스템의 파일시스템

타깃시스템에 사용할 파일시스템은 romfs 파일시스템이다. 일반적으로 uClinux에서 사용하는 루트 파일시스템으로 파일의 모든 데이터를 순차적으로 저장한다. XIP을 지원하는 CPU에서 romfs 파일시스템 내의 실행 파일을 직접 실행시킬 수 있기 때문에 시스템 실행 중에 메모리의 사용량을 대폭 감소시키는 장점이 있다.

2) 커널 환경설정

| 실습 8-3_ romfs 파일시스템을 위해 커널을 설정하자.

① 루트 디바이스 지정

커널 설정 과정에서 커맨드 스트링에 루트 디바이스를 지정할 수 있도록 다음 항목 선택한다.

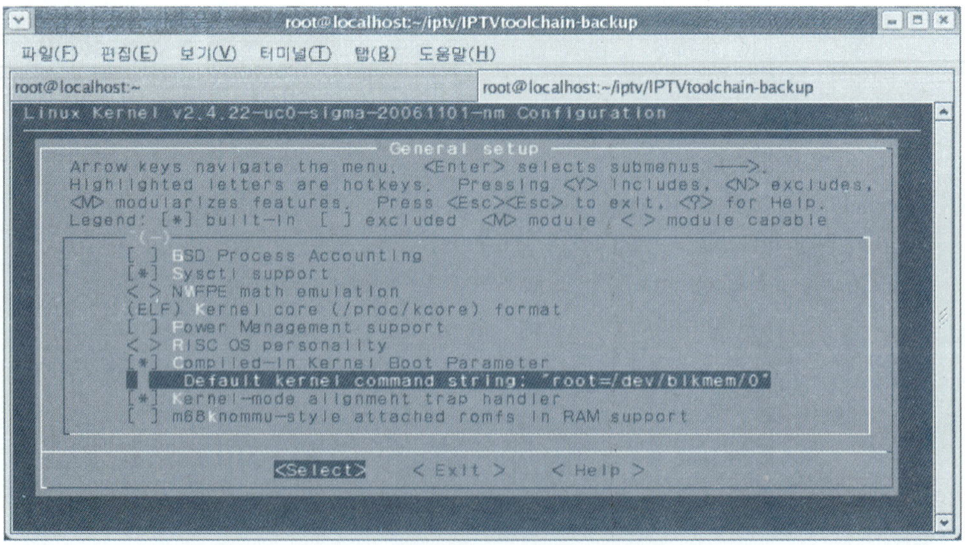

[그림 8-33] 루트 디바이스 지정 선택

아래 화면이 뜨면 루트 디바이스가 될 디바이스 파일을 입력한다.

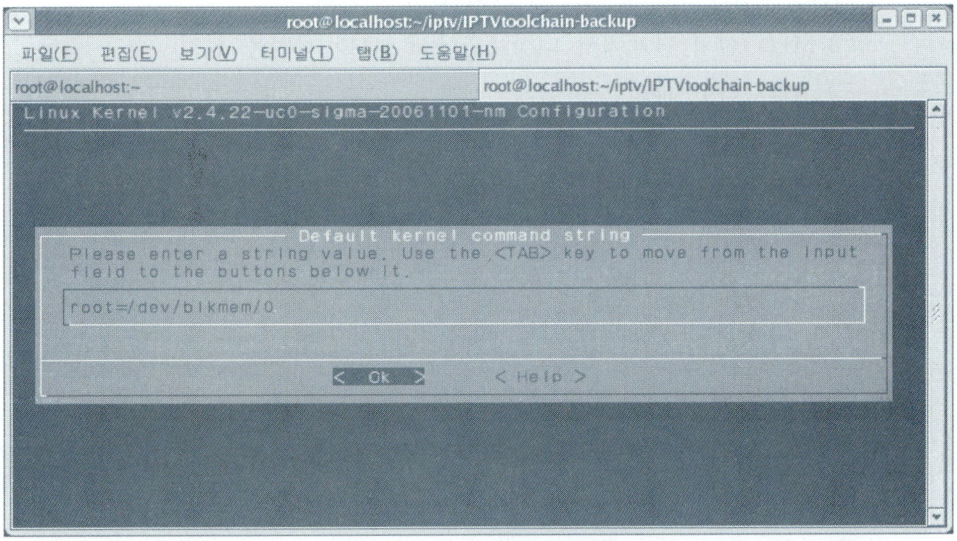

[그림 8-34] 루트 디바이스 지정

② 파일시스템 선택

File systems → 선택 후 아래와 같이 ROM file system support 선택

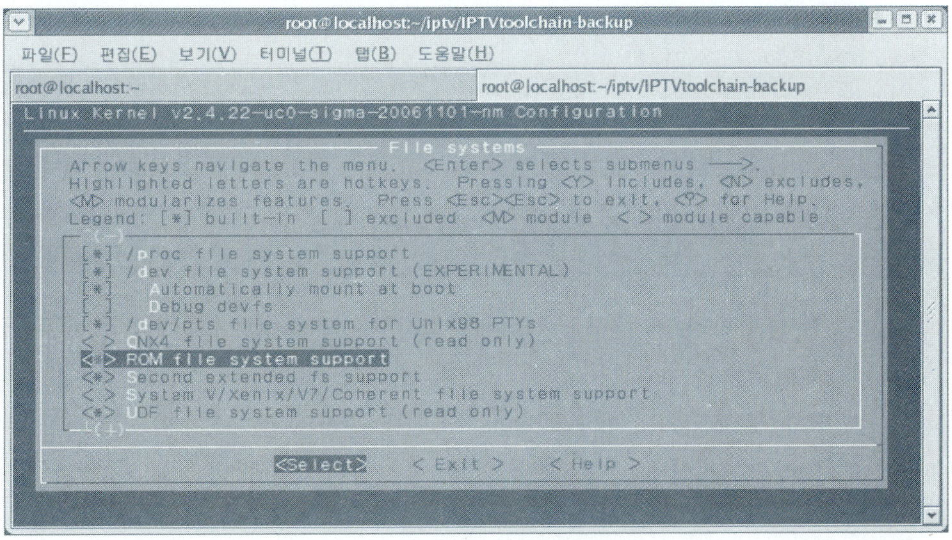

[그림 8-35] romfs 선택화면

③ romfs을 위해 MTD 메뉴 선택

Memory Technology Devices(MTD) → 선택

㉠ MTD 설정 단계에서 대상보드에서 MTD 지원을 설정

㉡ MTD 다중 파티션을 설정

㉢ MTD 디바이스를 문자형 디바이스로 접근(문자 장치로 접근할 때는 애플리케이션에서 장치 파일 이름 /dev/mtd?),

㉣ MTD 디바이스를 블록형 디바이스로 접근(블록 장치로 접근할 때는 애플리케이션에서 장치 파일 이름 /dev/mtdblock?)

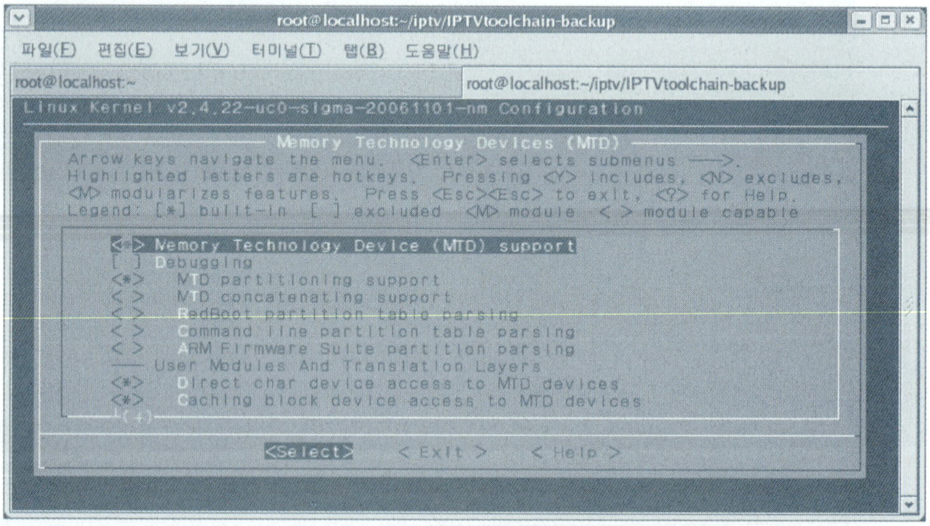

[그림 8-36] MTD 메뉴 선택

④ 타깃시스템에 적합한 플래시 칩을 설정

- Detect flahs chips by common Flash Interface (CFI)probe → 인텔과 AMD 등이 정한 공통 플래시 인터페이스(CFI : Common Flash Interface) 규약을 지원하도록 설정, 자동 플래시 인식 가능
- RAM/ROM/Flash chip drivers → 선택 우리의 타깃시스템의 플래시 칩인 AMD 플래시 칩 선택

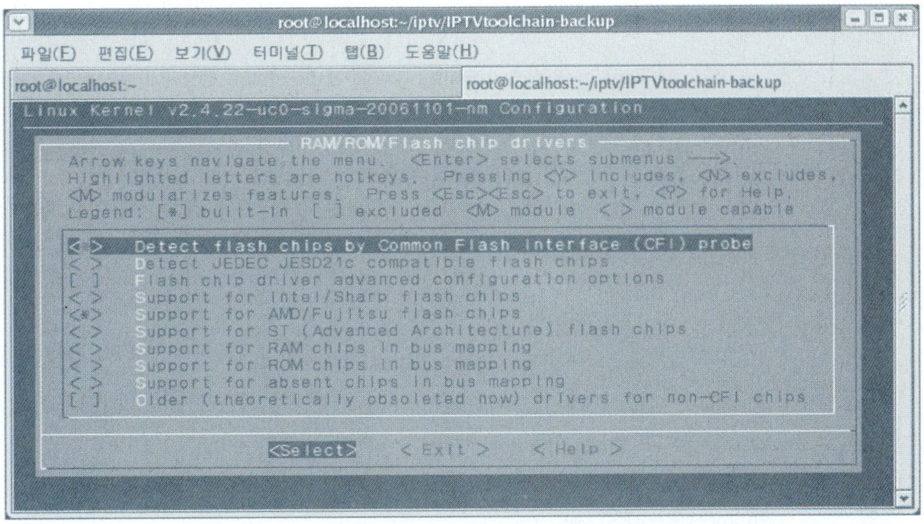

[그림 8-37] CFI 설정

⑤ 타깃시스템의 플래시 사용을 위한 드라이버 선택

커널 컴파일을 통해 〈KernelTop〉/drive/mtd/maps/Em86xx_map.c을 컴파일되고 EM86xx 보드에서 MTD 표준 인터페이스를 사용하여 플래시 메모리를 사용할 수 있도록 한다.

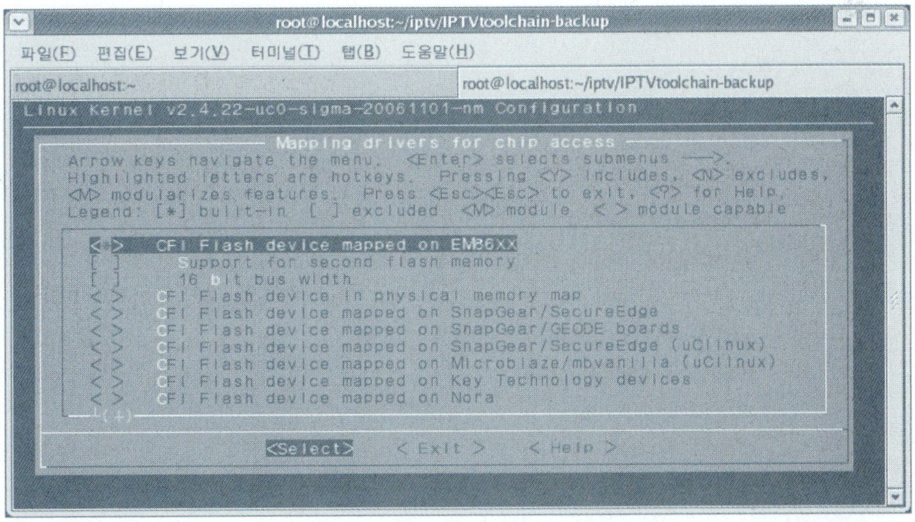

[그림 8-38] 플래시 드라이버 설정

⑥ 파티션 구조 정의

[Souce 8-14] (Kernel Top)/include/asm-armnommu/arch-em86xx/board-generic2/mtdpartitions.h

```
#ifndef __ASM_ARCH_BOARD_MTDPARTITIONS_H
#define __ASM_ARCH_BOARD_MTDPARTITIONS_H

#include <asm/arch/boardname.h>

#ifdef CONFIG_MTD_PARTITIONS

#define EM86XX_MTD_PARTITIONS ₩
    /* Assume 4MB flash memory */ ₩
    { /* 3840KB read/write */ ₩
        name: "RootFS", ₩
        size: 0x3c0000, ₩
        offset: 0x10000 + 0x20000, ₩
        mask_flags: 0, ₩
    }, ₩
    { /* 64KB read/write */ ₩
        name: "User", ₩
        size: 0x10000, ₩
        offset: MTDPART_OFS_APPEND, ₩
        mask_flags: 0, ₩
    }, ₩
    { /* 64KB readonly: first stage bootloader */ ₩
        name: "BootROM1", ₩
        size: 0x10000, ₩
        offset: 0x0, ₩
        mask_flags: MTD_WRITEABLE, /* Not writable */ ₩
    }, ₩
    { /* 128KB: second stage bootloader */ ₩
        name: "BootROM2", ₩
        size: 0x20000, ₩
        offset: 0x10000, ₩
        mask_flags: 0, ₩
    },
#endif

#endif
```

타깃보드의 MTD 드라이버에는 파티션 구조를 어떻게 가지고 사용할 것인지에 대해서 지정해야 한다. MTD에서 사용하는 파티션 정보는 위와 같이 mtd_partition 구조체에 선언한다.

다음은 부팅시 출력되는 mtd_partitio에 관한 정보이다.

```
Creating 4 MTD partitions on "EM86XX mapped flash":
0x00030000-0x003f0000 : "RootFS"
0x003f0000-0x00400000 : "User"
0x00000000-0x00010000 : "BootROM1"
0x00010000-0x00030000 : "BootROM2"
```

3) 파일시스템 이미지 생성

타깃시스템에 사용할 romfs 파일시스템을 작성하여 보자.

| 실습 8-4_ 파일시스템 이미지를 생성해보자.

① "make config" 명령을 통해 [Root File System Customization]을 체크했는지 확인하자.

```
[root@localhost IPTVtoolchain]# make config
```

이는 rootfs을 만들 때 유용하게 사용할 수 있는 구성을 설정한다.

② "make rootfs" 명령시 IPTVtoolchain/config/rootfs/root 디렉토리의 모든 디렉토리 및 파일이 타깃보드의 파일시스템인 IPTVtoolchain/build_arm/root 디렉토리로 복사된다. 따라서 타깃보드의 파일시스템 환경을 꾸미기 위해서 IPTVtoolchain/config/rootfs/root을 편집하자.

미리 타깃보드를 위해서 작성된 것이 CD에 있다. CD안에 rootfs customization/etc, mnt 디렉토리와 파일을 IPTVtoolchain/config/rootfs/root 디렉토리 밑으로 복사하자. "사용자 공간 초기화" 관련된 /etc 안의 파일들이 복사되었고, 외부 하드디스크(HDD)와 마운트하기 위해 /mnt/hd와 NFS 시스템의 디렉토리를 마운트하기 위한 파일시스템의 빈 디렉토리(nfs_root, nfs_IPTV)들이 준비되었다.

③ "make rootfs" 명령을 실행하자.

```
[root@localhost IPTVtoolchain]# make rootfs
```

루트 파일시스템에 필요한 폴더생성 및 라이브러리, 유틸리티 설치, 초기화 프로그램 및 환경설정 파일 설치 등을 통해 루트 파일시스템 제작에 필요한 "/"디렉토리가 /IPTVtoolchain/build_arm/root/ 아래에 다음과 같이 만들어진다.

```
[root@localhost build_arm]# cd root/
[root@localhost root]# ls
bin  dev  etc  home  lib  mnt  opt  proc  root  sbin  tmp  usr  var
```

etc/ mnt/ 아래에 자신이 복사한 내용들이 정확히 만들어졌는지 확인해 보자. 만들어지지 않았거나 추가적으로 편집할 시에는 직접 /IPTVtoolchain/build_arm/root/ 디렉토리 아래의 내용을 편집하면 된다.

④ 루트 파일시스템의 "/" 디렉토리 확인 사항을 체크하자.

㉠ 타깃시스템에 자신만의 아래와 같은 프롬프트를 만들고 싶으면 etc/hostname을 편집하자.

```
[root@localhost etc]# vi hostname
```

자신만의 이름을 작성하자. ㉨ IPTV, TARGET, em86xx

```
IPTV[/]#
```

㉡ etc/profile 파일을 편집하여 /mnt/hd/demo/demo.sh을 가장 아래에 추가하자. 시스템 부팅 과정에서 profile을 읽고 시스템을 셋팅하게 된다. 추가된 /mnt/hd/demo/demo.sh을 읽고 demo.sh 스크립트 파일을 실행하며 부팅시 설정하고 싶은 네트워크, nfs 마운트 수행, 드라이버 로드 등을 실행한다.

```
[root@localhost etc]# vi profile
```

```
# ~/.bashrc: executed by bash(1) for non-login interactive shells.

export PATH=/bin:/sbin:/usr/bin:/usr/sbin:/usr/local/bin:/mnt/hd/bin:/mnt/hd/em8xxx

# If running interactively, then:
if [ "$PS1" ]; then

    export USER=`id -un`
    export LOGNAME=$USER
    export HOSTNAME=`/bin/hostname`
    export PAGER='/bin/more '
    export EDITOR='/bin/vi'

    PS1='₩h[₩W]₩$ '

    ### Some aliases
fi;
/mnt/hd/demo/demo.sh
```

ⓒ etc/init.d 아래의 스크립트 파일을 확인하자.

```
[root@localhost etc]# cd init.d/
[root@localhost init.d]# ls
S10ramdisk  S20urandom  S30network  S40harddisk  rcS
```

rcS 스크립트 파일은 S~~로 시작하는 init.d/의 모든 스크립트 파일을 실행한다. 특히 S40harddisk 스크립트 파일은 시스템이 하드디스크를 /mnt/hd에 마운트하여 부팅 후 사용할 수 있도록 한다.

```
[root@localhost init.d]# vi S40harddisk
```

[Souce 8-15] etc/init.d/S40harddisk

```
#! /bin/sh
```

```
#
# harddisk      This script creates a harddisk and mount it on mount.
#
case "$1" in
    start|"")
        if [ "$VERBOSE" != no ]
        then
            echo -n "Initializing hard disk... "
        fi
        if mount -t vfat /dev/ide/host0/bus0/target0/lun0/part1 /mnt/hd 2>&1; then
            echo "Hard Disk VFAT (target0): ok!"
        elif mount -t vfat /dev/ide/host0/bus0/target1/lun0/part1 /mnt/hd 2>&1; then
            echo "Hard Disk VFAT (target1): ok!"
        elif mount -t ext2 /dev/ide/host0/bus0/target0/lun0/part1 /mnt/hd 2>&1; then
            echo "Hard Disk EXT2 (target0): ok!"
        elif mount -t ext2 /dev/ide/host0/bus0/target1/lun0/part1 /mnt/hd 2>&1; then
            echo "Hard Disk EXT2 (target1): ok!"
        elif mount -t ext3 /dev/ide/host0/bus0/target0/lun0/part1 /mnt/hd 2>&1; then
            echo "Hard Disk EXT3 (target0): ok!"
        elif mount -t ext3 /dev/ide/host0/bus0/target1/lun0/part1 /mnt/hd 2>&1; then
            echo "Hard Disk EXT3 (target1): ok!"
        elif mount -t ext2 /dev/hdb1 /mnt/hd 2>&1; then
            echo "Hard Disk EXT2 (/dev/hdb1): ok!"
        elif mount -t ext3 /dev/hdb1 /mnt/hd 2>&1; then
            echo "Hard Disk EXT3 (/dev/hdb1): ok!"
        else
            echo "mount failed"
        fi
        ;;
    stop)
        umount /tmp 2>&1 || echo "umount failed"
        [ "$VERBOSE" != no ] && echo "done."
        ;;
    *)
        echo "Usage: `basename $0` {start|stop}" >&2
        exit 1
        ;;
esac
```

부팅시 "Hard Disk EXT2 (target0): ok!" 메시지를 볼 수 있다. 다음 메시지는 S40harddisk 스크립트 파일 실행시 "mount -t ext2 /dev/ide/host0/bus0/target0/lun0/part1 /mnt/hd"을 실행하여 외부 하드디스크를 시스템에 마운트한 후 출력하는 메시지이다.

위의 명령을 해석해보면 디바이스 "/dev/ide/host0/bus0/target0/lun0/part1"을 ext2 파일시스템 형식으로 "/mnt/hd"에 마운트하는 명령이다.

⑤ "make romfs" 명령을 통해 파일시스템 이미지 파일을 생성하자.

```
[root@localhost IPTVtoolchain]# make romfs
```

```
rm -rf /root/iptv/IPTVtoolchain/build_arm/romfs
mkdir -p /root/iptv/IPTVtoolchain/build_arm/romfs
cp /root/iptv/IPTVtoolchain/bin/kernel-2.4.22-envision-EM8622L-romfs.bin
/root/iptv/IPTVtoolchain/build_arm/romfs/linux.bin
gzip -f /root/iptv/IPTVtoolchain/build_arm/romfs/linux.bin
cp -Rdf /root/iptv/IPTVtoolchain/build_arm/root/* /root/iptv/IPTVtoolchain/build_arm/romfs
genromfs -f /root/iptv/IPTVtoolchain/bin/romfs-"envision-EM8622L-romfs".bin -V mambo -d
/root/iptv/IPTVtoolchain/build_arm/romfs
gzip -fc /root/iptv/IPTVtoolchain/bin/romfs-"envision-EM8622L-romfs".bin >
/root/iptv/IPTVtoolchain/bin/romfs-"envision-EM8622L-romfs".bin.gz
if [ -w /tftpboot ]; then cp -f /root/iptv/IPTVtoolchain/bin/romfs-"envision-EM8622L-romfs".bin
/tftpboot/romfs.bin; fi
# Check that the romfs binary is not too big for the flash size.

  Your ROMFS image is now ready and available as
/root/iptv/IPTVtoolchain/bin/romfs-envision-EM8622L-romfs.bin
  and /root/iptv/IPTVtoolchain/bin/romfs-envision-EM8622L-romfs.bin.gz in compressed
form
```

위의 실행과정을 설명해 보겠다. "rm -rf"은 "/iptv/IPTVtoolchain/build_arm/romfs"을 지우고 다시 mkdir로 "/iptv/IPTVtoolchain/build_arm/romfs" 디렉토리를 생성하였다. 앞장의 커널 이미지 생성 실습에서 생성된 bin/ 아래의 커널 이미지를 cp 명령을 통해 생성된 romfs/ 아래로 복사한 후 gzip 명령을 통해 압축하였다. 다음은 위의 ④번에서 생성한 root 디렉토리의 모든 파일을 romfs/ 아래로 복사하였고 genromfs -f 명령을 통해 uclinux에서 주로 사용되는 romfs 파일시스템 형식으로 이미지를 생성하였다. 이 생성된 이미지를 gzip -fc 명령을 사용하여 다시 한번 압축하였고 bin/ 밑에 "romfs-envision-EM8622L-romfs.bin.gz"로 복사함으로써 "make romfs" 명령은 종료된다.

⑥ 다음은 bin/ 밑에 생성된 파일시스템 이미지 "romfs-envision-EM8622L-romfs.bin.gz"을 타깃시스템에 설치하는 과정을 알아보자. 앞의 부트로더 설치를 참고한다.

㉠ 앞장에서 부트로더 설치시 실습하였던 내용을 참고하여 타깃보드와 미니컴의 시리얼을 속도를 38400bps에서 115200bps로 변환하자. 부트로더 설치 실습 1~4번까지 단계를 똑같이 실행한다.

㉡ 미니컴을 통해 타깃보드에서 "download" 명령을 사용하여 호스트 컴퓨터에 있는 파일시스템 이미지 "romfs-envision-EM8622L-romfs.bin.gz"을 타깃보드에 다운로드한다.

```
boot> download serial romfs gz
Send uuencoded stream to serial port
....................
```

㉢ 호스트 컴퓨터의 터미널을 하나 더 열어서 다음의 명령을 실행하자.

```
[root@localhost IPTVtoolchain]# cd bin
[root@localhost bin]# ls
kernel-2.4.22-envision-EM8622L-romfs.bin    romfs-envision-EM8622L-romfs.bin.gz
romfs-envision-EM8622L-romfs.bin            rootfs-envision-EM8622L-romfs.ext2
[root@localhost bin]# uuencode romfs-envision-EM8622L-romfs.bin.gz rom >/dev/ttyUSB0
```

미니컴이 실행중인 터미널로 이동해보면 다운로드가 진행중인 것을 알 수 있다.

```
boot> download serial romfs gz
Send uuencoded stream to serial port
......................................................................................................
......................................................................................................
......................................................................................................
.....................................
```

```
Received 1215407(0x128baf) bytes @ 0x91680000
Unzipping to 0x90090000
Inptr = 0x0000002b(43)
Inflating....
Outcnt = 0x001bdc00(1825792)
Final Inptr = 0x00128ba7(1215399)
Original CRC = 0x6f38f821
Computed CRC = 0x6f38f821
Verify checksum from 0x90090000, size 1825792 (0x1bdc00).
Checksum: 0x85d34dd1
```

위의 메시지가 출력되면 파일시스템 이미지가 타깃보드의 RAM에 다운로드가 완료된 것이다. 아직 끝나지 않았다. RAM 메모리는 휘발성 메모리임을 명심하자. 이미지를 flash rom에 다시 굽는 일이 남아 있다.

㉣ 미니컴을 통해 타깃보드에 파일시스템 이미지를 플래시 롬에 구워보자.

```
boot> flash romfs
Writing data on RAM 0x90090000 to flash 0x46030000
  0x46030000 - 0x461effff will be erased
  0x46030000 - 0x461edbff will be written
Erasing : ...........................
Writing : .............................................................
          .............................................................
          .............................................................
          .............................................................
          .............................................................
Verifying (flash 0x46030000, RAM 0x90090000, size 1825792) : OK.
```

㉤ 파일시스템 이미지가 플래시 롬에 다 구워졌으면 타깃보드 및 미니컴의 시리얼 전송속도를 38400으로 변경해야 한다. 전송속도 변경을 위해 부트로더 설치 후 타깃보드를 리셋한다.

⑦ 타깃보드가 정상대로 부팅되었는지 확인하기 위해 다음 사항을 확인하자.
첫째, 프롬프트가 단계 ④번에서 자신이 작업한데로 바뀌었는지 확인한다.

```
IPTV[/]#
```

둘째, 외부 하드디스크를 사용할 수 있도록 정확히 마운트되었는지 df 명령으로 확인한다.

```
IPTV[/]# df -h
Filesystem                               Size     Used  Available  Use%  Mounted on
/dev/root                                1.7M     1.7M          0  100%  /
/dev/ide/host0/bus0/target0/lun0/part1  36.7G   201.2M      34.6G    1%  /mnt/hd
```

플래시에 구워진 "/" 파일시스템과 외부 하드디스크가 사용 가능하게 마운트되어 있는 것을 확인할 수 있다.

4) 파일시스템 셋팅

앞에서 실습 파일시스템 이미지 생성에서 단계 ④를 통해 /mnt/hd/demo/ demo.sh 스크립트 파일을 부팅시 자동 실행하도록 작업하였다. demo.sh 스크립트를 통해 /mnt/hd/demo/아래의 스크립트 파일들이 차례로 의해 실행되며 아래의 부팅 메시지를 출력한다.

```
Using /lib/modules/2.4.22-em86xx-uc0-sigma/kernel/drivers/net/mii.o
Using /lib/modules/2.4.22-em86xx-uc0-sigma/kernel/drivers/net/8139too.o
8139too Fast Ethernet driver 0.9.27
eth0: RealTek RTL8139 at 0x58000000, 00:40:ca:99:a2:07, IRQ 14
eth0: link up, 100Mbps, full-duplex, lpa 0x45E1
mumk_register_tasklet: (0) tasklet 0x90432a40 status @0x92a50fe0
BINFMT_FLAT: Loading file: /mnt/hd/demo/fb_config.sh
OSD buffer size : 720x480
OSD format : tck:32bpp
Key color (R/Cr,G/Y,B/Cb) : [255,256[, [0,2[, [255,256[
begin get_osd_infos
surface = 0x00000000, surf addr=0x92e9d89c
```

```
  videomemory=0x17eae400 videomemorysize=1382400 palette=0x79000 mode=720:480:32
begin get_osd_infos
surface = 0x17eadeb8, surf addr=0x92e9d89c
end get_osd_infos
Using /mnt/hd/em8xxx/mambolfb.o
fb0: Mambo/Tango frame buffer device, using 1350K of video memory
BINFMT_FLAT: Loading file: /mnt/hd/demo/nfs_leecfg.sh
Using /lib/modules/2.4.22-em86xx-uc0-sigma/kernel/net/sunrpc/sunrpc.o
Using /lib/modules/2.4.22-em86xx-uc0-sigma/kernel/fs/lockd/lockd.o
Using /lib/modules/2.4.22-em86xx-uc0-sigma/kernel/fs/nfs/nfs.o
mount: Mounting 192.168.1.237:/root/Iptv on /mnt/nfs_sigma failed: No such file or directory
mount: 192.168.1.237:/root/share failed, reason given by server: Permission denied
mnfs warning: mount version newer than kernel
ount: nfNFS: mount program didn't pass remote address!
smount failed: Bad file descriptor
mount: Mounting 192.168.1.237:/root/share on /mnt/nfs_root failed: Invalid argument
/mnt/hd/demo/etc_config.sh: not found
```

스크립트 파일들을 통해 타깃시스템에 필요한 네트워크, nfs, 드라이버 모듈 적재, 응용 프로그램 자동 실행 등을 셋팅할 것이다.

[Souce 8-16] /mnt/hd/demo/demo.sh

```
#!/bin/sh

echo "Do you want to play application ? [Y, N]"
read response

case "$response" in
        yes | y | Yes | YES)
                /mnt/hd/demo/demo_app.sh
                ;;
        *)
                /mnt/hd/demo/demo_drv.sh
                ;;
esac
exit 0
```

제 8 장

부팅시 다음과 같이 "Do you want to play application ? [Y, N]" 출력하고 입력을 기다린다. y or n를 선택한다. y 선택시 /mnt/hd/demo/demo_app.sh을 n 선택시 /mnt/hd/demo/demo_drv.sh을 실행한다.

[Souce 8-17] /mnt/hd/demo/demo_app.sh

```
#!/bin/sh

/mnt/hd/demo/net_config.sh
/mnt/hd/demo/gfx_config.sh
/mnt/hd/demo/fb_config.sh
/mnt/hd/demo/nfs_leecfg.sh
/mnt/hd/ed/ir_control
```

gfx_config.sh는 칩 관련된 두 개의 모듈이 llad.o 86xxx.o를 적재하는 스크립트를 실행한다.

[Souce 8-18] /mnt/hd/demo/gfx_config.sh

```
#!/bin/sh

insmod /mnt/hd/em8xxx/llad.o > /dev/null
insmod /mnt/hd/em8xxx/em8xxx.o > /dev/null
```

fb_config.sh는 우리의 타깃시스템의 리눅스 그래픽을 셋팅하고 mambolfb.o 드라이버를 적재하는 스크립트를 실행한다.

[Souce 8-19] /mnt/hd/demo/fb_config.sh

```
#!/bin/sh
/mnt/hd/bin/osdbuf_control -c720x480 -Ftck:32bpp -k 255,0,255:1
insmod /mnt/hd/em8xxx/mambolfb.o videomemory=0x17eae400 videomemorysize=1382400
palette=0x79000 mode=720:480:32
```

| 실습 8-5_ 네트워크을 셋팅하자.

자신의 ip주소와 Gateway 주소 등을 다음과 같이 셋팅하자.

```
#! /bin/sh
modprobe 8139too
ifconfig eth0 192.168.1.234 netmask 255.255.255.0
route add default gw 192.168.1.1 dev eth0
```

| 실습 8-6_ nfs을 셋팅하자.

자신이 설정한 nfs서버를 타깃시스템에 셋팅하자.

```
#!/bin/sh
modprobe nfs
mount -o nolock 192.168.1.237:/root/iptv /mnt/nfs_root
```

우리의 소스 코드들 및 실행 파일들은 호스트 PC의 /root/iptv 아래에 존재한다. 우리는 nfs를 통해 호스트 PC의 root/iptv/ 아래의 파일들을 마치 자신의 시스템에 존재하는 것처럼 사용할 수 있다.

참고문헌

[1] ETRI, IPTV 서비스 기술

[2] ETRI, 웹 2.0과 IPTV 표준화동향

[3] 정보통신연구진흥원(IITA), IPTV기술 및 시장 동향

[4] 정보통신연구진흥원(IITA), 디지털 IPTV의 국내외최근서비스동향

[5] 정보통신연구진흥원(IITA), IPTV 서비스 기술 현황 및 단계별 발전 전망

[6] 한국인터넷진흥원, IPTV의 개념 및 관련 서비스

[7] ETRI, IPTV 기술 및 서비스

[8] KISA, IPTV 등 신규 홈네트워크 서비스에 대한 효율적인 인증메커니즘 연구

[9] 정보통신연구진흥원(IITA)-IPTV 서비스 기술 현황 및 단계별 발전 전망

[10] IP 방송시스템 제안서, 2008. 2, 와이더맥스

[11] 방건 외, 데이터방송 서비스 국내외 현황, ITFIND, 2004. 11

[12] 방건 외, 데이터방송 기술 및 표준화 동향, 전자통신동향분석 제19권 제4호 2004년 8월

[13] 안치득, 디지털 방송방식 현황, ETRI

[14] 김민정 외 2인, IPTV 서비스 추진 동향 및 전망, 전자통신동향분석 제21권 제2호 2006.4

[15] 최락권, PTV 플랫폼 기술과 서비스, 2007.9.28

[16] 박종열 외, IPTV 융합 서비스를 위한 보안 기술 동향, 전자통신동향분석 제23권 제5호, 2008.10

[17] 인터넷망 기반 IPTV 기술(ryuhk@kt.co.kr)

[18] IPTV서비스 소개, KT, 2007.5.2

[19] IPTV Service(KT VoIP 기술 워크샵), KT

[20] 한인탁, IPTV 단말-HW, ETRI

[21] 박기식, IPTV 서비스 발전 전망과 향후 과제, ETRI, 2008.9

[22] 김민정 · 박영준 · 고순주, "IPTV 서비스 추진 동향 및 전망", 전자통신동향분석, 21(2), pp.53~65, 2006

[23] 김성한 · 이승윤, "웹 2.0과 IPTV 표준화 동향", 전자통신동향분석, 22(6), pp.74~83, 2007

[24] Tim O'Reilly, "What Is Web 2.0," http://www.oreillynet.com/lpt/a/6228, O'ReillyMedia, 2005.9.30

[25] W.D. Sincoskie, "Video On Demand: Is It Feasible", Proceedings of the 1990 IEEE GLOBECOM, pp.201~205, 1990

[26] S. Gundavelli, K. Leung, V. Devarapalli, K.Chowdhury, B. Patil, "Proxy Mobile IPv6", IETF Internet Draft, NetLMM WG, 2008

[27] V. Gupta, "Local and Metropolitan Area Networks: Media Independent Handover Services", IEEE Draft Standard P802.21/D8.1, 2008

[28] 류원 · 이경희 · 김봉태 · 박성수, "유무선 통합망에서의 품질보장형 이동성 관리 기술 수현 연구", SK Telecommunications Review, 18(4), pp.624~638, 2008

[29] T. Wiegand, "Overview of the H.264/AVC Video Coding Standard", IEEE Transactions on Circuits and Systems for Video Technology, 13(7), pp.560-576, 2003

[30] T. Stockhammer, "H.264/AVC in Wireless Environments", IEEE Transactions on Circuits and Systems for Video Technology, 13(7), pp.657-673, 2003

[31] 이경희 · 윤장우 · 류원 · 김봉태, "IPTV2.0 서비스를 위한 네트워킹 기술", 대한임베디드공학회, 3권 4

호, 2008
[32] ITU-T IPTV-GSI, http://www.itu.int/ITU-T/IPTV/index.phtml
[33] 정보통신연구진흥원(IITA) - 최근 모바일 IPTV 동향
[34] 박수홍, Mobile IPTV 기술 및 국내외 표준화 동향, HN FOCUS 20호, 2008.4
[35] 문진영 · 오봉진 · 백의현, 접근제어시스템간의 상호 운용성을 위한 기술 동향, 전자통신동향분석 20권, 5호, 2005
[36] 김민정 · 박은주 · 고준주, IPTV 서비스 추진 동향 및 전망, 전자통신동향분석 21권, 2호, 2006
[37] 류주현, 디지털방송 미들웨어 기술, 전자공학회지 29권, 7호, 2002
[38] Multimedia Research Group, Inc., "IMS and SDPs in IPTV Networks", MSG, Aug. 2006
[39] Cisco Syatems, Inc., "Cisco Wireline Video/IPTV Solution Design and Implementation Guide, Release 1.1", 2006
[40] 양선희, "IPTV 망구조 진화방안 및 중장기 로드맵", IPTV 표준기술 워크숍 프로시딩, 2006.11
[41] ISMA, "Planning the Future of IPTV with ISMA", White paper, 2006
[42] 이광기, "IPTV 단말 및 응용 서비스 기술", HSN 2007 프로시딩, 2007.2
[43] Saisree Subramanian, "IMS Enabled IPTV", White Paper, 2006
[44] Chuck Bailey, "IPTV Standardization in ATIS", GSC11/Joint; 5.1, 2006
[45] ATIS, "IPTV Architecture Requirements", ATIS-0800002, 2006
[46] ATIS, "IPTV DRM Interoperability Requirements", ATIS-0800001, 2006
[47] ATIS, "IPTV Architecture Roadmap", ATIS-0800003, 2006
[48] FG IPTV, "IPTV Service Requirements", Working Document FG IPTV-C-0260, 2007
[49] NGN-GSI, "Draft Recommendation Y.NGN-FRA", ITU-T Document, 2006
[50] FG IPTV, "IPTV Architecture", Working Document, 2007
[51] Sunhee Yang et al, "Proposal on the three stage roadmap of IPTV standardization", Contribution of FG-IPTV, 2006.10
[52] 권호영, 'IPTV의 동향과 전략,' 커뮤니케이션북스, 2004. p.24, p.19.
[53] ETSI TS 103 197 v1.4.1, Digital Video Broadcasting(DVB) Head-end implementation of DVB Simulcrypt, Dec. 2004
[54] ETSI Technical Report 289: Support for use of scrambling and Conditional Access within digital broadcasting system, 1996
[55] ETSI TS 101 197 V1.2.1, DVB Simulcrypt; Part 1: Head-end architecture and synchronization, 2002
[56] ETSI TS 103 197 V1.2.1, Head-end Implementation of Simulcrypt, 2002
[57] ETSI TR 102 035 V1.1.1, Implementation Guidelines of the DVB Simulcrypt Standard, Apr. 2002
[58] ETSI TS 103 197 V1.3.1, A new version of the Simulcrypt standard including a revision of the architecture model and the specification of two new interfaces, 2003
[59] ATSC Standard, Conditional Access System for Terrestrial Broadcast, Revision A, 2004
[60] Common Interface Specification for Conditional Access and other digital video broadcasting applications, EN50221, 1997
[61] NGNA LLC, "NGNA Plan: Integrated Multimedia Architecture", 26 July 2004
[62] "IPTV 서비스 요구사항", TTAR-08-0002, 2009년 3월 10일
[63] "IPTV 서비스 요구사항 1.0", TTAK.KO-08.0019, 2008년 4월 10일
[64] "MPEG2-TS기반 실시간 방송을 위한 IPTV 단말 시스템", TTAK.KO-08.0016, 2008년 4월 10일
[65] "MPEG2-TS 기반 IPTV 콘텐츠 환경", TTAK.KO-08-0017, 2008년 4월 10일

[66] "ACAP-J 기반 IPTV 미들웨어", TTAK.KO-08.0018, 2008년 4월 10일
[67] "Non-NGN기반 Mobile IPTV 요구사항", TTAR_08-0001, 2008년 2월 28일
[68] "Non-NGN기반 Mobile IPTV 요구사항", TTAS.KOxx.000x, 2009년
[69] "ITU-T Y.1901 Requirements for the support of IPTV services", 2009년 1월
[70] "ITU-T Y.1910 IPTV functional architecture", 2008년 9월
[71] "IPTV 표준화 과제 현황", 2009년 3월 31일, v1.1 TTA
[72] 이근구 "TTA IPTV Phase 2 표준화 현황" IT Standard & Certification · TTA Journal No.122 April 2009
[73] 総]務省, 新競争促進プログラム２０１０, 2006.9.15
[74] 総]務省 通信・放送の総合的な法体系に関する研究会」最終報告書, 2007.12.6
[75] 인터넷멀티미디어방송사업법안(대체). www.moleg.go.kr
[76] MRG, IPTV Global Forecast-2007 to 2011, 2007.4
[77] ETRI, 방송통신융합서비스 산업전망 분석, 2007
[78] 한국은행, 2003년 산업연관표, 2007
[79] http://www.epnc.co.kr/article/view.asp?article_idx=8303
[80] http://www.dvb.org
[81] http://www.etsi.org
[82] http://www.atsc.org

찾아보기

저자 약력

남 상 엽
- 공학박사
- 삼성종합기술원 정보시스템연구소 근무
- 모토로라 반도체통신(주) 기술연구소 근무
- (현) 국제대학 IT계열 교수

강 민 구
- 공학박사(연세대학교)
- 삼성전자 통신연구소 근무
- 가온미디어 신규사업팀 근무
- (현) 한신대학교 정보통신학과 교수

정 태 경
- 공학박사(University of Texas at Austin)
- Cisco 근무(1999 ~ 2001)
- IBM ARL 근무(2001 ~ 2002)
- (현) 명지대학교 통신공학과 교수

구 제 길
- 공학박사(성균관대학교)
- 삼성전자 정보통신연구소 및 CDMA 연구소 선임연구원(1986.1 ~ 1998.1)
- (현) 한국항행학회 및 한국인터넷방송통신 · TV학회 이사
- (현) 용인송담대학 디지털전자과 교수

이 강 현
- 공학박사
- 미국 스탠포드대 CRC 협동연구원 (1991 ~ 1994)
- 호주 시드니대 SEDAL 객원교수(1996)
- 영국 런던대 객원교수(2002)
- (현) 조선대학교 전자공학과 교수

IPTV 구성 및 응용

2009년 8월 25일 1판 1쇄 발행

저 자 남상엽 · 강민구 · 정태경
구제길 · 이강현
발행인 남 승 우

발행처 도서출판 상尙 학學 당堂

서울특별시 동작구 사당3동 220-43
TEL : 02) 595-1692~4
FAX : 02) 595-1394
E-mail : namdoo6@unitel.co.kr
신고 : 2-155호 (1968. 11. 29)

정가 27,000원

ISBN 978-89-93383-48-5 93560

※ 이 책의 저작권은 저자에게 있으며, 저자의 동의 없이 복사 · 인용 · 복제 · 전재를 금합니다.

ED Corporation

U-IT 토탈솔루션

New & Renewable Energy
Embedded System / SoC (System on a Chip)
USN (Ubiquitous Sensor Network)
RFID (Radio Frequency IDentification)
Intelligent Robot

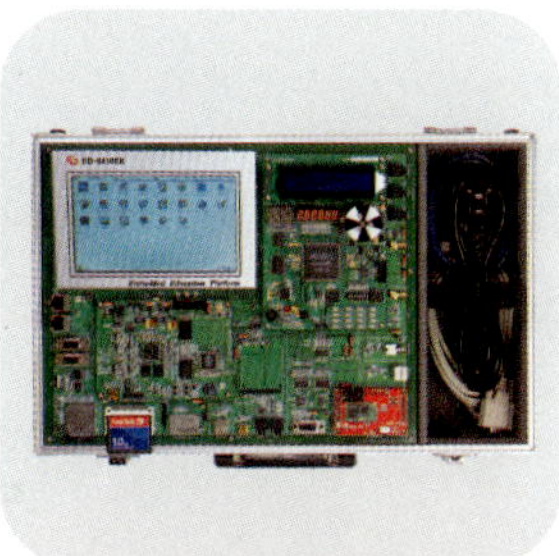
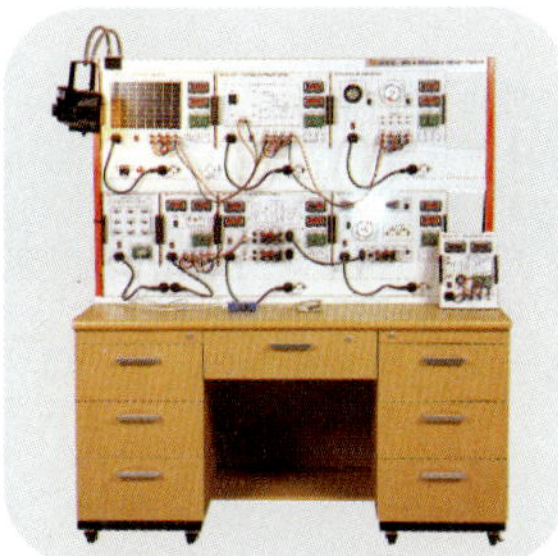
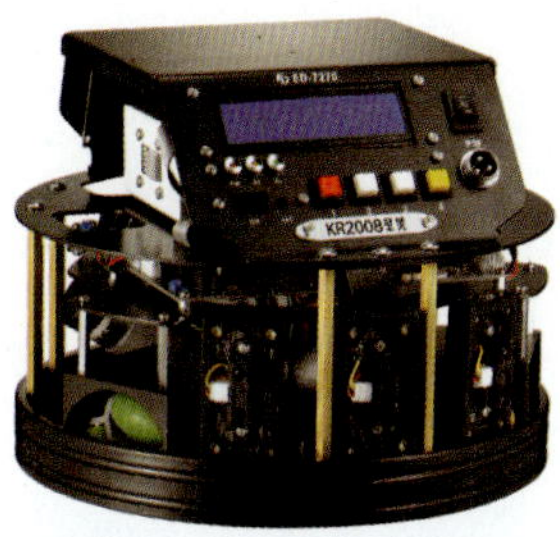

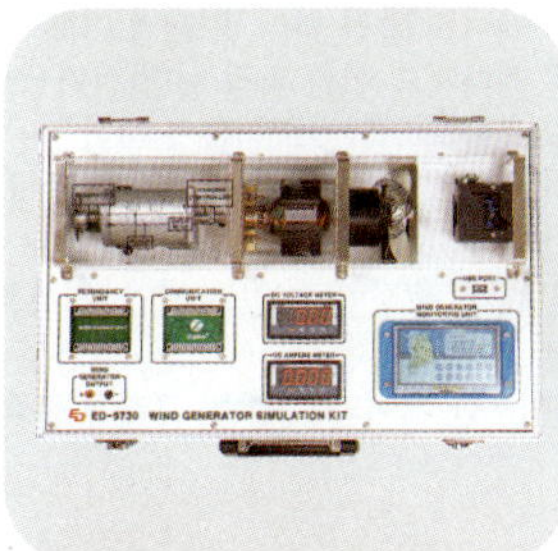

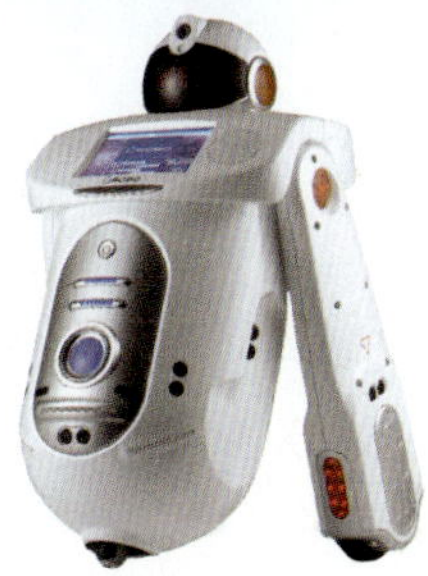

신재생 에너지

New & Renewable Energy Trainer

Model : ED-9710, 9720, 9730, 9740, 9741

ED-9710

신재생 에너지 교육장비를 통해서 일상의 바람이나 햇빛이 전기에너지로 변환되는 과정을 이해할 수 있고 발전 시스템의 구조와 기능의 이해를 통하여 에너지 관련 지식과 응용력을 향상시킬 수 있다.

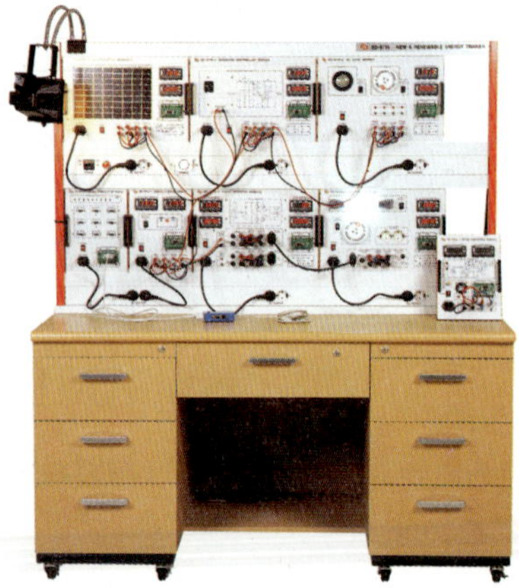

- 다양한 신재생 에너지의 특성 실험(태양광, 풍력 및 연료전지 등)
- 생성된 에너지의 변환 과정 실험(전력생산/전력처리)
- 에너지 생성 및 변환 과정에 따른 에너지 효율 실험
- 전압, 전류 특성 곡선 실험
- 에너지 실험 모듈의 독립적 운용 실습
- 에너지 실험 모듈의 연계를 이용한 시스템 구동 실습
- 신재생 에너지 교육훈련장비 전용 프로그램을 통한 구동 실습
- 교보재의 다양화 (전력 생성 및 회로 실습 시뮬레이션 S/W 제공, 도움말 기능으로 에너지 관련 어휘 검색 및 색인 검색이 쉽다.)

실험실습내용

- 태양광 에너지의 이해
- 광전효과 시뮬레이션
- 옴의 법칙, 전압/전류계 실험
- 태양광 특성 실험(Isc, Voc, Im, Vm, Fill Factor)
- 광원의 세기 및 그림자 실험
- 충전 및 인버터 기초회로 실험
- 태양광을 이용한 충전 실험
- DC/AC 인버터 실험(정현파/유사정현파)
- 12V 독립형 태양광시스템 실험
- 12V 독립형 시스템 설계
- 웹서버를 통한 시스템 모니터링(Option)
- 하이브리드 실험(Option)

ED-9720

- 신재생 에너지 발전 원리 및 개념 이해
- 생성된 에너지의 변환 과정 실험(전력생산/처리)
- 태양광 모듈의 전압, 전류 특성 실험
- 에너지 생산 및 처리 단계의 일체형 구성
- 오배선시 경고음 발생 및 외부출력 포트 구비
- DC 및 AC를 측정할 수 있는 전압, 전류계 포함
- 다양한 교육 교보재(시뮬레이션, 동영상)지원
- PC를 이용한 제어와 파형 및 그래프 출력 기능

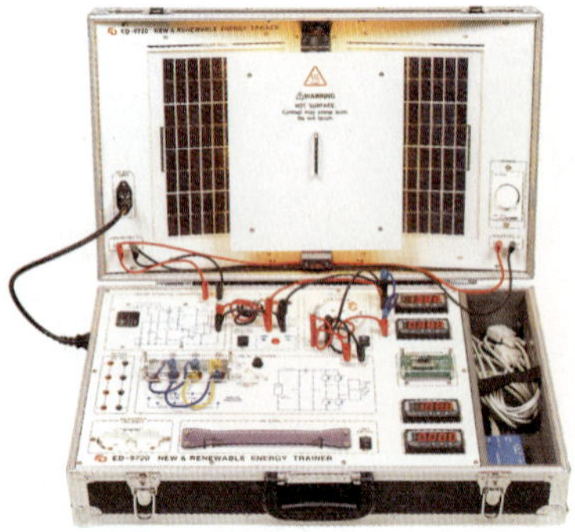

실험실습내용

- 태양광 에너지의 이해
- 광전효과 시뮬레이션
- 옴의 법칙, 전압/전류계 실험
- 태양광 특성 실험(Isc, Voc)
- 광원의 세기 및 그림자 실험
- 태양광을 이용한 충전 실험
- DC/AC 인버터 실험
- 12V 독립형 태양광시스템 실험
- 12V 독립형 시스템 설계
- 웹서버를 통한 시스템 모니터링(Option)
- 하이브리드 실험(Option)

신재생 에너지

New & Renewable Energy Trainer

Model : ED-9730, 9731, 9732, 9740, 9741

ED-9730

- 풍력 발전 원리 및 개념 이해
- 우리나라 지역별 풍속 데이터를 임베디드 모듈에 저장하여 지역별에 따른 발전과 전력 변화 시뮬레이션 및 모니터링
- 발전량 USB 메모리에 저장 가능
- 에너지 변환 과정에 따른 효율 실험
- 전압, 전류계 내장으로 전류, 전압 모니터링가 능
- PC를 이용한 파형 및 그래프 출력 기능
- GUI가 터치 패널로 구성되어 사용자의 편의 제공
- 임베디드 모듈로 전압, 전류, 모터 RPM, 풍속 모니터링 가능
- 발전기 케이스가 투명 아크릴로 장착으로 발전기의 내부 및 전기 생성 모습 확인 가능

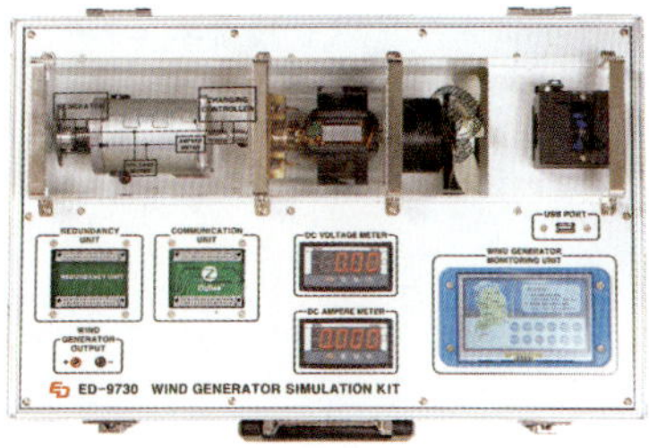

ED-9732

- 풍력 발전 원리 및 개념 이해
- 6엽 회전 날개 장착
- 역 전류 흐름 방지 기능
- 충전 컨트롤러 내장
- 과충전/방전 방지 기능
- 풍향에 따라 360° 회전 가능
- 베터리 내장
- 다양한 에너지 생산 모듈과 복합 구성 가능 (태양광, 연료전지 수력 등)
- 복합적인 에너지 생산모듈 구성으로 하이브리드 발전 시스템 구축 가능
- ED-9710 또는 ED-9720과 연동하여 에너지 처리 실험 가능

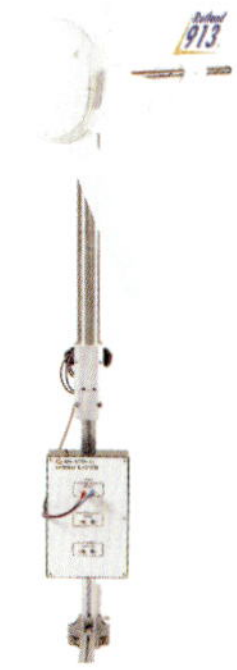

ED-9740

- 연료전지 발전 원리 및 개념 이해
- 태양광을 이용한 연료전지 발전
- 연료전지 완전 분해 조립 가능(세계최초)
- PEM Fuel Cell Stack의 각 Cell 마다 전압, 전류 측정 가능
- PEM Fuel Cell, DM Fuel Cell 전력생산 실험
- 물의 전기 분해, 연료전지의 구동까지 Module 화
- 다양한 로드 실험
- DMFC(메탄올), PEMFC(수소) 발전 실험이 가능
- 연료전지를 동시에 최대 4개 까지 부하 Test 가능
- LabView 프로그램을 통한 모니터링

ED-9740

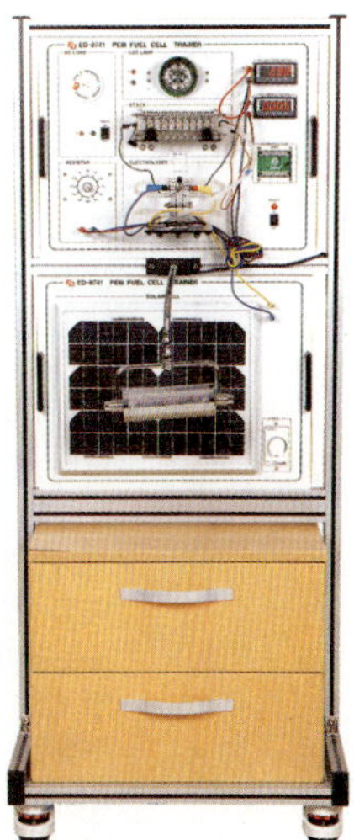

ED-9741

제품문의 : 031-730-7362 www.ed.co.kr

지능형 로봇 토탈솔루션

Intelligent Robot Trainer

Model : ARO, ED-7270U, 7271, 7275

ARO

관공서 및 공공기관, 병원, 박물관 등 방문객을 위한 안내 홍보 도우미 서비스 로봇으로 방문객의 즐거운 관람 및 시설 안내를 위해 살아 있는 듯한 눈표정과 인간과 유사한 팔 동작으로 멋진 서비스를 제공해 드립니다.

ED-7270U

- 유비쿼터스 및 홈네트워크 기반 실험실습에 적합
- 차세대 2차 전지(리튬이온)을 사양한 배터리 소형화 및 사용시간 증가
- 대화형 언어(프로그램)을 통한 다양한 콘텐츠 로봇 실험실습
- 지능형 로봇에 대한 전반적인 이해와 단계별 실습 가능
- Pan/Tilt USB 카메라를 이용한 영상처리 학습 기능
- 경사도 15° 에서 안정된 자세 제어를 통한 주행 알고리즘 적용
- 무인 방범 기능을 활용한 홈 시큐리티 실험실습
- 인간과 교감할 수 있는 인간 친화형 디자인

ED-7271

- 지능형 로봇에 꼭 필요한 센서 9종 및 구동기 3종, 응용모듈 4종으로 구성
- 지능형 로봇 구조를 쉽게 파악할 수 있는 시스템
- 초기 로봇 입문 및 활용 교육까지 가능한 풍부한 실습예제 제공
- 창의적인 실험실습이 가능한 탈부착 모듈형 타입
- 유비쿼터스 및 홈 네트워크에서 사용되는 센서 응용학습 가능
- 센서 결과 데이터를 Visual한 그래픽 형태로 표현하여 센서의 특성 파악 용이
- USB 카메라를 이용한 영상처리 학습 기능
- USB High Speed(480Mbps) 인터페이스 방식 채용

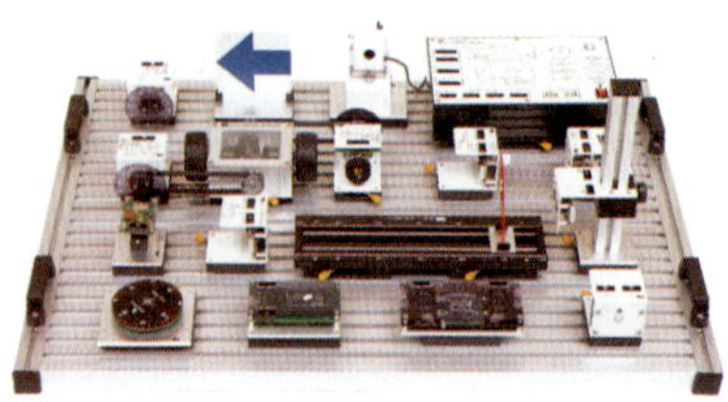

ED-7275

- 바닥 감지용 센서 및 전방 감지용 거리 센서를 이용하여 모바일 로봇에 대한 전반적인 기초 실습 가능
- 모바일 로봇에 사용되는 임베디드 마이컴, 3축 모터, IR 센서, PSD 센서 및 Omni-directional 구동을 사용함으로써 로봇제어에 대한 기초부터 활용실습까지 가능
- 전 방향 이동에 대하여 다이나믹하게 주행이 가능하도록 120° 간격으로 부착된 Omni-wheel을 사용한 독특한 형태의 메카니즘으로 구성
- IR 센서에 의한 특정 색상을 검출 하고 인터럽트를 이용하여 Host CPU에게 정보를 전달 하도록 IR 센서 5개 부착

제품문의 : 031-730-7362 www.ed.co.kr

임베디드 / SoC 토탈솔루션

Embedded Training System

Model : ED-6410EK, 320EK, 27x Multi, SoCWinner

ED-6410EK

- 삼성의 최신 CPU S3C6410(ARM11)을 탑재한 최상의 멀티미디어 임베디드 실습 및 개발 솔루션
- 스마트폰, MultiMedia, 통신분야 등 다양한 응용분야에서 구현 가능
- 기존 MCU보다 강력한 Hardware 2D/3D Accelerator 내장
- Multi Format Codec(MPEG4/H.264/VC1), NTSC/PAL TV-out, S-Video Driver, AC97 Audio(WM9713)등을 이용한 멀티미디어 시스템 구현 가능
- IrDA, Bluetooth, ZigBee, Wireless LAN(옵션), UART(4개), SPI(2개), I2C 등의 통신관련기능 구현
- GPS, DMB(옵션), CDMA Module(옵션)등, Multimedia기능 구현 가능
- FPGA Module을 통한 시스템 기능 확장

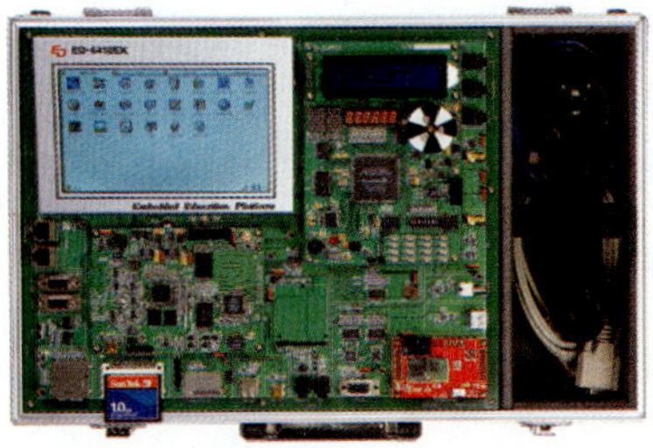

ED-27x Multi

- Processor Core 보드 장착
- Processor Core 보드 교체를 통한 다양한 Processor 실습
- Linux의 기초에서 고급과정까지 다양하게 실험실습
- Intel PXA255/270/272 고성능 마이크로프로세서 사용
- 6.4″ TFT LCD, Ethernet 3Port, Serial 3Port, PCMCIA/CF/MMC등 다양한 인터페이스 지원
- FPGA Chip인 Altera Cyclone 4,000LEs (12,000LEs Option)를 탑재하여 SoC과정까지 연동하여 교육
- 안정적인 하드웨어, 풍부한 실습 프로그램 및 이해가 쉽도록 구성된 실습 교재 제공

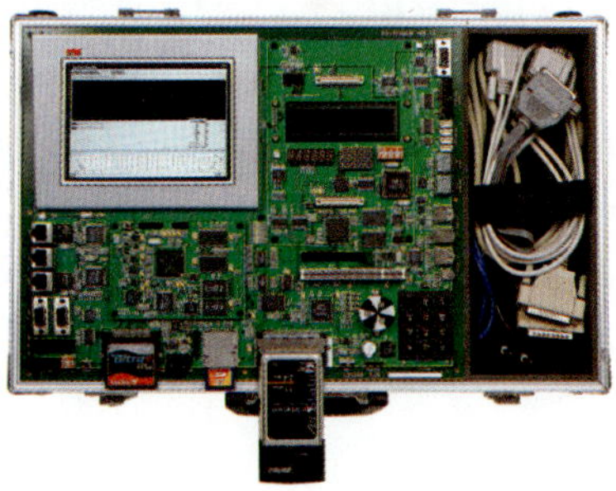

ED-SoCwinner

- 10만, 40만, 100만 Gates 모두 사용 가능한 통합 Platform으로 구성
- 마이크로 프로세서인 ARM922T를 내장, 쉽고 빠른 OS 탑재가 가능
- Ethernet, UART, IDE, VGA Port, USB, PCMAIA 등의 주변 장치들을 다양한 IP 검증 및 OS를 이용한 디바이스 제어가 가능
- PCI Master / Slave 설계 구현 및 테스트
- 640×480 6.4″ TFT LCD와 CMOS Image Sensor를 이용하여 멀티미디어 장비 구현 가능
- Xilinx Vertex II 3,000,000 ~ 8,000,000 Gate 디바이스가 장착된 확장 모듈을 지원

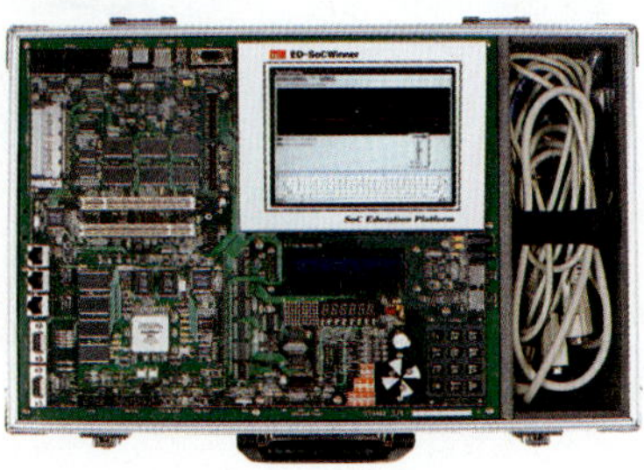

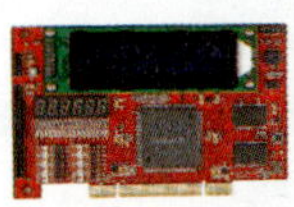

제품문의 : 031-730-7362 www.ed.co.kr

RFID 토탈솔루션

RFID Application Trainer

Model : ED-3730, 3710, 3100

ED-3730

- 신호 레벨의 RFID Principle 실습
  - Data Coding-Modulation-Demodulation-Decoding의 동작원리 실습
  - Data Coding-RZ, NRZ, Miller, Biphase, Manchester, FMO 이해
  - Modulation-ASK, FSK, PSK 이해와 실습
- 여러 대역의 RFID Reader와 Tag실습
  - 125kHz Reader : ISO 18000-2 표준 적용
  - 13.56MHz Reader : ISO 14443A/B, ISO 15693, Tag- IT 표준 적용
  - 900MHz Reader : ISO/IEC 18000-6B, 6C
  - USB 인터페이스 제공
- RFID Embedded 실습

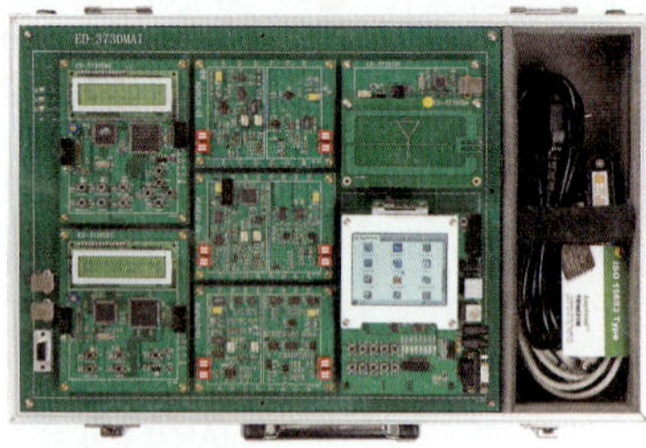

ED-3710

- 2개의 Antenna를 제공하여 안테나 크기에 따른 감도 실험 실습을 할 수 있으며 안테나의 트리머 2개를 이용하여 안테나 감도 조정 기능
- 13.56MHz, 900MHz RFID 응용 프로그램 제공 (Visual C++, Labview, QT(Linux)기반)
- 응용 프로그램 개발 매뉴얼 제공
- 임베디드(PXA270, 사용 PDA) 제품과 연동 및 S/W 제공
- Serial 및 TCP/IP(Network)를 이용하여 장비를 제어 가능

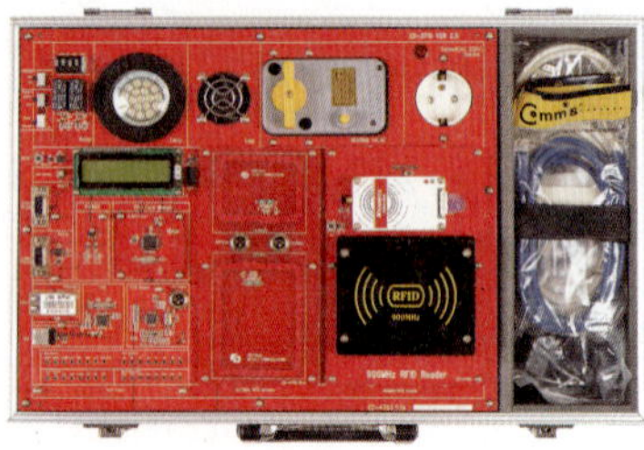

ED-3100

- RFID 리더기에 대한 F/W 프로그램 실습
- Air-interface 등의 실험이 가능하도록 다수의 Test Point 제공
- Anti-Collision 기능 지원
- Application Engineer를 위한 OCX Library 제공
- 범용으로 사용되는 13.56MHz I-CODE Type
- Tag에 Data를 Read / Write 가능
- 컨베이어와 연동되는 미니 플랜트 제공 (창고관리, 공정관리, 주차관리 등)
- 탈부착이 가능한 응용 모듈 (출입통제, 물류관리, 자판기 등)

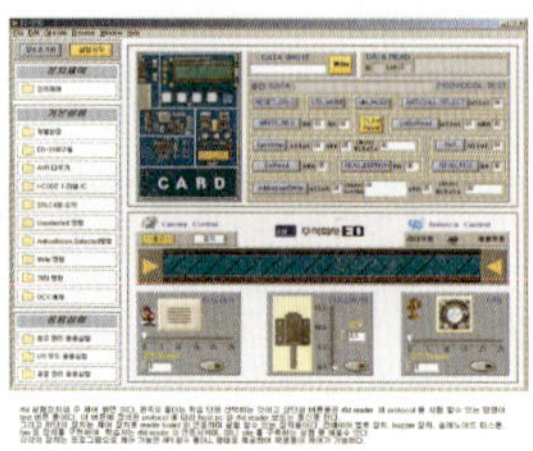

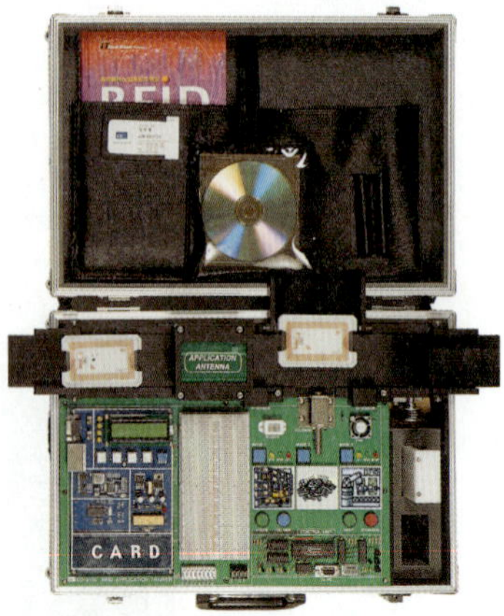

제품문의 : 031-730-7362 www.ed.co.kr

USN 토탈솔루션

Ubiquitous Sensor Network Trainer

Model : ED-3120, 3160, 3190

ED-3120 특징

- 유비쿼터스 센서네트워크 ZigBee (IEEE 802.15.4) 방식 원리 및 개념이해 가능
- 다양한 센서의 장착 및 확장성 확보 (조도센서, 온도센서, 습도센서, 가스센서, 초음파센서)
- 센서네트워크 시스템 교육 및 개발에 필요한 토탈 솔루션을 제공
- 다양한 적응 분야 (운영체제, 네트워크, Security, 로봇, H/W 개발, 센서 응용 등)
- PAN Coordinator에 접수된 화재, 가스누출 등의 경보상황을 PC를 통해 모바일 SMS로 수신 가능

ED-3120

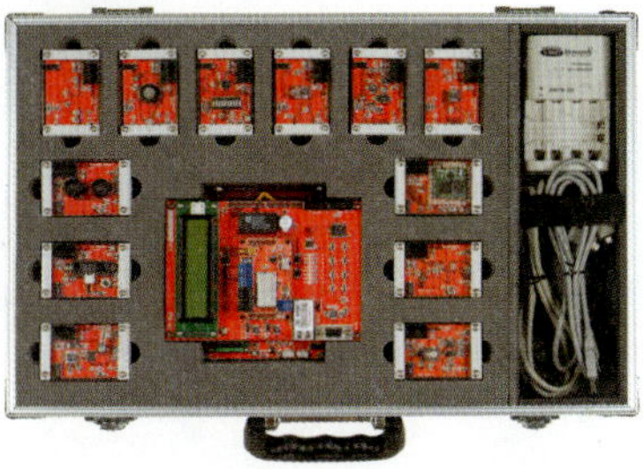

ED-3160

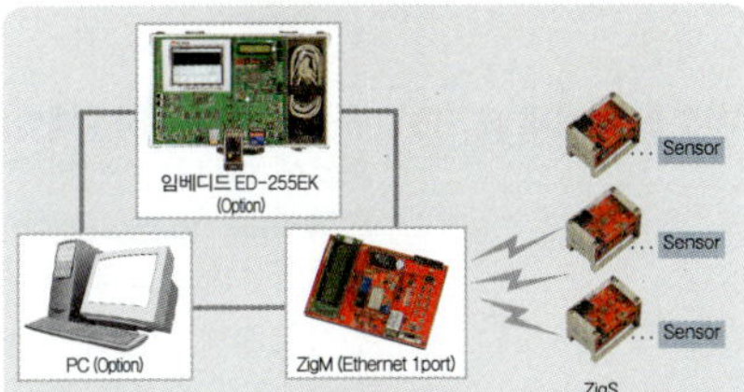

■ ED-3160 구성도

ED-3120 실험실습내용

- 센서 네트워크의 개요
- 센서 네트워크 모듈 하드웨어 이해
- 센서 네트워크 OS의 이해
- 센서 네트워크 환경 구축
- UART를 이용한 통신 프로그램
- 센서 기초 프로그램 (가스, 습도, 온도, 조도)
- 센서 기초 프로그램 (맥박, 체온, 기울기, 방위센서 등)
- RF 응용실습
- 센싱 및 제어 프로그램 및 Multi-hop Routing 프로그램
- Multi-hop을 이용한 제어 프로그램
- 센서네트워크 모니터링
- SMS 전송장치 연동 모니터링
- 센서 네트워크 구축 팀 프로젝트 제안서 작성
- 센서 네트워크 구축 팀 프로젝트 중간보고 및 프로젝트 수정
- 센서 네트워크 구축 팀 프로젝트 최종 보고 및 자료정리
- 팀 프로젝트 결과평가 및 보고회

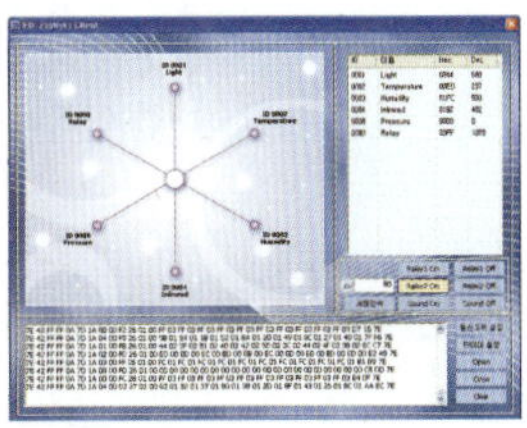

제품문의 : 031-730-7362 www.ed.co.kr

시뮬레이션 소프트웨어

Simulation Software

Model : EDRS, PHLego Plus, SimPL, ESS

EDRS

EDRS는 사용자에게 다양한 환경 로봇을 제공하여, 쉽고 빠르게 지능형 로봇을 개발하고 교육하기 위한 시뮬레이션 소프트웨어입니다. 또한, 3D 환경을 토대로 역동적인 로봇 시뮬레이션을 제공할 뿐만 아니라, Kinetic 엔진을 통해 실감나는 로봇 시뮬레이션과 섬세한 동작 제어를 제공합니다.

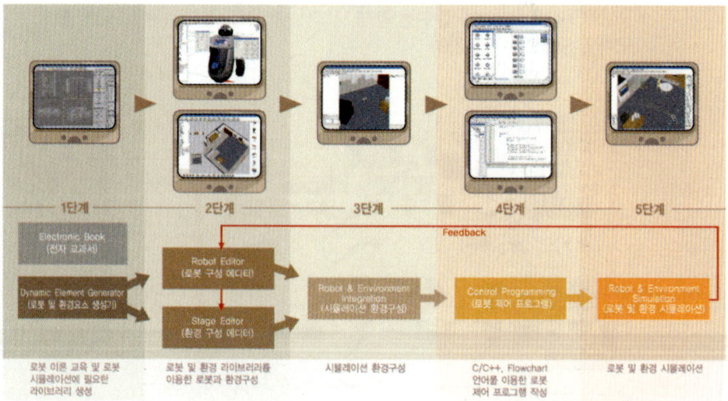

PHLego Plus

유공압 시스템 시뮬레이션 학습과 유공압 전기, PLC 및 디지털 회로에 이르는 다양한 회로의 실험 실습뿐만 아니라 유공압 시스템 회로 실습을 PC상에서 구현해 볼 수 있도록 하기 위한 시뮬레이션 소프트웨어입니다.

실사를 통한 회로 구성과 시뮬레이션은 유공압 회로를 이해하고 시뮬레이션 소프트웨어의 벽을 넘어 사용자들에게 실제 유공압 회로를 가상 체험할 수 있도록 도와 줄 수 있을 것입니다.

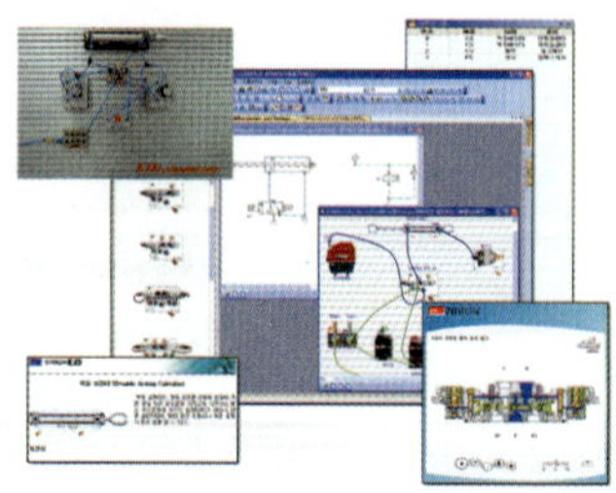

SimPL

- PLC교육을 하드웨어 없이 소프트웨어만으로 가능
- GMWIN에서 작성한 프로그램을 별도의 작업없이 바로 가상 실습 기능 (GMWIN Ver 4.04 이상)
- 가상플랜드 프로그램에서 GMWIN Simulator를 RUN/STOP 모드로 동작상태 직접 변경가능
- 최적의 가상플랜트 환경을 위한 GMWIN Simulator의 디지털 입출력 모듈 및 아날로그 입출력 모듈에 대한 인터페이스 제공

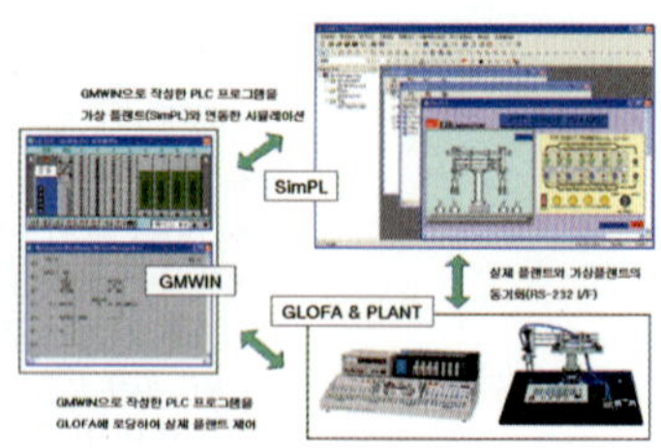

ESS

PC상에서 전기 시퀀스회로 설계 (IEC, KS 규격지원), 시퀀스 제어 시뮬레이션 그리고 설계된 회로의 파트리스트 생성을 바탕으로 가상 부품을 생성하여 배선을 실습할 수 있게 함으로써 전기 시퀀스 설계부터 응용까지의 전 과정에 대한 교육이 가능한 전기 시퀀스 제어 시뮬레이션 소프트웨어입니다.

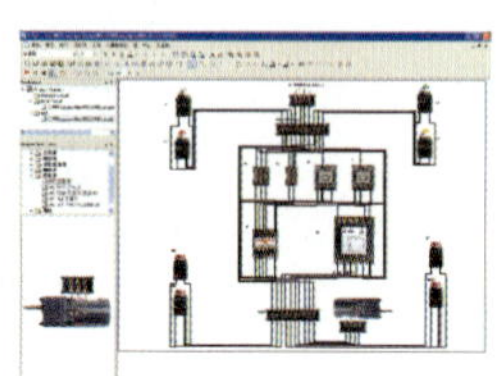

제품문의 : 031-730-7362 www.ed.co.kr